高等院校机械类创新型应用人才培养规划教材

数控技术及应用

主　编　刘　军
副主编　苗晓鹏　张秀丽　闫存富　孙新国
参　编　卢吉平

U0201052

北京大学出版社
PEKING UNIVERSITY PRESS

内 容 简 介

本书系统全面地叙述了数控技术的有关内容，突出了内容的先进性、技术的综合性，内容全面、深入，理论联系实际，重在应用。全书共分九章，各章既有联系，又有一定的独立性，内容包括：绪论、数控加工工艺、数控加工编程、数字控制原理、计算机数字控制装置、数控机床检测装置、数控机床伺服系统、数控机床的机械结构、数控机床故障诊断与维修。各章后均附有习题。

本书可作为机械工程相关专业的本科生和研究生教材或参考书，也可供广大从事数控技术研究和应用的工程技术人员参考使用。

图书在版编目(CIP)数据

数控技术及应用/刘军主编. —北京：北京大学出版社，2013.10
（高等院校机械类创新型应用人才培养规划教材）
ISBN 978 - 7 - 301 - 23262 - 0

Ⅰ. ①数… Ⅱ. ①刘… Ⅲ. ①数控机床—高等学校—教材 Ⅳ. ①TG659

中国版本图书馆 CIP 数据核字(2013)第 228249 号

书　　　　名：数控技术及应用
著作责任者：刘　军　主编
策 划 编 辑：童君鑫
责 任 编 辑：童君鑫　黄红珍
标 准 书 号：ISBN 978 - 7 - 301 - 23262 - 0/TH · 0371
出 版 发 行：北京大学出版社
地　　　　址：北京市海淀区成府路 205 号　100871
网　　　　址：http://www.pup.cn　新浪官方微博：@北京大学出版社
电 子 信 箱：pup_6@163.com
电　　　　话：邮购部 62752015　发行部 62750672　编辑部 62750667　出版部 62754962
印 刷 者：北京虎彩文化传播有限公司
经 销 者：新华书店
　　　　　　787 毫米×1092 毫米　16 开本　24.25 印张　563 千字
　　　　　　2013 年 10 月第 1 版　2023 年 7 月第 5 次印刷
定　　　　价：59.00 元

前　　言

　　数控技术是先进制造技术的基础和重要组成部分，也是一个融合了计算机技术、自动控制技术、检测技术及机械加工技术的交叉和综合技术的领域。它是根据机械加工工艺的要求，使用计算机对整个加工过程中的信息进行处理和控制，实现加工过程自动化。随着微电子技术、计算机技术、传感器技术和机械加工技术的发展，从 20 世纪 70 年代以后，计算机数控技术获得了突飞猛进的发展，数控机床和其他数控装备的普及及应用使制造业发生了巨大的变化。同时，计算机数控技术的发展又极大地推动了计算机辅助设计和辅助制造(CAD/CAM)、柔性制造系统(FMS)和计算机集成制造系统(CIMS)等先进制造技术的发展。

　　数控技术不仅具有较强的理论性，更具有较强的实用性，它是由各种技术相互交叉、渗透、有机结合而成的一门综合技术。本书着重介绍数控技术的基本概念、数控加工工艺、数控机床编程的基础和方法、计算机数字控制装置和数字控制原理、数控机床的检测装置、数控机床的伺服系统、数控机床的机械结构、数控机床的故障诊断与维修及数控技术的研究、产生和发展。

　　本书的编写考虑了学科的发展及国民经济的需要，并总结了编者多年的教学经验和研究成果。在内容安排上，着重介绍一些基本概念、实施方法和关键技术；在介绍实施方法时，突出思路和方法的多样化，以开阔学生思路，培养学生分析问题和解决问题的能力。本书以机械类和近机类专业本科生和研究生的教育为对象，在学生已掌握了相关基本知识的基础上，系统学习数控技术的理论知识，加强理论联系实际的学习，在叙述中多介绍了一些数控工艺、编程方法和实例，以满足技术上的实用性，培养数控机床的实际操作能力。

　　本书由郑州科技学院刘军任主编，安阳工学院苗晓鹏、河南农业大学张秀丽、黄河科技学院闫存富和南阳理工学院孙新国任副主编，郑州电力高等专科学校卢吉平参编。具体编写分工如下：刘军编写第 1 章和第 7 章 7.1、7.2；张秀丽编写第 2 章和第 3 章 3.1、3.2；卢吉平编写第 3 章 3.3、3.4；孙新国编写第 4 章和第 5 章；苗晓鹏编写第 6 章和第 8 章；闫存富编写第 7 章 7.3、7.4、7.5 和第 9 章。

　　由于编者水平有限，书中不妥之处在所难免，敬请读者批评指正。

编　　者
2013 年 5 月

目　　录

第**1**章
绪　　论

 本章教学要点

知识要点	掌握程度	相关知识
数控技术、数控系统和数控机床等基本概念	掌握	数控技术与数控机床的关系
数控机床的组成及工作原理	掌握	各种数控设备的组成
数控机床分类	了解	数控机床的各种分类方法
数控机床的特点及其应用范围	知道	数控机床的使用范围的发展
数控机床目前的发展趋势和技术水平	了解	数控技术、数控机床的研究现状

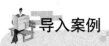 导入案例

数控技术和数控机床

数控技术和数控装备是制造工业现代化的重要基础。这个基础是否牢固直接影响到一个国家的经济发展和综合国力，关系到一个国家的战略地位。因此，世界上各工业发达国家均采取重大措施来发展自己的数控技术及其产业。

在我国，数控技术与装备的发展也得到了高度重视，近年来取得了相当大的进步。特别是在通用微机数控领域，以 PC 平台为基础的国产数控系统，已经走在了世界前列。但是，我国在数控技术研究和产业发展方面也存在不少问题，特别是在技术创新能力、商品化进程、市场占有率等方面情况尤为突出。如何有效解决这些问题，使我国数控领域沿着可持续发展的道路，从整体上全面迈入世界先进行列，使我们在国际竞争中有举足轻重的地位，将是数控研究开发部门和生产厂家所面临的重要任务。

数控技术的应用不但给传统制造业带来了革命性的变化，使制造业成为工业化的象征，而且随着数控技术的不断发展和应用领域的扩大，他对国计民生的一些重要行业(IT、汽车、轻工、医疗等)的发展起着越来越重要的作用，因为这些行业所需装备的数字化已是现代发展的大趋势。

1.1　数控技术的基本概念

数字控制(Numerical Control，NC)技术，简称数控技术，是一种自动控制技术，它能够对机器的运动和动作进行控制。采用数控技术的控制系统称为数控系统。装备了数控系统的机床称为数控机床。

在加工机床中得到广泛应用的数控技术是一种采用计算机对机械加工过程中各种控制信息进行数字化运算、处理，并通过高性能的驱动单元对机械执行构件进行自动化控制的高新技术。当前已有大量机械加工装备采用了数控技术，其中最典型而且应用面最广的是数控机床。为了便于后面的讨论，下面给出数控技术、数控系统、计算机数控(CNC)系统和数控机床几个概念的定义：

(1) 数控技术：用数字、字母和符号对某一工作过程进行可编程的自动控制技术。

(2) 数控系统：实现数控技术相关功能的软硬件模块有机集成系统，它是数控技术的载体。

(3) 计算机数控系统：以计算机为核心的数控系统。

(4) 数控机床：应用数控技术对机床加工过程进行控制的机床。

由于数控机床的种类多、数量大，这就促进了数控技术的发展。随着生产的发展，数控技术已不仅用于金属切削机床，同时还用于其他多种机械设备，如机器人、坐标测量机、编织机、剪裁机和电火花、电解等特种加工设备。

1.2 数控机床的组成

数控机床主要由以下几个部分组成，如图 1.1 所示。图中虚线框部分为计算机数控系统，即 CNC 系统，其中各方框为其组成模块，箭头表示各模块间的信息流向。图右边的实线框部分为计算机数控系统的控制对象——机床部分。下面将分别介绍各模块的功能。

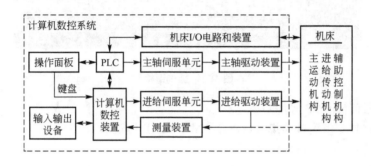

图 1.1 数控机床的组成

1. 操作面板

操作面板(控制面板)是操作人员与数控机床(系统)进行交互的工具，一方面，操作人员可以通过它对数控机床(系统)进行操作、编程、调试或对机床参数进行设定和修改，另一方面，操作人员也可以通过它了解或查询数控机床(系统)的运行状态。它是数控机床的输入输出部件，是数控机床的特有部件。它主要由按钮站、状态灯、按键阵列(功能与计算机键盘一样)和显示器等部分组成，如图 1.2 所示。

2. 控制介质与输入输出设备

控制介质是记录零件加工程序的媒介。输入输出设备是 CNC 系统与外部设备进行信息交互的装置。零件加工程序是交互的主要信息。输入输出设备的作用是将编制好的记录在控制介质上的零件加工程序输入 CNC 系统、或将 CNC 系统中已调试好的零件加工程序通过输出设备存放或记录在相应的控制介质上。数控机床常用的控制介质有穿孔纸带(对应的输入输出设备分别是纸带阅读机和纸带穿孔机)、磁带(对应的输入输出设备是录音机)、磁盘、优盘和光盘等。

除此之外，还可采用通信方式进行信息交换，现代数控系统一般都具有利用通信方式进行信息交换的能力。这种方式是实现 CAD/CAM 集成、FMS 和 CIMS 的基本技术。目前在数控机床上常采用的方式有：

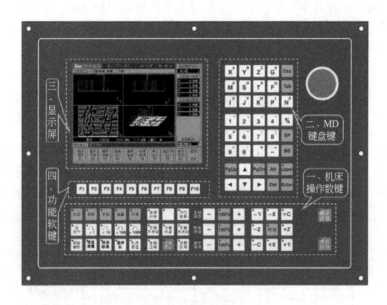

图 1.2　操作面板

（1）串行通信（RS232 等串口）；

（2）自动控制专用接口和规范（DNC 方式，MAP 协议等）；

（3）网络技术（Internet，LAN 等）。

3．计算机数控装置

计算机数控装置（或 CNC 单元）是计算机数控系统的核心。它的主要作用是根据输入的零件加工程序或操作者命令进行相应的处理（如运动轨迹处理、机床输入输出处理等），然后输出控制命令到相应的执行部件（伺服单元、驱动装置和 PLC 等），完成零件加工程序或操作者命令所要求的工作。所有这些都是由 CNC 装置协调配合，合理组织进行的，从而使整个系统有条不紊地工作。CNC 装置主要由计算机系统、位置控制板、PLC 接口板、通信接口板、扩展功能模块以及相应的控制软件等模块组成。图 1.3 所示为日本FANUC 公司的 CNC 单元，图 1.4 所示为德国西门子公司的 CNC 单元，图 1.5 所示为中国武汉华中数控股份有限公司的"世纪星"数控单元。

图 1.3　日本 FANUC 公司的 CNC 单元

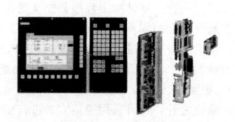

图 1.4　德国西门子公司的 CNC 单元

4.伺服单元、驱动装置和测量装置

伺服单元和驱动装置是指主轴伺服装置和主轴电动机、进给伺服驱动装置和进给电动机。测量装置是指速度和位置测量装置，是实现速度闭环控制（主轴、进给）和位置闭环控制（进给）的必要装置。主轴伺服系统的主要作用是实现零件加工的切削运动，其控制量为速度。进给伺服系统的主要作用是实现零件加工的成形运动，其控制量为速度和位置。能灵敏、准确地跟踪 CNC 装置的位置和速度指令是它们共同的特征。

图 1.5　中国武汉华中数控股份有限公司的"世纪星"数控单元

5.PLC、机床 I/O 电路和装置

PLC(Programmable Logic Controller)：用于完成与逻辑运算、顺序动作有关的 I/O 控制，由硬件和软件组成。

机床 I/O 电路和装置：实现 I/O 控制的执行部件（由继电器、电磁阀、行程开关、接触器等组成）的逻辑电路。它们共同完成以下任务：

接收 CNC 的 M、S、T 指令，对其进行译码并转换成对应的控制信号，控制辅助装置完成机床相应的开关动作；

接收操作面板和机床给出的 I/O 信号，送给 CNC 装置，经其处理后，输出指令控制 CNC 系统的工作状态和机床的动作。

6.机床

机床是数控机床的主体，是数控系统的被控对象，是实现制造加工的执行部件。它主要由主运动部件、进给运动部件（工作台、拖板以及相应的传动机构）、支承件（立柱、床身等）以及特殊装置（刀具自动交换系统、工件自动交换系统）和辅助装置（如冷却、润滑、排屑、转位和夹紧装置等）组成。数控机床机械部件的组成与普通机床相似，但传动结构和变速系统较为简单，在精度、刚度、抗振性等方面要求高。

1.3　数控机床的分类

数控机床的种类很多，从不同角度对其进行研究，就有不同的分类方法。

1.3.1　按工艺用途分类(机床类型)

（1）切削加工类：通过从工件上除去一部分材料才能得到所需零件的数控机床。如：数控铣床、数控车床、数控磨床、数控齿轮加工机床、加工中心和柔性制造单元等，如图 1.6 所示。

（2）成型加工类：通过物理的方法改变工件形状才能得到所需零件的数控机床。如：数控折弯机、数控弯管机、数控冲床等，如图 1.7 所示。

（3）特种加工类：利用特种加工技术（电火花、激光技术等）得到所需零件的数控机床。如：数控线切割机床、数控电火花加工机床、数控激光加工机床等，如图 1.8 所示。

图 1.6　切削加工类数控机床

图 1.7　成型加工类数控机床

图 1.8　特种加工类数控机床

（4）其他类型：一些广义上的数控装备。如：工业机器人、数控测量机等，如图 1.9 所示。

图 1.9　工业机器人和数控测量机

1.3.2　按控制功能分类

（1）点位控制数控机床：仅能控制在加工平面内的两个坐标轴带动刀具与工件相对运动，从一个坐标位置快速移动到下一个坐标位置，然后控制第三个坐标轴进行钻镗切削加工。此类数控机床的特点：在整个移动过程中不进行切削加工，因此对运动轨迹要求不高，但要求坐标位置有较高的定位精度。可用于加工平面内的孔系。这类机床主要有数控钻床、印制电路板钻孔机床、数控镗床、数控冲床、三坐标测量机等。

（2）直线控制数控机床：可控制刀具或工作台以适当的进给速度，沿着平行于坐标轴的方向进行直线移动和切削加工，进给速度根据切削条件可在一定范围内调节。早期，简易两坐标轴数控车床，可用于加工台阶轴。简易的三坐标轴数控铣床，可用于平面的铣削加工。现代组合机床采用数控进给伺服系统，驱动动力头带着多轴箱轴向进给进行钻镗加工，它也可以算作一种直线控制的数控机床。随着数控技术的发展，现在仅具有直线控制功能的数控机床已不多见。

（3）轮廓控制数控机床：具有控制几个坐标轴同时协调运动，即多坐标轴联动的能力，使刀具相对于工件按程序规定的轨迹和速度运动，在运动过程中有进行连续切削加工的功能。可实现联动轴加工是这类数控机床的本质特征。这类数控机床有数控车床、数控铣床、加工中心等用于加工曲线和曲面形状零件的数控机床。现代的数控机床基本上都是这种类型。若根据其联动轴数还可细分为：2 轴联动数控机床、2.5 轴联动数控机床、3 轴联动数控机床、4 轴联动数控机床和 5 轴联动数控机床等。

1.3.3 按进给伺服系统类型分类

按数控系统的进给伺服子系统有无位置测量装置可分为开环数控机床和闭环数控机床，在闭环数控系统中根据位置测量装置安装的位置又可分为全闭环和半闭环两种。

（1）开环数控机床：图 1.10 所示为开环数控机床的进给伺服系统。由图可知开环进给伺服系统没有位置测量装置，信号流是单向的（数控装置→进给系统），故系统稳定性好。但由于无位置反馈，精度相对闭环系统来讲不高，其精度主要取决于伺服驱动系统和机械传动机构的性能和精度。这类系统一般以功率步进电动机作为伺服驱动元件，具有结构简单、工作稳定、调试方便、维修简单、价格低廉等优点，在精度和速度要求不高、驱动力矩不大的场合得到广泛应用。一般用于经济型数控机床和旧机床的数控化改造。

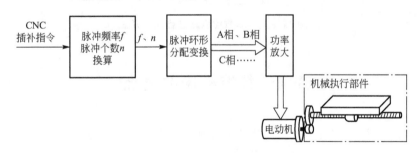

图 1.10　开环数控机床进给伺服系统

（2）半闭环数控机床：半闭环数控机床的进给伺服系统如图 1.11 所示。由图可知，半闭环数控系统的位置检测点是从驱动电动机（常用交流伺服电动机或直流伺服电动机）或丝杠端部引出，通过检测电动机和丝杠的旋转角度来间接检测工作台的位移量，而不是直接检测工作台的实际位置。由于在半闭环环路内不包括或只包括少量机械传动环节，因此可获得较好的控制性能，其系统的稳定性虽不如开环系统，但比闭环要好。另外，由于在位置环内各组成环节的误差可得到某种程度的纠正，而位置环外的各环节如丝杠的螺距误差、齿轮间隙引起的运动误差均难以消除。因此，其精度比开环要好，比闭环要差。但可对这类误差进行补偿，因而仍可获得满意的精度。半闭环数控系统结构简单、调试方便、精度也较高，因而在现代 CNC 机床中得到了广泛应用。

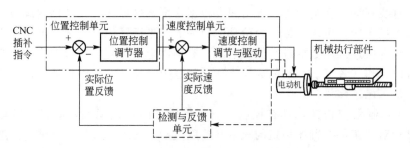

图 1.11　半闭环数控机床进给伺服系统

　　(3) 闭环数控机床：闭环进给伺服系统的位置检测点如图 1.12 中粗实线所示。它直接对工作台的实际位置进行检测。从理论上讲，可以消除整个驱动和传动环节的误差、间隙和失动量，具有很高的位置控制精度。但由于位置环内的许多机械传动环节的摩擦特性、刚性和间隙都是非线性的，故很容易造成系统的不稳定，使闭环系统的设计、安装和调试都比较困难。因而，该系统对其组成环节的精度、刚性和动态特性等都有较高的要求，故价格昂贵。这类系统主要用于精度要求很高的镗铣床、超精车床、超精磨床以及较大型的数控机床。

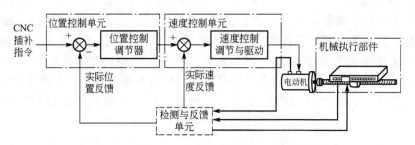

图 1.12　闭环数控机床进给伺服系统

1.4　数控机床的特点

　　数控机床是采用数控技术的机械装备中最具代表性的一种。数控机床在机械制造业中得到日益广泛的应用，是因为它具有以下优点：

　　(1) 加工精度高、加工质量稳定。由于数控机床本身的精度较高，而且可以利用软件进行精度校正和补偿，又因为它根据数控程序自动进行加工，可以避免人为的误差，因此，提高了加工精度和同一批工件的重复精度，保证了加工质量的稳定性。

　　(2) 具有较高的生产效率。数控机床上可以采用较大的切削用量，有效地节省了机动工时。同时它还有自动变速、自动换刀和其他辅助操作自动化等功能，使辅助时间大为缩短，而且无需工序间的检验与测量，所以，一般比普通机床的生产率高 3～4 倍，甚至更高。数控机床能高效优质完成普通机床不能完成或难以完成的复杂型面零件的加工，对复杂型面零件其生产效率比通用机床高十几倍甚至几十倍。

　　(3) 增加了设备的柔性。可以适应不同品种、规格和尺寸以及不同批量的零件的自动加工。数控机床是按照被加工零件的数控程序来进行自动加工的，当改变加工零件时，只需改变数控程序，不必更换凸轮、靠模、样板或钻镗模等专用工艺装备。因此，生产准备周期短，有利于机械产品的更新换代。

（4）功能复合程度高，一机多用。数控机床，特别是自动换刀的数控机床，在一次装夹的情况下，可以实现大部分工艺能力的加工工序，一台数控机床可以代替数台普通机床。这样可以减少装夹误差，节约工序之间的运输、测量和装夹等辅助时间，还可以节省机床的占地面积，带来较高的经济效益。

（5）减轻了操作工人的劳动强度。

（6）有利于生产管理。

（7）有利于向高级计算机控制与管理方面发展。

任何事物都有两面性。数控机床虽然有上述各种优点，但它在某些方面也存在不足之处：

（1）单位工时的加工成本较高。

（2）生产效率比刚性自动生产线低，因而只适宜于多品种小批量或中批量生产（占机械加工总量70％～80％），而不适合于大批量生产。

（3）加工中的调整相对复杂。

（4）维修难度大，要求具有较高技术水平的人员来操作和维修。

（5）机床价格较高，初始投资大。

1.5 数控技术的产生和发展

1. 数控机床的发展历史

1）产生背景

随着科学技术和社会生产力的不断发展，人们对机械产品的质量和生产效率提出了越来越高的要求，而机械加工过程的自动化是实现上述要求的有效途径。从工业化革命以来人们实现机械加工自动化的手段有：自动机床、组合机床和专用自动生产线。这些设备的使用大大地提高了机械加工自动化的程度，提高了劳动生产率，促进了制造业的发展，但它也存在固有的缺点：初始投资大、准备周期长及柔性差。

因此，上述方法仅适用批量较大的零件生产。然而，随着市场竞争的日趋激烈，产品更新换代周期缩短，批量大的产品越来越少，而小批量产品的生产所占的比例越来越大，占总加工量的80％以上。在航空、航天、重型机床以及国防部门尤其如此。因此，迫切需要一种精度高、柔性好的加工设备来满足上述需求，这是机床数控技术产生和发展的内在动力。另一方面，电子技术和计算机技术的飞速发展则为数控机床的进步提供了坚实的技术基础，也使机床数控技术产生和发展成为可能。数控机床正是在这种背景下诞生和发展起来的。它极其有效地满足了上述要求，为小批量、精密复杂的零件生产提供了自动化加工手段。它的产生给自动化技术带来了新的概念，推动了加工自动化技术的发展。

2）发展简史

1952年，美国帕森斯（Parsons）公司和麻省理工学院（MIT）合作研制了世界上第一台三坐标数控机床，其控制系统由电子管组成。1955年，在Parsons专利的基础上，第一台工业用数控机床由美国 Bendix 公司生产出来，这是一台实用化的数控机床。

从 1952 年至今，数控机床按数控系统的发展经历了五代。

第一代：1955 年 数控系统由电子管组成，体积大，功耗大。

第二代：1959 年 数控系统由晶体管组成，广泛采用印制电路板。

第三代：1965 年 数控系统采用小规模集成电路，其特点是体积小，功耗低，可靠性有所提高。

第四代：1970 年 数控系统采用小型计算机取代专用计算机，其部分功能由软件实现，首次出现在 1970 年美国芝加哥国际机床展览会上。具有价格低，可靠性高和功能多等特点。

第五代：1974 年 数控系统以微处理器为核心，不仅价格进一步降低，体积进一步缩小，使实现真正意义上机电一体化成为可能。现在市场上数控系统都是以微处理器为核心的系统，但数控系统的性能随着 CPU 的不断升级而不断提高。这一代又可细分为六个发展阶段：

1974 年：系统以位片微处理器为核心，有字符显示、自诊断功能。

1979 年：系统采用 CRT 显示、VLIC、大容量磁泡存储器、可编程接口和遥控接口等。

1981 年：具有人机对话功能、动态图形显示、实时精度补偿。

1986 年：数字伺服控制诞生，大惯量的交直流电动机进入实用阶段。

1988 年：采用高性能的 32 位机作为主机的主从结构系统。

1994 年：基于 PC(个人计算机)的 NC 系统诞生，使 NC 系统的研究开发进入了开放型、柔性化的新时代，新型 NC 系统的开发周期日益缩短。可以说它是数控技术发展的又一个里程碑。

2. 数控机床的发展趋势

1) 数控系统体系结构的发展

随着制造业的发展，中小批量生产的趋势日益增强，对数控机床的柔性和通用性提出了更高的要求，希望市场能提供不同加工需求，高效、低成本地构筑面向用户的控制系统，并大幅度地降低维护和培训的成本，同时还要求新一代数控系统具有方便的网络功能，以适应未来车间面向任务和订单的生产组织和管理模式。为此，近 10 年来，随着计算机技术的飞速发展，各种不同层次的开放式数控系统应运而生，发展很快。目前正朝着标准化开放体系结构的方向前进。单就体系结构而言，现在世界上的数控系统大致可分为 4 种类型：

(1) 传统数控系统。如 FANUC 0 系统、MITSUBISHI M50 系统、Siemens 810 系统等。这是一种专用的封闭体系结构的数控系统。尽管也可以由用户做人机界面，但必须使用专门的开发工具(如 Siemens 的 WS800A)耗费较多的人力，而对它的功能扩展、改变和维修，都必须求助于系统供应商。目前，这类系统仍占领制造业的大部分市场。但由于开放体系结构数控系统的发展，传统数控系统的市场正在受到挑战，已逐渐减小。

(2) "PC 嵌入 NC"结构的开放式数控系统。如 FANUC18i 和 16i 系统、Siemens 840D 系统、Num1060 系统、AB 9/360 等数控系统。这是由于一些数控系统制造商不愿放弃多年来积累的数控软件技术，又想利用计算机丰富的软件资源而开发的产品。然而，尽管它也具有一定的开放性，但由于它的 NC 部分仍然是传统的数控系统，其体系结构还是不开放的。因此，用户无法介入数控系统的核心。这类系统结构复杂、功能强大，但价格昂贵。

（3）"PC 嵌入 NC" 结构的开放式数控系统。它由开放体系结构运动控制卡＋PC 机构成。这种运动控制卡通常选用高速 DSP 作为 CPU，具有很强的运动控制和 PLC 控制能力。它本身就是一个数控系统，可以单独使用。它开放的函数库供用户在 Windows 平台下自行开发构造所需的控制系统。因而这种开放结构运动控制卡被广泛应用于制造业自动化控制各个领域。如美国 Delta Tau 公司用 PMAC 多轴运动控制卡构造的 PMAC - NC 数控系统、日本 MAZAK 公司用三菱电动机的 MELDASMAGIC 64 构造的 MAZATROL 640 CNC 等。

（4）开放式数控系统。这是一种最新开放体系结构的数控系统。它提供给用户最大的选择和灵活性，它的 CNC 软件全部装在计算机中，而硬件部分仅是计算机与伺服驱动和外部 I/O 之间的标准化通用接口。就像计算机中可以安装各种品牌的声卡、CD - ROM 和相应的驱动程序一样。用户可以在基于 Windows、Linux 的平台上，利用开放的 CNC 内核，开发所需的各种功能，构成各种类型的高性能数控系统，与前几种数控系统相比，SOFT 型开放式数控系统具有最高的性能价格比，因而最有生命力。其典型产品有美国 MDSI 公司的 Open CNC、德国 Power Automation 公司的 PA8000 NT 等。

2）数控技术和数控机床的发展

20 世纪 90 年代以来，随着计算机技术突飞猛进的发展，数控技术正不断采用计算机、控制理论等领域的最新技术成就，使其朝着高速化、高精化、复合化、智能化、高柔性化及结构开放化等方向发展。

（1）运行高速化、加工高精化。速度和精度是数控设备的两个重要指标，直接关系到加工效率和产品质量。新一代数控设备在运行高速化、加工高精化等方面都有了更高的要求。运行高速化是指使进给速率、主轴转速、刀具交换速度、托盘交换速度等实现高速化，并且还具有较高的加（减）速率。当今著名品牌数控系统的进给率指标都有了大幅度的提高，目前的最高水平是在分辨率为 0.001mm 时，最大快速进给速度可达 240m/min。在最大进给速度下可获得复杂型面的精确加工，在程序段长度为 1mm 时，其最大进给速度达 30m/min。并且具有 1.5g 的加减速率。主轴高速化的手段是采用电主轴（内装式主轴电动机），即主轴电动机的转子轴就是主轴部件，从而可将主轴转速大大提高。日本新潟铁工所生产的 UHS10 型超高速数控立式铣床，主轴最高转速达 100000r/min。日本 MAZAK 公司最新开发的高效卧式加工中心 FF510，主轴最高转速 15000r/min，并由于具有高加（减）速率，仅需 1.8s 即可从 0 提速到 15000r/min（加/减速度 1.0g），换刀速度 0.9s（刀到刀）和 2.8s（切削到切削）、工作台（托盘）交换速度 6.3s。在加工高精化方面，提高数控设备的加工精度，除提高机械设备的制造精度和装配精度外，现在还可通过减少数控系统的误差和采用补偿技术来达到。由于计算机技术的不断进步，促进了数控技术水平提高，数控装置、进给伺服驱动装置和主轴伺服驱动装置的性能也随之提高，使得现代的数控设备可同时具备运行高速化、加工高精化的性能。

（2）功能复合化。复合化是指工件在一台设备上一次装夹后，通过自动换刀等各种措施，来完成多工序和多表面的加工。在一台数控设备上能完成多工序切削加工（如车、铣、镗、钻等）的加工中心，可代替多机床和多装夹的加工，既能减少装卸时间，省去工件搬运时间，提高每台机床的能力，减少半成品库存量，又能保证形位精度，从而打破了传统的工序界限和工艺规程。从近期发展趋势看，加工中心主要是通过主轴头的立卧自动转换和数控工作台来完成五面和任意方位上的加工，此外还出现了与车削或磨削复合的加工中心。

美国 INGERSOLL 公司的 Masterhead 是工序集中而实现全部加工的典型代表。这是一种带有主轴库的龙门五面体加工中心（四轴联动），使其加工工艺范围大为扩大。意大利 Mandell 公司的五面加工中心，其刀库中增加了一个可自动装卸的装在主轴箱上的车刀架，利用机床上可高速回转的回转工作台进行车削加工（即作为立车使用）。日本 MAZAK 公司推出的 NTEGEX30 车铣中心，备有链式刀库，可选刀具数量较多，使用动力刀具时，可进行较重负荷的铣削，并具有 Y 轴功能（±90mm），该机床实质上为车削中心和加工中心的复合体。另外，现代数控系统的控制轴数已达 24 轴，联动轴数可达 6 轴。

（3）控制智能化。随着人工智能技术的不断发展，并为满足制造生产柔性化及制造自动化发展的需求，数控技术智能化程度不断提高，具体体现在以下几个方面：

① 加工过程自适应控制技术。通过监测加工过程中的刀具磨损、破损、切削力、主轴功率等信息并反馈，利用传统的或现代的算法进行调节运算，实时修调加工参数或加工指令，使设备处于最佳运行状态，以提高加工精度、降低工件表面粗糙度值以及设备运行的安全性。Mitsubishi Electric 公司的用于数控电火花成型机床的"Miracle Fuzzy"自适应控制器，即利用基于模糊逻辑的自适应控制技术，自动控制和优化加工参数；日本牧野公司在电火花数控系统 MAKINO_MCE20 中，用专家系统代替操作人员进行加工过程监控，从而降低了对操作者具备专门技能的要求。

② 加工参数的智能优化与选择。将加工专家或技工的经验、切削加工的一般规律与特殊规律，按人工智能中知识表达的方式建立知识库存入计算机中，以加工工艺参数数据库为支撑，建立专家系统，并通过它提供经过优化的切削参数，使加工系统始终处于最优和最经济的工作状态，从而达到提高编程效率和加工工艺技术水平、缩短生产准备时间的目的。目前已开发出带自学习功能的神经网络电火花加工专家系统。日本大限公司的 7000 系列数控系统带有人工智能式自动编程功能。

③ 故障自诊断功能。故障诊断专家系统是诊断装置发展的最新动向，其为数控设备提供了一个包括二次监测、故障诊断、安全保障和经济策略等方面在内的智能诊断及维护决策信息集成系统。采用智能混合技术，可在故障诊断中实现以下的功能：故障分类、信号提取与特征提取、故障诊断专家系统对否、维护管理。

④ 智能化交流伺服驱动装置。目前已开始研究能自动识别负载，并自动调整参数的智能化伺服系统，包括智能主轴交流驱动装置和智能化进给伺服装置。这种驱动装置能自动识别电动机及负载的转动惯量，并自动对控制系统参数进行优化和调整，使驱动系统获得最佳运行。

⑤ 结构开放化。由于数控技术中大量采用计算机的新技术，新一代数控系统体系结构向开放式系统发展。国际上主要数控系统和数控设备生产国及其厂家瞄准通用 PC 机所具有的开放性、低成本、高可靠性、软硬件资源丰富等特点，于 20 世纪 80 年代末、90 年代初提出 CNC 开放式的体系结构，以通用微机的体系结构为基础构成的总线式（多总线）模块，开放型、嵌入式的体系结构，其软硬件和总线规范均是对外开放的，为数控设备制造厂和用户进行集成给予了有力的支持，便于进行二次开发，以发挥其技术特色。

借助 PC 技术可方便地实现图形界面、网络通信，共享 PC 的资源，使 CNC 紧跟计算机技术的发展而升级换代。经由加固的工业级 PC 机已在工业控制领域得到广泛应用，并逐渐成为主流，其技术上的成熟度使其可靠性大大超过了以往的专用 CNC 硬件。华中科技大学在"八五"期间研究开发出的具有自主版权的华中 I 型数控系统，即为软、硬件平台均对外开放的 PC 数控系统。目前，先进的数控系统为用户提供了强大的联网能力，除有 RS232C 串行口外，还带有远程缓冲功能的 DNC(直接数控)接口，甚至 MAP(Mini-MAP)或 Ethermet(以太网)接口，可实现控制器与控制器之间的联接，以及直接联接主机，使 DNC 和单元控制功能得以实现，便于将不同制造厂的数控设备用标准化通信网络联接起来，促进系统集成化和信息综合化，使远程操作、遥控及故障诊断成为可能。

⑥ 驱动并联化。除上述几个基本趋势外，值得一提的是数控机床的结构技术正在取得重大突破。近年来已出现了所谓 6 条腿结构的并联加工中心，如美国 GIDDINGS & LEWIS 公司的 VARIAX("变异型")加工中心、INGERSOLL 公司的 HAXAPOD("八面体的六足动物")加工中心等。这种新颖的加工中心是采用以可伸缩的 6 条"腿"(伺服轴)支撑并连接上平台(装有主轴头)与下平台(装有工作台)的构架结构形式，取代传统的床身、立柱等支撑结构，而没有任何导轨与滑板的所谓"虚轴机床"(Virtual Axis Machine)。其最显著的优点是机床基本性能高，精度和加工效率均比传统加工中心要好。随着这种结构技术的成熟和发展，数控机床技术将进入一个有重大变革和创新的新时代。

并联结构机床(图 1.13)是现代机器人与传统加工技术相结合的产物，其典型结构由动、静平台和 6 个可伸缩运动杆件组成，各运动杆以球铰与平台连接，并由伺服电动机滚珠丝杆副或直线电动机实现杆件的伸缩运动，工具平台能同时做六个自由度的空间运动。

由于它没有传统机床所必需的床身、立柱、导轨等制约机床性能提高的结构，所以具有现代机器人的模块化程度高、质量轻和速度快等优点。其表现为：切削力由杆件承担，仅受轴向载荷而没有弯扭载荷，机床变形小、承载能力强；无需以增加部件质量来提高刚度，机床质量轻、惯量小，可实现高的运动速度和加速度；以杆件作为运动部件，通用性好，

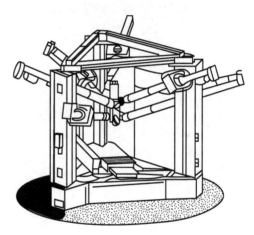

图 1.13　并联结构机床

模块化程度高，可方便地进行各种组合，形成不同的加工设备；没有导轨，可排除通常的磨损和几何误差等对加工精度的影响；结构对称，易于进行力、热变形的补偿。

⑦ 互联网络化。随着信息技术和数字计算机技术的发展，尤其是计算机网络的发展，世界正在经历着一场深刻的"革命"。在以网络化、数字化为基本特征的时代，网络化、数字化以及新的制造哲理深刻地影响 21 世纪的制造模式和制造观念。作为制造装备的数控机床也必须适应新制造模式和观念的变化，必须满足网络环境下制造系统集成的要求。

网络功能正逐渐成为现代数控机床、数控系统的基本特征之一。诸如现代数控机床的远程故障诊断、远程状态监控、远程加工信息共享、远程操作(危险环境的加工)、远程培训等都是以网络功能为基础的。如美国波音公司利用数字文件作为制造载体，首次利用网

络功能实现了无图纸制造波音 777 新型客机，开辟了数字化制造的新纪元；现在世界一些著名的数控系统公司都推出了具有网络集成能力的数控系统和数控机床。

1-1　简述数控机床、数控技术的基本概念。

1-2　简述数控机床的产生历程以及数控技术的发展趋势。

1-3　与传统机床相比，数控机床有何特点？

1-4　数控机床由哪几部分组成？各部分的作用是什么？

1-5　简述数控机床的加工原理、使用范围。

1-6　按控制系统的特点数控机床分为哪几类？

1-7　按伺服系统的控制原理数控机床分为哪几类？

1-8　什么是点位控制、直线控制、轮廓控制数控机床？

第**2**章
数控加工工艺

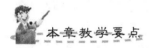 本章教学要点

知识要点	掌握程度	相关知识
数控加工工艺基础	了解数控加工工艺与传统加工工艺的区别，掌握工序划分、加工顺序安排、与普通加工工序的衔接； 掌握数控工艺编制的步骤	数控加工工艺的特点、内容及工艺设计方法； 数控机床工具系统及数控加工工艺文件的编制
数控车削加工工艺分析	熟悉数控车削加工工艺分析及加工特点，掌握加工路线的确定、刀具与工件相对位置确定、工件定位、装夹方式与夹具的选择、数控加工刀具的选择、加工余量的确定、切削用量的确定等工艺知识； 掌握数控车床加工工艺文件的制定； 了解切削用量的选用	典型零件的数控车削加工工艺编制和工艺文件制定； 车削刀具的结构和选用； 车削用量的概念及选用原则
数控铣削和加工中心加工工艺分析	熟悉数控铣床和加工中心工艺装备及走刀路线； 了解铣削用量的选用	典型零件的加工工艺编制； 铣削刀具的结构和选用； 铣削用量的概念及选用原则

导入案例

数控加工对加工技术的影响

数控技术的应用与发展，深深地影响着产品加工工艺的设计思路。

采用数控加工技术后，美国洛克希德公司 C－130 大型运输机机体采用钣金结构的比例由 90％ 下降到 30％，而采用蜂窝结构的比例由 10％ 增加到 70％。法国达索公司的幻影 2000 战斗机机体结构件钛合金质量就占 28％，复合材料占 17％。

目前，国内外飞机制造业已广泛采用数控铣削加工的整体结构。原来需要成百上千个钣金零件、连接件装配起来的梁、框、肋、壁板等组件，采用整体结构后只由几个零件组成，现代飞机结构件零件数量比按传统设计的数量约减少一半左右。在提高了整机制造质量的同时，减少了工艺装备数量、装配工作量和飞机质量，从而缩短了周期，降低了成本，生产技术管理工作也大为简化。

2.1 数控加工工艺基础

2.1.1 数控加工工艺概述

数控加工工艺是采用数控机床加工零件时所运用各种方法和技术手段的总和，应用于整个数控加工的过程。

数控加工工艺是伴随着数控机床的产生，不断发展和逐步完善起来的一门应用技术，研究的对象是数控设备完成数控加工全过程相关的集成化技术，最直接的研究对象是与数控设备息息相关的数控装置、控制系统、数控程序及编制方法。数控加工工艺源于传统的加工工艺，将传统的加工工艺、计算机数控技术、计算机辅助设计和辅助制造技术有机地结合在一起，它的一个典型特征是将普通加工工艺完全融入数控加工工艺中。数控加工工艺是数控编程的基础，高质量的数控加工程序，源于周密、细致的技术可行性分析、总体工艺规划和数控加工工艺设计。

1. 数控加工工艺的基本特点

普通加工工艺是数控加工工艺的基础和技术保障，由于数控加工采用计算机对机械加工过程进行自动化控制，使得数控加工工艺具有如下特点。

(1) 数控加工工艺远比普通机械加工工艺复杂。数控加工工艺要考虑加工零件的工艺性，加工零件的定位基准和装夹方式，也要选择刀具，制订工艺路线、切削方法及工艺参数等，加工工艺的内容必须明确而具体，工序集中，而这些在常规工艺中均可以简化处理。因此，数控加工工艺比普通加工工艺要复杂得多，影响因素也多，因而有必要对数控编程的全过程进行综合分析、合理安排，然后整体完善。相同的数控加工任务，可以有多个数控工艺方案，既可以选择以加工部位作为主线安排工艺，也可以选择以加工刀具作为主线来安排工艺。数控加工工艺的多样化是数控加工工艺的一个特色，是与传统加工工艺的显著区别。

(2) 数控加工工艺设计要有严密的条理性。由于数控加工的自动化程度较高，相对而言，数控加工的自适应能力就较差。而且数控加工的影响因素较多，比较复杂，需要对数控加工的全过程深思熟虑，数控工艺设计必须具有很好的条理性，也就是说，数控加工工艺的设计过程必须周密、严谨，没有错误。

(3) 数控加工工艺的继承性较好。凡经过调试、校验和试切削过程验证的，并在数控加工实践中证明是好的数控加工工艺，都可以作为模板，供后续加工相类似零件调用，这样不仅节约时间，而且可以保证质量。作为模板本身在调用中也是一个不断修改完善的过程，可以达到逐步标准化、系列化的效果。因此，数控工艺具有非常好的继承性。

(4) 数控加工工艺必须经过实际验证才能指导生产。由于数控加工的自动化程度高，安全和质量是至关重要的。数控加工工艺必须经过验证后才能用于指导生产。在普通机械加工中，工艺员编写的工艺文件可以直接下到生产现场用于指导生产，一般不需要上述的复杂过程。

数控加工工艺是数控编程的核心，只有将数控加工工艺合理、科学地融入数控编程中，编程员才能编制出高质量和高水平的数控程序。数控编程也是逐步完善数控工艺的过程。实践证明，数控加工失误的主要原因多为工艺方面考虑不周和计算、编程粗心大意。因此，编程人员除必须具备较扎实的工艺知识和较丰富的实际工作经验外，还必须具有耐心、细致的工作作风和高度的工作责任感。

2. 数控加工工艺的主要内容

一个合格的编程员首先应该是一个很好的工艺员，只有对数控机床的性能、特点和应用、切削规范及标准工具系统等非常熟悉，才能正确、合理地编制零件的加工程序。虽然数控加工工艺内容较多，但有些内容与普通机床加工工艺非常相似。根据实际应用的需要，数控加工工艺主要包括以下内容：

(1) 选择适合在数控机床上加工的零件，确定数控机床加工内容。

(2) 对零件图样进行数控加工工艺分析，明确数控加工内容及技术要求。

(3) 具体设计数控加工工序，如工步的划分、工件的定位与夹具的选择、刀具的选择、切削用量的确定等。

(4) 处理特殊的工艺问题，如对刀点、换刀点的选择，加工路线的确定，刀具补偿等。

(5) 程编误差及其控制。

(6) 处理数控机床上部分工艺指令，编制工艺文件。

2.1.2 数控加工工艺设计

工艺设计是对工件进行数控加工的前期工艺准备工作，必须在程序编制工作以前完成，因为只有工艺方案确定以后，编程才有依据。工艺方面考虑不周是造成数控加工差错的主要原因之一，工艺设计不好，往往要成倍增加工作量，有时甚至要推倒重来。因此，一定要注意先把工艺设计好，不要先急急忙忙考虑编程。

数控加工工艺设计的原则和内容在许多方面与普通工艺相同，下面仅针对不同点分别进行简析。数控加工工艺设计主要包括下列内容：

1. 数控加工工艺内容的选择

对于某个零件来说，并非全部加工工艺过程都适合在数控机床上完成，往往只是其中的一部分工艺内容适合数控加工。这就需要对零件图样进行仔细的工艺分析，选择那些最适合、最需要进行数控加工的内容和工序。在考虑选择内容时，应结合本企业设备的实际，立足于解决难题、攻克关键问题和提高生产效率，充分发挥数控加工的优势。

在选择数控加工内容时，一般可按下列顺序考虑：

(1) 通用机床无法加工的内容应作为优先选择内容。

(2) 通用机床难加工，质量也难以保证的内容应作为重点选择内容。

(3) 通用机床加工效率低、工人手工操作劳动强度大的内容，可在数控机床尚存在富裕加工能力时选择。

一般来说，上述这些加工内容采用数控加工后，在产品质量、生产效率与综合效益等方面都会得到明显提高。相比之下，下列一些内容不宜选择数控加工：

(1) 占机调整时间长。如以毛坯的粗基准定位加工第一个精基准，需用专用工装协调的内容。

(2) 加工部位分散，要多次装夹、设置原点。这时，采用数控加工很麻烦，效果不明显，可安排通用机床加工。

(3) 按某些特定的制造依据(如样板等)加工的型面轮廓。主要原因是获取数据困难，易与检验依据发生矛盾，增加了程序编制的难度。

此外，在选择和决定加工内容时，也要考虑生产批量、生产周期、工序间周转情况等。总之，要尽量做到合理，达到多、快、好、省的目的。要防止把数控机床降格为通用机床使用。

2. 数控机床的合理选用

不同类型的数控机床有着不同的用途，在选用数控机床之前应对其类型、规格、性能、特点、用途和应用范围有所了解，这样才能选择最适合加工零件的数控机床。从加工工艺的角度分析，所选用的数控机床必须适应被加工零件的形状、尺寸精度和生产节拍等要求。

(1) 形状尺寸适应性。所选用的数控机床必须适应被加工零件群组的形状尺寸要求。这一点应在被加工零件工艺分析的基础上进行，如加工空间曲面形状复杂的叶片，往往需要选择四轴或五轴联动数控铣床或加工中心。这里要注意的是防止由于冗余功能而付出昂贵的代价。

(2) 加工精度适应性。所选择的数控机床必须满足被加工零件群组的精度要求。为了保证加工误差不超差，必须分析生产厂家给出的数控机床精度指标，保证有三分之一的储备量。但要注意不要一味地追求不必要的高精度，只要能确保零件群组的加工精度即可。

(3) 生产节拍适应性。根据加工对象的批量和节拍要求来决定是用一台数控机床来完成加工，还是选择几台数控机床来完成加工；是选择柔性加工单元、柔性制造系统来完成加工，还是选择柔性生产线、专用机床和专用机床生产线来完成加工。

图 2.1 和图 2.2 为根据国内外数控技术应用实践，对数控机床加工的适用范围的定性分析。图 2.1 所示为随零件的复杂程度和生产批量的不同，3 种机床适用范围的变化。当零件不太复杂、生产批量不大时，宜采用普通机床；随着零件复杂程度的提高，数控机床

显得更为适用。图 2.2 所示为随着生产批量的不同，采用 3 种机床加工时，综合费用的比较。由图 2.2 可知，在多品种、小批量(100 件以下)生产时，使用数控机床可获得较好的经济效益，零件批量的增大，对所选用的数控机床是不利的。

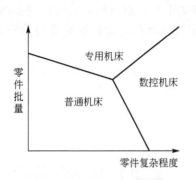

图 2.1　不同零件复杂程度与
零件批量下的机床选用

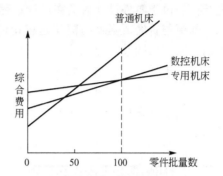

图 2.2　零件批量与综合费用关系

3. 数控加工工艺性分析

零件的工艺性是指所设计的零件在能够满足使用要求的前提下制造的可行性和经济性。被加工零件的数控加工工艺性问题涉及面很广，在此仅从数控加工的可能性和方便性提出一些必须分析和审查的主要内容。

1) 零件图样上尺寸数据的给出应符合编程方便的原则

(1) 尺寸标注应符合数控加工的特点。在数控编程中，所有点、线、面的尺寸和位置都是以编程原点为基准的。因此零件图上最好尽量以同一基准引注尺寸，或直接给出坐标尺寸，如图 2.3(a)所示。这种标注方法既便于编程，也便于尺寸之间的相互协调，在保持设计基准、工艺基准、检测基准与编程原点设置的一致性方面带来很大方便。由于零件设计人员一般在尺寸标注中较多地考虑装配等使用特性，而不得不采用局部分散的标注方法，这样就会给工序安排与数控加工带来许多不便。由于数控加工精度和重复定位精度都很高，不会因产生较大的积累误差而破坏使用特性，因此可将局部的分散标注法改为同一基准引注尺寸或直接给出坐标尺寸的标注法。

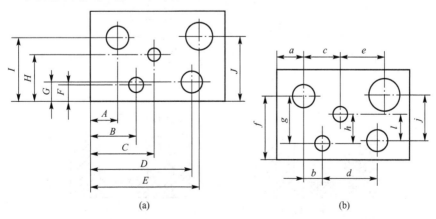

(a)　　　　　　　　　　　　(b)

图 2.3　尺寸的正确标注方法

（2）几何要素的条件应完整、准确。在程序编制中，编程人员必须充分掌握构成零件轮廓的几何要素参数及各几何要素间的关系。因为在自动编程时要对零件轮廓的所有几何元素进行定义，手工编程时要计算出每个基点的坐标，无论哪一点不明确或不确定，编程都无法进行。但由于零件设计人员在设计过程中考虑不周或被忽略，常常出现参数不全或不清楚，如圆弧与直线、圆弧与圆弧是相切还是相交或相离。所以在审查与分析图样时，一定要仔细，发现问题及时与设计人员联系。

（3）定位基准可靠。在数控加工中，加工工序往往较集中，以同一基准定位十分重要。因此往往需要设置一些辅助基准，或在毛坯上增加一些工艺凸台。如图2.4(a)所示的零件，为增加定位的稳定性，可在底面增加一工艺凸台，如图2.4(b)所示。在完成定位加工后可除去。

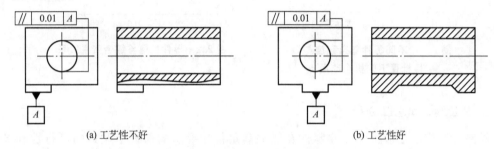

(a) 工艺性不好   (b) 工艺性好

图2.4　工艺凸台的应用

2）零件各加工部位的结构工艺性应符合数控加工的特点

（1）统一几何类型或尺寸。零件的内腔和外形最好采用统一的几何类型和尺寸。这样可以减少刀具规格和换刀次数，还可能应用控制程序或专用程序以缩短程序长度，使编程方便，生产效益提高。零件的形状尽可能对称，便于利用数控机床的镜向加工功能来编程，以节省编程时间。

（2）内槽圆角的大小决定着刀具直径的大小，因而内槽圆角半径不应过小。如图2.5所示，零件结构工艺性的好坏与被加工轮廓的高低、转接圆弧半径的大小等有关。与图2.5(a)相比，图2.5(b)过渡圆弧半径较大，可采用直径较大的铣刀来加工。加工平面

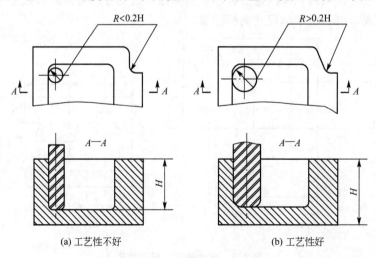

(a) 工艺性不好   (b) 工艺性好

图2.5　内槽结构工艺性

时，进给次数也相应减少，表面加工质量较高，所以其加工工艺性较好。通常 $R<0.2H$（H 为被加工轮廓面的最大高度）时，可判定零件该部位的工艺性不好。

（3）零件铣削底平面时，槽底圆角半径 r 不应过大。如图 2.6 所示，铣刀与铣削平面接触的最大直径 $d=D-2r$（D 为铣刀直径），圆角半径 r 越大，铣刀端刃铣削面积越小，铣刀端刃铣削平面的能力就越差，效率也越低，加工工艺性就越差。

（4）应采用统一的基准定位。在数控加工中，若没有统一的基准定位，会因工件的重新装夹而导致加工后的两个面上轮廓位置及尺寸出现误差。因此要避免上述问题的产生，保证两次装夹加工后其相对位置的准确性，应采用统一的基准定位。

零件上最好有合适的孔作为定位基准孔，若没有，要设置工艺孔作为定位基准孔（如在毛坯上增加工艺凸耳或在后续工序要铣去的余量上设置工艺孔）。若无法制出工艺孔时，最起码也要用经过加工的表面作为统一基准，以减少两次装夹产生的误差。

此外，还应分析零件所要求的加工精度、尺寸公差等是否可以保证、有无引起矛盾的多余尺寸或影响工序安排的封闭尺寸等。

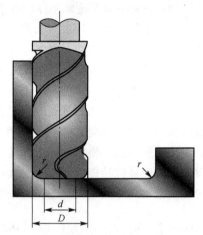

图 2.6　零件底面圆弧对结构工艺性的影响

4. 加工方法的选择与加工方案的确定

1）加工方法的选择

加工方法的选择原则是保证加工表面的加工精度和表面粗糙度的要求。由于获得同一级精度及表面粗糙度的加工方法一般有许多，因而在实际选择时，要结合零件的形状、尺寸大小和热处理要求等全面考虑。例如，对于 IT7 级精度的孔采用镗削、铰削、磨削等加工方法均可达到精度要求，但箱体上的孔一般采用镗削或铰削，而不宜采用磨削。一般小直径的箱体孔选择铰削，当孔径较大时则应选择镗削。此外，还应考虑生产率和经济性的要求，以及工厂的生产设备等实际情况。常用加工方法的经济加工精度及表面粗糙度可查阅有关工艺手册。

根据零件的形状及轮廓特征可分别按以下情况选择加工方法。

（1）旋转体零件的加工。这类零件用数控车床或数控磨床来加工。由于车削零件毛坯多为棒料或锻坯，加工余量较大且不均匀，因此在编程中，粗车的加工线路往往是要考虑的主要问题。图 2.7 所示为手柄加工实例，其轮廓由三个弧组成，由于加工余量较大而且又不均匀，因此，合理的方案是先用直线、斜线程序车掉图中虚线所示的加工余量，再用圆弧程序精加工成形。影响旋转体加工的因素，还有刀具的受力与强度，排屑与冷却等诸多因素，必须根据具体情况，酌情合理选择。

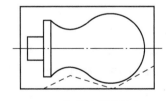

图 2.7　旋转体零件的加工

（2）孔系零件的加工。这类零件孔数较多，孔间位置精度要求较高，宜用点位控制的数控钻床与镗床加工。这样不仅可以减轻工人的劳动强度，提高生产率，而且还易于保证精度。这类零件加工时，孔系的定位都用快速运动、有两坐标联动功能的数控机床，可以指令两轴同时运动，对没有联动的数控机床，则只能指令两个坐标轴依次运动。此外，在编制加工程序时，还应采用子程序调用或自动循环的方法来减少程序段的数量，以减小加工程序的长度和提高加工的可靠性。

（3）平面与曲面轮廓零件的加工。平面轮廓零件的轮廓多由直线和圆弧组成，一般在两坐标联动的铣床上加工。如图2.8所示，加工一个有固定斜角的斜面可以采用不同的刀具，有不同的加工方法。在实际加工中，应根据零件的尺寸精度、倾斜角的大小、刀具的形状、零件的安装方法和编程的难易程度等因素选择一个较好的加工方案。

具有曲面轮廓的零件，多采用三个或三个以上坐标联动的数控铣床或加工中心加工，为了保证加工质量和刀具受力状况良好，加工中尽量使刀具回转中心线与加工表面处处垂直或相切。加工这类零件，常采用具有旋转坐标的四坐标、五坐标联动功能的铣床加工。如图2.9所示的变斜角外形轮廓面，便可以采用多坐标联动，不但生产效率高，而且加工质量好。但是这种机床设备投资大，因此可以在两轴半数控铣床上用锥形或鼓形铣刀，采用多次行切的方法进行加工，对于少量的加工痕迹可用手工修磨。

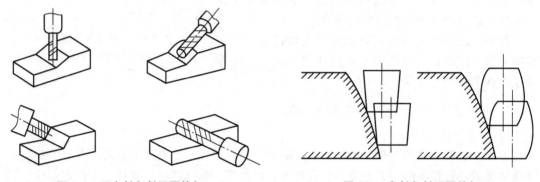

图 2.8　固定斜角斜平面的加工　　　　　图 2.9　变斜角斜平面的加工

（4）模具型腔的加工。一般情况下，该类零件型腔表面复杂、不规则，表面质量及尺寸精度要求高，且常采用硬、韧的难加工材料，此时可考虑选用数控电火花成形加工。用该法加工零件时，由于电极与工件不接触，没有机械加工时的切削力，故特别适宜加工低刚度工件和进行细微加工。

（5）板材零件的加工。这类零件可根据零件形状考虑采用数控剪板机，数控板料折弯机及数控冲压机加工。传统的冲压工艺是按模具生产工件的形状，然而模具结构复杂，易磨损，价格昂贵，生产率低。采用数控冲压设备，能使加工过程按程序要求自动控制，可采用小模具冲压加工形状复杂的大工件，一次装夹集中完成多工序加工。采用软件排样，既能保证加工精度，又能获得高的材料利用率。所以采用数控板材冲压技术，节省模具、材料，生产效率高，特别是工件形状复杂，加工精度要求高，品种更换频繁时，更具有良好的技术经济效益。

（6）平板形零件的加工。该类零件可选择数控电火花线切割机床加工。这种加工方法除了工件内侧角部的最小半径由金属丝直径限制外，任何复杂的内、外侧形状都可以加工，而且加工余量少，加工精度高，无论被加工零件的硬度如何，只要是导体或半导体材料都能加工。

2) 加工方案的确定

零件上比较精密表面的加工,常常是通过粗加工、半精加工和精加工逐步达到的。对这些表面仅仅根据质量要求选择相应的最终加工方法是不够的,还应正确地确定从毛坯到最终成形的加工方案。

确定加工方案时,首先应根据主要表面的精度和表面粗糙度的要求,初步确定为达到这些要求所需要的加工方法。例如,对于孔径不大的 IT7 级精度的孔,最终加工方法取精铰时,则精铰孔前通常要经过钻孔、扩孔和粗铰孔等加工。表 2-1 为 H13~H7 孔的加工方式,仅供参考。

表 2-1　H13~H7 孔的加工方式(孔长度≤直径的 5 倍)　　　(单位:mm)

孔的精度	孔的毛坯性质	
	在实体材料上加工孔	预先铸出或热冲出的孔
H13、H12	一次钻孔	用扩孔钻钻孔或镗刀镗孔
H11	孔径≤10:一次钻孔 孔径>10~30:钻孔及扩孔 孔径>30~80:钻孔、扩孔或钻、扩、镗孔	孔径≤80:粗扩、精扩或单用镗刀粗镗、精镗或根据余量一次镗孔或扩孔
H10 H9	孔径≤10:钻孔及铰孔 孔径>10~30:钻孔、扩孔及铰孔 孔径>30~80:钻孔、扩孔、铰孔或钻、镗、铰(或镗)孔	孔径≤80:用镗刀粗镗(一次或两次,根据余量而定)、铰孔(或精镗)
H8 H7	孔径≤10:钻孔、扩孔、铰孔 孔径>10~30:钻孔、扩孔及一次或两次铰孔 孔径>30~80:钻孔、扩孔(或用镗刀分几次粗镗)一次或两次铰孔(或精镗)	孔径≤80:用镗刀粗镗(一次或两次,根据余量而定)及半精镗、精镗或精铰

5. 数控加工工艺路线的设计

与常规工艺路线拟定过程相似,数控加工工艺路线的设计,最初也需要找出零件所有的加工表面并逐一确定各表面的加工方法,其每一步相当于一个工步。然后将所有工步内容按一定原则排列成先后顺序。再确定哪些相邻工步可以划为一个工序,即进行工序的划分。最后将所需的其他工序如常规工序、辅助工序、热处理工序等插入,衔接于数控加工工序序列中,就得到了要求的工艺路线。数控加工的工艺路线设计与普通机床加工的常规工艺路线拟定的区别主要在于它仅是几道数控加工工艺过程的概括,而不是指从毛坯到成品的整个工艺过程,由于数控加工工序一般均穿插于零件加工的整个工艺过程,因此在工艺路线设计中,一定要兼顾常规工序的安排,使之与整个工艺过程协调吻合。工艺流程如图 2.10

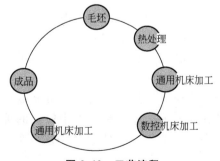

图 2.10　工艺流程

所示。

设计数控工艺路线时主要应注意以下几个问题。

1）工序的划分

在划分工序时，一定要视零件的结构与工艺性、机床的功能、零件数控加工内容的多少、装夹次数及本单位生产组织状况灵活掌握。零件宜采用工序集中的原则还是采用工序分散的原则，也要根据实际需要和生产条件来确定，要力求合理。在数控机床上加工的零件，一般按工序集中原则划分工序。一般有以下几种划分方式：

（1）按装夹定位方式划分工序。一次装夹应尽可能完成所有能加工的表面加工，以减少工件装夹次数、减少不必要的定位误差。该方法一般适合于加工内容不多的工件，加工完毕就能达到待检状态。例如，对同轴度要求很高的孔系，应在一次定位后，通过换刀完成该同轴孔系的全部加工，然后再加工其他坐标位置的孔，以消除重复定位误差的影响，提高孔系的同轴度。如图 2.11 所示的凸轮零件，按定位方式可分为两道工序，第一道工序可以在数控机床上也可以在普通机床上进行。以外圆表面和 B 平面定位加工端面 A 和 $\phi 22H7$ 的内孔，然后加工端面 B 和 $\phi 4H7$ 的工艺孔；在数控铣床上以加工过的两个孔和一个端面定位安装，在一道工序内铣削凸轮剩余的外表面轮廓。

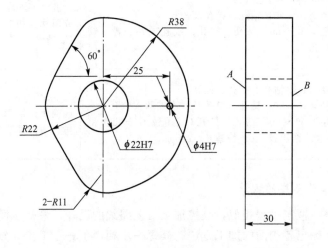

图 2.11 凸轮零件图

（2）按所用刀具划分工序。以同一把刀具完成的那一部分工艺过程为一道工序。这种方法适用于工件的待加工表面较多，机床连续工作时间过长，加工程序的编制和检查难度较大等情况。在数控镗铣床和加工中心上常用这种方法。

（3）按粗、精加工划分工序。考虑工件的加工精度要求、刚度和变形等因素来划分工序时，可按粗、精加工分开的原则来划分工序，即以粗加工中完成的那部分工艺过程为一道工序，精加工中完成的那部分工艺过程为另一道工序。一般来说，在一次装夹中一般不将工件的某一表面粗、精不分地加工至精度要求后再加工工件的其他表面。

（4）按加工部位划分工序。以完成相同型面的那一部分工艺过程为一道工序。有些零件加工表面多而复杂，构成零件轮廓的表面结构差异较大，可按其结构特点（如内型、外形、曲面或平面等）划分成多道工序。

2）工步的划分

为了便于分析和描述较复杂的工序，在工序内又细分为工步。工步的划分主要从加工精度和效率两方面考虑。在一个工序内往往需要采用不同的刀具和切削用量，对不同的表面进行加工。下面以加工中心为例来说明工步划分的原则：

（1）同一表面按粗加工、半精加工、精加工依次完成，或全部加工表面按先粗后精加工分开进行。

（2）对于既有铣面又有镗孔的零件，可先铣面后镗孔。按此方法划分工步，可以提高孔的精度。因为铣削时切削力较大，工件易发生变形。先铣面后镗孔，使其有一段时间恢复，减少由变形引起的对孔的精度的影响。

（3）按刀具划分工步。某些机床工作台回转时间比换刀时间短，因此可按刀具划分工步，以减少换刀次数，提高加工效率。

综上所述，在划分工序与工步时，一定要视零件的结构与工艺性、机床的功能、零件数控加工内容的多少、装夹次数以及生产组织等实际情况灵活掌握。

3）加工顺序的安排

加工顺序安排的合理与否，将直接影响到零件的加工质量、生产率和加工成本。应根据零件的结构和毛坯状况，结合定位及夹紧的需要综合考虑，重点应保证工件的刚度不被破坏，尽量减少变形。加工顺序的安排应遵循下列原则：

（1）尽量使工件的装夹次数、工作台转动次数、刀具更换次数及所有空行程时间减至最少，提高加工精度和生产效率。

（2）先内后外原则，即先进行内型内腔加工，后进行外形加工。

（3）为了及时发现毛坯的内在缺陷，精度要求较高的主要表面的粗加工一般应安排在次要表面粗加工之前；大表面加工时，因内应力和热变形对工件影响较大，一般也需先加工。

（4）在同一次装夹中进行的多个工步，应先安排对工件刚性破坏较小的工步。

（5）为了提高机床的使用效率，在保证加工质量的前提下，可将粗加工和半精加工合为一道工序。

（6）加工中容易损伤的表面（如螺纹等），应放在加工路线的后面。

（7）上道工序的加工不能影响下道工序的定位与夹紧，中间穿插有通用机床加工工序的也要综合考虑。

4）数控加工工序与普通工序的衔接

数控加工的工艺路线设计常常仅是几道数控加工工艺过程，而不是指毛坯到成品的整个工艺过程。由于数控加工工序常常穿插于零件加工的整个工艺过程中间，因此在工艺路线设计中一定要全面，瞻前顾后，使之与整个工艺过程协调吻合。如果协调衔接得不好就容易产生矛盾，最好的办法是建立相互状态要求，如：要不要留加工余量，留多少；定位面与定位孔的精度要求及形位公差；对毛坯的热处理状态要求等。目的是达到能满足加工需要，且质量目标及技术要求明确，交接验收有依据。

数控工艺路线设计是下一步工序设计的基础，其设计的质量会直接影响零件的加工质量与生产效率。

6．数控加工工序的设计

当数控加工工艺路线设计完成后，各道数控加工工序的内容已基本确定。接下来便可以进行数控加工工序设计。

数控加工工序设计的主要任务是拟定本工序的具体加工内容、切削用量、定位夹紧方式及刀具运动轨迹，选择刀具、夹具、量具等工艺装备，为编制加工程序作好充分准备。在工序设计中应着重注意以下几个方面。

1）确定走刀路线和安排工步顺序

走刀路线是刀具在整个加工工序中的运动轨迹，它不但包括了工步的内容，也反映出工步顺序。走刀路线是编写程序的重要依据之一，因此，在确定走刀路线时最好画一张工序简图，将已经拟定出的走刀路线画上去（包括进、退刀路线），这样可为编程带来方便。工步的划分与安排一般可根据走刀路线来进行，在确定走刀路线时，主要考虑下列几点：

（1）选择最短走刀路线，减少空行程时间，以提高加工效率。

（2）为保证工件轮廓表面加工后的粗糙度要求，精加工时，最终轮廓应安排在最后一次走刀连续加工出来。

（3）刀具的进退刀（切入与切出）路线要认真考虑，尽量减少在轮廓处停刀以避免切削力突然变化造成弹性变形而留下刀痕。一般应沿着零件表面的切向切入和切出，尽量避免沿工件轮廓面垂直方向进退刀而划伤工件。

（4）要选择工件在加工后变形较小的路线。例如对细长零件或薄板零件，应采用分几次走刀加工到最后尺寸，或采用对称去余量法安排走刀路线。

2）定位基准与夹紧方案的确定

在确定定位基准与夹紧方案时应注意下列三点：

（1）力求设计、工艺与编程计算的基准统一。

（2）尽量减少装夹次数，尽可能做到在一次定位装夹后就能加工出全部待加工表面。

（3）避免采用占机人工调整式方案。

3）夹具的选择

数控加工的特点对夹具提出了两个基本要求：一是要保证夹具的坐标方向与机床的坐标方向相对固定，二是要能协调零件与机床坐标系的关系。除此之外，主要考虑下列几点：

（1）当零件加工批量小时，尽量采用组合夹具、可调式夹具及通用夹具。

（2）当成批生产时，考虑采用专用夹具，但应力求结构简单。

（3）夹具尽量要开敞，其定位、夹紧机构元件不能影响加工中的走刀，以免产生碰撞。

（4）装卸零件要方便可靠，以缩短准备时间，有条件时，批量较大的零件应采用气动或液压夹具、多工位夹具等。

4）刀具的选择

数控加工的特点对刀具的强度及耐用度要求较普通加工严格。因为刀具的强度不好，一是刀具不宜兼做粗、精加工，影响生产效率；二是在数控自动加工中极易产生折断刀具的事故；三是加工精度会大大下降。刀具的耐用度差，则要经常换刀、对刀，增加了辅助时间，也容易在工件轮廓上留下接刀刀痕，影响工件表面质量。

对数控机床刀具，不同的零件材质，存在一个切削速度、背吃刀量和进给量三者互相适应的最佳切削参数。这对大零件、稀有金属零件、贵重零件更为重要，工艺编程人员在选择刀具时，要注意对工件的结构及工艺性认真分析，结合工件材料、毛坯余量及具体加工部位综合考虑。努力摸索这个最佳切削参数，以提高生产效率。

由于编程人员不直接设计刀具，仅能向刀具设计或采购人员提出技术条件及建议，因此，大多数情况下只能在现有刀具规格的情况下进行有限的选择。然而，数控加工中配套使用的各种刀具、辅具（刀柄、刀套、夹头等）要求严格，在如何配置刀具、辅具方面应掌握一条原则：质量第一，价格第二。只要质量好，耐用度高，即使价格高一些，也值得购买。工艺人员还要特别注意国内外新型刀具的开发成果，以便适时采用。

刀具确定好以后，要把刀具规格、专用刀具代号和该刀所要加工的内容列表记录下来，供编程时使用。

5）确定对刀点与换刀点

对刀点就是刀具相对工件运动的起点。在编程时不管实际上是刀具相对工件移动，还是工件相对刀具移动，都是把工件看作相对静止，而刀具相对运动。对刀点可以设在被加工零件上，也可以设在与零件定位基准有固定尺寸联系的夹具上的某一位置。选择对刀点时要考虑找正容易，编程方便，对刀误差小，加工时检查方便、可靠。具体选择原则如下：

（1）刀具的起点应尽量选在零件的设计基准或工艺基准上。如以孔定位的零件，应将孔的中心作为对刀点，以提高零件的加工精度。

（2）对刀点应选在便于观察和检测，对刀方便的位置上。

（3）对于建立了绝对坐标系统的数控机床，对刀点最好选在该坐标系的原点上，或者选在已知坐标值的点上，以便于坐标值的计算。

对刀误差可以通过试切加工结果进行调整。

换刀点是为加工中心、数控车床等多刀加工的机床而设置的，因为这些机床在加工过程中间要自动换刀。为防止换刀时碰伤零件或夹具，换刀点常常设置在被加工零件的外面一定距离的地方，并要有一定的安全量。

6）确定切削用量

数控切削用量主要包括背吃刀量、主轴转速及进给速度等。对粗精加工、钻、铰、镗孔与攻螺纹等的不同切削用量都应编入加工程序。上述切削用量的选择原则与通用机床加工相同，具体数值应根据数控机床使用说明书和金属切削原理中规定的方法及原则，结合实际加工经验来确定。在计算好各部位与各把刀具的切削用量后，建立一张用量表，供编程时使用。

7. 数控加工工艺守则

数控加工除应遵守普通加工通用工艺守则的有关规定外，还应遵守表2-2所列的数控加工工艺守则。

表 2-2　数控加工工艺守则(JB/T 9168.10—1998)

项目	要求内容
加工前的准备	(1) 操作者必须根据机床使用说明书熟悉机床的性能、加工范围和精度,并要熟练地掌握机床及其数控装置或计算机各部分的作用及操作方法; (2) 检查各开关、旋钮和手柄是否在正确位置; (3) 启动控制电气部分,按规定进行预热; (4) 开动机床使其空运转,并检查各开关、按钮、旋钮和手柄的灵敏性及润滑系统是否正常等; (5) 熟悉被加工件的加工程序和编程原点
刀具与工件的装夹	(1) 安放刀具时应注意刀具的使用顺序,刀具的安放位置必须与程序要求的顺序和位置一致; (2) 工件的装夹除应牢固可靠外,还应注意避免在工作中刀具与工件或刀具与夹具发生干涉
加工	(1) 进行首件加工前,必须经过程序检查(试走程序)、轨迹检查、单程序段试切及工件尺寸检查等步骤; (2) 在加工时,必须正确输入程序,不得擅自更改程序; (3) 在加工过程中操作者应随时监视显示装置,发现报警信号时应及时停车排除故障; (4) 零件加工完成后,应将程序纸带、磁带或磁盘等收藏起来妥善保管,以备再用

2.1.3　数控机床的刀具与工具系统

刀具与工具的选择是数控加工工艺中重要的内容之一,它不仅影响机床的加工效率,而且直接影响加工质量。与传统的加工方法相比,数控加工对刀具和工具的要求更高。不仅要求精度高、刚度好、耐用度高,而且要求尺寸稳定、安装调整方便。

1. 数控加工刀具材料

(1) 高速钢。高速钢是传统的刀具材料,其常温硬度为 62～65HRC,热硬性可到 500～600℃。淬火后变形小,易刃磨,可锻制和切削。它不仅可用来制造钻头、铣刀,还可用来制造齿轮刀具、成形铣刀等复杂刀具。但由于其允许的切削速度较低(50m/min),所以大都用于数控机床的低速加工。

(2) 硬质合金。硬质合金的常温硬度可达 74～82HRC,能耐 800～1000℃的高温。生产成本较低,可在中速(150m/min)、大进给切削中发挥出优良的切削性能,因此成为数控加工中最为广泛使用的刀具材料。一般将硬质合金刀块用焊接或机械夹固的方式固定在刀体上。

(3) 涂层硬质合金。涂层硬质合金刀具是在韧性较好的硬质合金刀具上涂覆一层或多层耐磨性好的 TiN、TiCN、TiAlN 和 Al_2O_3 等,涂层的厚度为 2～18μm。涂层通常起到两方面的作用:一方面,它具有比刀具基体和工件材料低得多的热传导系数,减弱了刀具基体的热作用;另一方面,它能够有效地改善切削过程的摩擦和黏附作用,降低切削热的生成。TiN 具有低摩擦特性,可减少涂层组织的损耗。TiCN 可降低后刀面的磨损。TiCN 涂层硬度较高。Al_2O_3 涂层具有优良的隔热效果。涂层硬质合金刀具与硬质合金刀具相比,无论在强度、硬度和耐磨性方面均有了很大的提高。对于硬度为 45～55HRC 的工件的切削，低成本的涂层硬质合金可实现高速切削。

（4）陶瓷材料。陶瓷刀具具有高硬度（91～95HRA）、高强度（抗弯强度为750～1000MPa）、耐磨性好、化学稳定性好、良好的抗黏结性能、摩擦系数低且价格低廉等优点。陶瓷刀具还具有很高的高温硬度，1200℃时硬度达到80HRA。正常使用时，陶瓷刀具寿命极长，切削速度可比硬质合金刀具提高2～5倍，特别适合高硬度材料加工、精加工以及高速加工，可加工硬度达60HRC的各类淬硬钢和硬化铸铁等。常用的有氧化铝基陶瓷、氮化硅基陶瓷和金属陶瓷等。氧化铝基陶瓷刀具比硬质合金有更高的热硬性，高速切削状态下切削刃一般不会产生塑性变形，但它的强度和韧性较低。氮化硅基陶瓷除热硬性高以外，还具有良好的韧性，与氧化硅基陶瓷相比，它的缺点是在加工钢时易产生高温扩散，加剧刀具磨损。氮化硅基陶瓷刀具主要应用于断续车削灰铸铁及铣削灰铸铁。金属陶瓷是一种以碳化物为基体材料，与硬质合金相似的刀具材料，但它具有较低的亲和性、良好的摩擦性及较好的耐磨性，它比常规硬质合金一样能承受更高的切削温度，但缺乏硬质合金的耐冲击性、重型加工时的韧性和低速大进给时的强度。

（5）立方氮化硼（CBN）。CBN是人工合成的高硬度材料，其硬度可达7300～9000HV，其硬度和耐磨性仅次于金刚石，有极好的高温硬度，与陶瓷刀具相比，其耐热性和化学稳定性稍差，但冲击韧度和抗破碎性能较好。它广泛适用于淬硬钢（HRC50以上）、珠光体灰铸铁、冷硬铸铁和高温合金等的切削加工。与硬质合金刀具相比，其切削速度可提高一个数量级。CBN含量高的PCBN（聚晶立方氮化硼）刀具硬度高、耐磨性好、抗压强度高及冲击韧度好，其缺点是热稳定性差和化学惰性低，适用于耐热合金、铸铁和铁系烧结金属的切削加工。复合PCBN刀具中CBN颗粒含量较低，采用陶瓷作黏结剂，其硬度较低，但弥补了CBN含量高的PCBN热稳定性差、化学惰性低的特点，适用于淬硬钢的切削加工。在切削灰铸铁和淬硬钢的应用领域，陶瓷刀具和CBN刀具是可供同时选择的。对淬硬钢进行干式切削加工时，选用氧化铝基陶瓷的成本要低于PCBN材料，因为陶瓷刀具具有良好的热化学稳定性，但韧性和硬度却不及PCBN刀具。在切削硬度低于60HRC和小进给量情况下的工件时，陶瓷刀具是较好的选择。PCBN刀具适合于工件硬度高于60HRC的情况，尤其是对于自动化加工和高精度加工时更为重要。

（6）聚晶金刚石（PCD）。PCD作为最硬的刀具材料，硬度可达10000HV，具有最好的耐磨性，它能够以高速度（1000m/min）和高精度加工软的有色金属材料，但它对冲击敏感，容易碎裂，而且对黑色金属中铁的亲和力强，易引起化学反应，一般情况下只能用于加工非铁零件，如有色金属及其合金、玻璃纤维、工程陶瓷和硬质合金等极硬的材料。

2. 数控机床加工用工具系统

数控加工中心刀具装夹部分的结构、形式和尺寸是多种多样的，把通用性较强的几种装夹工具系列化、标准化就是工具系统。我国除了已制定的标准刀具系列外，还建立了TSG82数控工具系统，如图2.12所示。TSG82系统是镗铣类数控工具系统，是联系数控机床的主轴与刀具之间的辅助系统。该系统的各种辅具和刀具结构简单、紧凑、装卸灵活、使用方便、更换迅速。

3. 数控刀具的刀位点

所谓刀位点，如图2.13所示，是指加工和编制程序时，用于表示刀具特征的点，也是对刀和加工的基准点。镗刀和车刀的刀位点通常指刀具的刀尖；钻头的刀位点通常指钻尖；

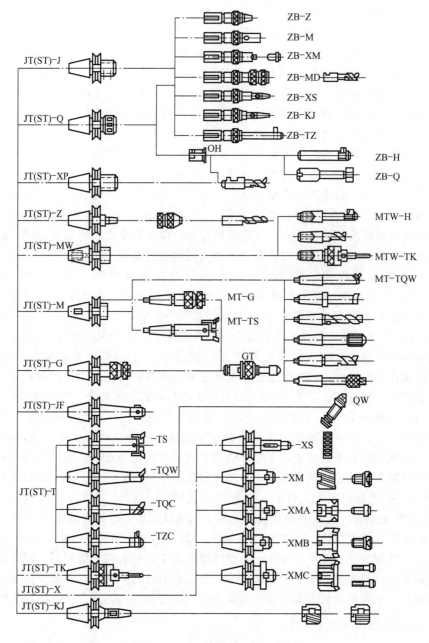

图 2.12　TSG62 数控工具系统图

立铣刀、端面铣刀和键槽铣刀的刀位点指刀具底面的中心；而球头铣刀的刀位点指球头中心。

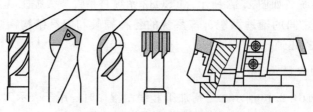

图 2.13　数控刀具的刀位点

2.1.4 数控加工工艺文件的编制

编写数控加工专用技术文件是数控加工工艺设计的重要内容之一。下面介绍几种数控加工专用技术文件。

1. 数控加工工序卡

数控加工工序卡是根据机械加工工艺过程卡制定的，它更详细地说明了整个零件各个工序的要求，是用来指导工人操作的工艺文件。工序卡不仅应包含每一工步的加工内容，还应包含程序段号、所用刀具类型及材料、刀具号、刀具补偿号及切削用量等内容。表2-3是数控车床加工工序卡的一种格式。

表2-3 数控加工工序卡片

（单位）	数控加工工序卡		产品名称或代号		零件名称	零件图号
工艺序号	程序编号	夹具名称	夹具编号		使用设备	加工车间
工步号	工步内容		刀具号	刀具规格	主轴转速/(r/min)	进给速度/(mm/r)	背吃刀量/mm
1			T_				
2			T_				
3			T_				
编制		审核		批准		第 页	共 页

在工序加工内容不十分复杂的情况下，用数控加工工序卡的形式，可以把零件草图、尺寸、技术要求、工序内容及程序要说明的问题集中反映在一张卡片上，做到一目了然。

2. 数控加工刀具卡

数控加工刀具卡也是用来编制零件加工程序和指导生产的主要工艺文件，主要包括刀具号、刀具名称及规格、刀辅具等。不同类型的数控机床刀具卡也不完全一样。表2-4是数控机床加工刀具卡的一种格式。

表2-4 数控加工刀具卡片

（单位）	数控加工刀具卡			产品名称	产品代号	零件名称	零件图号
设备名称		设备型号		工序号		工序名称	程序编号
工步	刀具	刀具名称	刀柄型号	刀具规格 直径/mm	长度/mm	刀片 牌号	材料	备注
1								
2								
3								
				设计	日期	校对	日期	审核	日期	共 页
标记	处数	更改文件号	签字	日期				第 页

3. 数控加工走刀路线图

在数控加工中，刀具的刀位点相对于工件运动的轨迹称为加工路线。所谓"刀位点"是指刀具对刀时的理论刀尖点。如车刀、镗刀的刀尖；钻头的钻尖；立铣刀、端铣刀刀头底面的中心，球头铣刀的球头中心等。此外，确定加工路线时，还要考虑工件的加工余量和机床、刀具的刚度等情况，是一次走刀，还是多次走刀来完成加工，以及在铣削加工中是采用顺铣还是逆铣等。

编程时，加工路线的确定原则主要有以下几点：

(1) 加工路线应保证被加工零件的精度和表面粗糙度，且效率较高。

(2) 使数值计算简单，以减少编程工作量。

(3) 应使加工路线最短，这样既可减少程序段，又可减少空刀时间。

一般用数控加工走刀路线图来反映刀具进给路线，该图应准确描述刀具从起刀点开始，直到加工结束返回终点的轨迹。它不仅是程序编制的基本依据，而且也便于机床操作者了解刀具的运动路线（如从哪里进刀，从哪里抬刀等），计划好夹紧位置及控制夹紧元件的高度，以避免碰撞事故发生。走刀路线图一般可用统一约定的符号来表示（如用虚线表示快速进给，实线表示切削进给等），不同的机床可以采用不同的图例与格式。具体请注意后面相关内容的介绍。

4. 数控加工程序单

数控加工程序单是编程员根据工艺分析情况，经过数值计算，按照数控机床的程序格式和指令代码编制的。它是记录数控加工工艺过程、工艺参数、位移数据的清单以及手动数据输入、实现数控加工的主要依据，同时可帮助操作人员正确理解加工程序内容。不同的数控机床、数控系统，数控加工程序单的格式也不同。表2-5是FANUC系统常用的数控加工程序单格式。

表2-5 FANUC系统常用数控加工程序单

零件号		零件名称		编制		审核	
程序号				日期		日期	

N	G	X	Y	Z	I	J	K	R	F	M	S	T	H	P	Q	备注

2.2 数控车削加工工艺

2.2.1 数控车削的主要加工对象

数控车削是数控加工中使用最多的加工方法之一。数控车床加工精度高，能作直线和圆弧插补（高档车床数控系统还具有非圆曲线插补功能），在加工过程中能自动变速，因此其工艺范围较普通车床宽得多。数控车床的加工对象主要有以下几种。

1．精度要求高的回转体零件

因数控车床刚性好，制造精度、对刀精度、重复定位精度高，具有刀具补偿功能，使其可加工尺寸精度要求高的零件；数控车床的刀具运动通过高精度插补运算和伺服驱动实现，可加工对母线直线度、圆度、圆柱度等形状精度要求高的零件；数控车床的制造精度高，工件装夹次数少，对提高零件的位置精度有利。

2．表面粗糙度要求高的回转体零件

数控车床具有恒线速度切削功能，能以最佳线速度切削，使各加工面获得均匀一致的表面粗糙度。

3．轮廓形状复杂的回转体零件

数控车床具有直线和圆弧插补功能，可车削任意直线和曲线组成的形状复杂的回转体零件。如：球面、方程曲线、列表曲线。

4．带特殊类型螺纹的回转体零件

数控车床可加工任何等导程的直、锥、端面螺纹，也可加工增、减导程螺纹，以及要求等导程与变导程间平滑过渡的螺纹（如非标丝杠）。因主轴无需变向，故螺纹车削效率高。数控车床可以配备精密螺纹切削功能，采用硬质合金成形刀具及较高的转速，所以车出的螺纹精度高，表面粗糙度小。

2.2.2 数控车削加工刀具

1）数控车刀的类型与选择

（1）根据加工用途分类：车床主要用于加工回转表面的零件，所以数控车床的刀具可以分为外圆车刀、内孔车刀、螺纹车刀、切槽刀等。图 2.14 所示为常用车刀。

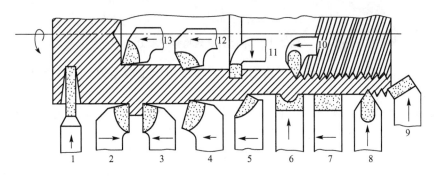

图 2.14　常用车刀

1—切槽刀；2—90°左偏刀；3—90°右偏刀；4—弯头车刀；5—直头车刀；
6—成形车刀；7—宽刃精车刀；8—外螺纹车刀；9—端面车刀；
10—内螺纹车刀；11—内槽车刀；12—通孔车刀；13—盲孔车刀

（2）根据刀尖的形状分类：尖形车刀、圆弧形车刀和成形车刀，如图 2.15 所示。

① 尖形车刀：以直线形切削刃为特征的车刀一般称为尖形车刀。这类车刀的刀尖由直线形的主、副切削刃构成，加工零件时，其零件的轮廓形状主要由一个独立的刀尖或一

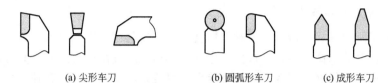

(a) 尖形车刀　　　　(b) 圆弧形车刀　　　　(c) 成形车刀

图 2.15　不同刀尖形状的数控车刀

条直线形主切削刃位移后得到。如 90°内外圆车刀、左右端面车刀、切断(车槽)车刀及刀尖倒角很小的各种外圆和内孔车刀。

② 圆弧形车刀：较为特殊的数控加工用车刀。其特点是，构成主切削刃的刀刃形状为一圆度误差或线轮廓误差很小的圆弧；该圆弧刃每一点都是圆弧形车刀的刀尖，因此，刀位点不在圆弧上，而在该圆弧的圆心上；车刀圆弧半径理论上与被加工零件的形状无关，并可按需要灵活确定或经测定后确认。当某些尖形车刀或成形车刀(如螺纹车刀)的刀尖具有一定的圆弧形状时，也可作为圆弧形车刀使用。圆弧形车刀可以用于车削内外表面，特别适宜于车削各种光滑连接(凹形)的成形面。

③ 成形车刀：俗称样板车刀，其加工零件的轮廓形状完全由车刀刀刃的形状和尺寸决定。数控车削加工中，常见的成形车刀有小半径圆弧车刀、非矩形槽车刀和螺纹车刀等。在数控加工中，应尽量少用或不用成形车刀。

(3) 根据车刀结构分类：整体式车刀、焊接式车刀和机夹式车刀，如图 2.16 所示。

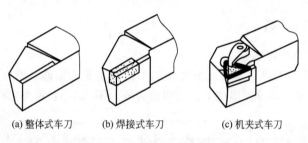

(a) 整体式车刀　　　　(b) 焊接式车刀　　　　(c) 机夹式车刀

图 2.16　不同刀具结构数控车刀

① 整体式车刀：主要是整体高速钢车刀，通常用于小型车刀、螺纹车刀和形状复杂的成形车刀。

② 焊接式车刀：在碳钢刀杆上按刀具几何角度的要求开出刀槽，用焊料将硬质合金刀片焊接在刀槽内，并按所选择的几何参数刃磨后使用的车刀。

③ 机夹式车刀：采用普通刀片，用机械夹固的方法将刀片夹持在刀杆上使用的车刀。机夹式车刀分为机夹式可重磨车刀和机夹式不重磨车刀(可转位)。此类刀具有如下特点。

a. 刀片不经过高温焊接，避免了因焊接而引起的刀片硬度下降、产生裂纹等缺陷，提高了刀具的耐用度。

b. 由于刀具耐用度提高，使用时间较长，换刀时间缩短，提高了生产效率。

c. 刀杆可重复使用，既节省了钢材，又提高了刀片的利用率，刀片由制造厂家回收再制，提高了经济效益，降低了刀具成本。

d. 刀片重磨后，尺寸会逐渐变小，为了恢复刀片的工作位置，往往在车刀结构上设有刀片的调整机构，以增加刀片的重磨次数。

e. 压紧刀片所用的压板端部，可以起断屑器作用。

2）机夹可转位车刀

数控车床使用的刀具，无论是车刀、镗刀、切断刀还是螺纹加工刀具，除经济型数控车床外，目前已广泛地使用机夹式可转位车刀，其结构如图 2.17 所示。它由刀杆 1、刀片 2、刀垫 3 以及夹紧元件 4 组成。刀片每边都有切削刃，当某切削刃磨损钝化后，只需松开夹紧元件，将刀片转一个位置便可继续使用。

（1）机夹可转位车刀的要求和特点。数控车床和通用车床所采用的可转位车刀相比一般无本质的区别，其基本结构、功能特点是相同的，刀片采用硬质合金、涂层硬质合金及高速钢。但数控车床的加工工序是自动完成的，因此对可转位车刀的要求又有别于通用车床所要求的，具体要求和特点见表 2-6。

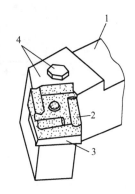

图 2.17　机夹式可转位车刀
1—刀杆；2—刀片；
3—刀垫；4—夹紧元件

表 2-6　数控车床可转位车刀特点

要求	特点	目的
精度高	采用 M 级或更高精度等级的刀片； 多采用精密级的刀杆； 用带微调装置的刀杆在机外预调好	保证刀片重复定位精度，方便坐标设定，保证刀尖位置精度
可靠性高	采用断屑可靠性高的断屑槽型或有断屑台和断屑器的车刀； 采用结构可靠的车刀，采用复合式夹紧结构和夹紧可靠的其他结构	断屑稳定，不能有紊乱和带状切屑；适应刀架快速移动和换位以及整个自动切削过程中夹紧不得有松动的要求
换刀迅速	采用车削工具系统； 采用快速小刀架	迅速更换不同形式的切削部件，完成多种切削加工，提高生产效率
刀片材料	刀片多采用涂层刀片	满足生产节拍要求，提高加工效率
刀杆截形	刀杆较多采用正方形刀杆，但因刀架系统结构差异大，有的需采用专用刀杆	刀杆与刀架系统匹配

（2）可转位硬质合金刀片的标记。刀片是机夹可转位刀具的一个最重要组成元件。按照 GB/T 2076—2007《切削刀具用转位刀片型号表示规则》，可转位刀片的形状和表达特性如图 2.18 所示。

我国可转位刀片的型号表示规则用 9 个代号表征刀片的尺寸及其他特性。代号 1～7 是必需的，代号 8 和 9 在需要时添加。

镶片式刀片的型号表示规则用 12 个代号表征刀片的尺寸及其他特性。代号 1～7 和 11、12 是必需的，代号 8、9 和 10 在需要时添加，代号 11、12 与代号 9 之间用短横线"-"与前面号位隔开。GB/T 2076—2007 规定了我国可转位刀片的形状、尺寸、精度、结构特点等，如图 2.19 所示。号位表示的具体含义可查阅相应数控刀具手册。

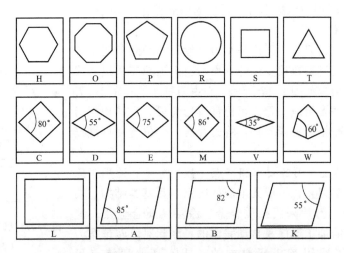

图 2.18　机夹式可转位刀片的形状和表达特性

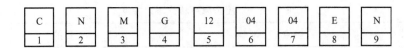

图 2.19　机夹式可转位刀片型号表示方法

① 第 1 位表示刀片形状。C 表示 80°，菱形刀片。

② 第 2 位表示刀片法后角大小，用一个英文字母代表。N 表示法后角为 0°。

③ 第 3 位表示刀片的允许偏差等级，用一个英文字母代表。M 表示刀片允许偏差等级为 M 级。

④ 第 4 位表示刀片固定方式及有无断屑槽形，用一个英文字母代表。G 表示两面有断屑槽，有圆形固定孔。

⑤ 第 5 位表示刀片长度，用两位数字代表。该位选取舍去小数值部分的刀片切削刃长度或理论边长值作代号，若舍去小数部分后只剩一位数字，则必须在数字前加 0。

⑥ 第 6 位表示刀片厚度，即主切削刃到刀片定位底面的距离，用两位数字代表。该位选取舍去小数值部分的刀片厚度值作代号，若舍去小数部分后只剩一位数字，则必须在数字前加 0。

⑦ 第 7 位表示刀尖转角形状，用两位数字或一个英文字母代表。刀片转角为圆角，则选取舍去小数点的圆角半径毫米数来表示，这里 04 表示刀尖圆弧半径为 0.4mm，若刀片转角为尖角或圆形刀片，则代号为 00。

⑧ 第 8 位表示刀片切削刃截面形状，用一个英文字母代表。E 表示切削刃形状为倒圆的切削刃。

⑨ 第 9 位表示刀片切削方向，用一个英文字母代表。图中 N 表示双向切削。R 表示右切刀，L 表示左切刀。

（3）机夹可转位刀片与刀杆的固定方式。固定方式通常有螺钉式压紧、上压式压紧、杠杆式压紧和综合式压紧等几种，如图 2.20～图 2.23 所示。

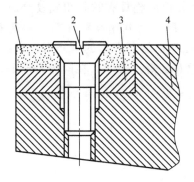

图 2.20 螺钉式压紧
1—刀片；2—螺钉；3—刀垫；4—刀体

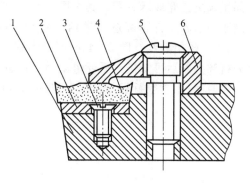

图 2.21 上压式压紧
1—刀体；2—刀垫；3—螺钉；4—刀片；
5—压紧螺钉；6—压板

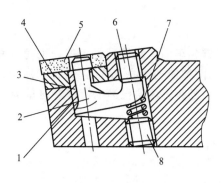

图 2.22 杠杆式压紧
1—刀体；2—杠杆；3—弹簧套；4—刀垫；
5—刀片；6—压紧螺钉；7—调整弹簧；8—调节螺钉

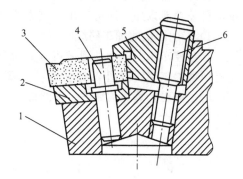

图 2.23 综合式压紧
1—刀体；2—刀垫；3—刀片；4—圆柱销；
5—压块；6—压紧螺钉

2.2.3 数控车削加工走刀路线

刀具刀位点相对于工件的运动轨迹和方向称为进给路线，包括切削加工的路径以及刀具切入、切出等切削空行程。在数控车削加工中，因为精加工的进给路线基本上都是沿零件轮廓的顺序进行，所以确定进给路线的工作重点主要在于确定粗加工及空行程的进给路线。加工路线的确定必须在保证被加工零件的尺寸精度和表面质量的前提下，按最短进给路线的原则确定，以减少加工过程的执行时间，提高工作效率。在此基础上，还应考虑数值计算的简便，以方便编制程序。

下面是数控车削加工零件时常用的加工路线。

1. 轮廓粗车进给路线

在确定粗车进给路线时，根据最短切削进给路线的原则，同时兼顾工件的刚性和加工工艺性等要求，来选择确定最合理的进给路线。

车削进给路线为最短，可有效地提高生产效率，降低刀具的损耗等。图 2.24 为几种不同粗车进给路线示意图。其中图 2.24(a)表示利用数控系统具有的封闭式复合循环功能控制车刀沿着工件轮廓进行进给的路线；图 2.24(b)所示为利用其程序循环功能安排的"三角形"进给路线；图 2.24(c)所示为利用其矩形循环功能而安排的"矩形"进给路线。经分析和判断后可知矩形循环进给路线的进给长度总和最短。因此，在同等条件下，其车削所需时间(不含空行程)最短，刀具的损耗最少。

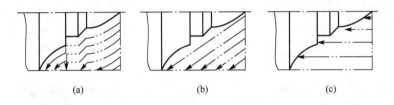

(a)   (b)   (c)

图 2.24　粗车进给路线示例图

在确定轮廓粗车进给路线时，车削圆锥、圆弧是我们常见的车削内容，除使用数控系统的循环功能以外，还可使用下列方法进行。

1) 车削圆锥的加工路线

在数控车床上车削外圆锥可以分为车削正圆锥和车削倒圆锥两种情况，而每一种情况又有两种加工路线。图 2.25 所示为车削正圆锥的两种加工路线。按图 2.25(a)所示车削正圆锥时，需要计算终刀距 S。设圆锥大径为 D，小径为 d，锥长为 L，背吃刀量为 a_p，则由相似三角形可知：

$$\frac{D-d}{2L}=\frac{a_p}{S} \qquad\qquad (2-1)$$

根据式(2-1)，便可计算出终刀距 S 的大小。

当按图 2.25(b)所示的加工路线车削正圆锥时，则不需要计算终刀距 S，只要确定背吃刀量 a_p，即可车出圆锥轮廓。

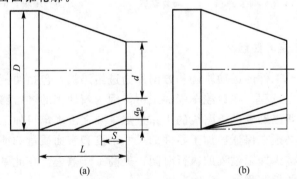

(a)   (b)

图 2.25　粗车正圆锥进给路线

按第一种加工路线车削正圆锥，刀具切削运动的距离较短，每次切深相等。但需要增加计算。按第二种方法车削，每次切削背吃刀量是变化的，而且切削运动的路线较长。

车削倒圆锥的原理与车削正圆锥相同。

粗车圆锥的方法简称为车锥法，其不仅在粗车圆锥时使用，有时在精车圆弧时也经常被使用。

2）车削圆弧的加工路线

在粗加工圆弧时，因其切削余量大，且不均匀，经常需要进行多刀切削。在切削过程中，可以采用多种不同的方法，现介绍常用方法。

（1）车锥法粗车圆弧。图2.26所示为车锥法粗车圆弧的切削路线，即先车削一个圆锥，再车圆弧。在采用车锥法粗车圆弧时，要注意车锥时的起点和终点的确定。若确定不好，则可能会损坏圆弧表面，也可能将余量留得过大。确定方法是连接OB交圆弧于点D，过D点作圆弧的切线AC。由几何关系得

$$BD = OB - OD = 0.414R$$

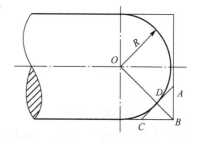

图2.26　车锥法粗车圆弧

此为车锥时的最大切削余量，即车锥时，加工路线不能超过AC线。由BD和$\triangle ABC$的关系即可算出BA、BC的长度，即圆锥的起点和终点。当R不太大时，可取$AB = BC = 0.5R$。

此方法数值计算较为烦琐，但其刀具切削路线较短。

（2）车阶梯法粗车圆弧。在一些不超过1/4圆弧中，当圆弧半径较大时，其切削余量往往较大，此时可采用车阶梯法粗车圆弧。在采用车阶梯法粗车圆弧时，关键要注意每刀切削所留的余量应尽可能保持一致，严格控制后面的切削长度不超过前一刀的切削长度，以防崩刀。图2.27所示为车削大余量工件的两种加工路线，图2.27（a）所示为错的阶梯车削路线，按图2.27（b）1~5的顺序车削，每次车削所留余量相等，是正确的阶梯车削路线。因为在同样背吃刀量的条件下，按图2.27（a）所示的方式加工所剩的余量过多。

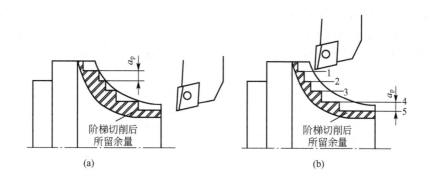

图2.27　大余量毛坯的阶梯车削路线

（3）车圆法粗车圆弧。前面两种方法粗车圆弧，所留的加工余量都不能达到一致，用G02（或G03）指令粗车圆弧，若用一刀就把圆弧加工出来，这样吃刀量太大，容易打刀。所以，实际切削时，常常可以采用多刀粗车圆弧，先将大部分余量切除，最后才车得所需圆弧，如图2.28所示。此方法的优点是每次背吃刀量相等，数值计算简单，编程方便，所留的加工余量相等，有助于提高精加工质量。缺点是加工的空行程时间较长。加工较复杂的圆弧，常常采用此类方法。

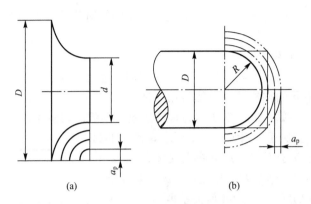

图 2.28　车圆法粗车圆弧

2. 空行程进给路线

(1) 合理安排"回零"路线。在手工编制较为复杂轮廓零件的加工程序时,为简化其计算过程,既不出错,又便于校核,编制者(特别是初学者)有时将每一刀加工完成后的刀具终点通过执行"回零"指令,使其每次都返回到参考点位置,然后再执行后续程序段。这样会增加空行程进给路线的距离,从而降低生产效率。因此,在合理安排退刀路线时,应使其前一刀终点与后一刀起点间的距离尽量减短,或者为零,以满足进给路线为最短的要求。另外,在选择返回参考点指令时,在不发生加工干涉现象的前提下,宜尽量采用 X、Z 坐标轴同时返回参考点指令,该指令的返回路线将是最短的。

(2) 巧用起刀点和换刀点。图 2.29(a)为采用矩形循环方式粗车的一般情况。考虑到精车等加工过程中换刀的方便,故将换刀点 A 设置在离毛坯较远的位置处,同时将起刀点与换刀点重合在一起,按三刀粗车的进给路线安排如下:

第一刀为 $A \rightarrow B \rightarrow C \rightarrow D \rightarrow A$;

第二刀为 $A \rightarrow E \rightarrow F \rightarrow G \rightarrow A$;

第三刀为 $A \rightarrow H \rightarrow I \rightarrow J \rightarrow A$。

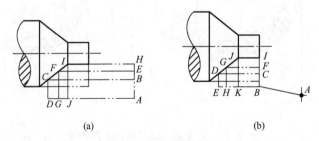

图 2.29　巧用起刀点

图 2.29(b)则起刀点与对刀点分离,将起刀点设于 B 点位置,仍按相同的切削用量进行三刀粗车,其进给路线安排如下:

车刀先由对刀点 A 运行至起刀点 B;

第一刀为 $B \rightarrow C \rightarrow D \rightarrow E \rightarrow B$;

第二刀为 $B \rightarrow F \rightarrow G \rightarrow H \rightarrow B$;

第三刀为 $B \to I \to J \to K \to B$。

显然，图 2.29(b)所示的进给路线短。该方法也可用在其他循环(如螺纹车削)的切削加工中。为考虑换刀的方便和安全，有时将换刀点也设置在离工件较远的位置处(图 2.29 中的 A 点)，那么，当换刀后，刀具的空行程路线也较长。如果将换刀点都设置在靠近工件处，则可缩短空行程距离。总之，换刀点的设置，必须确保刀架在回转过程中，所有的刀具不与工件发生碰撞。

3. 轮廓精车进给路线

在安排可以一刀或多刀进行的精加工工序时，其零件的完整轮廓应由最后一刀连续加工而成，这时，加工刀具的进、退刀位置要考虑妥当，尽量不要在连续的轮廓中安排切入和切出或换刀及停顿，以免因切削力突然变化而造成弹性变形，致使光滑连接轮廓上产生表面划伤、形状突变或滞留刀痕等缺陷。

4. 特殊的加工路线

在数控车削加工中，一般情况下，Z 坐标轴方向的进给运动都是沿着负方向进行的，但有时按其常规的负方向安排进给路线并不合理，甚至可能车坏工件。

例如，当采用尖形车刀加工大圆弧内表面零件时，安排两种不同的进给方法，如图 2.30 所示，其结果也不相同。对于图 2.30(a)所示的第一种进给方法($-Z$ 走向)，因切削时尖形车刀的主偏角为 $100° \sim 105°$，这时切削力在 X 向的较大分力 F_p 将沿着图 2.30 所示的 $+X$ 方向作用，当刀尖运动到圆弧的换象限处，即由 $-Z$、$-X$ 向 $+Z$、$+X$ 变换时，吃刀抗力 F_p 与传动横拖板的传动力方向相同，若螺旋副间有机械传动间隙，就可能使刀尖嵌入零件表面(即扎刀)，其嵌入量在理论上等于其机械传动间隙量 e，如图 2.31 所示。即使该间隙量很小，由于刀尖在 X 方向换向时，横向拖板进给过程的位移量变化也很小，加上处于动摩擦与静摩擦之间呈过渡状态的拖板惯性的影响，仍会导致横向拖板产生严重的爬行现象，从而大大降低零件的表面质量。

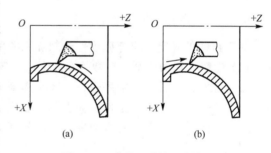

图 2.30 两种不同的进给方法

对于图 2.30(b)所示的第二种进给方法，因为尖刀运动到圆弧的换象限处，即由 $-Z$、$-X$ 向 $+Z$、$+X$ 方向变换时，吃刀抗力 F_p 与丝杠传动横向拖板的传动力方向相反，不会受螺旋副机械传动间隙的影响而产生嵌刀现象，所以图 2.32 所示进给方案是较合理的。

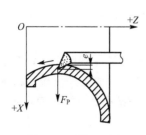

图 2.31 嵌刀现象

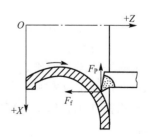

图 2.32 合理的进给方案

5．车削螺纹加工路线

在数控机床上车螺纹时，沿螺距方向的 Z 向进给应和机床主轴的旋转保持严格的速比关系，因此应避免进给机构加速或减速过程中的车削。为此要有引入距离 δ_1 和超越距离 δ_2。如图 2.33 所示，δ_1 和 δ_2 的数值不仅与机床拖动系统的动态特性有关，还与螺纹的导程和螺纹的精度有关。

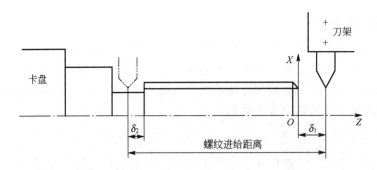

图 2.33　车削螺纹时的引入距离 δ_1 和超越距离 δ_2

一般 δ_1 为 2～5mm，对于大螺距和高精度的螺纹取大值；δ_2 一般取 δ_1 的 1/4 左右。若螺纹收尾处没有退刀槽时，收尾处的形状与数控系统有关，一般按 45°退刀收尾。

零件加工的进给路线，应综合考虑数控系统的功能、数控车床的加工特点及零件的特点等多方面的因素，灵活使用各种进给方法，从而提高生产效率。

6．加工顺序的安排

加工路线的确定，应遵循零件车削加工顺序的一般原则，具体如下：

(1) 先粗后精的原则。在数控车床上加工零件，一般按照粗车→半精车→精车的加工顺序进行，逐步提高加工精度。粗车要求在较短的时间内车削掉工件表面上的大部分加工余量（图 2.34 中的双点画线内部分），一方面提高切削效率，另一方面满足精车的余量均匀性要求。若粗车后所留余量的均匀性不能满足精加工的要求，则要求安排半精车，以此为精车做准备。精车要保证加工精度，按图样尺寸一刀车出零件轮廓。

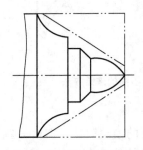

图 2.34　先粗后精示例

(2) 先近后远的原则。为缩短刀具移动距离，减少空行程时间，同时又能保持坯件或半成品的刚性，改善其切削条件。在确定加工顺序时，一般先加工离对刀点近的部位，后加工离对刀点远的部位。

在实际加工过程中，当零件不是很长，刚性能够得到保证时，为方便编制程序，有时也采用先大后小的顺序进行车削。

(3) 先内后外、内外交叉的原则。对既有内表面（内型腔），又有外表面需加工的零件，在安排加工顺序时，通常应先加工内型、内腔，后加工外形表面。先进行内外表面粗加工，后进行内外表面精加工。切不可将零件上一部分表面（外表面或内表面）加工完毕后，再加工其他表面。

2.2.4 数控车削加工切削用量

切削用量（a_p、v、f）选择是否合理，对于能否充分发挥数控车床的潜力与刀具的切削性能，实现优质、高产、降低成本和安全操作具有很重要的作用。数控编程时，编程人员必须确定每道工序的切削用量，并以指令的形式写入程序中。

对于不同的加工方法，需要选用不同的切削用量，数控车床切削用量的选择原则是：

粗车时，首先应选择一个尽可能大的背吃刀量 a_p；其次选择一个较大的进给量 f；最后确定一个合理的切削速度 v。增大背吃刀量，可以减少进给次数，增大进给量有利于断屑。

精车时，对工件精度和表面粗糙度有着较高要求，加工余量不大且较均匀，因此选择精车切削用量时，应着重考虑如何保证工件的加工质量，并在此基础上尽量提高生产效率。因此精车时，应选用较小（但不能太小）的背吃刀量 a_p（一般取 0.1～0.5mm）和进给量 f，并选用切削性能高的刀具材料和合理的几何参数，以尽可能提高切削速度 v。

切削用量应在机床说明书给定的允许范围内选择，并应考虑机床工艺系统的刚性和机床功率的大小。下面介绍几个常用车削用量的选择方法。

（1）切削速度（v_c）或主轴转速（n）的确定。

在车削加工中，切削速度一般用主轴转速来表示。主轴转速应根据工件被加工部分的直径 d 和允许的切削速度 v_c 来选择。切削速度可按式（2-2）计算或查表选取，还可根据实践经验确定。表 2-7 所列为硬质合金外圆车刀切削速度的参考值，供参考。

$$v_c = \frac{\pi d n}{1000} \qquad (2-2)$$

表 2-7　硬质合金外圆车刀切削速度的参考值

工件材料	热处理状态	$a_p=0.3～2mm$ $f=0.08～0.3mm/r$	$a_p=2～6mm$ $f=0.3～0.6mm/r$	$a_p=6～10mm$ $f=0.6～1mm/r$
		$v_c/(m/min)$		
低碳钢、易切钢	热轧	140～180	100～120	70～90
中碳钢	热轧	130～160	90～110	60～80
	调质	100～130	70～90	50～70
合金结构钢	热轧	100～130	70～90	50～70
	调质	80～110	50～70	40～60
工具钢	退火	90～120	60～80	50～70
灰铸铁	HBS<190	90～120	60～80	50～70
	HBS=190～250	80～110	50～70	40～60

（续）

工件材料	热处理状态	$a_p=0.3\sim2$mm $f=0.08\sim0.3$mm/r	$a_p=2\sim6$mm $f=0.3\sim0.6$mm/r	$a_p=6\sim10$mm $f=0.6\sim1$mm/r
		v_c/(m/min)		
高锰钢（$w_{Mn}13\%$）			$10\sim20$	
铜及铜合金		$200\sim250$	$120\sim180$	$90\sim120$
铝及铝合金		$300\sim600$	$200\sim400$	$150\sim200$
铸铝合金（$w_{si}13\%$）		$100\sim180$	$80\sim150$	$60\sim100$

注意：按照上述方法确定的切削用量进行加工，工件表面的加工质量未必十分理想。因此，切削用量的具体数值还应根据机床性能、相关的手册并结合实际经验用试验方法确定，使主轴转速、背吃刀量及进给速度三者能相互适应，以形成最佳切削用量。

2.2.5 典型零件的数控车削加工工艺

1. 轴类零件数控车削工艺分析

典型轴类零件如图 2.35 所示，零件材料为 45 钢，无热处理和硬度要求，试对该零件进行数控车削工艺分析。

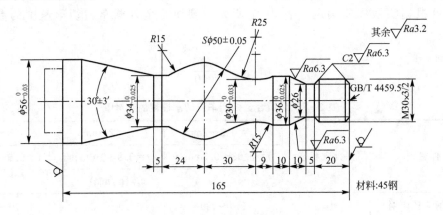

图 2.35 典型轴类零件

1）零件图工艺分析

该零件表面由圆柱、圆锥、顺圆弧、逆圆弧及螺纹等表面组成。其中多个直径尺寸有较严的尺寸精度和表面粗糙度等要求；球面 Sϕ50mm 的尺寸公差还兼有控制该球面形状（线轮廓）误差的作用。尺寸标注完整，轮廓描述清楚。零件材料为 45 钢，无热处理和硬度要求。

通过上述分析，可采用以下几点工艺措施。

（1）对图样上给定的几个精度要求较高的尺寸，因其公差数值较小，故编程时不必取平均值，而全部取其基本尺寸即可。

（2）在轮廓曲线上，有四处为圆弧，其中两处为既过象限又改变进给方向的轮廓曲线，因此在加工时应进行机械间隙补偿，以保证轮廓曲线的准确性。

（3）为便于装夹，坯件左端应预先车出夹持部分（双点画线部分），右端面也应先粗车端面并钻好中心孔。毛坯选 $\phi 60$ mm 棒料。

2）选择设备

根据被加工零件的外形和材料等条件，选用 TND360 数控车床。

3）确定零件的定位基准和装夹方式

（1）定位基准确定坯料轴线和左端大端面（设计基准）为定位基准。

（2）装夹方法左端采用三爪自定心卡盘定心夹紧，右端采用活动顶尖支承的装夹方式。

4）确定加工顺序及进给路线

加工顺序按先粗后精、由近到远（由右到左）的原则确定。即先从右到左进行粗车（留 0.25mm 精车余量），然后从右到左进行精车，最后车削螺纹。

5）刀具选择

（1）选用 $\phi 5$ mm 中心钻钻削中心孔。

（2）粗车及车端面选用 90° 硬质合金右偏刀，为防止副后刀面与工件轮廓干涉（可用作图法检验），副偏角不宜太小，选 $K_r' = 35°$。

（3）精车选用 90° 硬质合金右偏刀，车螺纹选用硬质合金 60° 外螺纹车刀，刀尖圆弧半径应小于轮廓最小圆角半径，取 $r_\varepsilon = 0.15 \sim 0.2$ mm。

将所选定的刀具参数填入数控加工刀具卡片中（表 2-8），以便编程和操作管理。

表 2-8 数控加工刀具卡片

产品名称或代号		×××	零件名称	轴	零件图号	×××
序号	刀具号	刀具规格名称	数量	加工表面		备注
1	T01	$\phi 5$ 中心钻	1	钻 $\phi 5$ 中心孔		
2	T02	硬质合金 90° 外圆车刀	1	车右端面及粗车轮廓		右偏刀
3	T03	硬质合金 90° 外圆车刀	1	精车轮廓		右偏刀
4	T04	硬质合金 60° 外螺纹车刀	1	车螺纹		
编制	×××	审核	×××	批准	×××	共 1 页 第 1 页

6）切削用量选择

（1）背吃刀量的选择。轮廓粗车循环时选 $a_p = 3$ mm，精车 $a_p = 0.25$ mm；螺纹粗车时选 $a_p = 0.4$ mm，逐刀减少，精车 $a_p = 0.1$ mm。

（2）主轴转速的选择。车直线和圆弧时，查表 2-7 选粗车切削速度 $v_c = 90$ m/min、精车切削速度 $v_c = 120$ m/min，然后利用公式 $v_c = \pi d n / 1000$ 计算主轴转速 n（粗车直径 $D = 60$ mm，精车工件直径取平均值）：粗车 500r/min、精车 1200r/min。车螺纹时，计算主轴转速 $n = 320$ r/min。

（3）进给速度的选择。粗车、精车每转进给量可根据切削手册来查取，再根据加工的实际情况确定粗车每转进给量为 0.4mm/r，精车每转进给量为 0.15mm/r，最后根据公式 $v_f = nf$ 计算粗车、精车进给速度分别为 200mm/min 和 180mm/min。

综合前面分析的各项内容，并将其填入表2-9所示的数控加工工艺卡片。此表是编制加工程序的主要依据和操作人员配合数控程序进行数控加工的指导性文件，主要内容包括工步顺序、工步内容、各工步所用的刀具及切削用量等。

表2-9　数控加工工艺卡片

单位	×××	产品名称或代号		零件名称	材料	零件图号
		×××		轴	45 钢	×××
工序号	程序编号	夹具名称		夹具编号	使用设备	车间
×××	×××	三爪卡盘和活动顶尖		×××	TND360	×××
工步号	工步内容	刀具号	刀具规格/mm	主轴转速/(r/min)	进给速度/(mm/min)	背吃刀量/mm	备注
1	平端面	T02	25×25	500			手动
2	钻中心孔	T01	ϕ5	950			手动
3	粗车轮廓	T02	25×25	500	200	3	自动
4	精车轮廓	T03	25×25	1200	180	0.25	自动
5	粗车螺纹	T04	25×25	320	960	0.4	自动
6	精车螺纹	T04	25×25	320	960	0.1	自动
编制	×××	审核	×××	批准	×××	共1页	第1页

2. 套类零件的数控车削加工工艺分析

如图2.36所示为锥孔螺母套零件，该零件材料为45钢，无热处理和硬度要求。单件小批量生产，所用机床为CJK6240，试对该零件进行数控车削工艺分析。

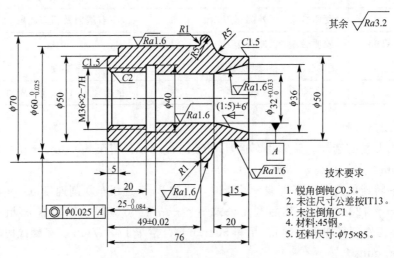

图2.36　锥孔螺母套零件

1）零件工艺分析

该零件表面由内外圆柱面、圆锥孔、顺圆弧、逆圆弧及内螺纹等表面组成，其中多个直径尺寸与轴向尺寸有较高的尺寸精度、表面粗糙度和形位公差要求。零件图尺寸标注完整，符合数控加工尺寸标注要求；轮廓描述清楚完整；零件材料为 45 钢，切削加工性能较好，无热处理和硬度要求。

通过上述分析，采取以下几点工艺措施：

(1) 零件图样上带公差的尺寸，除内螺纹退刀槽尺寸 $25_{-0.084}^{0}$ 公差值较大，编程时可取平均值 24.958 外，其他尺寸因公差值较小，故编程时不必取其平均值，而取基本尺寸即可。

(2) 左右端面均为多个尺寸的设计基准，相应工序加工前，应该先将左右端面车出来。

(3) 内孔圆锥面加工完成后，需调头再加工内螺纹。

2）确定装夹方案

加工内孔时以外圆定位，用三爪自定心卡盘夹紧。加工外轮廓时，为保证同轴度要求和便于装夹，以坯件左端面和轴心线为定位基准，为此需要设计一心轴装置（图 2.37 中双点画线部分），用三爪自定心卡盘夹持心轴左端，心轴右端留有中心孔并用尾座顶尖顶紧以提高工艺系统的刚性。

3）确定加工顺序及进给路线

加工顺序的确定按由内到外、由粗到精、由远到近的原则确定，在一次装夹中尽可能加工出较多的工件表面。结合本零件的结构特征，可先粗、精加工内孔各表面，然后粗、精加工外轮廓表面。由于该零件为单件小批量生产，进给路线设计不必考虑最短进给路线或最短空行程路线，外轮廓表面车削进给路线可沿零件轮廓顺序进行，如图 2.38 所示。

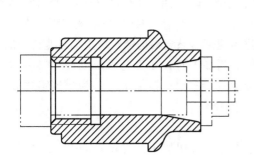
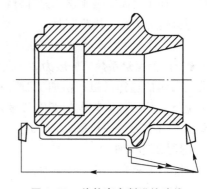

图 2.37　外轮廓车削心轴定位装夹方案　　　图 2.38　外轮廓车削进给路线

4）刀具选择

(1) 车削端面选用 45°硬质合金端面车刀。

(2) ϕ4mm 中心钻，钻中心孔以利于钻削底孔时刀具找正。

(3) ϕ31.5mm 高速钢钻头，钻内孔底孔。

(4) 粗镗内孔选用内孔镗刀。

(5) 内孔精加工选用 ϕ32mm 铰刀。

(6) 螺纹退刀槽加工选用 5mm 内槽车刀。

(7) 内螺纹切削选用 60°内螺纹车刀。

(8) 选用 93°硬质合金右偏刀，副偏角选 35°，自右到左车削外圆表面。

(9) 选用 93°硬质合金左偏刀，副偏角选 35°，自左到右车削外圆表面。

将所选定的刀具参数填入表 2-10 数控加工刀具卡片中，以便于编程和操作管理。

表 2-10　数控加工刀具卡片

产品名称或代号	数控车工艺分析实例	零件名称	锥孔螺母套	零件图号		程序编号	
工步号	刀具号	刀具规格名称	数量	加工表面		刀尖半径/mm	备注
1	T01	45°硬质合金端面车刀	1	车端面		0.5	
2	T02	φ4mm 中心钻	1	钻 φ4mm 中心孔			
3	T03	φ31.5mm 钻头	1	钻孔			
4	T04	镗刀	1	镗孔及镗内孔锥面		0.4	
5	T05	φ32mm 的铰刀	1	铰孔			
6	T06	内槽车刀	1	切 5mm 宽螺纹退刀槽		0.4	
7	T07	内螺纹车刀	1	车内螺纹及螺纹孔倒角		0.3	
8	T08	93°右偏刀	1	自右至左车外表面		0.2	
9	T09	93°左偏刀	1	自左至右车外表面		0.2	
编制		审核		批准		共1页	第1页

5) 确定切削用量

根据被加工表面质量要求、刀具材料和工件材料，参考切削用量手册或有关资料选取切削速度与每转进给量，然后根据公式计算主轴转速与进给速度（计算过程略），将计算结果填入表 2-11 工序卡中。车螺纹时主轴转速根据公式 $n \leqslant 1200/P-K$（P 为被加工螺纹螺距，单位为 mm；K 为保险系数，一般为80）计算，进给速度由系统根据螺距与主轴转速自动确定。

背吃刀量的选择因粗、精加工而有所不同。粗加工时，在工艺系统刚性和机床功率允许的情况下，尽可能取较大的背吃刀量，以减少进给次数；精加工时，为保证零件表面粗糙度要求，背吃刀量一般取 0.1～0.4mm 较为合适。

6) 填写工艺文件

(1) 按加工顺序将各工步的加工内容、所用刀具及切削用量等填入表 2-11 数控加工工序卡片中。

表 2-11　数控加工工序卡片

(单位名称)	数控加工工序卡片		产品名称或代号	零件名称	材料	零件图号
			数控车工艺分析实例	锥孔螺母套	45钢	
工序号	程序编号		夹具编号	使用设备	车间	
				CJK6240		
工步号	工步内容	刀具号	刀具规格/mm	主轴转速/(r/min)	进给速度/(mm/min)	背吃刀量/mm	备注
1	平端面	T01	25×25	320		1	手动

（续）

工步号	工步内容	刀具号	刀具规格/mm	主轴转速/(r/min)	进给速度/(mm/min)	背吃刀量/mm	备注
2	钻中心孔	T02	$\phi 4$	950		2	手动
3	钻孔	T03	$\phi 31.5$	200		15.75	手动
4	镗通孔至尺寸 $\phi 31.9$mm	T04	20×20	320	40	0.2	自动
5	铰孔至尺寸 $\phi 32^{+0.033}_{0}$	T05	$\phi 32$	320		0.1	手动
6	粗镗内孔斜面	T04	20×20	320	40	0.8	自动
7	精镗内孔斜面保证(1∶5)±6′	T04	20×20	320	40	0.2	自动
8	粗车外圆至尺寸 $\phi 71$mm 光轴	T08	25×25	320		1	手动
9	调头车另一端面，保证长度尺寸 76mm	T01	25×25	320			自动
10	粗镗螺纹底孔至尺寸 $\phi 34$mm	T04	20×20	320	40	0.5	自动
11	精镗螺纹底孔至尺寸 34.2mm	T04	20×20	320	25	0.1	自动
12	切 5mm 内孔退刀槽	T06	16×16	320			手动
13	$\phi 34.2$mm 孔边倒角 C2	T07	16×16	320			自动
14	粗车内孔螺纹	T07	16×16			0.4	自动
15	精车内孔螺纹至 M36×2−7H	T07	16×16	320		0.1	自动
16	自右至左车外表面	T08	25×25	320	30	0.2	自动
17	自左至右车外表面	T09	25×25	320	30	0.2	自动
编制		审核		批准		共1页	第1页

（2）将选定的各工步所用刀具的刀具型号、刀片型号、刀片牌号及刀尖圆弧半径等填入表 2-10 数控加工刀具卡片中。

（3）将各工步的走刀路线（图 2.38），绘成文件形式的走刀路线图。

上述二卡一图是编制该轴套零件本工序数控车削加工程序的主要依据。

3. 螺纹车削加工工艺分析

数控车床加工螺纹多是米制三角形螺纹。螺纹加工时，车床主轴每转一周，刀具必须纵向移动一个螺距（或导程）。

1）零件图的分析

如图 2.39 所示的螺纹类零件，其 $\phi 28$mm 外圆柱面直径处加工精度较高，同时需加工 M24mm×1.5mm 的螺纹，其材料为 45 号钢，选择毛坯为 $\phi 32$mm×100mm。

2）加工方案及加工路线的确定

以零件右端面中心 O 作为坐标系原点，设定工件坐标系。根据零件尺寸精度及技术要求，本例将粗、精加工分开来考虑。确定的加工工艺路线为：车削右端面→粗车外圆柱面为 $\phi 28.5$mm→粗车螺纹外圆柱面为 $\phi 24.5$mm→车削倒角 2×45°→精车 $\phi 23.85$mm 螺纹大径→精车台阶→精车 ϕ28mm 外圆柱面→切槽→循环车削 M24mm×1.5mm 螺纹。

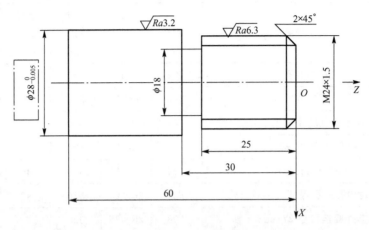

图 2.39　螺纹类零件

3）零件的装夹及夹具的选择

采用该机床本身的标准卡盘，毛坯伸出三爪卡盘外 70 mm，并找正夹紧。

4）刀具和切削用量的选择

（1）刀具的选择：选择 1 号刀具为 90°硬质合金机夹右偏刀，用于粗、精车削加工。选择 2 号刀具为硬质合金机夹切断刀，其刀片宽度为 5 mm，用于切槽、切断车削加工。选择 3 号刀具为 60°硬质合金机夹螺纹刀，用于螺纹车削加工。

（2）切削用量的选择：采用的切削用量主要考虑加工精度要求并兼顾提高刀具耐用度、机床寿命等因素。确定主轴转速 $n=630$r/min，进给速度粗车为 $F=0.2$mm/r，精车为 $F=0.1$mm/r。

5）尺寸计算

螺纹牙型深度：$t=0.65P=0.65×1.5=0.975$mm

$D_{大}=D_{公称}-0.1P=24-0.1×1.5=23.85$mm

$D_{小}=D_{公称}-1.3P=24-1.3×1.5=22.05$mm

螺纹分为 4 刀加工，第 1 刀：ϕ23.00mm；第 2 刀：ϕ22.40mm；第 3 刀：ϕ22.10mm；第 4 刀：ϕ22.05mm。

2.3　数控铣削及加工中心加工工艺

2.3.1　数控铣削及加工中心加工特点

数控铣削与数控车削比较有如下特点：

（1）多刃切削。铣刀同时有多个刀齿参加切削，生产率高。

（2）断续切削。铣削时，刀齿依次切入和切出工件，易引起周期性冲击振动。

（3）半封闭切削。铣削的刀齿多，相应每个刀齿的容屑空间小，呈半封闭状态，容屑和排屑条件差。

数控铣削是一种应用非常广泛的数控切削加工方法，能完成数控铣削加工的设备主要是数控铣床和加工中心。加工中心是备有刀库并能自动更换刀具，对工件进行多工序加工的数控机床。它突破了一台机床只能进行单工种加工的传统概念，集铣削、钻削、铰削、镗削、攻螺纹和切螺纹等多种功能于一身，实现一次装夹，自动完成多工序的加工。数控铣床与数控镗铣加工中心不同，它没有刀库及自动换刀装置。与普通机床加工相比，数控铣削和加工中心加工具有许多显著的优点。

（1）加工灵活、通用性强。数控铣床的最大特点是高柔性，即灵活、通用、万能，可以加工不同形状的工件。在数控铣床上能完成钻孔、镗孔、铰孔、铣平面、铣斜面、铣槽、铣曲面（凸轮）、攻螺纹等加工。而且在一般情况下，可以一次装夹就完成所需的加工工序。

（2）加工精度高。目前数控装置的分辨率一般为 0.001mm，高精度的数控系统可达 0.1μm，一般情况下都能保证工件精度。另外，数控加工还避免了操作人员的操作失误，同一批加工零件的尺寸同一性好，大大提高了产品质量。加工中心的控制系统多采用半闭环甚至全闭环的补偿控制方式，有较高的定位精度和重复定位精度，在加工过程中产生的尺寸误差能及时得到补偿，与普通机床相比，能获得较高的尺寸精度，能加工很多普通机床难以加工或根本不能加工的复杂型面，所以在加工各种复杂模具时更显出其优越性。

（3）生产效率高。数控铣床上一般不需要使用专用夹具等专用工艺装备。在更换工件时，只需调用存储于数控装置中的加工程序，装夹工件和调整刀具数据即可，因而大大缩短了生产周期。而加工中心具有多种辅助功能，不仅可减少多次装夹工件所需的装夹时间，其自动换刀功能还缩短了换刀时间。其次，它们具有铣床、镗床和钻床的功能，使工序高度集中，大大提高了生产效率并减少了工件装夹误差。另外，它们的主轴转速和进给速度都是无级变速的，因此有利于选择最佳切削用量。数控铣床具有快进、快退、快速定位功能，可大大减少机动时间。据统计，采用数控铣床加工比普通铣床加工生产效率可提高 3～5 倍。对于复杂的成型面加工生产效率可提高十几倍，甚至几十倍。

（4）减轻操作者的劳动强度。数控铣床和加工中心对零件加工是按事先编好的加工程序自动完成的，操作者除了操作键盘、装卸工件和中间测量及观察机床运行外，不需要进行繁重的重复性手工操作，大大减轻了劳动强度。

由于数控铣床和加工中心具有以上优点，因而应用将越来越广泛，功能也将越来越完善。

2.3.2 数控铣削及加工中心加工对象

1. 数控铣床加工对象

根据数控铣床的特点，适合于数控铣削的主要加工对象有以下几类。

（1）平面类零件。加工面平行或者垂直于水平面或加工面与水平面的夹角为定角的零件称为平面类零件。图 2.40 所示的零件都属于平面类零件，各个加工单元面是平面，或可以展开成为平面。目前，在数控铣床上加工的绝大多数零件属于平面类零件。平面类零件是数控铣削加工对象中最简单的一类，一般只需用 3 坐标数控铣床的 2 坐标联动或者 2.5 轴联动就可以把它们加工出来。

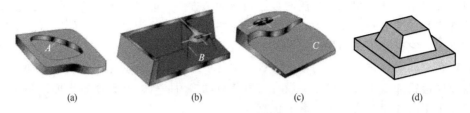

(a)   (b)   (c)   (d)

图 2.40　平面类零件

（2）变斜角类零件。加工面与水平面的夹角呈连续变化的零件称为变斜角类零件。图 2.41 所示为变斜角类零件，以飞机零件最为常见，如飞机上的整体梁、框、缘条与肋等，此外还有检验夹具与装配型架等。变斜角类零件的变斜角加工面不能展开为平面，但在加工中，加工面与铣刀圆周接触的瞬间为一条直线。一般采用 4 坐标和 5 坐标数控铣床摆角加工，在没有上述机床时，也可在 3 坐标数控铣床上进行 2.5 坐标近似加工。

（3）曲面类（立体类）零件。加工面为空间曲面的零件称为曲面类零件。零件的特点是加工面不能展开为平面；加工面与铣刀始终为点接触。此类零件一般采用 3 坐标数控铣床加工。如图 2.42 所示，对于此类零件的加工由于其他刀具加工曲面时易产生干涉而损坏临近表面，所以一般采用球头铣刀。

   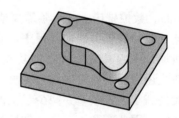

图 2.41　变斜角类零件   图 2.42　曲面类零件

（4）孔及螺纹。采用定尺寸刀具进行钻、扩、铰、镗及攻螺纹等，一般数控铣床都有镗、钻、铰功能。

2．加工中心加工对象

加工中心适宜加工复杂、工序多、要求较高、需用多种类型的普通机床和众多刀具、夹具，且经多次装夹和调整才能完成加工的零件。其加工的对象主要有以下几类。

1）既有平面又有孔系的零件

加工中心具有自动换刀装置，在一次安装中，可以完成零件上平面的铣削和孔系的加工等多个工步。加工中心的首选加工对象为既有平面又有孔系的零件，如箱体类零件和盘、套、板类零件。

（1）箱体类零件。箱体类零件一般是指具有一个以上孔系，内部有型腔，在长、宽、高方向有一定比例的零件。这类零件在机床、汽车、飞机制造等行业用得较多。如图 2.43 所示，箱体类零件一般都需要进行多工位孔系及平面加工，公差要求较高，特别是形位公差要求较为严格，通常要经过铣、钻、扩、镗、铰、锪、攻螺纹等工序，需要刀具较多，在普通机床上加工难度大，工装多，费用高，加工周期长，需多次装夹、找正，手工测量次数多，加工时必须频繁地更换刀具，工艺难以制定，更重要的是精度难以保证，在加工中心上一次装夹完成多工步加工，可以保证精度。

　　加工箱体类零件的加工中心，当加工工位较多，需工作台多次旋转角度才能完成的零件，一般选卧式镗铣类加工中心；当加工的工位较少，且跨距不大时，可选立式加工中心，从一端进行加工。

　　（2）盘、套、板类零件。带有键槽，或径向孔，或端面有分布的孔系，曲面的盘套或轴类零件（图2.44），如带法兰的轴套，带键槽或方头的轴类零件等，还有具有较多孔加工的板类零件，如各种电机盖等。端面有分布孔系、曲面的盘类零件宜选择立式加工中心，有径向孔的可选卧式加工中心。

(a)	(b)
图2.43　箱体类零件	图2.44　盘、套类零件

　　2）结构形状复杂的曲面类零件

　　复杂曲面在机械制造业，特别是航天航空工业中占有特殊重要的地位。复杂曲面采用普通机加工方法是难以甚至无法完成的。在我国，传统的方法是采用精密铸造，可想而知其精度是低的。复杂曲面类零件如：各种整体叶轮类；各种曲线的凸轮类（图2.45）；导风轮，球面，各种曲面成形模具，螺旋桨以及水下航行器的推进器，以及一些其他形状的自由曲面。这类零件均可用加工中心进行加工。铣刀作包络面来逼近球面。复杂曲面用加工中心加工时，编程工作量较大，大多数要用自动编程技术。

　　3）外形不规则的异形类零件

　　异形件是指支架（图2.46）、拨叉、样板类外形不规则的零件，大都需要点、线、面多工位混合加工。异形件的刚性一般较差，夹紧变形难以控制，加工精度也难以保证，甚至某些零件的有的加工部位用普通机床难以完成。用加工中心加工时应采用合理的工艺措施，一次或二次装夹，利用加工中心多工位点、线、面混合加工的特点，完成多道工序或全部的工序内容。

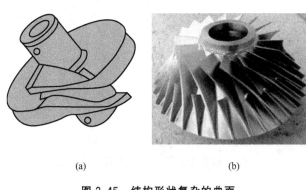
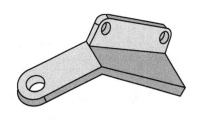

(a)　　　　　　　　(b)

图2.45　结构形状复杂的曲面　　　　　　图2.46　异型零件

4）特殊加工

在熟练掌握了加工中心的功能之后，配合一定的工装和专用工具，利用加工中心可完成一些特殊的工艺工作，如在金属表面上刻字、刻线、刻图案；在加工中心的主轴上装上高频电火花电源，可对金属表面进行线扫描表面淬火；用加工中心装上高速磨头，可实现小模数渐开线锥齿轮磨削及各种曲线、曲面的磨削等。

5）其他类零件

其他如加工精度要求较高的中小批量零件和新产品试制中的零件，可以缩短生产周期，节省费用。

2.3.3 数控铣削及加工中心加工工艺装备选用

1. 铣削加工刀具

铣刀种类很多，选择铣刀时，要使刀具的尺寸与被加工工件的表面尺寸和形状相适应。生产中，平面零件周边轮廓的加工，常采用立铣刀。铣平面时，应选硬质合金刀片铣刀；加工凸台、凹槽时，选高速钢立铣刀；加工毛坯表面或粗加工孔时，可选镶硬质合金的玉米铣刀。选择立铣刀加工时，如图 2.47 所示，刀具的有关参数，推荐按下述经验数据选取。

（1）刀具半径 r 应小于零件内轮廓面的最小曲率半径 ρ，一般取 $r=(0.8\sim0.9)\rho$。

（2）零件的加工高度 $H\leqslant(1/6\sim1/4)r$，以保证刀具有足够的刚度。

（3）对不通孔（深槽），选取 $l=H+(5\sim10mm)$（l 为刀具切削部分长度，H 为零件高度）。

（4）加工外形及通槽时，选取 $l=H+r_e+(5\sim10mm)$（r_e 为刀尖角半径）。

（5）粗加工内轮廓面时，铣刀最大直径 D 可按式（2-3）计算（图 2.48）。

$$D_{粗}=\frac{2(\delta\sin\varphi/2-\delta_1)}{1-\sin\varphi/2}+D \qquad (2-3)$$

式中，D 为轮廓的最小凹圆角半径；δ 为圆角邻边夹角等分线上的精加工余量；δ_1 为精加工余量；φ 为圆角两邻边的最小夹角。

（6）加工肋时，刀具直径为 $D=(5\sim10)b$（b 为肋的厚度）。

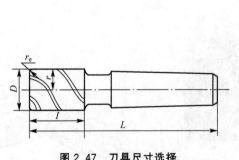

图 2.47　刀具尺寸选择

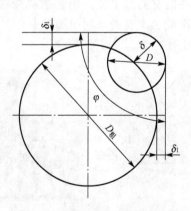

图 2.48　粗加工铣刀直径估算法

对一些立体型面和变斜角轮廓外形的加工，常采用球头铣刀、环形铣刀、鼓形铣刀、锥形铣刀和盘形铣刀等，如图 2.49 所示。

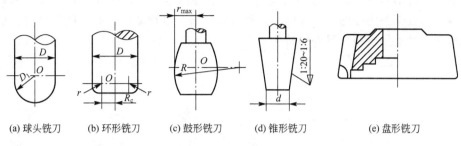

| (a) 球头铣刀 | (b) 环形铣刀 | (c) 鼓形铣刀 | (d) 锥形铣刀 | (e) 盘形铣刀 |

图 2.49　常用铣刀

曲面加工常采用球头铣刀，但加工曲面较平坦部位时，刀具以球头顶端刃切削，切削条件较差，因而应采用环形铣刀。在单件或小批量生产中，为取代多坐标联动机床，常采用鼓形铣刀或锥形铣刀来加工变斜角零件。加镶齿盘铣刀，适用于在五坐标联动的数控机床上加工一些球面，其效率比用球头铣刀高近 10 倍，并可获得好的加工精度。

选用数控铣刀时应注意以下几点：

① 在数控机床上铣削平面时，应采用可转位式硬质合金刀片铣刀。一般采用两次走刀，一次粗铣、一次精铣。当连续切削时，粗铣刀直径要小些以减小切削扭矩，精铣刀直径要大一些，最好能包容待加工表面的整个宽度。加工余量大且加工表面又不均匀时，刀具直径要选得小一些，否则，当粗加工时会因接刀刀痕过深而影响加工质量。

② 高速钢立铣刀多用于加工凸台和凹槽，最好不要用于加工毛坯面，因为毛坯面有硬化层和夹砂现象，会加速刀具的磨损。

③ 加工余量较小，并且要求表面粗糙度较低时，应采用立方氮化硼（GBN）刀片端铣刀或陶瓷刀片端铣刀。

④ 镶硬质合金立铣刀可用于加工凹槽、窗口面、凸台面和毛坯表面。

⑤ 镶硬质合金的玉米铣刀可以进行强力切削，铣削毛坯表面和用于孔的粗加工。

⑥ 加工精度要求较高的凹槽时，可采用直径比槽宽小一些的立铣刀，先铣槽的中间部分，然后利用刀具的半径补偿功能铣削槽的两边，直到达到精度要求为止。

⑦ 在数控铣床上钻孔，一般不采用钻模，钻孔深度为直径 5 倍左右的深孔加工时，容易折断钻头，可采用固定循环程序，多次自动进退，以利于冷却和排屑。钻孔前最好先用中心钻钻一个中心孔或采用一个刚性好的短钻头锪窝引正。锪窝除了可以解决毛坯表面钻孔引正问题外，还可以替代孔口倒角。

2. 孔加工刀具

数控孔加工刀具常用的有钻头、镗刀、铰刀和丝锥等。

（1）钻头。在数控机床上钻孔大多采用普通麻花钻，直径为 8～80mm 的麻花钻多为莫氏锥柄，可直接装在带有莫氏锥孔的刀柄内；直径为 0.1～20mm 的麻花钻多为圆柱形，可装在钻夹头刀柄上；中等尺寸麻花钻两种形式均可选用。由于在数控机床上钻孔都是无钻模直接钻孔，因此，当钻孔深度约为直径 5 倍的细长孔时，钻头易折断，要注意冷却和排屑，在钻孔前最好先用中心钻钻中心孔，或用刚性较好的短钻头锪窝。

钻削直径为 20～60mm、孔的深径比小于等于 3 的中等浅孔时，可选用图 2.50 所示的可转位浅孔钻，其结构是在带排屑槽及内冷却通道钻体的头部装有一组刀片（多为凸多边形、菱形和四边形），多采用深孔刀片，通过该中心压紧刀片，靠近钻心的刀片用韧性较好的材料，靠近钻头外径的刀片选用较为耐磨的材料。这种钻头具有切削效率高、加工质量好的特点，最适用于箱体零件的钻孔加工。

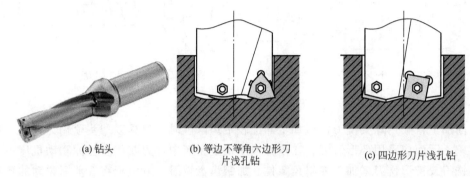

(a) 钻头　　　　(b) 等边不等角六边形刀　　　(c) 四边形刀片浅孔钻
　　　　　　　　　　片浅孔钻

图 2.50　可转位浅孔钻

（2）镗刀。镗刀按切削刃数量可分为单刃镗刀和双刃镗刀。镗削通孔、阶梯孔和不通孔可选用图 2.51 所示的单刃镗刀。

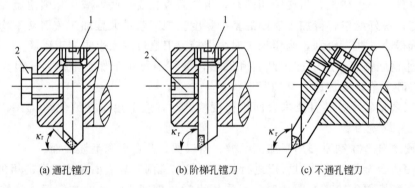

(a) 通孔镗刀　　　　(b) 阶梯孔镗刀　　　　(c) 不通孔镗刀

图 2.51　单刃镗刀
1—调节螺钉；2—紧固螺钉

单刃镗刀头结构类似车刀，用螺钉装夹在镗杆上。调节螺钉 1 用于调整尺寸，紧固螺钉 2 起锁紧作用。单刃镗刀刚性差，切削时易引起振动，所以镗刀的主偏角选的较大，以减小径向力。镗铸铁孔或精镗时，一般取 $\kappa_r=90°$；粗镗钢件孔时，取 $\kappa_r=60°\sim75°$，以延长刀具寿命。所镗孔径的大小要靠调整刀具的悬伸长度来保证，调整麻烦，效率低，只能用于单件小批生产。但单刃镗刀结构简单，适应性较广，粗、精加工都适用。

在孔的精镗中，目前较多地选用精镗微调镗刀。这种镗刀的径向尺寸可以在一定范围内进行微调，调节方便，且精度高，其结构如图 2.52 所示。调整尺寸时，先松开拉紧螺钉 6，然后转动带刻度盘的调整螺母 3，等调至所需尺寸，再拧紧螺钉 6，使用时应保证锥面靠近大端接触（即镗杆 90°锥孔的角度公差为负值），且与直孔部分同心。键与键槽配合间隙不能太大，否则微调时就不能达到较高的精度。

（3）铰刀。数控机床上使用的铰刀多是通用标准铰刀。此外，还有机夹硬质合金刀片单刃铰刀和浮动铰刀等。

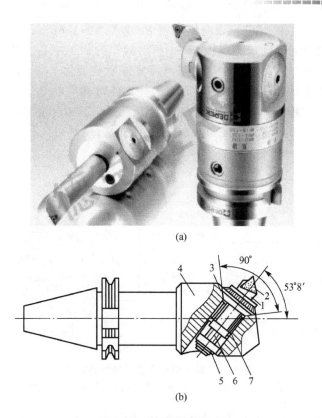

(a)

(b)

图 2.52　精镗微调镗刀

1—刀体；2—刀片；3—调整螺母；4—刀杆；5—螺母；6—拉紧螺钉；7—导向键

加工公差等级为 IT8～IT9、表面粗糙度 Ra 为 $0.8～1.6\mu m$ 的孔时，通常采用标准铰刀。加工公差等级为 IT5～IT7、表面粗糙度 Ra 为 $0.7\mu m$ 的孔时，可采用机夹硬质合金刀片的单刃铰刀。这种铰刀的结构如图 2.53 所示，刀片 3 通过楔套 4 用螺钉 1 固定在刀体上，通过螺钉 7，销子 6 可调节铰刀尺寸。导向块 2 采用黏结和铜焊的方式固定。机夹单刃铰刀应有很高的刃磨质量。因为精密铰削时，半径上的铰削余量是在 $10\mu m$ 以下，所以刀片的切削刃口要磨得异常锋利。

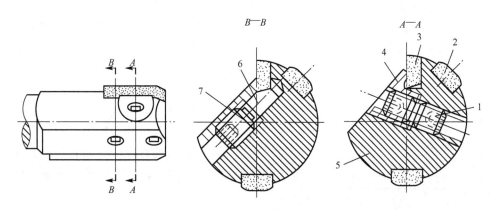

图 2.53　硬质合金单刃铰刀

1、7—螺钉；2—导向块；3—刀片；4—楔套；5—刀体；6—销子铰削公差等级为IT6～IT7，表面粗糙度 Ra 为 $0.8～1.6\mu m$ 的大直径通孔时，可选用专为加工中心设计的浮动铰刀。图2.54所示的即为加工中心上使用的浮动铰刀。在装配时，先根据所要加工孔的大小调节好可调式浮动铰刀体2，在铰刀体2插入刀杆体1的长方孔后，在对刀仪上找正两切削刃与刀杆轴的对称度在 $0.02～0.05mm$ 以内，然后移动定位滑块5，使圆锥端螺钉3的锥端对准刀杆体上的定位窝，拧紧螺钉6后，调整圆锥端螺钉，使铰刀体有 $0.04～0.08mm$ 的浮动量（用对刀仪观察），调整好后，将螺母4拧紧。

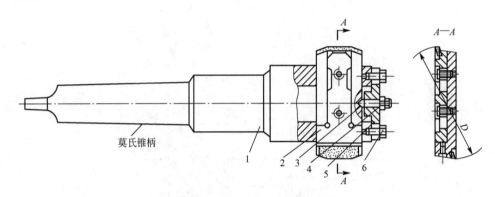

图2.54 加工中心上使用的浮动铰刀

1—刀杆体；2—可调式浮动铰刀体；3—圆锥端螺钉；4—螺母；5—定位滑块；6—螺钉

浮动铰刀既能保证在换刀和进刀过程中刀片不会从刀杆的长方孔中滑出，又能较准确地定心。它有两个对称刃，能自动平衡切削力，在铰削过程中又能自动补偿因刀具安装误差或刀杆的径向圆跳动而引起的加工误差，因而加工精度稳定。浮动铰刀的寿命比高速钢铰刀长8～10倍，且具有直径调整的连续性。

2.3.4 数控铣削及加工中心走刀路线的确定

1. 铣削加工走刀路线的确定

1）立铣刀切削的进、退刀控制方法

在数控铣削中由于其控制方式的加强，在进刀时可以采取更加合理的方式以达到最佳的切削状态。切削前的进刀方式有两种形式：一是垂直方向进刀（常称为下刀）和退刀，另一种是水平方向进刀和退刀。对于数控加工来说，这两个方向的进刀都与普通铣削加工不同。

（1）深度方向切入工件的进、退刀方式。在普通铣床上加工一个封闭的型腔零件时，一般都会分成两个工序：先预钻一个孔，再用直径比孔径小的立铣刀切削。而在数控加工中，数控编程软件通常有3种深度方向切入工件进刀的方式：一是直接垂直向下进刀；二是斜线轨迹进刀，如图2.55所示；三是螺旋式轨迹进刀。

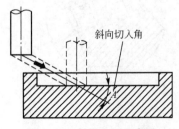

图2.55 斜线进刀示意图

直接垂直向下进刀加工实体时只适用于具有垂直吃力的键槽铣刀，其他的立铣刀只能做很小的切削深度时，才能使用。斜线轨迹进刀和螺旋式轨迹进刀都是靠铣刀的侧刃逐渐向下铣削而实现向下进刀的，可以改善进刀时的切削状态，保持较高的速度和较低的切削负荷。

（2）水平方向进、退刀方式。精加工轮廓时，一般以被加工表面相切的圆弧方式接触和退出工件表面。

当铣削平面零件外轮廓时，一般采用立铣刀侧刃切削。刀具切入工件时，应避免沿工件外轮廓的法向切入，而应沿切削起始点延伸线（图2.56(a)）或切线方向（图2.56(b)）逐渐切入工件，以免在切入处产生刀具刻痕，保证工件曲线的平滑过渡。同理，在切离工件时，也应避免在工件的轮廓处直接退刀，要沿着切削终点延伸线或切线方向逐渐切离工件。

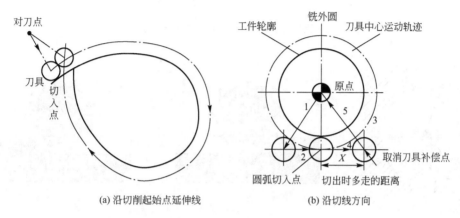

(a) 沿切削起始点延伸线　　　　　(b) 沿切线方向

图2.56　刀具切入和切出外轮廓的加工路线

当铣削封闭的内轮廓表面时，若内轮廓曲线允许外延，则应沿切线方向切入、切出。如内轮廓曲线不允许外延（图2.57），则刀具只能沿内轮廓曲线的法向切入、切出，此时刀具的切入、切出点应尽量选在内轮廓曲线两极和元素的交点处。当内部几何元素相切无交点时，如图2.58(a)所示，取消刀具补偿会在轮廓拐角处留下凹口，故应使刀具切入、切出点远离拐角，如图2.58(b)所示。

图2.59所示为圆弧插补方式铣削内圆弧时的加工路线。当整圆加工完毕时，不要在切点处直接退刀，而应让刀具沿切线方向多运动一段距离，以免取消刀具补偿时，刀具与工件表面相碰，造成工件报废。这样可以提高内孔表面的加工精度和加工质量。图中 R_1 为零件圆弧轮廓半径，R_2 为过渡圆弧半径。

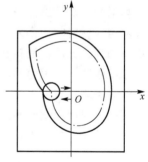

图2.57　刀具切入和切出内轮廓的加工路线

2）铣削方向

铣削有顺铣和逆铣两种方式，如图2.60所示。切削处刀具的旋向与工件的送进方向一致为顺铣。通俗地说，即刀齿追着材料"咬"，刀齿刚切入材料时切得深，而脱离工件时则切得少。顺铣时，作用在工件上的垂直铣削力始终是向下的，能起到压住工件的作用，对铣削加工有利，而且垂直铣削力的变化较小，故产生的振动也小，机床受冲击小，有利于减小工件加工表面的粗糙度值，同时顺铣也有利于排屑，数控铣削加工一般尽量用顺铣法加工。因为采用顺铣加工后，零件已加工表面质量好，刀齿磨损小。

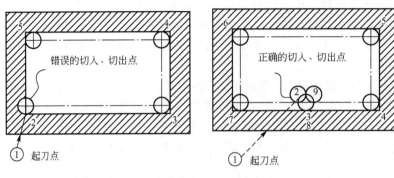

图 2.58　无交点内轮廓刀具切入和切出的加工路线

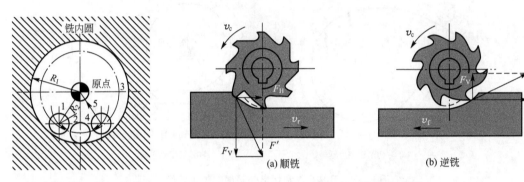

图 2.59　圆弧插补方式铣
削内圆弧时的加工路线

图 2.60　顺铣和逆铣

切削处刀具的旋向与工件的送进方向相反为逆铣。通俗地说，即刀齿迎着材料"咬"，刀齿刚切入材料时切得薄，而脱离工件时则切得厚。这种方式机床受冲击较大，加工后的表面不如顺铣光洁，消耗在工件进给运动上的动力较大。由于铣刀刀刃在加工表面上要滑动一小段距离，刀刃容易磨损。

但对于表面有硬皮的毛坯工件，顺铣时铣刀刀齿一开始就切削到硬皮，切削刃容易损坏，而逆铣时则无此问题。因此，当工件表面无硬皮，机床进给机构无间隙时，应选用顺铣，按照顺铣安排加工路线。精铣时，尤其是零件材料为铝镁合金、钛合金或耐热合金时，应尽量采用顺铣。当工件表面有硬皮，机床的进给机构有间隙时，应采用逆铣，按照逆铣安排加工路线。因为逆铣时，刀齿是从已加工表面切入，不会崩刃；机床进给机构的间隙不会引起振动和爬行。

3）铣削内槽的加工路线

所谓内槽是指以封闭曲线为边界的平底凹槽。这种内槽在模具零件较常见，都采用平底立铣刀加工，刀具圆角半径应符合内槽的图样要求。图 2.61 所示为加工内槽的三种加工路线。图 2.61(a)和图 2.61(b)分别用行切法和环切法加工内槽。两种加工路线的共同点是都能切净内腔中全部面积，不留死角，不伤轮廓，同时尽量减少重复进给的搭接量。不同点是行切法的加工路线比环切法短，但行切法会在每两次进给的起点与终点间留下残留面积，达不到所要求的表面粗糙度；用环切法获得的表面粗糙度要好于行切法，但环切法需要逐次向外扩展轮廓线，刀位点计算稍微复杂一些。综合行、环切法的优点，采用

图 2.61(c)所示的加工路线，即先用行切法切去中间部分余量，最后用环切法切一刀，既能使总的加工路线较短，又能获得较好的表面粗糙度。

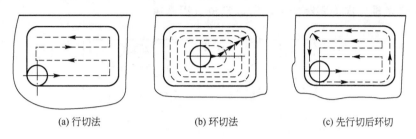

(a) 行切法　　　　　(b) 环切法　　　　(c) 先行切后环切

图 2.61　铣削内槽的三种加工路线

4) 铣削曲面的加工路线

对于边界敞开的曲面加工，可采用如图 2.62 所示的两种加工路线。对于发动机大叶片，当采用图 2.62(a)所示的加工路线时，每次沿直线加工，刀位点计算简单，程序少，加工过程符合直纹面的形成，可以准确保证母线的直线度。当采用图 2.62(b)所示的加工路线时，符合这类零件数据给出情况，便于加工后检验，叶形的准确度高，但程序较多。由于曲面零件的边界是敞开的，没有其他表面限制，所以曲面边界可以延伸，球头刀应由边界外开始加工。当边界不敞开时，要重新确定加工路线，另行处理。

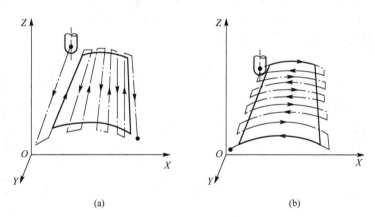

(a)　　　　　　　　(b)

图 2.62　铣削曲面的两种加工路线

2. 孔加工走刀路线的确定

加工孔时，一般是首先将刀具在 XY 平面内快速定位运动到孔中心线的位置上，然后刀具再沿 Z 向(轴向)运动进行加工。所以孔加工进给路线的确定包括以下内容。

1) 确定 XY 平面内的加工路线

孔加工时，刀具在 XY 平面内的运动属点位运动，确定加工路线时，主要考虑：

(1) 走刀路线最短。也就是定位要迅速，在刀具不与工件、夹具和机床碰撞的前提下空行程时间尽可能短。例如，加工图 2.63 所示零件时，按照一般习惯，总是先加工均布于同一圆周上的八个孔，再加工另一圆周上的孔。按图 2.63(b)所示加工路线进给比按图 2.63(a)所示加工路线进给节省定位时间近一半。这是因为在定位运动情况下，刀具由一点运动到另一点时，通常是沿 X、Y 坐标轴方向同时快速移动，当 X、Y 轴各自移距不同时，短移距方向的运动先停，待长移距方向的运动停止后刀具才达到目标位置。图 2.63(b) 所示方案使沿两轴方向的移距接近，所以定位过程迅速。

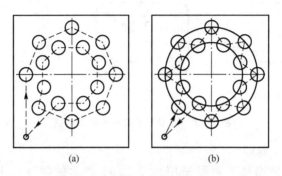

图 2.63 最短加工路线设计示例

（2）定位要准确。对于孔位置精度要求高的零件，安排加工路线时，一定要注意各孔的定位方向一致，采用单向趋近定位点的方法，以避免机械进给系统反向间隙误差或测量误差对孔位精度的影响。例如，镗削图 2.64(a) 所示零件上的四个孔。按图 2.64(b) 所示的加工路线加工，由于 4 孔与 1、2、3 孔定位方向相反，Y 向反向间隙会使定位误差增加，从而影响 4 孔与其他孔的位置精度。按图 2.64(c) 所示的加工路线，加工完 3 孔后往上多移动一段距离至 P 点，然后再折回来在 4 孔处进行定位加工，这样方向一致，就可避免反向间隙的引入，提高了 4 孔的定位精度。

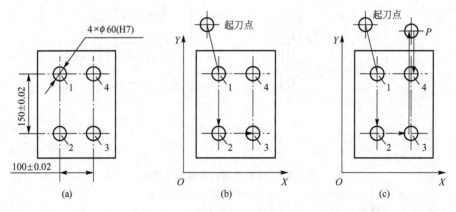

图 2.64 准确定位加工路线方案比较

有时定位迅速和定位准确两者难以同时满足，这时应抓主要矛盾，若按最短路线加工能保证定位精度，则取最短路线，反之，应取能保证定位准确的路线。

2）确定 Z 向（轴向）的加工路线

刀具在 Z 向的加工路线分为快速移动进给路线和工作进给路线。刀具先从初始平面快速运动到距工件加工表面一定距离的 R 平面（距工件加工表面一定切入距离的平面）上，然后按工作进给速度运动进行加工。图 2.65(a) 所示为加工单个孔时刀具的加工路线。对多孔加工，为减少刀具空行程进给时间，加工中间孔时，刀具不必退回到初始平面，只要退到 R 平面即可，其加工路线如图 2.65(b) 所示。

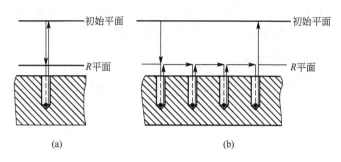

图 2.65 刀具 Z 向加工路线设计示例

━▶快速移动进给路线；┈▶工作进给路线

在工作进给路线中，工作进给距离 Z_F 包括加工孔的深度 H、刀具的切入距离 Z_a 和切出距离 Z_o（加工通孔），如图 2.66 所示。加工不通孔时，工作进给距离为

$$Z_F = Z_a + H + T_t$$

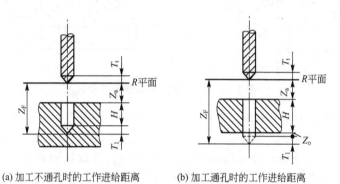

(a) 加工不通孔时的工作进给距离　　　(b) 加工通孔时的工作进给距离

图 2.66 工作进给距离计算图

加工通孔时，工作进给距离为

$$Z_F = Z_a + H + Z_o + T_t$$

式中刀具切入、切出距离的经验数据见表 2-12。

表 2-12 刀具切入、切出距离的经验数据　　　　　（单位：mm）

加工方式 表面状态	钻孔	扩孔	镗孔	铰孔	车削	铣削	攻螺纹	车削螺纹（切入）
已加工表面	2～3	3～5	3～5	3～5	2～3	3～5	5～10	2～5
毛坯表面	5～8	5～8	5～8	5～8	5～8	5～10	5～10	5～8

2.3.5 铣削用量的选择

铣削加工的切削用量包括：切削速度、进给速度、背吃刀量和侧吃刀量。在数控机床上加工零件时，切削用量都预先编入程序中，在正常加工情况下，人工不予改变。只有在试加工或出现异常情况时，才通过速率调节旋钮或电子手轮调整切削用量。因此程序中选用的切削用量应是最佳的、合理的切削用量。只有这样才能提高数控机床的加工精度、刀具

寿命和生产率，降低加工成本。从刀具耐用度出发，切削用量的选择方法是：先选取背吃刀量或侧吃刀量，其次选择进给速度，最后确定切削速度。

1. 背吃刀量 a_p 或侧吃刀量 a_e

背吃刀量 a_p 为平行于铣刀轴线测量的切削层尺寸，单位为 mm。端铣时，a_p 为切削层深度；而圆周铣削时，为被加工表面的宽度。侧吃刀量 a_e 为垂直于铣刀轴线测量的切削层尺寸，单位为 mm。端铣时，a_e 为被加工表面宽度；而圆周铣削时，a_e 为切削层深度，如图 2.67 所示。

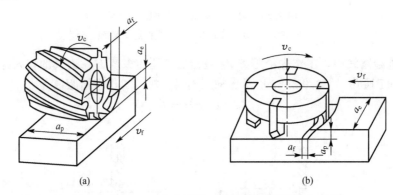

图 2.67 背吃刀量 a_p 和侧吃刀量 a_e

背吃刀量或侧吃刀量的选取主要由加工余量和对表面质量的要求决定：

(1) 当工件表面粗糙度值要求为 $Ra=12.5\sim25\mu m$ 时，如果圆周铣削加工余量小于 5mm，端面铣削加工余量小于 6mm，粗铣一次进给就可以达到要求。但是在余量较大，工艺系统刚性较差或机床动力不足时，可分为两次进给完成。

(2) 当工件表面粗糙度值要求为 $Ra=3.2\sim12.5\mu m$ 时，应分为粗铣和半精铣两步进行。粗铣时背吃刀量或侧吃刀量选取同前。粗铣后留 $0.5\sim1.0mm$ 余量，在半精铣时切除。

(3) 当工件表面粗糙度值要求为 $Ra=0.8\sim3.2\mu m$ 时，应分为粗铣、半精铣、精铣三步进行。半精铣时背吃刀量或侧吃刀量取 $1.5\sim2mm$；精铣时，圆周铣侧吃刀量取 $0.3\sim0.5mm$，面铣刀背吃刀量取 $0.5\sim1mm$。

2. 进给量 f 与进给速度 v_f

铣削加工的进给量 f(mm/r) 是指刀具转动一周，工件与刀具沿进给运动方向的相对位移量；进给速度 v_f(mm/min) 是单位时间内工件与铣刀沿进给方向的相对位移量。进给速度与进给量的关系为 $v_f=nf$(n 为铣刀转速，单位为 r/min)。进给量与进给速度是数控铣床加工切削用量中的重要参数，根据零件的表面粗糙度、加工精度要求、刀具及工件材料等因素，参考切削用量手册选取或通过选取每齿进给量 f_z，再根据公式 $f=Zf_z$(Z 为铣刀齿数) 计算。每齿进给量 f_z 的选取主要依据工件材料的力学性能、刀具材料、工件表面粗糙度等因素。工件材料强度和硬度越高，f_z 越小；反之则越大。硬质合金铣刀的每齿进给量高于同类高速钢铣刀。工件表面粗糙度要求越高，f_z 就越小。每齿进给量的确定可参考表 2-13 选取。工件刚性差或刀具强度低时，应取较小值。

表 2-13　铣刀每齿进给量参考值

工件材料	每齿进给量 f_z/mm			
	粗铣		精铣	
	高速钢铣刀	硬质合金铣刀	高速钢铣刀	硬质合金铣刀
钢	0.10～0.15	0.10～0.25	0.02～0.05	0.10～0.15
铸铁	0.12～0.20	0.15～0.30		

3．切削速度 v_c 和主轴转速 n

铣削的切削速度 v_c 与刀具的耐用度、每齿进给量、背吃刀量、侧吃刀量以及铣刀齿数成反比，而与铣刀直径成正比。其原因是当 f_z、a_p、a_e 和 Z 增大时，刀刃负荷增加，而且同时工作的齿数也增多，使切削热增加，刀具磨损加快，从而限制了切削速度的提高。为提高刀具耐用度允许使用较低的切削速度。但是加大铣刀直径则可改善散热条件，可以提高切削速度。铣削加工的切削速度 v_c 可参考有关切削用量手册中的经验公式通过计算选取。

主轴转速 n（单位 r/min）根据选定的切削速度 v_c（单位 m/min）和工件或刀具的直径 d 来计算：$n = \dfrac{1000 v_c}{\pi d}$。

2.3.6　典型零件的数控铣削及加工中心加工工艺

1．平面凸轮的数控铣削工艺分析

图 2.68 所示为槽形凸轮零件，在铣削加工前，该零件是一个经过加工的圆盘，圆盘直径为 $\phi 280$mm，带有两个基准孔 $\phi 35$mm 及 $\phi 12$mm。$\phi 35$mm 及 $\phi 12$mm 两个定位孔，x 面已在前面加工完毕，本工序是在数控铣床上加工槽。该零件的材料为 HT200，试分析其数控铣削加工工艺。

1）零件图工艺分析

该零件凸轮轮廓由 HA、BC、DE、FG 和直线 AB、HG 以及过渡圆弧 CD、EF 所组成。组成轮廓的各几何元素关系清楚，条件充分，所需要基点坐标容易求得。凸轮内外轮廓面对 x 面有垂直度要求。材料为铸铁，切削工艺性较好。

根据分析，采取以下工艺措施：

凸轮内外轮廓面对 x 面有垂直度要求，只要提高装夹精度，使 x 面与铣刀轴线垂直，即可保证。

2）选择设备

加工平面凸轮的数控铣削，一般采用两轴以上联动的数控铣床，因此首先要考虑的是零件的外形尺寸和质量，使其在机床的允许范围内。其次考虑数控机床的精度是否能满足凸轮的设计要求。第三，看凸轮的最大圆弧半径是否在数控系统允许的范围内。根据以上三条即可确定所要使用的数控机床为两轴以上联动的数控铣床。

3）确定零件的定位基准和装夹方式

定位基准采用"一面两孔"定位，即用圆盘 x 面和两个基准孔作为定位基准。

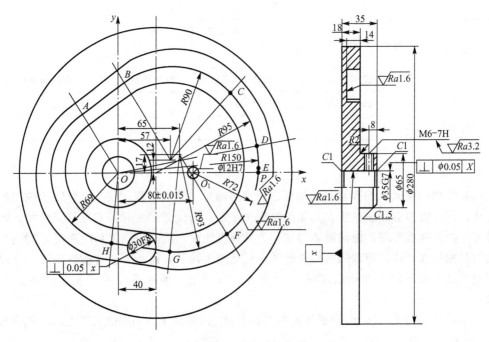

图 2.68　槽形凸轮零件

根据工件特点，用一块 320mm×320mm×40mm 的垫块，在垫块上分别精镗 φ35mm 及 φ12mm 两个定位孔（当然要配定位销），孔距离（80±0.015）mm，垫板平面度为 0.05mm，该零件在加工前，先固定夹具的平面，使两定位销孔的中心连线与机床 X 轴平行，夹具平面要保证与工作台面平行，并用百分表检查，如图 2.69 所示。

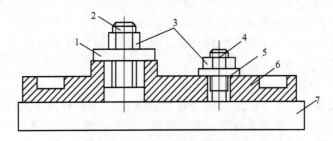

图 2.69　凸轮加工装夹示意图

1—开口垫圈；2—带螺纹圆柱销；3—压紧螺母；

4—带螺纹削边销；5—垫圈；6—工件；7—垫块

4）确定加工顺序及走刀路线

整个零件的加工顺序的拟订按照基面先行、先粗后精的原则确定。因此应先加工用作定位基准的 φ35mm 及 φ12mm 两个定位孔、X 面，然后再加工凸轮槽内外轮廓表面。由于该零件的 φ35mm 及 φ12mm 两个定位孔、X 面已在前面工序加工完毕，在这里只分析加工槽的走刀路线，走刀路线包括平面内进给走刀和深度进给走刀两部分路线。平面内的进给走刀，对外轮廓是从切线方向切入；对内轮廓是从过渡圆弧切入。在数控铣床上加工时，对铣削平面槽形凸轮，深度进给有两种方法：一种是在 XZ（或 YZ）平面内来回铣削逐渐进刀到既定深度；另一种是先打一个工艺孔，然后从工艺孔进刀到既定深度。

进刀点选在 $P(150，0)$ 点，刀具来回铣削，逐渐加深到铣削深度，当达到既定深度后，刀具在 XY 平面内运动，铣削凸轮轮廓。为了保证凸轮的轮廓表面有较高的表面质量，采用顺铣方式，即从 P 点开始，对外轮廓按顺时针方向铣削，对内轮廓按逆时针方向铣削。

　　5）刀具的选择

根据零件结构特点，铣削凸轮槽内、外轮廓（即凸轮槽两侧面）时，铣刀直径受槽宽限制，同时考虑铸铁属于一般材料，加工性能较好，选用 $\phi18mm$ 硬质合金立铣刀，见表 2 - 14。

表 2 - 14　数控加工刀具卡片

产品名称或代号	×××	零件名称	槽形凸轮		零件图号		×××
序号	刀具号	刀具规格名称/mm	数量	加工表面/mm		刀长/mm	备注
1	T01	$\phi18$ 硬质合金立铣刀	1	粗铣凸轮槽内外轮廓		实测	
2	T02	$\phi18$ 硬质合金立铣刀	1	精铣凸轮槽内外轮廓		实测	
编制	×××	审核	×××	批准	×××	共　页	第　页

　　6）切削用量的选择

凸轮槽内、外轮廓精加工时留 0.2mm 铣削余量，确定主轴转速与进给速度时，先查切削用量手册，确定切削速度与每齿进给量，然后利用公式 $n = \dfrac{1000v_c}{\pi d}$ 计算主轴转速 n，利用 $v_f = nf = nZf_z$ 计算进给速度。

　　7）填写数控加工工序卡片（表 2 - 15）

表 2 - 15　槽形凸轮的数控加工工艺卡片

单位名称	×××		产品名称或代号	零件名称	材料	零件图号	
			×××	槽形凸轮	HT200	×××	
工序号	程序编号		夹具名称	夹具编号	使用设备	车间	
×××	×××		螺旋压板	×××	XK5025	×××	
工步号	工步内容	刀具号	刀具规格/mm	主轴转速/(r/min)	进给速度/(mm/min)	背吃刀量/mm	备注
1	来回铣削逐渐加深铣削深度	T01	$\phi18$	800	60		分两层铣削
2	粗铣凸轮槽内轮廓	T01	$\phi18$	700	60		
3	粗铣凸轮槽外轮廓	T01	$\phi18$	700	60		
4	精铣凸轮槽内轮廓	T02	$\phi18$	1000	100		
5	精铣凸轮槽外轮廓	T02	$\phi18$	1000	100		
编制	×××	审核	×××	批准	×××	共1页	第1页

2. 盖板零件的加工中心工艺分析

盖板是机械加工中常见的零件,加工表面有平面和孔,通常需经铣平面、钻孔、扩孔、镗孔、铰孔及攻螺纹等工步才能完成。下面以图 2.70 所示的盖板为例介绍其加工中心加工工艺。

在立式加工中心上加工如图 2.70 所示的盖板零件,零件材料为 HT200,铸件毛坯尺寸(长×宽×高)为 170mm×170mm×23mm。

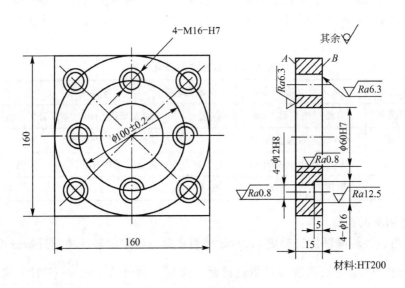

图 2.70　盖板零件图

1) 分析零件图样,选择加工内容

该盖板的材料为铸铁,故毛坯为铸件。由零件图可知,盖板的四个侧面为不加工表面,全部加工表面都集中在 A、B 面上。最高精度为 IT7 级。从工序集中和便于定位两个方面考虑,选择 B 面及位于 B 面上的全部孔在加工中心上加工,将 A 面作为主要定位基准,并在前道工序中先加工好。

2) 选择设备

由于 B 面及位于 B 面上的全部孔只需单工位加工即可完成,故选择立式加工中心。加工表面不多,只有粗铣、精铣、粗镗、半精镗、精镗、钻、扩、锪、铰及攻螺纹等工步,所需刀具不超过 20 把。选用国产 XH714 型立式加工中心即可满足上述要求。该机床工作台尺寸为 400mm×800mm,X 轴行程为 600mm,Y 轴行程为 400mm,Z 轴行程为 400mm,主轴端面至工作台台面距离为 125～525mm,定位精度和重复定位精度分别为 0.02mm 和 0.01mm,刀库容量为 18 把,工件一次装夹后可自动完成铣、钻、镗、铰及攻螺纹等工步的加工。

3) 设计工艺

(1) 选择加工方法。B 平面用铣削方法加工,因其表面粗糙度为 $Ra6.3\mu m$,故采用粗铣—精铣方案;$\phi60H7$ 孔为已铸出毛坯孔,为达到 IT7 级精度和 $Ra0.8\mu m$ 的表面粗糙度,需经三次镗削,即采用粗镗—半精镗—精镗方案;对 $\phi12H8$ 孔,为防止钻偏和达到 IT8 级精度,按钻中心孔—钻孔—扩孔—铰孔方案进行;$\phi16mm$ 孔在 $\phi12mm$ 孔基础上锪至尺寸即可；M16 螺纹孔采用先钻底孔后攻螺纹的加工方法，即按钻中心孔—钻底孔—倒角—攻螺纹方案加工。

（2）确定加工顺序。按照先面后孔、先粗后精的原则确定。具体加工顺序为粗、精铣 B 面—粗、半精、精镗 ϕ60H7 孔—钻各光孔和螺纹孔的中心孔—钻、扩、锪、铰 ϕ12H8 及 ϕ16mm 孔—M16 螺孔钻底孔、倒角和攻螺纹。

（3）确定装夹方案。该盖板零件形状简单，四个侧面较光整，加工面与不加工面之间的位置精度要求不高，故可选用机用平口钳，以盖板底面 A 和两个侧面定位，用平口钳钳口从侧面夹紧。

（4）选择刀具。根据加工内容，所需刀具有面铣刀、镗刀、中心钻、麻花钻、铰刀、立铣刀（锪 ϕ16mm 孔）及丝锥等，其规格根据加工尺寸选择。B 面粗铣铣刀直径应选小一些，以减小切削力矩，但也不能太小，以免影响加工效率；B 面精铣铣刀直径应选大一些，以减少接刀痕迹，但要考虑到刀库允许装刀直径（XH714 型加工中心的允许装刀直径：无相邻刀具为 ϕ150mm，有相邻刀具为 ϕ80mm）也不能太大。刀柄柄部根据主轴锥孔和拉紧机构选择。XH714 型加工中心主轴锥孔为 IS040，适用刀柄为 BT40（日本标准 JISB6339），故刀柄柄部应选择 BT40 型式。具体所选刀具及刀柄见表 2-16。

表 2-16　数控加工刀具卡片

产品名称或代号		×××	零件名称	盖板	零件图号		×××
序号	刀具号	刀具规格名称/mm	数量	加工表面/mm		刀长/mm	备注
1	T01	ϕ100 可转位面铣刀	1	铣 A、B 表面			
2	T02	ϕ3 中心钻	1	钻中心孔			
3	T03	ϕ58 镗刀	1	粗镗 ϕ60H7 孔			
4	T04	ϕ59.9 镗刀	1	半精镗 ϕ60H7 孔			
5	T05	ϕ60H7 镗刀	1	精镗 ϕ60H7 孔			
6	T06	ϕ11.9 麻花钻	1	钻 4×ϕ12H8 底孔			
7	T07	ϕ16 阶梯铣刀	1	锪 4×ϕ16 阶梯孔			
8	T08	ϕ12H8 铰刀	1	铰 4×ϕ12 H8 孔			
9	T09	ϕ14 麻花钻	1	钻 4×M16 螺纹底孔			
10	T10	90°ϕ16 铣刀	1	4×M16 螺纹孔倒角			
11	T11	机用丝锥 M16	1	攻 4-M16 螺纹孔			
编制	×××	审核	×××	批准	×××	共　页	第　页

（5）确定进给路线。B 面的粗、精铣削加工进给路线根据铣刀直径确定，因所选铣刀直径为 ϕ100mm，故安排沿 Z 方向两次进给（图 2.71）。因为孔的位置精度要求不高，机床的定位精度完全能保证，所有孔加工进给路线均按最短路线确定，图 2.72～图 2.76 所示即为各孔加工工步的进给路线。

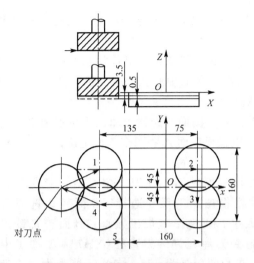

图 2.71　铣削 B 面进给路线

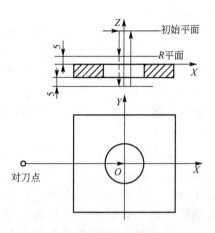

图 2.72　镗 ϕ60H7 孔进给路线

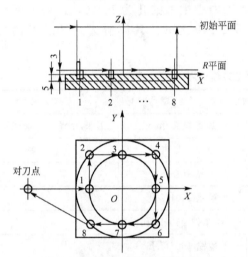

图 2.73　钻中心孔进给路线

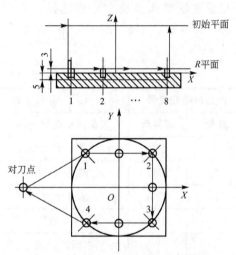

图 2.74　钻、扩、铰 ϕ12H8 进给路线

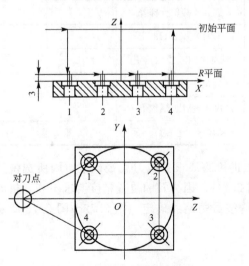

图 2.75　锪 ϕ16 孔进给路线

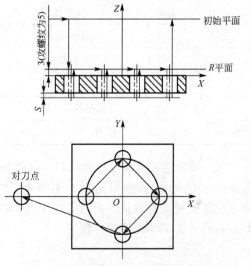

图 2.76　钻螺纹底孔、攻螺纹进给路线

（6）选择切削用量查表确定切削速度和进给量，然后计算出机床主轴转速和机床进给速度，详见表2-17。

表2-17 数控加工工序卡片

单位名称	×××	产品名称或代号	零件名称	材料	零件图号	
		×××	盖板		×××	
工序号	程序编号	夹具名称	夹具编号	使用设备	车间	
×××	×××	平口虎钳	×××	XH714	×××	
工步号	工步内容	刀具号	刀具规格	主轴转速/(r/min)	进给速度/(mm/min)	背吃刀量/mm	备注
1	粗铣 A 面	T01	$\phi100$	250	80	3.8	自动
2	精铣 A 面	T01	$\phi100$	320	40	0.2	自动
3	粗铣 B 面	T01	$\phi100$	250	80	3.8	自动
4	精铣 B 面，保证尺寸15	T01	$\phi100$	320	40	0.2	自动
5	钻各光孔和螺纹孔的中心孔	T02	$\phi3$	1000	40		自动
6	粗镗 $\phi60H7$ 孔至 $\phi58$	T03	$\phi58$	400	60		自动
7	半精镗 $\phi60H7$ 孔至 $\phi59.9$	T04	$\phi59.9$	460	50		自动
8	精镗 $\phi60H7$ 孔	T05	$\phi60H7$	520	30		自动
9	钻 $4-\phi12H8$ 底孔至 $\phi11.9$	T06	$\phi11.9$	500	60		自动
10	锪 $4-\phi16$ 阶梯孔	T07	$\phi16$	200	30		自动
11	铰 $4-\phi12H8$ 孔	T08	$\phi12H8$	100	30		自动
12	钻 $4-M16$ 螺纹底孔至 $\phi14$	T09	$\phi14$	350	50		自动
13	$4-M16$ 螺纹孔倒角	T10	$\phi16$	300	40		自动
14	攻 $4-M16$ 螺纹孔	T11	M16	100	200		自动
编制	×××	审核	×××	批准	×××	共1页	第1页

 习 题

2-1 什么是数控加工工艺？其主要内容是什么？

2-2 试述数控加工艺的特点？

2-3 数控加工工艺处理有哪些内容？

2-4 哪些类型的零件最适宜在数控机床上加工？零件上的哪些加工内容适宜采用数控加工？

2-5 对数控加工零件作工艺性分析包括哪些内容？

2-6 试述数控机床加工工序划分的原则和方法？与普通机床相比，数控机床工序的划分有何异同？

2-7 在数控工艺路线设计中，应注意哪些问题？

2-8 什么是数控加工的走刀路线？确定走刀路线时通常要考虑什么问题？

2-9 数控加工对刀具有何要求？常用数控刀具材料有哪些？选用数控刀具的注意事项有哪些？

2-10 数控加工工艺文件有哪些？编制数控加工工艺技术文件有何意义？

2-11 数控车床适合加工哪些特点回转体零件？为什么？

2-12 数控车削工序顺序的安排原则有哪些？工步顺序安排原则有哪些？

2-13 数控常用粗加工进给路线有哪些方式？精加工路线应如何确定？

2-14 轴类与孔类零件车削有什么工艺特点？

2-15 常用数控车床车刀有哪些类型？安装车刀有哪些要求？

2-16 数控铣削和加工中心的加工工艺特点有哪些？

2-17 环切法和行切法各有何特点？分别适用于什么场合？

2-18 常用数控铣削刀具有哪些？数控铣削时如何选择合适的刀具？

2-19 在数控车床上加工如图 2.77 所示的零件，已知该零件的毛坯为 $\phi 90\text{mm} \times 50\text{mm}$ 的棒料，材料为 45 钢，试编制其数控车削加工工艺。

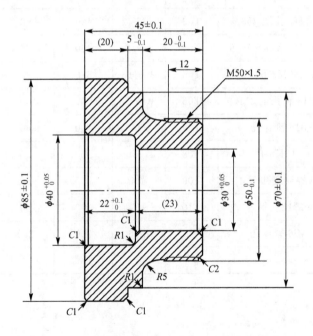

图 2.77 习题 2-19 图

2-20 在立式加工中心上加工如图 2.78 所示的盖板零件，已知该零件材料为 HT200，毛坯为铸件，试编制其数控加工工艺。

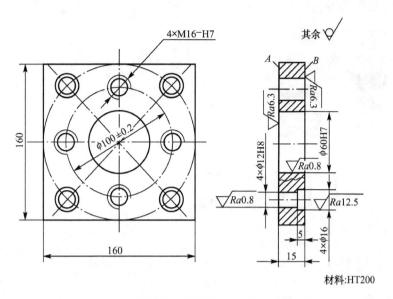

图 2.78　习题 2 - 20 图

第3章

数控加工编程

 本章教学要点

知识要点	掌握程度	相关知识
数控机床编程基础	了解数控编程的内容和方法；掌握有关数控坐标轴的确定和工件坐标系的概念	
数控车床程序编制	熟练掌握典型零件的手工编程	数控车床常用编程指令；掌握数控车床固定循环指令、螺纹加工指令及子程序指令
数控铣削和加工中心程序编制	熟练掌握典型零件的手工编程；了解自动编程以及宏程序的应用	数控铣床常用编程指令；自动编程软件

导入案例

数控编程是目前 CAD/CAPP/CAM 系统中最能明显发挥效益的环节之一，其在实现设计加工自动化、提高加工精度和加工质量、缩短产品研制周期等方面发挥着重要作用，在诸如航空工业、汽车工业等领域有着广泛的应用。数控编程是一项细致、辛苦、复杂的综合性的工作过程，编程人员不仅要掌握 CAD/CAM 软件的使用，还必须具备较强的空间想象、机械识图能力，要熟悉机床、刀具、机械加工，最好能对所加工零件的设计使用都有较深层的了解。

自 1952 年在美国出现了世界上第一台数控铣床，控制器的技术发展至今已经历了 5代，同时，数控编程技术也从手工编程发展到自动编程。早期的数控程序由手工编写，只能针对点位加工或几何形状不太复杂的零件。自动编程是用计算机来协助完成数控加工程序编制，又从 APT(Automatically Programmed Tool)语言编程发展到如今的图像编程。

数控编程的核心工作是生成刀具轨迹，然后将其离散成刀位点，经后置处理产生数控加工程序。通过本章数控编程基础的学习，掌握数控机床的编程规则及程序指令的使用方法，为以后自动编程打好基础。

3.1 数控机床编程基础

3.1.1 数控编程基本概念

数控编程就是把零件的工艺过程、工艺参数、机床的运动以及刀具位移量等信息用数控语言记录在程序单上，并经校核的全过程。

数控机床所使用的程序是按照一定的格式并以代码的形式编制的。数控系统的种类繁多，它们使用的数控程序的格式也不尽相同，编制程序时应该严格按照机床编程手册中的规定进行。编制程序时，编程人员应对图样规定的技术要求、零件的几何形状、尺寸精度要求等内容进行分析，确定加工方法和加工路线；进行数学计算，获得刀具轨迹数据；然后按数控机床规定的代码和程序格式，将被加工工件的尺寸、刀具运动中心轨迹、切削参数以及辅助功能(如换刀、主轴正反转、切削液开关等)信息编制成加工程序，并输入数控系统，由数控系统控制机床自动地进行加工。数控程序不仅应该保证能加工出符合图纸要求的合格工件，还应该使数控机床的功能得到合理的应用与充分的发挥，以使数控机床能安全、可靠、高效地工作。

3.1.2 数控编程的内容与步骤

数控编程过程的主要内容包括：零件图纸分析、工艺处理、数值计算、编写程序单、制作控制介质、程序校验和首件试加工。

(1) 分析零件图纸。首先要进行零件材料、形状、尺寸、精度、批量，毛坯形状和热处理要求的分析，以便确定该零件是否适合在数控机床上加工，或适合在哪种数控机床上加工。

（2）工艺处理。在分析零件图的基础上，选择适合数控加工的加工工艺，确定零件的加工方法、加工路线及切削用量等工艺参数。数控加工工艺分析与处理是数控编程的前提和依据，而数控编程就是将数控加工工艺内容程序化。

（3）数值计算。根据零件图的几何尺寸、确定的工艺路线及设定的坐标系，计算零件粗、精加工运动的轨迹，得到刀位数据。对于形状比较简单的零件（如由直线和圆弧组成的零件）的轮廓加工，要计算出几何元素的起点、终点、圆弧的圆心、两几何元素的交点或切点的坐标值，如果数控装置无刀具补偿功能，还要计算刀具中心的运动轨迹坐标值。对于形状比较复杂的零件（如由非圆曲线、曲面组成的零件），需要用直线段或圆弧段逼近，根据加工精度的要求计算出节点坐标值，这种数值计算一般要用计算机来完成。

（4）编写程序单。根据加工路线、切削用量、刀具号码、刀具补偿量、机床辅助动作及刀具运动轨迹，按照数控系统使用的指令代码和程序段的格式编写零件加工的程序单，并校核上述两个步骤的内容，纠正其中的错误。

（5）制作控制介质。把编制好的程序单上的内容记录在控制介质上，作为数控装置的输入信息。通过程序的手工输入或通信传输送入数控系统。

（6）程序校验与首件试切。编写的程序单，必须经过校验和首件试切才能正式使用。校验的方法是直接将控制介质上的内容输入到数控系统中，让机床空运转，以检查机床的运动轨迹是否正确。在有 CRT 图形显示的数控机床上，用模拟刀具与工件切削过程的方法进行检验更为方便。程序校验只能检验运动是否正确，不能检验被加工零件的加工精度。因此，要通过进行零件的首件试切，检查加工工艺及有关切削参数设定是否合理，加工精度及加工工效如何，以便进一步改进，直至达到零件图纸的要求。

3.1.3　数控编程方法

数控编程大体经过了机器语言编程、高级语言编程、代码格式编程和人机对话编程与动态仿真这样几个阶段。

数控加工程序编制方法主要分为手工编程与自动编程两大类。

（1）手工编程。手工编程是指从零件图纸分析、工艺处理、数值计算、编写程序单、制作控制介质直到程序校核等各步骤的数控编程工作均由人工完成的全过程。手工编程适合于编写进行点位加工或直线与圆弧组成的几何形状不太复杂的零件的加工程序，以及程序坐标计算较为简单、程序段不多、程序编制易于实现的场合。它要求编程人员不仅要熟悉数控指令及编程规则，而且还要具备数控加工工艺知识和数值计算能力。这种方法比较简单，容易掌握，适应性较强。手工编程方法是编制加工程序的基础，也是机床现场加工调试的主要方法，对机床操作人员来讲是必须掌握的基本功。但对于形状复杂的零件，手工编程容易出错，难度较大，有时甚至无法编出程序，必须采用自动编程。

（2）自动编程。自动编程是指在计算机及相应软件系统的支持下，自动生成数控加工程序的过程。它充分发挥了计算机快速运算和存储的功能。其特点是采用简单、习惯的语言对加工对象的几何形状、加工工艺、切削参数及辅助信息等内容按规则进行描述，再由计算机自动地进行数值计算、刀具中心运动轨迹计算、后置处理，产生出零件加工程序单，并且对加工过程进行模拟。对于形状复杂，具有非圆曲线轮廓、三维曲面等零件编写加工程序，采用自动编程方法效率高、可靠性好。在编程过程中，程序编制人可及时检查程序是否正确，需要时可及时修改。自动编程使得一些计算繁琐、手工编程困难或无法编出的程序能够顺利地完成。

3.1.4 数控机床坐标系统

1. 数控机床坐标轴的命名及方向的规定

目前国际上数控机床的坐标轴及方向的规定均已标准化，我国于 1982 年颁布了 JB 3051—1982《数控机床的坐标和运动方向的命名》标准，并于 1999 年修订为 JB/T 3051—1999，修订后主要技术内容没有变化，现在标准内容已经被 GB/T 19660—2005 涵盖，它与 ISO 841 等效。

标准规定，在加工过程中无论是刀具移动工件静止，还是工件移动刀具静止，一般都假定工件相对静止不动，而刀具在移动，并同时规定刀具远离工件的方向为坐标轴的正方向。

数控机床的坐标轴命名规定机床的直线运动采用右手直角笛卡尔坐标系统，如图 3.1 所示。其坐标命名为 X、Y、Z，通称为基本坐标系。大拇指指向为 X 轴正方向，食指指向 Y 轴的正方向，中指指向为 Z 轴的正方向，三个坐标轴相互垂直。以 X、Y、Z 坐标轴或以与 X、Y、Z 坐标轴平行的坐标轴线为中心旋转的运动，分别称为 A 轴、B 轴、C 轴。

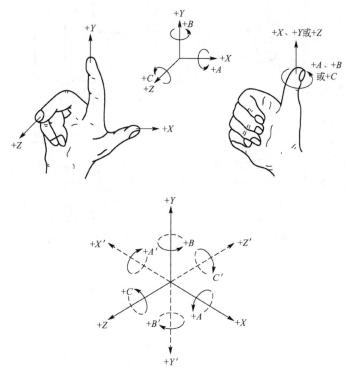

图 3.1 右手直角笛卡尔坐标系统

2. 数控机床坐标轴的确定

确定机床坐标轴时，一般是先确定 Z 轴，然后再确定 X 轴和 Y 轴。

Z 轴：通常把传递切削力的主轴规定为 Z 坐标轴。对于刀具旋转的机床，如镗床、铣床、钻床等，刀具旋转的轴称为 Z 轴。如果机床有几个主轴，则选一垂直于装夹平面的主轴作为主要主轴；如机床没有主轴（龙门刨床），则规定垂直于工件装夹平面的轴为 Z 轴。Z 坐标的正向为刀具远离工件的方向。

X 轴：X 轴通常平行于工件装夹面并与 Z 轴垂直。对于工件旋转的机床（如车、磨床等），X 坐标的方向在工件的径向上；对于刀具旋转的机床则作如下规定：当 Z 轴水平时（如卧式升降台铣床），从刀具主轴后向工件看，X 坐标的正向为右方向。当 Z 轴处于铅垂面时（如立式升降台铣床），对于单立柱式机床，站在工作台前向立柱看，X 坐标的正向为右方向；对于龙门式机床，从刀具主轴右侧看，X 坐标的正向为右方向。

Y 轴：Y 轴垂直于 X 轴和 Z 轴，其方向可根据已确定的 X 轴和 Z 轴，按右手直角笛卡尔坐标系确定。

旋转轴：旋转轴的定义也按照右手定则，绕 X 轴旋转为 A 轴，绕 Y 轴旋转为 B 轴，绕 Z 轴旋转为 C 轴。A、B、C 以外的转动轴用 D、E 表示。

附加轴：当机床直线运动多于三个坐标轴时，则用 U、V、W 轴分别表示平行于 X、Y、Z 轴的第二组直线运动坐标轴，用 P、Q、R 分别表示平行于 X、Y、Z 轴的第三组直线运动坐标轴。

几种典型机床的坐标系如图 3.2 所示。

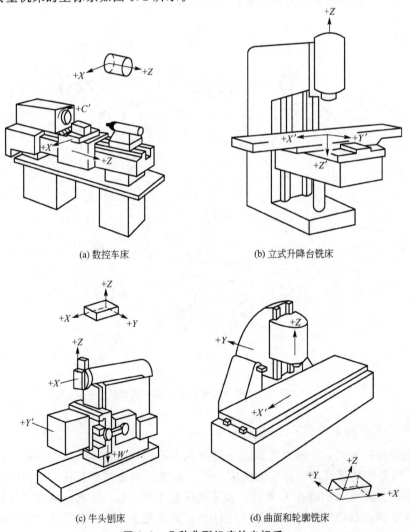

(a) 数控车床　　　　　　　　(b) 立式升降台铣床

(c) 牛头刨床　　　　　　　　(d) 曲面和轮廓铣床

图 3.2　几种典型机床的坐标系

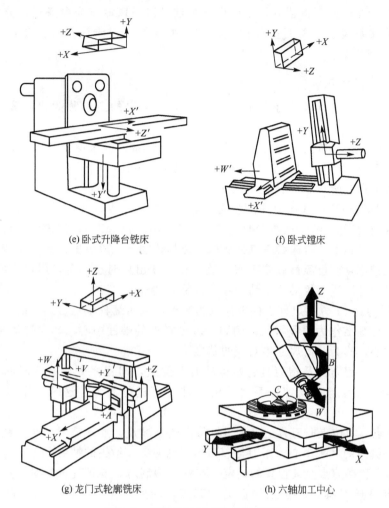

(e) 卧式升降台铣床   (f) 卧式镗床

(g) 龙门式轮廓铣床   (h) 六轴加工中心

图 3.2 几种典型机床的坐标系(续)

3. 工件坐标系

工件坐标系又称为编程坐标系,是由编程员在编制零件加工程序时,以工件上某一固定点为原点建立的坐标系。工件坐标系的原点称为工件零点(零件原点或程序零点),而编程时的刀具轨迹坐标是按零件轮廓在工件坐标系的坐标确定的。

工件坐标系是以工件设计尺寸为依据建立的坐标系,工件坐标系是由编程人员在编制程序时用来确定刀具和程序的起点,工件坐标系的原点可由编程人员根据具体情况确定,但坐标轴的方向应与机床坐标系一致,并且与之有确定的尺寸关系。机床坐标系与工件坐标系的关系如图 3.3 所示。一般数控设备可以预先设定多个工件坐标系(G54~G59),

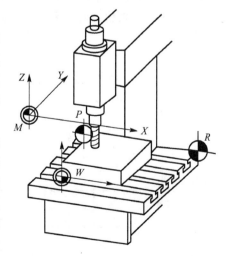

图 3.3 机床坐标系与工件坐标系的关系

这些坐标系存储在机床存储器内，工件坐标系都是以机床原点为参考点，分别以各自与机床原点的偏移量表示，需要提前输入机床数控系统，或者说是在加工前设定好的坐标系。

4. 数控机床上的有关点

(1) 机床零点。机床坐标系的原点，是一个被确定的点，称为机床零点或机械零点(M)。

(2) 机床参考点。与机床坐标系相关的另一个点称为机床参考点，又称为机械原点(R)，它指机床各运动部件在各自的正方向自动退至极限的一个固定点，可由限位开关精密定位，至参考点时所显示的数值则表示参考点与机床零点间的工作范围，XR、YR 与 ZR 数值即被记忆在 CNC 系统中并在系统中建立了机床零点，作为系统内运算的基准点。有的机床在返回参考点(称"回零")时，显示为零($X0$，$Y0$，$Z0$)，则表示该机床零点被建立在参考点上。实际上，机床参考点是机床上最具体的一个机械固定点。机床一经设计和制造出来，机械原点就已经被确定下来，该点在机床出厂时已调定，用户一般不作变动。机床启动时，通常要进行机动或手动回零，就是回到机械原点。

(3) 工件零点。工件零点即工件坐标系的原点，也叫编程零点。编程时，一般选择工件图样上的设计基准作为编程零点，例如回转体零件的端面中心、非回转体零件的角边、对称图形的中心，作为几何尺寸绝对值的基准。

(4) 起刀点。起刀点是指刀具起始运动的刀位点，即程序开始执行时的刀位点。当用夹具时常与工件零点有固定联系尺寸的圆柱销等进行对刀，这时则用对刀点作为起刀点。

(5) 刀位点。刀位点即刀具上表示刀具特征的基准点，如立铣刀、端面铣刀刀头底面的中心、球头铣刀的球头中心、车刀与镗刀的理论刀尖、钻头的钻尖。

(6) 对刀点和换刀点及其位置的确定。在程序编制时，要正确选择对刀点和换刀点的位置。对刀点可指刀具相对于工件运动的起点，因此，有时对刀点也是程序起点或起刀点。

对刀点可以设在工件上(如工件上的设计基准或定位基准)，也可以设在夹具或机床上(夹具或机床上设相应的对刀装置)。若设在夹具或机床上的某一点，则该点必须与工件的定位基准保持一定精度的尺寸关系，如图 3.4 所示为对刀点的设定，这样才能保证机床坐标系与工件坐标系的关系。为了提高工件的加工精度，对刀点应尽量选择在工件的设计基准或工艺基准上。如以孔定位的工件，对刀点应该设在孔的中心线上，这样不仅便于测量，而且也能减小误差，提高加工精度。对刀时，应使刀位点与对刀点重合。为减少找正时间和提高找正精度，可以使用对刀仪。

对刀点不仅是程序的起点，往往也是

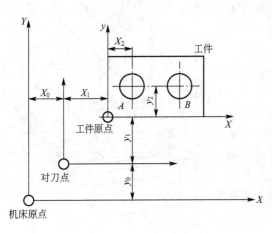

图 3.4 对刀点的设定

程序的终点。因此在批量生产中，要考虑对刀点的重复定位精度。一般，刀具在加工一段时间后或每次机床启动时，都要进行一次刀具回机床原点或参考点的操作，以减小对刀点累积误差的产生。

具有自动换刀装置的数控机床，如加工中心等，在加工中要自动换刀，还要设置换刀点。换刀点的位置根据换刀时刀具不碰撞工件、夹具、机床的原则确定。一般换刀点设置在工件或夹具的外部，并且应该具有一定的安全余量。

3.1.5 程序的结构与格式

1. 程序结构

数控程序由程序编号、程序内容和程序结束段组成。

例如：

程序编号：O0001；

程序内容：N001 G92 X40.0 Y30.0；

N002 G90 G00 X28.0 T01 S800 M03；

N003 G01 X-8.0 Y8.0 F200；

N004 X0 Y0；

N005 X28.0 Y30.0；

N006 G00 X40.0；

程序结束段：N007 M02；

其中第一个程序段 O0001 是整个程序的程序号，也叫程序名，由地址 O 和四位数字组成。每一个独立的程序都应有程序号，它可以作为识别、调用该程序的标志。

不同数控系统程序编号地址码不同，如日本 FANUC 数控系统采用 O 作为程序编号地址码；美国的 AB8400 数控系统采用 P 作为程序编号地址码；德国的 SMK8M 数控系统采用％作为程序编号地址码等。

程序内容部分是整个程序的核心，由若干个程序段组成，每个程序段由一个或多个指令字构成，每个指令字由地址符和数字组成，它代表机床的一个位置或一个动作，每一程序段结束用"；"号。

程序结束段以程序结束指令 M02 或 M30 作为整个程序结束的符号。

2. 程序段格式

程序段格式是指一个程序段中字的排列书写方式和顺序，以及每个字和整个程序段的长度限制和规定。不同的数控系统往往有不同的程序段格式，格式不符合规定，则数控系统不能接受。

常见的程序段格式有两类：

1）分隔符固定顺序式

这种格式是在字与字之间用分隔符"HT"（在 EIA 代码中用"TAB"）代替地址符隔开，而且预先规定了所有可能出现的代码字的固定排列顺序，根据分隔符出现的顺序，就可判定其功能。不需要的字或与上一程序段相同功能的字可以不写，但其分隔符必须保留。

我国数控线切割机床采用的"3B"或"4B"格式指令就是典型的分隔符固定顺序格式。分隔符固定顺序式格式不直观，编程不便，常用于功能不多的数控装置（数控系

统)中。

2）地址符可变程序段格式

这种格式又称字地址程序段格式。程序段中每个字都以地址符开始，其后跟符号和数字，代码字的排列顺序没有严格的要求，不需要的代码字以及与上段相同的续效字可以不写。这种格式的特点是：程序简单，可读性强，易于检查。因此现代数控机床广泛采用这种格式。字地址程序段的一般格式为：

N_G_X_Y_Z_…F_S_T_M_；

其中，N 为程序段号字；G 为准备功能字；X、Y、Z 为坐标功能字；F 为进给功能字；S 为主轴转速功能字；T 为刀具功能字；M 为辅助功能字。

例：

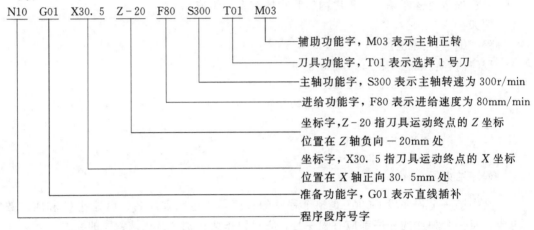

3.2 数控车床程序编制

3.2.1 数控车床坐标系与编程特点

1. 数控车床的工件坐标系的建立

数控车床的编程坐标系如图 3.5 所示，纵向为 Z 轴方向，正方向是远离卡盘而指向尾座的方向；径向为 X 轴方向，与 Z 轴相垂直，正方向为刀架远离主轴轴线的方向。编程原点 O_p 一般取在工件端面与中心线的交点处。

2. 工件坐标系的设定

建立工件坐标系使用 G50 功能指令。

功能：该指令以程序原点为工件坐标系的中心（原点），指定刀具出发点的坐标值，如图 3.6 所示。

格式：G50 X_ Z_；

说明：X、Z 是刀具出发点在工件坐标系中的坐标值；通常 G50 编在加工程序的第一段；运行程序前，刀具必须位于 G50 指定的位置。

例：如图 3.6 所示，设定工件坐标系

程序：G50 X128.7 Z375.1;

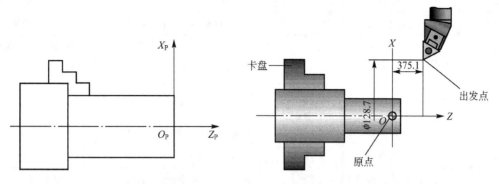

图 3.5　数控车床编程坐标系　　　　图 3.6　G50 设定工件坐标系

3. 数控车床的编程特点

（1）数控车床上工件的毛坯大多为圆棒料，加工余量较大，一个表面往往需要进行多次反复的加工。如果对每个加工循环都编写若干个程序段，就会增加编程的工作量。为了简化加工程序，一般情况下，数控车床的数控系统中都有车内外圆、车端面和车螺纹等不同形式的循环功能。

（2）数控车床的数控系统中都有刀具补偿功能。在加工过程中，对于刀具位置的变化、刀具几何形状的变化及刀尖的圆弧半径的变化，都无需更改加工程序，只要将变化的尺寸或圆弧半径输入到存储器中，刀具便能自动进行补偿。

（3）数控车床的编程有直径、半径两种方法。所谓直径编程是指 X 轴上的有关尺寸为直径值，半径编程是指 X 轴上的有关尺寸为半径值。FANUC 数控车床采用直径编程。

（4）绝对编程方式与增量编程方式。采用绝对编程方式时，数控车床的程序目标点的坐标以地址 X、Z 表示；采用增量编程方式时，目标点的坐标以 U、W 表示。此外，数控车床还可以采用混合编程，即在同一程序段中绝对编程方式与增量编程方式可同时出现，如 G00X50W0。

（5）数控车床工件坐标系的设定大都使用准备功能指令 G50 完成，也可以用 G54～G59 指令预置工件坐标系，G50 与 G54～G59 不能出现在同一程序段中，否则 G50 会被 G54～G59 取代。

3.2.2　数控车床常用编程指令

不同的数控车床，其编程指令基本相同，但也有个别的指令定义有所不同。数控车床常用的功能指令有准备功能 G 代码、辅助功能 M 代码、刀具功能 T 代码、主轴转速功能 S 代码、进给功能 F 代码。表 3-1 和表 3-2 分别给出了 FANUC-0i 系统与华中数控 HNC-21T 车削系统的常用 G 指令代码，供读者学习时参考。

表 3-1 FANUC-0i 系统数控车床常用的 G 指令代码

代码	组	意义	代码	组	意义	代码	组	意义
G00*	01	快速点定位	G32	01	螺纹切削	G74		端面沟槽钻孔循环
G01		直线插补	G40*		刀补取消	G75	00	内、外径切槽循环
G02		顺圆插补	G41	07	左刀补	G76		车螺纹复合循环
G03		逆圆插补	G42		右刀补	G90		车外圆固定循环
G04	00	暂停延时	G50		设定工作坐标系，主轴最高转速设定	G92	01	车螺纹固定循环
G20	06	英制单位	G52		局部坐标系设置	G94		车端面固定循环
G21*		公制单位	G70	00	精加工循环	G96	12	恒线速控制
G27		回参考点检查	G71		外圆粗车复合循环	G97*		恒转速控制
G28	00	回参考点	G72		端面粗车复合循环	G98	05	每分钟进给方式
G29		参考点返回	G73		车闭环复合循环	G99*		每转进给方式

注：1. 表内 00 组为非模态指令，只在本程序段内有效。其他组为模态指令，一次指定后持续有效，直到被本组其他代码所取代。
2. 标有 * 的 G 代码为数控系统通电启动后的默认状态。

表 3-2 华中数控 HNC-21T 常用的 G 指令代码

G 代码	组	功能	参数(后续地址字)
G00	01	快速定位	X, Z
G01*		直线插补	X, Z
G02		顺圆插补	X, Z, I, K, R
G03		逆圆插补	X, Z, I, K, R
G04	00	暂停	P
G20	08	英寸输入	X, Z
G21*		毫米输入	X, Z
G28	00	返回到参考点	
G29		由参考点返回	
G32	01	螺纹切削	X, Z, R, E, P, F
G36*	17	直径编程	
G37		半径编程	
G40*	09	取消刀具半径补偿	
G41		左刀补	T
G42		右刀补	T

（续）

G 代码	组	功能	参数（后续地址字）
G54*	11	选择坐标系	
G55			
G56			
G57			
G58			
G59			
G65		宏指令简单调用	P, A~Z
G71	06	外径/内径车削复合循环	X, Z, U, W, C, P, Q, R, E
G72		端面车削复合循环	
G73		闭环车削复合循环	
G76		螺纹车削复合循环	
G80		外径/内径车削固定循环	X, Z, I, K, C, P, R, E
G81		端面车削固定循环	
G82		螺纹车削固定循环	
G90*	13	绝对编程	X, Z
G91		相对编程	
G92	00	设定工件坐标系	
G94*	14	每分钟进给	
G95		每转进给	
G96	16	恒线速度切削	S
G97*		取消恒线速度功能	

注：1. 00 组为非模态代码，其余为模态代码。

　　 2. * 标记者为默认值。

这里以 FANUC - 0i 系统为例介绍数控车床的基本编程指令。

1. 进给功能设定（G98、G99）

（1）每分钟进给量 G98（模态指令）。

格式：G98　F _ ；

说明：G98 进给量单位为 mm/min，指定 G98 后，在 F 后用数值直接指定刀具每分钟的进给量。

（2）每转进给量 G99（模态指令）。

格式：G99　F _ ；

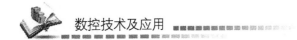

说明：G99 进给量单位为 mm/r，指定 G98 后，在 F 后用数值直接指定每转的刀具进给量。G99 为数控车床的初始状态。

2. 主轴转速功能设定

主轴转速功能有恒线速度控制和恒转速度控制两种指令方式，并可限制主轴最高转速。

(1) 主轴最高转速限制指令 G50(模态指令)，单位为 r/min。

格式：G50 S_ ;

该指令可防止因主轴转速过高，离心力太大，产生危险及影响机床寿命。

(2) 恒表面切削速度控制指令 G96(模态指令)，单位为 m/min。

格式：G96 S_ ;

该指令用于车削端面或工件直径变化较大的场合。采用此功能，可保证当工件直径变化时，主轴的线速度不变，从而保证切削速度不变，提高了加工质量。

注意：设置成恒切削速度时，为了防止计算出的主轴转速过高发生危险，在设置前应用 G50 指令将主轴最高转速设置在某一限定值。

(3) 主轴速度以转速设定指令 G97，单位为 r/min。

格式：G97 S_ ;

该指令用于切削螺纹或工件直径变化较小的场合。采用此功能，可设定主轴转速并取消恒线速度控制。

例：设定主轴速度

G96 S150;　　　　　线速度恒定,切削速度为 150m/min。

G50 S2500;　　　　　设定主轴最高转速为 2500r/min。

G97 S300;　　　　　取消线速度,恒定功能,主轴转速 300r/min。

3. 基本移动 G 指令

1) 快速移动指令 G00(模态指令)

功能：使刀具以点位控制方式，从刀具所在点快速移动到目标点。

格式：G00 X(U) _ Z(W) _ ;

说明：

(1) X、Z 为绝对坐标方式时的目标点坐标；U、W 为增量坐标方式时的目标点坐标。

(2) 常见 G00 轨迹如图 3.7 所示，从 A 到 B 有四种方式：直线 AB、直角线 ACB、直角线 ADB、折线 AEB。折线的起始角 β 是固定的(22.5°或 45°)，它决定于各坐标轴的脉冲当量。

2) 直线插补指令 G01(模态指令)

功能：使刀具以给定的进给速度，从所在点出发，直线移动到目标点。

格式：G01 X(U) _ Z(W) _ F _ ;

说明：

(1) X、Z 为绝对坐标方式时的目标点坐标；U、W 为增量坐标方式时的目标点坐标。

(2) F 是进给速度。

3）圆弧插补指令 G02、G03（模态指令）

功能：使刀具从圆弧起点，沿圆弧移动到圆弧终点；其中 G02 为顺时针圆弧插补，G03 为逆时针圆弧插补。

圆弧的顺、逆方向的判断：沿与圆弧所在平面（如 XOZ）相垂直的另一坐标轴的正方向向负方向（如−Y）看去，顺时针为 G02，逆时针为 G03。图 3.8 为数控车床上圆弧的顺逆方向。

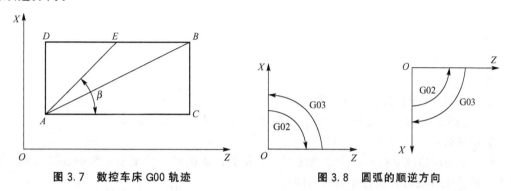

图 3.7　数控车床 G00 轨迹　　　　　图 3.8　圆弧的顺逆方向

格式：G02(G03)X(U)＿Z(W)＿I＿K＿F＿；或 G02(G03)X(U)＿Z(W)＿R＿F＿；

说明：

（1）X(U)、Z(W)是圆弧终点坐标。

（2）I、K 分别是圆心相对圆弧起点的增量坐标，I 为半径值编程（也有的机床厂家指定 I、K 都为起点相对于圆心的坐标增量）。

（3）R 是圆弧半径，不带正负号。

（4）刀具相对工件以 F 指令的进给速度，从当前点向终点进行插补加工。

例：顺时针圆弧插补，如图 3.9 所示。

1）绝对坐标方式

G02 X64.5 Z-18.4 I15.7 K-2.5 F0.2;或 G02 X64;5 Z-18.4 R15.9 F0.2;

2）增量坐标方式

G02 U32.3 W-18.4 I15.7 K-2.5 F0.2;或 G02 U32.3 W-18.4 R15.9 F0.2;

例：逆时针圆弧插补，如图 3.10 所示。

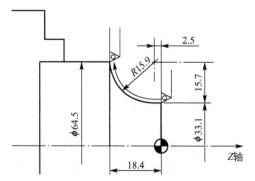

图 3.9　G02 顺时针圆弧插补

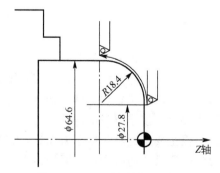

图 3.10　G03 逆时针圆弧插补

1）绝对坐标方式

G03 X64.6 Z-18.4 I0 K-18.4 F0.2;或 G03 X64.6 Z-18.4 R18.4 F0.2;

2）增量坐标方式

G03 U36.8 W-18.4 I0 K-18.4 F0.2;或 G03 U36.8 W-18.4 R18.4 F0.2;

4. 暂停指令（G04）

功能：该指令可使刀具做短时间的停顿。

格式：G04 X(U) _ ;或 G04 P _ ;

说明：

（1）X、U 指定时间，允许小数点，单位为 s（秒）。

（2）P 指定时间，不允许小数点，后跟整数值，单位为 ms（毫秒）。

应用场合：

（1）车削沟槽或钻孔时，为使槽底或孔底得到准确的尺寸精度及光滑的加工表面，在加工到槽底或孔底时，应暂停适当时间；

（2）使用 G96 车削工件轮廓后，改成 G97 车削螺纹时，可暂停适当时间，使主轴转速稳定后再执行车螺纹，以保证螺距加工精度要求。

例如，若要暂停 2s，可写成如下几种格式：

G04 X2.0;或 G04 P2000;

5. 刀具功能（T 指令）

功能：该指令可指定刀具及刀具位置补偿。

格式：T _ _ _ _ ;

说明：

（1）前两位表示刀具序号（0～99），后两位表示刀具补偿号（0～99）。

（2）刀具的序号可以与刀盘上的刀位号相对应。

（3）刀具补偿包括形状补偿和磨损补偿，刀具补偿值一般作为参数设定并由手动输入（MDI）方式输入数控装置。

（4）刀具序号和刀具补偿号不必相同，但为了方便通常使它们一致。

（5）取消刀具补偿的 T 指令格式为：T00 或 T _ _ 00。

例：T0202 表示选择第二号刀具，二号偏置量。

T0300 表示选择第三号刀具，刀具偏置取消。

刀具位置补偿又称刀具偏置补偿，包含刀具几何位置及磨损补偿（图 3.11）。

刀具几何位置补偿是用于补偿各刀具安装好后，其刀位点（如刀尖）与编程时理想刀具或基准刀具刀位点的位置偏移的。通常是在所用的多把车刀中选定一把车刀作基准车刀，对刀编程主要是以该车刀为准。

磨损补偿主要是针对某把车刀而言，当某把车刀批量加工一批零件后，刀具自然磨损后导致刀尖位置尺寸的改变，此即为该刀具的磨损补偿。批量加工后，各把车刀都应考虑磨损补偿（包括基准车刀）。

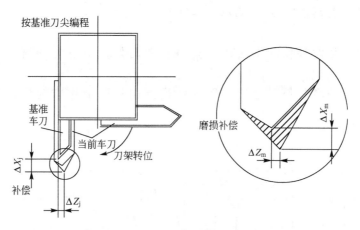

图 3.11　刀具几何位置补偿及磨损补偿

6．刀尖圆弧半径自动补偿（G41、G42、G40）

　　编制数控车床加工程序时，理论上是将车刀刀尖看成一个点，如图 3.12(a)所示的 P 点就是理论刀尖。但为了提高刀具的使用寿命和降低加工工件的表面粗糙度，通常将刀尖磨成半径不大的圆弧（一般圆弧半径 R 在 0.4～1.6 之间），如图 3.12(b)所示 X 向和 Z 向的交点 P 称为假想刀尖，该点是编程时确定加工轨迹的点，数控系统控制该点的运动轨迹。然而实际切削时起作用的切削刃是圆弧的切点 A、B 之间的一段圆弧，它们是实际切削加工时形成工件表面的点。很显然假想刀尖点 P 与实际切削点 A、B 是不同点，所以如果在数控加工或数控编程时不对刀尖圆角半径进行补偿，仅按照工件轮廓进行编制的程序来加工，势必会产生加工误差，图 3.13 所示为未用刀尖半径补偿造成的少切和过切现象。目前的数控车床都具备刀具半径自动补偿功能。编程时，只需按工件的实际轮廓尺寸编程即可，而不必考虑刀具的刀尖圆弧半径的大小。加工时由数控系统将刀尖圆弧半径加以补偿，便可加工出所要求的工件。图 3.14 所示为车刀刀尖类型。

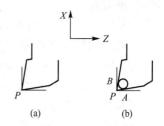

图 3.12　圆头刀假想刀尖

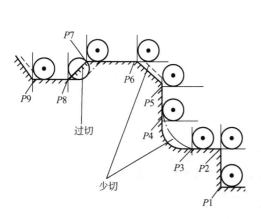

图 3.13　刀尖圆角 R 造成的少切和过切现象

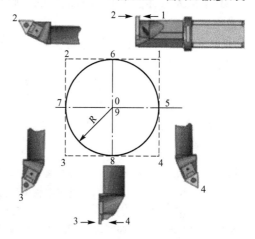

图 3.14　车刀刀尖类型

刀尖圆弧半径补偿指令 G41、G42、G40（模态指令）

功能：

G41：刀具半径左补偿，指站在刀具路径上向切削前进方向看，刀具在工件的左方；

G42：刀具半径右补偿，指站在刀具路径上向切削前进方向看，刀具在工件的右方；

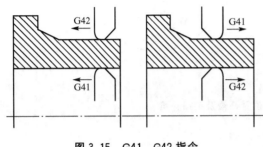

图 3.15　G41、G42 指令

G40：取消刀具半径补偿，按程序路径进给。

图 3.15 表示根据刀具与工件的相对位置及刀具的运动方向判断如何选用 G41 或 G42 指令。

格式：

G40G00(G01) X(U) _ Z(W) _ ；先取消以前可能加载的刀径补偿（如果以前未用过 G41 或 G42，则可以不写这一行）

G41(G42) G01(G00) X(U) _ Z(W) _ ；在要引入刀补的含坐标移动的程序行前加上 G41 或 G42

说明：

（1）G41、G42、G40 必须与 G01 或 G00 指令组合完成，不能用 G02、G03、G71～G73 指定。G01 程序段有倒角控制功能时也不能进行刀补。在调用新刀具前，必须先用 G40 取消刀补。

（2）G41、G42 不带参数，其补偿号（代表所用刀具对应的刀尖半径补偿值）由 T 代码指定。其刀尖圆弧补偿号与刀具偏置补偿号对应。

（3）X(U)、Z(W) 是 G01、G00 运动的目标点坐标。

（4）G01 虽是进给指令，但刀径补偿引入和卸载时，刀具位置的变化是一个渐变的过程。在刀尖圆弧半径补偿建立和取消程序段中只能用于空行程段。

（5）当输入刀补数据时给的是负值，则 G41、G42 互相转化。

（6）G41、G42 指令不要重复规定，否则会产生一种特殊的补偿。

例：加工如图 3.16 所示的零件，精车各外圆面，要求采用刀具半径补偿指令编程。

1）确定刀具：90°外圆车刀 T0101。

2）编程

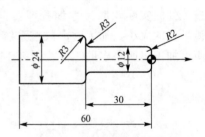

图 3.16　轴类零件刀具半径
补偿指令编程

O0002	程序名
N001 G97 G99;	指定主轴单位为 r/min,进给速度单位为 mm/r
N002 M03 S500;	主轴正转,转速 500r/min
N003 G00 X150 Z150 T0101;	调用 1 号外圆刀
N004 G00 G42 X24 Z1;	快速进刀,采用右刀补,准备精车

N005 X8;	径向进刀
N06 G01 Z0 F0.15;	刀具到达端面
N07 G03 X12 Z-2 R2;	车 R2 逆圆弧
N08 G01 Z-27;	车 φ12 圆柱面
N09 G02 X18 Z-30 R3;	车 R3 顺圆弧
N010 G03 X24 Z-33 R3;	车 R3 逆圆弧
N011 G01 Z-64;	车 φ24 圆柱面
N012 G00 G40 X30 Z-68;	取消刀补
N013 X150;	回刀具起点
N014 Z150;	
N015 M05;	主轴停转
N016 M30;	程序结束

7. 参考点返回指令（G28）

功能：G28 指令刀具，先快速移动到指令值所指令的中间点位置，然后自动回到参考点。

格式：G28X(U)_ Z(W)_ ;

说明：X(U)、Z(W) 为参考点返回时经过的中间点的坐标值。数控车床参考点如图 3.17 所示。

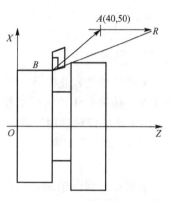

图 3.17 数控车床返回参考点

8. 英制和公制输入指令（G20、G21）

格式：G20(G21)；

说明：

（1）G20 表示英制输入，G21 表示公制输入。G20 和 G21 是两个可以互相取代的代码。机床出厂前一般设定为 G21 状态，机床的各项参数均以公制单位设定，所以数控车床一般适用于公制尺寸工件加工。如果一个程序开始用 G20 指令，则表示程序中相关的一些数据均为英制（单位为英寸）；如果程序用 G21 指令，则表示程序中相关的一些数据均为公制（单位为 mm）。

（2）在一个程序内，不能同时使用 G20 或 G21 指令，且必须在坐标系确定前指定。

（3）机床断电后的状态为 G21 状态。

9. 辅助功能

1）M00 程序暂停

格式：M00；

说明：

（1）执行 M00 功能后，机床的所有动作均被切断，机床处于暂停状态。重新启动程序启动按钮后，系统将继续执行后面的程序段。例如：

N10 G00 X100.0 Z200.0;

N20 M00;

N30 X50.0 Z110.0;

执行到 N20 程序段时，进入暂停状态，数控车床重新起动后将从 N30 程序段开始继续进行。机床电器如进行尺寸检验、排屑或插入必要的手工动作时，用此功能很方便。

（2）M00 必须单独设一程序段。

（3）如在 M00 状态下，按复位键，则程序将回到开始位置。

2）M01 选择停止

格式：M01；

说明：

（1）在机床的操作面板上有一"任选停止"开关，当该开关处于"ON"位置时，程序中如遇到 M01 代码，其执行过程同 M00 相同；当上述开关处于"OFF"位置时，数控系统对 M01 不予理睬。例如：

```
N10 G00 X100.0 Z200.0;
N20 M01;
N30 X50.0 Z110.0;
```

如将"任选停止"开关置于"OFF"位置，则当数控系统执行到 N20 程序段时，不影响原有的任何动作，而是接着往下执行 N30 程序段。

（2）此功能通常用来进行尺寸检验，而且 M01 应作为一个程序段单独设定。

3）M02 程序结束

格式：M02；

说明：主程序结束，切断机床所有动作，并使程序复位。必须单独作为一个程序段设定。

4）M03 主轴正转

格式：M03 S _ ；

说明：启动主轴正转（逆时针）。S 表示主轴转速。

5）M04 主轴反转

格式：M04 S _ ；

说明：启动主轴反转（顺时针）。S 表示主轴转速。

6）M05 主轴停止

格式：M05；

说明：使主轴停止转动。

7）M08、M09 切削液开关

格式：M08（M09）；

说明：

（1）M08 表示打开切削液，M09 表示关闭切削液。

（2）M00、M01 和 M02、M30 也可以将切削液关掉，如果机床有安全门，则打开安全门时，切削液也会关闭。

8）M30 复位并返回程序开始

格式：M30；

说明：

(1) 在记忆（MEMORY）方式下操作时，此指令表示程序结束，数控车床停止运行，并且程序自动返回开始位置。

(2) 在记忆重新启动（MEMORY RESTART）方式下操作时，机床先是停止自动运行，而后又从程序的开始处再次运行。

3.2.3 螺纹加工指令 G32、G92、G76

数控车床可以加工直螺纹、锥螺纹、端面螺纹。按加工方法可分为单行程螺纹切削、简单螺纹切削循环和螺纹切削复合循环。

数控系统提供的螺纹加工指令包括单一螺纹指令和螺纹固定循环指令。

1. 等螺距螺纹 G32

该指令是单一螺纹加工指令，属于模态指令车刀进给运动，严格根据输入的螺纹导程进行，但刀具的切入、切出、返回均需编入程序。用于加工等距直螺纹、锥形螺纹、涡形螺纹。

格式：G32 X(U) _ Z(W) _ F _ ；

说明：

(1) 指令中的 X(U)、Z(W) 为螺纹终点坐标，F 为螺纹导程。若程序段中给出了 X 的坐标值，且与加工螺纹的起始点的 X 坐标值不等，则加工圆锥螺纹；若程序段中没有指定 X，则加工圆柱螺纹。

(2) 由于机床伺服系统本身具有滞后特性，在起始段和终止段发生螺距不规则现象，所以必须设置引入距离 δ_1 和引出距离 δ_2。使用 G32 指令前需确定的参数如图 3.18 所示，一般 $\delta_1 = (3\sim5)P$、$\delta_2 = (1/4\sim1/2)\delta_1$。

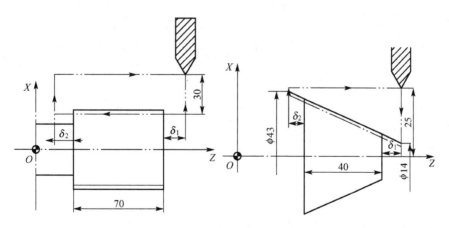

图 3.18 切削螺纹时的引入、引出距离

(3) 螺纹加工中的走刀次数和背吃刀量会影响螺纹的加工质量，螺纹的牙型较深、螺距较大时，可以采用分层切削，常用螺纹切削的进给次数与背吃刀量见表 3-3。

(4) 在编制切螺纹程序时应当使用主轴转速（r/min）均匀控制的功能（G97），并且要考虑螺纹部分某些特性。在螺纹切削方式下移动速率控制和主轴速率控制功能将被忽略。而且在进给保持按钮起作用时，其移动进程在完成一个切削循环后就停止了。

表 3-3　常用螺纹切削的进给次数与背吃刀量

普通螺纹　牙深＝0.6495×P（P 为螺纹螺距）							
螺距/mm	1.0	1.5	2	2.5	3	3.5	4
牙深(半径值)/mm	0.649	0.974	1.299	1.624	1.949	2.273	2.598
切削次数及背吃刀量(直径值)/mm　1次	0.7	0.8	0.9	1.0	1.2	1.5	1.5
2次	0.4	0.6	0.6	0.7	0.7	0.7	0.8
3次	0.2	0.4	0.6	0.6	0.6	0.6	0.6
4次		0.16	0.4	0.4	0.4	0.6	0.6
5次			0.1	0.4	0.4	0.4	0.4
6次				0.15	0.4	0.4	0.4
7次					0.2	0.2	0.4
8次						0.15	0.3
9次							0.2

例：如图 3.19 所示，用 G32 进行圆柱螺纹切削。螺纹的螺距是 2mm，分五次进行螺纹的切削，根据表 3-3，确定每次切削量分别为 0.9mm，0.6mm，0.4mm，0.6mm，0.1mm，编程如下。

```
G00 X29.1 Z6;
G32 Z-53 F2;               第一次车螺纹
G00 X32;
Z6;
X28.5;
G32 Z-53 F2;               第二次车螺纹
G00 X32;
Z6;
X27.9;
G32 Z-53 F2;               第三次车螺纹
G00 X32;
Z6;
X27.5;
...
```

采用 G32 指令编程，比较繁琐，计算量大。

2. 螺纹切削固定循环 G92

功能：适用于对直螺纹和锥螺纹进行循环切削，每指定一次，螺纹切削自动进行一次循环，循环动作为"切入—螺纹切削—退刀—返回"。

格式：G92 X(U)_Z(W)_R_F_；

说明：X、Z 为螺纹终点的坐标值；U、W 为起点坐标到终点坐标的增量值；R 为锥螺纹切削起点与切削终点的半径差，R 值有正负之分，圆柱螺纹 R＝0 时，可以省略；F

为螺距值。

例：如图 3.19 所示，用 G92 指令指令编程。

G00 X40 Z6;	刀具定位到循环起点
G92 X29.1 Z-53 F2;	第一次车螺纹
X28.5;	第二次车螺纹
X27.9;	第三次车螺纹
X27.5;	第四次车螺纹
X27.4;	最后一次车螺纹
G00 X150 Z150;	刀具回换刀点

例：如图 3.20 所示，编程加工图示内外螺纹。

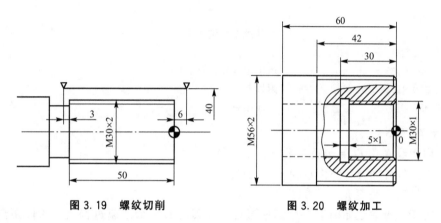

图 3.19　螺纹切削　　　　　　图 3.20　螺纹加工

1）技术条件

（1）采用刀具偏置量直接输入设置工件坐标系的方法编程、对刀。

（2）工件坐标系原点设在工件右端面上。

2）刀具选择

具体刀具选择情况见表 3-4。

表 3-4　刀具的选择

序号	刀具号	刀具补偿号	刀尖半径	刀具类型	备注
1	T03	03	0.4	外螺纹车刀	$P=2$
2	T04	04	0.4	内螺纹车刀	$P=1$

3）加工程序

O0006	程序名
N10 G98;	每分进给
N20 T0404;	调用 4 号刀及其刀补
N30 G00 X25.0 Z4.0;	快速点定位接近工件
N40 G96 S80 M03;	主轴正转,恒线速
N50 G92 X29.0 Z-28.0 F1.0;	内螺纹开始车削,$P=1$
N60 X29.6;	

```
N70 X29.8;
N80 X29.9;
N90 X30.0;                          内螺纹车削结束
N100 G97 M05;                       取消恒线速,主轴停止
N110 G00 X100.0 Z50.0;              退回换刀点
N120 T0303;                         调用 3 号刀及其刀补
N130 G00 X58.0 Z4.0;                快速点定位接近工件
N140 G96 S80 M03;                   主轴正转,恒线速
N150 G92 X55.74 Z-42.0 F2.0;        外螺纹开始车削,P=2
N160 X54.8;
N170 X54.0;
N180 X53.8;
N190 X53.7;
N200 X53.6;                         外螺纹车削结束
N210 T0300;
N220 G97 M05;                       取消恒线速,主轴停止
N230 G00 X100.0 Z50.0;              退回起刀点
N240 M30;                           程序结束
```

4) 相关计算

(1) 内螺纹底孔 $D_1 =$ 公称直径 $-P$(螺距)。

(2) 外螺纹外径 $d =$ 公称直径 $-0.13P$。

(3) 螺纹工作高度 $h_1 = 0.54P$。

(4) 由于车螺纹起始时有一个加速过程,停刀时有一个减速过程,在这段距离中,螺距不可能准确。所以螺纹两端必须设置升速段和减速段。

3. 车螺纹复合循环指令 G76

G76 螺纹切削多次循环指令较 G32、G92 指令简洁,在程序中只需指定一次有关参数,则螺纹加工过程自动进行。在编程时优先考虑应用该指令,车削过程中,除第一次车削深度外,其余各次车削深度自动计算。

格式：G76 P(m)(r)(a) Q(Δdmin)R(d);

　　　G76 X(U) _ Z(W) _ R(i) P(k) Q(Δd) F(L);

说明：

(1) m 为精车重复次数(1～99),该值是模态的。

(2) r 为螺纹尾端倒角值,当螺距用 L 表示时,可以从 0.01L 到 9.9L 设定,单位为0.1L(用两位数 00～99 表示),该参数是模态的。

(3) a 为刀具角度,可以选择 80°、60°、55°、30°、29°和 0°六种中的一种,由两位数规定,该值是模态的。

例：当 m=2、r=1.2L、a=60°时,表示为 P021260。

(4) Δdmin 为最小车削深度(用半径值表示),此数值不可用小数点方式表示,例如Δdmin=0.02mm,需写成 Q20。

(5) d 为精车余量,用半径值表示。

(6) X(U)、Z(W)为螺纹终点坐标。

（7）i 为螺纹锥度值，如果 i＝0，可以进行普通直螺纹的切削。

（8）k 为螺纹高度，用半径表示；注意 k 不可用小数点方式表示数值。

（9）Δd 为第一次车削深度（半径值）；该值不能用小数点方式表示，例如 Δd＝0.6mm，需写成 Q600。

（10）L 为螺距。

例：加工圆柱螺纹，导程 6mm，外径 36mm，内径 28.64mm，第一次背吃刀量 1.8mm，螺纹总高度 3.68mm，牙顶角 60°，单边切削，设工件坐标系原点在工件的端面，圆柱螺纹终点坐标（28.64，25）。

程序段：

```
G76 P021260 Q100 R0.2;
G76 X28.640Z25.0 P3680Q1800F6;
```

3.2.4 车削固定循环功能

当零件外径、内径或端面的加工余量较大时，采用车削固定循环功能可以简化编程，缩短程序的长度，使程序更为清晰可读。车削固定循环功能分为单一固定循环和复合固定循环。

1. 单一固定循环 G90、G94

1）内径、外径车削循环指令 G90

功能：适当于在零件的内、外柱面（圆锥面）上毛坯余量较大或直接从棒料车削零件时进行精车前的粗车，以去除大部分毛坯余量，属于单一固定循环。

（1）直线车削循环。

格式：G90X(U)＿Z(W)＿F＿;

其轨迹如图 3.21 所示，由 4 个步骤组成。刀具从定位点 A 开始沿 ABCDA 的方向运动，其中 X(U)、Z(W) 给出了 C 点的位置。图中 1(R) 表示第一步是快速运动，2(F) 表示第二步按进给速度切削，其余 3(F)、4(R) 的意义相似。

（2）锥体车削循环。

格式：G90X(U)＿Z(W)＿R＿F＿;

其轨迹如图 3.22 所示，刀具从定位点 A 开始沿 ABCDA 的方向运动，其中 X(U)、Z(W) 给出了 C 点的位置，R 值的正负由 B 点和 C 点的 X 坐标之间的关系确定，图中 B 点的 X 坐标比 C 点的 X 坐标小，所以 R 应取负值。

2）端面车削循环 G94

（1）平端面切削循环。

格式：G94 X(U)＿Z(W)＿F＿;

图 3.23 为平端面车削循环。刀尖从起始点 A 开始按 1、2、3、4 顺序循环，2(F)、3(F) 表示 F 代码指令的工进速度，1(R)、4(R) 表示刀具快速移动。

（2）锥面切削循环。

格式：G94 X(U)＿Z(W)＿R＿F＿;

图 3.24 为切削带有锥度的端面循环。刀尖从起始点 A 开始按 1、2、3、4 顺序循环，格式中的 R 是端面斜线在 Z 轴的投影距离，有正负之分。

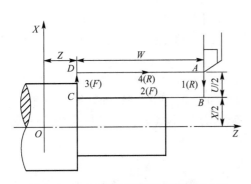

图 3.21　G90 直线切削圆柱面循环动作

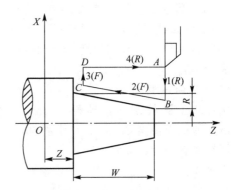

图 3.22　G90 切削圆锥面循环动作

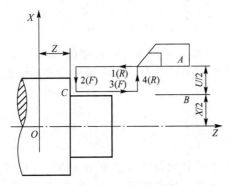

图 3.23　G94 平端面车削循环动作

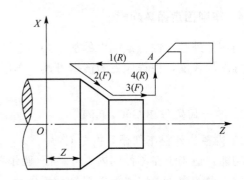

图 3.24　G94 锥面切削循环指令

2. 复合固定循环 G71、G72、G73、G70

当工件的形状较复杂，如有台阶、锥度、圆弧等，若使用基本切削指令或循环切削指令，粗车时为了考虑精车余量，在计算粗车的坐标点时，可能会很复杂。如果使用复合固定循环指令，只需要依指令格式设定粗车时每次的切削深度、精车余量、进给量等参数，在接下来的程序段中给出精车时的加工路径，则 CNC 控制器即可自动计算粗车的刀具路径，自动进行粗加工，因此在编制程序时可以省去很多时间。

使用粗加工固定循环 G71、G72、G73 指令后，必须使用 G70 指令进行精车，使工件达到所要求的尺寸精度和表面粗糙度。

1）轴向粗车复合循环指令 G71

（1）适用场合。G71 指令适用于棒料毛坯粗车外圆或粗车内径，以切除毛坯的较大余量。

（2）指令格式：

G71 U(Δd) R(e)；

G71 P(ns) Q(nf) U(Δu) W(Δw) F(Δf) S(Δs) T(t)；

N(ns)…；

S(s) F(f)；

⋮

N(nf)…；

（3）说明：Δd 为粗加工每次背吃刀量（用半径值表示），无符号（即一定为正值）；e 为每次切削结束的退刀量，该参数为模态值，直到指定另一个值前保持不变；ns 为精车开始程序段的顺序号；nf 为精车结束程序段的顺序号；Δu 为 X 方向精加工余量（用直径值表示），粗车内孔轮廓时，为负值；Δw 为 Z 方向精加工余量；Δf 为粗车时的进给量；Δs 为粗车时的主轴功能；t 为粗车时所用的刀具；s 为精车时的主轴功能；f 为精车时的进给量。

（4）G71 指令的刀具路径。该指令加工路线如图 3.25 所示。

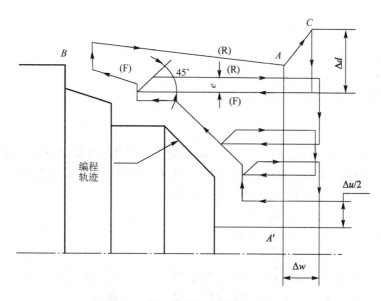

图 3.25 轴向粗车复合循环加工路线

（5）使用 G71 指令的注意事项。

① 由循环起始点到精加工轮廓起始点只能使用 G00、G01 指令，且不可有 Z 轴方向移动指令。

② 车削的路径必须是单调递增或递减的，即不可有内凹的轮廓外形。

③ 粗车循环过程中从 N(ns) 到 N(nf) 之间的程序段中的 F、S 功能均被忽略，只有G71 指令中指定的 F、S 功能有效。

④ 在粗车削循环过程中，刀尖半径补偿功能无效。

2）径向粗车复合循环（G72）

（1）适用场合。适于 Z 向余量小、X 向余量大的棒料粗加工，G72 与 G71 指令加工方式相同，只是 G72 指令的车削循环是沿着平行于 X 轴进行的。

（2）指令格式：

G72 W(Δd) R(e)；

G72 P(ns) Q(nf) U(Δu) W(Δw) F(Δf) S(Δs) T(t)；

N(ns)…；

S(s) F(f)；

　　⋮

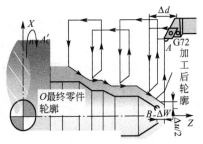

图 3.26 径向粗车复合循环加工路线

N(nf)…；

G72 指令中各参数的含义与 G71 指令中的相同。该指令加工路线如图 3.26 所示。

3）仿形粗车循环（G73）

（1）适用场合。仿形粗车循环是按照一定的切削形状，逐渐地接近最终形状的循环切削方式。一般用于车削零件毛坯的形状已用锻造或铸造方法成形的零件的粗车，加工效率很高。

（2）指令格式：

G73 U(Δi) W(Δk) R(d)；
G73 P(ns) Q(nf) U(Δu) W(Δw) F(Δf) S(Δs) T(t)；
N(ns)…；
S(s) F(f)；
……
N(nf)……；

（3）说明：ns、nf、Δu、Δw、F 和 S 的含义与 G71 指令中的相同；Δi 为 X 轴的退刀距离和方向（用半径值表示），当向＋X 方向退刀时，该值为正，反之为负；Δk 为 Z 轴的退刀距离和方向，当向＋Z 轴方向退刀时，该值为正，反之为负；d 为粗车循环次数。

（4）刀具路径。G73 指令加工路线如图 3.27 所示。

（5）Δi、Δk 的确定。Δi、Δk 为第一次车削时退离工件轮廓的距离和方向，确定该值时应参考毛坯的粗加工余量大小，以使第一次走刀车削时就有合理的切削深度。

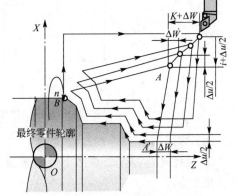

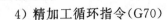
最终零件轮廓

图 3.27 仿形粗车循环加工路线

计算方法：

Δi（X 轴退刀距离）＝X 轴粗加工余量－每一次切削深度

Δk（Z 轴退刀距离）＝Z 轴粗加工余量－每一次切削深度

4）精加工循环指令（G70）

使用 G71、G72、G73 指令完成零件的粗车加工之后，可以用 G70 指令进行精加工，切除粗车循环中留下的余量。

（1）指令格式：G70 P(ns) Q(nf)；

（2）说明：ns 为精车程序第一个程序段的顺序号；nf 为精车程序最后一个程序段的顺序号。

（3）使用 G70 指令的注意事项。

① 必须先使用 G71、G72 或 G73 指令后，才可使用 G70 指令。

② G70 指令指定了 ns 至 nf 间精车的程序段中，不能调用子程序。

③ ns 至 nf 间精车的程序段所指令的 F 及 S 是给 G70 精车时使用。

④ 精车时的 S 也可以于 G70 指令前指定，在换精车刀时同时指令。

⑤ 使用 G71、G72 或 G73 及 G70 指令的程序必须存储于 CNC 控制器的内存中，即有复合循环指令的程序不能通过计算机以边传输边加工的方式(DNC 模式)控制 CNC 机床。

例：试用 G71、G70 循环指令编写如图 3.28 所示的零件的粗、精加工程序，毛坯为 ϕ45 棒料。选定粗车的背吃刀量为 2mm，预留精车余量 X 方向 0.5mm，Z 方向 0.25mm，粗车进给速度为 0.3mm/r，主轴转速为 850r/min，精车进给速度为 0.15mm/r，主轴转速为 1000r/min。

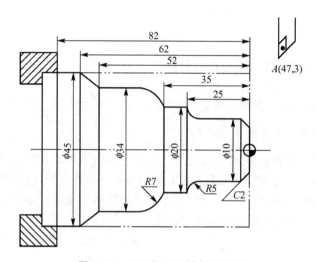

图 3.28 G71 和 G70 的加工实例

程序如下：

O0302
G99;
S850M03;
T0101;
G00 X47.0 Z3.0;
G71 U2.0 R2.0;
G71 P10 Q20 U0.5 W0.25 F0.3;
N10 G00 X6.0 S1000;
G42 G01 Z0.0 F0.15;
X10.0 Z-2.0;
Z-20.0;
G02 X20.Z-25.0 R5.0;
G01 Z-35.0;
G03 X34.0 Z-42.0 R7.0;
G01 Z-52.0;
X45.0 Z-62.0;
N20 G00 G40 X47.0;
G00 X80.0 Z150.0 T0000;
T0202;

```
G00 X47.0 Z3.0;
G70 P10 Q20;
G00 X80.0 Z150.0;
M30;
```

3.2.5 子程序指令

在主程序中，调用子程序的指令是一个程序段，其格式随具体的数控系统而定。BEI-JING－FANUC0 系统调用子程序的格式如下。

1. M98 子程序调用

功能：调用 M98 所指定的子程序进行执行。

指令格式：M98　□□□□　□□□□

说明：前四位表示调用次数，若省略则调用一次；后四位表示子程序号。

2. M99 子程序结束并返回主程序

用于子程序最后程序段，表示子程结束，且程序执行指针跳回主程序中 M98 的下一程序段继续执行。也可用于主程序最后程序段，程序将一直重复执行，直到复位（RESET）。

注意：一个程序段只允许出现一个 M 指令，若同时出现两个以上，则以最后出现的M 代码有效，前面的 M 代码将被忽略而不执行。

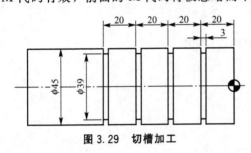

图 3.29　切槽加工

例：切槽加工图 3.29 所示零件。

1）技术条件

（1）加工如图 3.29 所示零件的沟槽。

（2）工件坐标系原点设在工件右端面上。

（3）采用刀具偏置量直接输入设置工件坐标系的方法编程、对刀。

2）刀具选择

刀具选择情况见表 3-5。

表 3-5　刀具选择情况

序号	刀具号	刀具补偿号	刀尖半径	刀具类型	备注
1	T03	03	0.4	刀宽为 3mm 的切槽刀	

3）加工程序

```
O0005                          主程序名
N10 G50 X150.0 Z200.0 T0200;   工件坐标系设定
N20 G97 S800 M03;              主轴转速为 800r/min
N30 T0303 M08;                 调用 3 号刀及其补偿值
N40 G00 X47.0 Z0;              移动到子程序起刀点
N50 M98 P45555;                调用子程序 O5555 四次,切四个槽
N60 X150.0 Z200.0 T0300;       取消刀补,退刀到起刀点
N70 M30;                       程序结束
```

```
O5555                        子程序名
W-20.0;                      Z向移动
G01 X39.0 F0.07;             切槽
G00 X47.0;                   退刀
M99;                         子程序结束
```

4) 切槽注意事项

（1）尽量使刀头宽度和槽宽一致；若切宽槽，一次不能完成，在 Z 向移动切刀时，移动距离应小于刀头宽度。

（2）刀具从槽底退出时，一定先要沿 X 轴完全退出后，才能发生 Z 向移动，否则将发生碰撞。

（3）因切槽刀有两个刀尖，必须在刀具说明中注明 Z 向基准为左刀尖还是右刀尖，以免编程时发生 Z 向尺寸错误。

3.2.6 数控车削加工编程实例

1. 复杂轴类零件的加工

1) 零件分析

加工如图 3.30 所示的轴类零件，该零件由外圆柱面，外圆锥面，圆弧面，倒角，退刀槽及螺纹组成，外形较为复杂，零件毛坯材料为 45 钢调质棒料，尺寸 $\phi90mm \times 290mm$。因为零件较笨重，数控加工时需使用顶尖，所以可用普通车床首先完成外圆 $\phi86mm$ 及端面加工，并钻出中心孔，以备在数控车床加工时使用。数控加工时选择工件右端面中心为加工原点。

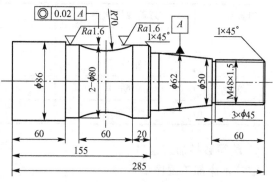

图 3.30 复杂轴类零件的加工

2) 确定工件的装夹方式

零件为实心轴类零件，在普通车床完成外圆 $\phi86mm$ 加工后，数控车床可以使用普通三爪卡盘装夹 $\phi86mm$ 外圆，同时顶尖顶紧工件右端面中心孔，在一次装夹中完成右侧所有外形加工，这样同时可以保证 $\phi80mm$ 和 $\phi62mm$ 两个外圆的同轴度要求。

3) 确定加工工序路线

零件的加工工序卡见表 3-6。

表 3-6 复杂轴类零件加工工序卡

零件名称		轴	数量(个)		材料		45 钢
工序	名称	工步及工艺要求		刀具号	主轴转速/(r/min)	进给速度/(mm/r)	
1	下料	$\phi90mm \times 290mm$					
2	热处理	调质处理 HB220～250					

(续)

零件名称		轴	数量(个)		材料	45 钢
3	车	1	车两端面保证总长 285mm			
		2	钻中心孔			
		3	车外圆至 φ86mm			
4	数控车	1	粗车外轮廓	T01	650	0.3
		2	精车外轮廓	T02	800	0.15
		3	车退刀槽	T03	400	0.15
		4	车螺纹	T04	300	
5	检验					

4）合理选择刀具

表 3-7 为此数控加工的刀具卡。工件外圆上有内凹的圆弧面，所以在粗、精车外圆时统一使用 30°尖刀，以防止车刀后面在车削圆弧过程中发生干涉。

表 3-7　复杂轴类零件数控加工刀具卡

刀具号	刀具规格名称	数量	加工内容
T01	30°尖刀	1	粗车外轮廓
T02	左偏刀	1	精车外轮廓
T03	切断刀	1	切退刀槽
T04	螺纹车刀	1	车螺纹

5）编写数控加工程序

数控车床加工程序如下：

O0006	程序号
N005 G00 X150 Z150;	刀架运动到换刀点
N010 T0101;	选择 T01 号刀具,并调用 01 号刀具偏置
N015 M03 S650 M08;	主轴正转,转速为 650r/min,切削液开
N020 G00 Z1;	纵轴快速进给到接近工件右端面
N025 X87;	横向快速进给到接近工件附近
N030 G71 U2 R0.3;	背吃刀量 2mm,退刀量 0.3mm
N035 G71 P040 Q095 U0.5 W0.3 F0.3;	调用粗加工循环
N040 G00 X44;	快速进给到切削位置
N045 G01 X47.8 Z-0.9 F0.15;	车右端面倒角
N050 Z-60;	车螺纹外圆
N055 X50;	车第一个台阶面
N060 X62 Z-120;	车锥面外圆
N065 Z-130;	车 φ62mm 外圆
N070 X80 C1;	车第二个台阶面同时车倒角

N075 W-20;	车右侧 φ80mm 外圆
N080 G02 U0 W-60 R70 F0.15;	车圆弧 R70mm
N085 G01 W-15 F0.15;	车左侧 φ80mm 外圆
N090 X86 C0.5;	车第三个台阶面并倒角 0.5×45°
N095 Z-285;	车 φ86mm 圆
N100 M09;	切削液停
N105 G00 X150;	横向快速退刀
N110 Z150;	纵向快速退刀
N115 M03 S800T0202;	调整主轴转速,换精加工刀具
N120 G00 Z1;	纵轴快速进给到工件右端面附近
N125 X87;	横轴快速进给到工件附近
N130 M08;	切削液开
N135 G70 P040 Q095;	精加工循环
N140 M09;	切削液关
N145 G00 X150;	横轴快速退刀
N150 Z150;	纵轴快速退刀
N155 M03 S400 T0303;	调整主轴转速,换切断刀具
N160 G00 Z-60;	纵轴快速进给到退刀槽
N165 X52;	横轴快速进给到退刀槽
N170 M08;	切削液开
N175 G01 X45 F0.15;	车退刀槽
N180 G00 X50;	横轴快速退刀
N185 M09;	切削液关
N190 G00 X150 Z150;	快速退刀到换刀位置
N195 M03 S300 T0404;	调整主轴转速,换螺纹切刀
N200 G00 Z2;	纵轴快速进给到螺纹外圆端面附近
N205 X50;	横轴快速进给到螺纹外圆附近
N210 M08;	切削液开
N215 G92 X47.2 Z-58.5 F1.5;	切螺纹循环第一刀
N220 X46.6;	切螺纹循环第二刀
N225 X46.2;	切螺纹循环第三刀
N230 X46.04;	切螺纹循环第四刀
N235 M09;	切削液关
N240 G00 X150;	横轴快速退刀
N245 Z150;	纵轴快速退刀
N250 M05 M30;	主轴停止,程序结束

在使用精车和粗车循环时应该注意,在循环程序段内部第一句程序中,数控系统不允许刀具在 Z 轴上移动,只能在 X 轴上移动。例如本例中程序段 N040 G00 X44;为循环程序第一句,如果在这一句中指令刀具在 Z 轴上移动,程序是不能正常运行的。

2. 套类零件加工实例

1) 零件分析

如图 3.31 所示,一套类零件毛坯为 φ115mm×20mm×145mm 的黄铜管在数控车床上预加工。为完成零件加工，需要对其进行两次装夹，第一次装夹时完成右端面、$\phi 110$mm 外圆，以及台阶内孔和内孔沟槽的加工，由于$\phi 80$mm 和$\phi 90$mm 的内孔同在本次装夹中完成，所以同轴度是完全可以保证的。在第二次装夹时完成左端面加工，确定工件总长，同时车削$\phi 100$mm 外圆以及沟槽。由于工件加工时需要调头，所以一定要准确完成工件在两次装夹时加工原点的调整。在第一次装夹时选择工件右端面中心为加工原点；第二次装夹时选择工件左端面为加工原点。

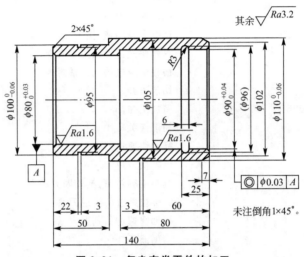

图 3.31 复杂套类零件的加工

2）确定加工工序路线

该零件的加工工序卡见表 3－8。

表 3－8 套类零件加工工序卡

零件名称	套		数量/个			材料		黄铜
工序	名称		工步及工艺要求		刀具号	主轴转速/(r/min)		进给速度/(mm/r)
1	下料		$\phi 115$mm×20mm×145mm					
2	数控车零件右端	1	车端面		T01	400		0.15
		2	粗车外圆		T02	500		0.3
		3	粗车内孔		T03	500		0.3
		4	精车外圆		T04	650		0.15
		5	精车内孔		T05	650		0.15
		6	车内孔沟槽		T06	400		0.15
3	数控车零件左端	1	车端面		T01	400		0.15
		2	粗车外圆		T02	500		0.3
		3	精车外圆		T04	650		0.15
		4	车外圆沟槽1		T07	400		0.15
		5	车外圆沟槽2		T07	400		0.15
4	检验							

3) 确定零件的装夹方式

该零件是一个套类零件，第一次装夹时由于铜管壁较厚，可以使用三爪卡盘夹持，在第二次装夹时由于工件右端经过加工壁厚变薄，直接用三爪卡盘夹持容易产生变形，所以应该使用特制软爪夹持，软爪直径为 $\phi 110$mm。

4) 合理选择刀具

表 3-9 为数控加工刀具卡。

表 3-9　套类零件数控加工刀具卡

刀具号	刀具规格名称	数量	加工内容
T01	45°偏刀	1	车端面
T02	90°外圆偏刀	1	粗车外圆
T03	内孔车刀	1	粗车内孔
T04	90°外圆偏刀	1	精车外圆
T05	内孔车刀	1	精车内孔
T06	内孔成型车刀	1	车内沟槽
T07	切断刀	1	车外圆沟槽

5) 编写数控加工程序

(1) 第一次装夹数控加工程序如下：

O0007	程序号
N005 M03 S400 T0101;	主轴正转转速为 400r/min,调用 T01 号刀及刀补
N010 G00 Z0;	纵向快速进给到端面
N015 X118;	横向快速进给到毛坯外圆附近
N020 G01 X70 F0.15;	车端面
N025 G00 X150 Z150;	快速退刀
N030 S500 T0202;	调整主轴转速,换 T02 号刀
N035 G00 X120 Z1;	快速移动到加工面附近
N040 G71 U1.5 R0.3;	粗车循环,背吃刀量 1.5mm 退刀量 0.3mm
N045 G71 P050 Q065 U0.3 W0.3 F0.3;	粗车循环
N050 G00 X100.86;	快速进给到外圆尺寸
N055 G01 X110 Z-7 F0.15;	车削右端锥面
N060 Z-95;	车削 $\phi 110$mm 外圆
N065 X116;	横向退刀
N070 G00 X150 Z150;	快速退刀
N075 T0303;	换 T03 号刀
N080 G00 X75 Z1;	快速移动到工件附近
N085 G01 Z-145 F0.3;	粗车内孔第一刀
N090 X75;	横向退刀
N095 G00 Z1;	纵向快速退刀
N100 X78;	横向进刀

N105 G01 Z-145 F0.3;	粗车内孔第二刀
N110 G00 X75;	横向退刀
N115 Z1;	纵向退刀
N120 X79.8;	横向进刀
N125 G01 Z-145 F0.3;	粗车内孔第三刀
N130 G00 X75;	横向退刀
N135 Z1;	纵向退刀
N140 X84;	横向进刀
N145 G01 Z-80 F0.3;	粗车内孔台阶第一刀
N150 X78;	横向退刀
N155 G00 Z1;	纵向退刀
N160 X88;	横向进刀
N165 G01 Z-80 F0.3;	粗车内孔台阶第二刀
N170 X78;	横向退刀
N175 G00 Z1;	纵向退刀
N180 X89.8;	横向进刀
N185 G01 Z-80 F0.3;	粗车内孔台阶第三刀
N190 X78;	横向退刀
N195 G00 Z1;	纵向退刀
N200 X150 Z150;	快速移动到换刀位置
N205 M03 S650 T0404;	调整主轴转速,换刀
N210 G00 X112 Z1;	快速移动到工件附近
N215 G70 P050 Q065;	精车循环
N220 G00 X150 Z150;	快速退刀至换刀位置
N225 T0505;	换刀
N230 G00 X94 Z1;	快速移动到内孔附近
N235 G01 X90 Z-1 F0.15;	车倒角
N240 Z-80;	车内孔 ϕ90mm
N245 X80 C0.5;	车内孔台阶并倒角
N250 Z-145;	车内孔 ϕ80mm
N255 G00 X75;	横向快速退刀
N260 Z5;	纵向快速退刀
N265 X150 Z150;	快速移动到换刀位置
N270 T0606 S400;	换刀调整主轴转速
N275 G00 X85 Z1;	快速移动到工件附近
N280 Z-25;	快速移动到纵轴位置
N285 G01 X95 F0.15;	切槽
N290 X75;	退刀
N295 G00 Z5;	纵向快速退刀
N300 X150 Z150;	快速退刀
N305 M05 M30;	程序结束

(2) 第二次装夹数控加工程序如下:

O0008	程序号

N005 M03 S400 T0101;	主轴正转,调用 T01 号刀
N010 G00 X117 Z0;	快速移动到切削位置
N015 G01 X75 F0.15;	切削端面
N020 G00 X150 Z150;	快速退刀至换刀位置
N025 S500 T0404;	调整主轴转速,换刀
N030 G00 X117 Z1;	迅速靠近工件,准备加工
N035 G71 U1.5 R0.2;	粗车循环开始
N040 G71 P045 Q060 U0.3 W0.3 F0.3;	
N045 G00 X96;	横向进刀
N050 G01 X100 Z-2 F0.15;	车倒角
N055 Z-50;	车削 φ100mm 外圆
N060 X117;	横向退刀
N065 G00 X150 Z150;	快速移动至换刀位置
N070 S650 T0404;	调整主轴转速,换刀
N075 G00 X117 Z1;	快速移动到精加工位置
N080 G70 P045 Q060;	精加工循环
N085 G00 X150 Z150;	快速退刀至换刀位置
N090 T0505;	换刀
N095 G00 X78 Z1;	快速靠近工件
N100 Z-1;	纵向快速进刀
N105 G01 X82 Z1 F0.15;	车削倒角
N110 G00 X150 Z150;	快速退刀
N115 T0707 S400;	换刀,调整主轴转速
N120 G00 X102 Z-22;	快速移动,准备切槽
N125 G01 X95 F0.15;	切第一沟槽
N130 X102;	退刀
N135 G00 X112;	
N140 Z-76;	快速移动到第二个沟槽上方
N145 G01 X105 F0.15;	切第二个沟槽
N150 X112;	退刀
N155 G00 X150 Z150;	快速退刀
N160 M05 M30;	主轴停止,程序结束

数控车床的优势在于在一次装夹中可以尽量多地完成各个表面的粗、精加工。零件的加工过程中装夹次数越少,则零件的加工精度尤其是其形位公差会很好地得到保证,例如本例中两个内孔的同轴度要求,如果在两次装夹中完成的话,需要精度很高的夹具来保证。而数控车床能在第一次装夹中完成零件大部分表面的加工,精度是很容易得到保证的。

3. 盘类零件加工实例

1) 零件分析

如图 3.32 所示的盘类零件,材料为铸铁,毛坯尺寸如图 3.33 所示。除两个端面和两端内孔需要车削外,两端内孔还有同轴度要求。要完成所有预加工面的车削,零件必须要

数控技术及应用

调头，首先需要车削的是左端面和左端内孔，然后同时以大端面和尺寸很精确的内孔 $\phi 70^{+0.045}_{0}$ mm 作为定位基准车削右端内孔和端面，这样可以保证两端内孔的同轴度。两端的加工程序分别以两个端面中心为加工原点。

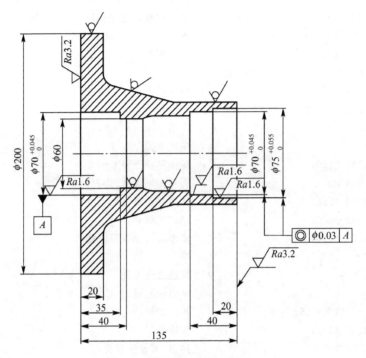

图 3.32　复杂盘类零件的加工

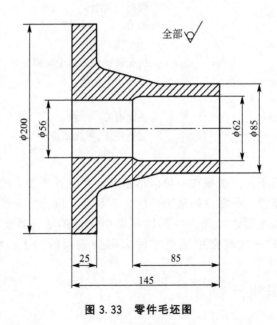

图 3.33　零件毛坯图

2）确定加工工序路线

该零件的加工工序卡见表 3-10。

表 3-10　盘类零件加工工序卡

零件名称	法兰		数量/个		材料		铸铁
工序	名称		工步及工艺要求	刀具号	主轴转速/(r/min)	进给速度/(mm/r)	
1	铸坯	1					
2	车削零件左端	1	车左端面	T01	700	0.15	
		2	粗车内孔	T02	500	0.3	
		3	精车内孔	T03	750	0.15	
3	车削零件右端	1	车右端面	T01	700	0.15	
		2	粗车内孔	T02	500	0.3	
		3	精车内孔	T03	750	0.15	
4	检验						

3) 确定零件的装夹方式

首先加工零件的左端面和左端内孔,装夹方式可以采用普通三爪卡盘夹持右端外圆,由于左端面和左端内孔为一次装夹完成,所以端面和内孔轴线的垂直度很高。调头加工右端内孔时,可以用左端面和内孔同时定位。具体做法是在数控车床主轴上安装花盘,花盘上安装心轴,心轴安装好后精车到要求尺寸,这样做的目的是使心轴轴线与花盘垂直。加工时零件左端面靠紧花盘,径向靠心轴和 ϕ70mm 孔配合定位,然后用压板将工件固定在花盘上。

4) 合理选择刀具

盘类零件数控加工刀具卡见表 3-11。

表 3-11　盘类零件数控加工刀具卡片

刀具号	刀具规格名称	数量	加工内容
T01	45°偏刀	1	车端面
T02	内孔车刀	1	粗车内孔
T03	内孔车刀	1	精车内孔

5) 编写数控加工程序

(1) 左端加工程序如下:

```
O0009                        程序号
N005 M03 S700 T0101;         主轴正转,转速为 700r/min,调 1 号刀
N010 G00 X204 Z1;            快速移动到切削位置
N015 G01 X50 F0.15;          车端面第一刀
N020 G00 X204 Z5;            快速退刀
N025 Z0;
N030 G01 X50 F0.15;          车端面第二刀
```

N035 G00 X150 Z150;	快速退刀
N040 T0202 S500;	换刀,调整转速
N045 G00 X58 Z1;	快速移动到加工位置
N050 G01 Z-39.5 F0.3;	粗车内孔第一刀
N055 X60;	退刀
N060 G00 Z1;	快速退刀
N065 X59.5;	快速进刀
N070 G01 X-39.5 F0.3;	粗车内孔第二刀
N075 X58;	退刀
N080 G00 Z1;	快速退刀
N085 X66;	
N090 G01 X-34.5 F0.3;	粗车台阶孔第一刀
N095 X63;	
N100 G00 Z1;	快速退刀
N105 X69.5;	进刀
N110 G01 Z-34.5 F0.3;	粗车台阶孔第二刀
N115 X68;	
N120 G00 Z5;	退刀
N125 X150 Z150;	快速退至换刀位置
N130 T0303 S750;	换内孔精车刀,调整转速
N135 G00 X70 Z1;	快速移动到切削位置
N140 G01 Z-35 F0.15;	
N145 X60;	
N150 Z-40;	精车内孔
N155 X58;	退刀
N160 G00 Z10;	
N165 X150 Z150;	快速退刀
N170 M05 M30;	主轴停止,程序结束

（2）右端加工程序如下：

O0010	程序号
N005 M03 S700 T0101;	主轴正转,转速为 700r/min,调端面车刀
N010 G00 X90 Z1;	快速移动到切削位置
N015 G01 X60 F0.3;	粗车端面第一刀
N020 G00 Z2;	
N025 X90;	退刀
N030 Z0;	进刀
N035 G01 X60 F0.15;	车端面第二刀
N040 G00 X150 Z150;	快速退至换刀位置
N045 S500 T0202;	调整转速,换内孔车刀
N050 G00 X68 Z1;	快速移动到切削位置
N055 G01 Z-39.5 F0.3;	粗车内孔第一刀
N060 X67;	
N065 G00 Z1;	快速退刀

N070 X69.5;	进刀
N075 G01 Z-39.5 F0.3;	粗车内孔第二刀
N080 X68;	
N085 G00 Z1;	快速退刀
N090 X74.5;	进刀
N095 G01 Z-19.5 F0.3;	粗车台阶孔
N100 X73;	
N105 G00 Z5;	快速退刀
N110 X150 Z150;	快速退至换刀位置
N115 S750 T0303;	调整转速,换内孔精车刀
N120 G00 X75 Z1;	快速移动到切削位置
N125 G01 Z-20 F0.15;	
N130 X70;	
N135 Z-40;	精车内孔
N140 X68;	
N145 G00 Z5;	退刀
N150 G00 X150 Z150;	快速退刀
N155 M05 M30;	主轴停止,程序结束

类似本例的铸造毛坯零件在加工之前，需要钳工对所有预加工面划线，数控车床在装夹时要根据线找正，这样做的目的是为了防止零件加工完成后左端面和右端面孔的孔壁薄厚不均匀。而且在加工过程中左端面和内孔要尽量提高精度，因为右端面和内孔是加工左端各元素的定位基准，左端加工精度的高低直接关系到右端内孔和左端内孔的同轴度要求。

3.3 数控铣削和加工中心程序编制

下面以配置 FANUC 0i-MC 系统的数控铣床为例，介绍其常用编程指令和方法。

数控铣床编程的基本插补功能指令(G00、G01、G02、G03)、M 指令、F 指令及 S 指令与数控车床编程指令基本类似，在此只对其不同之处进行介绍。

3.3.1 数控铣床及加工中心编程应注意的问题

虽然数控铣床编程与数控车床编程基本指令有很多类似的地方，但是也有一些不同及对于初学者容易与数控车床编程混淆的地方。数控铣床编程时应注意以下事项：

1. 数控铣床系统的初始状态

当数控机床开机完成后，数控系统将处于初始状态，数控系统的一系列默认功能被激活。如默认的 G 代码功能(表 3-12 中标注"*"的 G 代码被激活)。数控系统的初始状态与数控系统参数设置有关，机床在出厂或调试时对其进行了设置，一般不对其修改。由于开机后数控系统的状态可通过 MDI 方式进行改变，且随着程序的执行也会发生变化，为了保证程序的运行安全，建议在编写程序开始就写入初始化状态指令。

表 3-12 FANUC-0i 系统数控铣床、加工中心常用 G 指令

代码	组	意义	代码	组	意义	代码	组	意义
G00*	01	快速点定位	G43	08	刀具长度正补偿	G76		精镗孔循环
G01		直线插补	G44		刀具长度负补偿	G80*		取消固定循环
G02		顺圆插补	G49*		刀具长度补偿取消	G81		简单钻孔循环
G03		逆圆插补	G50*	11	取消比例缩放	G82		锪孔循环
G04	00	暂停延时	G51		比例缩放	G83		深孔钻循环
G09		准确停止检查	G52	00	局部坐标系	G84	09	右旋螺纹攻螺纹循环
G10		可编程参数输入	G53		选择机床坐标系	G85		镗孔循环
G17*	02	XY 平面选择	G54*	12	选择 G54 工件坐标系	G86		镗孔循环
G18		ZX 平面选择	G55		选择 G55 工件坐标系	G87		背镗孔循环
G19		YZ 平面选择	G56		选择 G56 工件坐标系	G88		镗孔循环
G20	06	英制单位	G57		选择 G57 工件坐标系	G89		镗孔循环
G21*		公制单位	G58		选择 G58 工件坐标系	G90*	03	绝对坐标编程
G27*	00	回参考点检查	G59		选择 G59 工件坐标系	G91		增量坐标编程
G28		回参考点	G61	15	准确停止方式	G92	00	工件坐标系设定
G29		参考点返回	G62		自动拐角倍率	G94*	05	每分钟进给方式
G30		返回 2、3、4 参考点	G63		攻螺纹模式	G95		每转进给方式
G33	01	螺纹切削	G64*		切削模式	G98*	10	固定循环返回起始点
G40*	07	刀具半径补偿取消	G65	00	宏程序调用	G99		固定循环返回 R 点
G41		刀具半径左补偿	G73	09	高速深孔钻循环			
G42		刀具半径右补偿	G74		左旋螺纹攻螺纹循环			

注：1. 表内 00 组为非模态指令，只在本程序段内有效。其他组为模态指令，一次指定后持续有效，直到被本组其他代码所取代。

2. 标有"＊"的 G 代码为数控系统通电启动后的默认状态。

3. G15（极坐标指令取消）、G16（极坐标指令）、G68（坐标系旋转）、G69（取消坐标系旋转）等指令也较常用。

数控铣床加工中心编程初始化一般格式：

G54 G90 G40 G49 G80 G17 G21

说明：G54 为建立工件坐标（G54～G59 根据实际情况选用）；

G90 为采用绝对坐标方式编程；

G40 为取消刀具半径补偿；

G49 为取消刀具长度补偿；

G80 为取消钻孔循环功能；

G17 为选择 XY 平面，即工作平面在 XY 平面；

G21 为采用公制单位编程。

注意：数控铣床系统，默认进给单位为 mm/min；主轴转速单位为 r/min。

2. 工件坐标系的设置

工件坐标系的建立包含两个方面：

(1) 在程序中建立工件坐标系，即在程序中编写建立工件坐标系的指令（G54～G59 等指令）。

(2) 在实际操作中把工件坐标系原点在机床坐标系中的确切位置找出并输入到数控系统的对应界面，即对刀操作，一般由操作人员来完成。

数控铣床一般采用增量式检测装置，因此在开机后需执行回参考点操作即"回零"才能建立机床坐标系。一般在正确建立机床坐标系后通过"对刀"操作将工件坐标系原点在机床坐标系的位置（坐标值）找出，并将其输入到 G54～G59 其中一个或多个工件坐标系设置界面设定工件坐标系。在一个程序中，最多可设定六个工件坐标系。

一旦设定了工件坐标系，后续程序段中的绝对坐标值均为相对于此点的坐标值，即采用绝对坐标方式（G90）编程时，所有点的坐标值都是相对于此点来计算的。

G54～G59 工件坐标系的设置界面如图 3.34 所示。

```
WORK COONDATES              N        WORK COONDATES              N
  (G54)                                (G54)
  番号  数据       番号  数据          番号  数据       番号  数据
  00    X    0.000  02    X    0.000    04    X    0.000  06    X    0.000
  (EXT)  Y    0.000  (G55) Y    0.000    (G57) Y    0.000  (G59) Y    0.000
         Z    0.000         Z    0.000          Z    0.000         Z    0.000

  01    X    0.000  03    X    0.000    05    X    0.000
  (G54)  Y    0.000  (G56) Y    0.000    (G58) Y    0.000
         Z    0.000         Z    0.000          Z    0.000

  >                                    >
  REF **** *** ***                     REF **** *** ***
[ 补正 ][SETTING][坐标系][    ][ (操作)] [ 补正 ][SETTING][坐标系][    ][ (操作)]
```

图 3.34　G54～G59 工件坐标系的设置界面

在数控铣床中除了用 G54～G59 指令建立工件坐标系外，还可用 G92 X_ Y_ Z_ 指令来设定工件坐标系。

G92 指令通过指定刀具当前位置在工件坐标系中的坐标值来建立工件坐标系。

指令格式：G92 X_ Y_ Z_ ；

说明：X、Y、Z 值为刀具刀位点当前位置在工件坐标系中的坐标值。

G92 指令并不驱动机床刀具或工作台运动，数控系统通过 G92 确定刀具当前位置相对于工件坐标系原点（编程坐标系原点）的距离关系，从而建立工件坐标系，如图 3.35 所示。

通过手动对刀操作确定刀具距离工件坐标系原点的距离（即通过手动操作将刀具移动到工件坐标系中指定的点，如 X20.0Y10.0Z10.0)后，执行 G92 X20.0Y10.0Z10.0 即可。

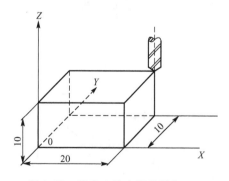

图 3.35　设定工件坐标系指令 G92

数控技术及应用

注意：

（1）G92 指令与 G54～G59 指令虽然都是用于建立工件坐标系的，但在使用中是有区别的。G92 指令是通过程序来设定、选用加工坐标系的，执行该指令时刀具当前位置必须在指定的位置，否则工件坐标系会随之偏移，即数控系统是通过刀具的当前位置来反推得到工件坐标系原点的。G92 指令设定的工件坐标系原点数控系统不进行存储，数控系统重启后工件坐标系原点即失效。

（2）G54～G59 指令是调用事先输入数控系统的偏移量来确定工件坐标系原点的，一旦设定，工件坐标系原点在机床坐标系中的位置就不会变化，它与刀具的当前位置无关，除非人为改变系统中的偏置值。其坐标值存储在系统内存中，数控系统重启后其数值依然有效，工件原点不会产生变化。

因此，在实际加工中，一般采用 G54～G59 指令来建立工件坐标系。

3. 安全高度

对于铣削加工，起刀点和对刀点必须离开工件或夹具中最高的表面一个安全高度，保证刀具在停止状态时，不与工件、夹具等发生碰撞。在安全高度位置时刀位点所在的平面称为安全平面，如图 3.36 所示。

4. 进、退刀方式的确定

对于铣削加工，刀具切入、切出工件的方式不仅影响工件加工的质量，同时直接关系到加工的安全。对于加工二维外轮廓，一般要求立铣刀从安全高度下降到切削高度的过程，刀具应离开工件毛坯边缘一定距离，不能直接下刀切削到工件，以免发生危险。到达切削高度后开始切削工件时，一般要求刀具沿工件轮廓切线切入、切出或从非重要表面切入切出，如一些面与面的相交处切入、切出。

对于型腔的粗铣加工，一般应预先钻一个工艺孔至型腔底面（留有一定精加工余量），并扩孔以便所使用立铣刀能从工艺孔进刀，进行形腔粗加工。也可以采用斜坡下刀和螺旋下刀的方式来进行形腔的粗加工，如图 3.37 所示。刀具下到切削深度后，从内向外依次扩大铣削，根据实际情况可以采用行切法或环切法进行粗加工去除余量。下刀运动一般采用直线插补（G01）以保证加工安全。

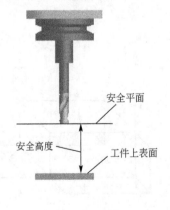

图 3.36　安全高度

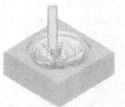

图 3.37　螺旋下刀方式

进刀段、退刀段通常沿轮廓的切线方向。通常在此建立或取消刀具半径补偿，因此，可把此段设为直线或直线加圆弧。一般刀具下到切削深度后尽可能避免采用快速运动(G00)。

5. 绝对坐标与增量坐标

在数控铣床编程中与数控车床编程一样也有绝对坐标与增量坐标两种编程坐标值表示方式。其含义与车床编程相同。但在数控铣床编程中，绝对坐标与增量坐标的表示方法与数控车床截然不同，它是通过 G 指令来指定(G90 表示绝对坐标编程，G91 表示增量坐标编程)。在同一程序中可使用 G90 和 G91 两种方式混合编程，但是在同一程序段不能同时使用 G90 和 G91 两种方式混合编程。例如：

O11	G91G1X-110.Y0.;
G54 G90G40 G49 G80 G17 G21;	G1X0.Y100.;
M3S800;	G1X100.Y0.;
G0X80.Y-50.;	G1X0.Y-110.;
G0Z100.;	G90G40G0X50.Y-80.;
G0Z5.;	G01Z5.;
G01Z-5.F100;	G0Z100.;
G41G01X60.Y-50.D01;	M5
G91G28Z0.;	M30;
G28X0.Y0.;	

以上编程是没有问题的，但是下面这种编程在数控铣床、加工中心中就是不允许的。例如：

G90G01X-50.G91Y100.;

即在同一程序段采用绝对坐标与增量坐标混合编程，在数控铣床编程、加工中心中是不允许的。

6. 基本插补指令

基本插补指令用于控制机床按照指令轨迹做进给运动，包括快速定位、直线插补和圆弧插补等指令。

1) 快速定位(G00 或 G0)

该指令控制刀具从当前所在位置快速移动到指令给定的目标位置。该指令不控制刀具的运动轨迹和运动速度。运动轨迹和运动速度由系统参数设定。故该指令用于快速定位，不能用于切削加工。

指令格式：G00X＿Y＿Z＿；

说明：X、Y、Z 值表示目标点坐标。

G00 可以指令一轴、两轴或三轴移动。

2) 直线插补(G01 或 G1)

该指令控制刀具以直线运动轨迹从刀具当前位置按给定的进给速度运动到目标点位置。该指令不仅控制刀具的运动轨迹而且控制刀具的运动速度。

指令格式：G01X＿Y＿Z＿F＿；

说明：X、Y、Z 值表示目标点坐标；F 表示进给速度(默认单位为 mm/min)。

3）圆弧插补指令（G02、G03 或 G2、G3）

（1）平面选择（G17、G18、G19）。在三维坐标系中，每两个坐标轴确定一个平面，第三个坐标轴始终垂直于该平面，并定义刀具进给深度。

在编程时要求知道控制系统在哪一个平面上加工，从而可以判断圆弧插补指令顺、逆方向，正确地计算刀具半径补偿。各平面及平面指定指令如下：G17 表示切削平面为 XY 平面；G18 表示切削平面为 ZX 平面；G19 表示切削平面为 YZ 平面。

G17、G18、G19 为模态指令，系统默认为 G17 平面。

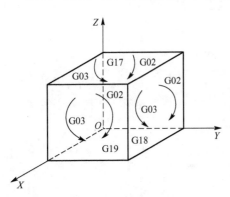

图 3.38 圆弧插补方向

（2）圆弧插补指令（G02、G03 或 G2、G3）。圆弧插补指令控制刀具在指定的平面内，从刀具当前点（圆弧起点）沿圆弧，运动到指令给定的目标位置（圆弧终点）。圆弧的半径可以直接给出或通过圆弧起点和圆弧圆心点数控系统自动计算。G02（或 G2）为顺圆弧插补或螺旋插补，刀具沿顺时针方向走刀切削圆弧；G03（或 G3）为逆圆弧插补或螺旋插补，刀具沿逆时针方向切削圆弧。其判断方法为：在右手笛卡尔坐标系中，从垂直于圆弧所在平面那根轴的正方向往负方向看，顺时针为 G02，逆时针为 G03，如图 3.38 所示。

指令格式：

① 半径编程。

$$G17 \begin{Bmatrix} G02 \\ G03 \end{Bmatrix} X\_Y\_R\_F\_;$$

$$G18 \begin{Bmatrix} G02 \\ G03 \end{Bmatrix} X\_Z\_R\_F\_;$$

$$G19 \begin{Bmatrix} G02 \\ G03 \end{Bmatrix} Y\_Z\_R\_F\_;$$

② 圆心坐标编程。

$$G17 \begin{Bmatrix} G02 \\ G03 \end{Bmatrix} X\_Y\_I\_J\_F\_;$$

$$G18 \begin{Bmatrix} G02 \\ G03 \end{Bmatrix} X\_Z\_I\_K\_F\_;$$

$$G19 \begin{Bmatrix} G02 \\ G03 \end{Bmatrix} Y\_Z\_J\_K\_F\_;$$

说明：X、Y、Z 为圆弧的终点坐标，可用 G90 或 G91（绝对坐标或增量坐标）表示；I、J、K 为圆弧圆心相对于圆弧起点在 X、Y、Z 轴方向的增量，即 $I = X_{圆心} - X_{圆弧起点}$，$J = Y_{圆心} - Y_{圆弧起点}$，$K = Z_{圆心} - Z_{圆弧起点}$；R 为圆弧半径，用圆弧半径编程时，当圆弧圆心角 $\alpha \leqslant 180°$ 时，R 取正值，若圆心角 $180° < \alpha < 360°$ 时，R 取负值，当 $\alpha \geqslant 360°$ 时，则不能用 R 编程，只能用圆心坐标编程；F 为进给速度。

（3）螺旋插补（G02、G03 或 G2、G3）。螺旋线插补可以用于螺旋下刀、圆周铣削、螺纹铣削或油槽等加工。

指令格式：

$$G17 \begin{Bmatrix} G02 \\ G03 \end{Bmatrix} X\_Y\_R\_Z\_F\_ ;$$

$$G17 \begin{Bmatrix} G02 \\ G03 \end{Bmatrix} X\_Z\_I\_J\_Z\_F\_ ;$$

$$G18 \begin{Bmatrix} G02 \\ G03 \end{Bmatrix} X\_Z\_R\_Y\_F\_ ;$$

$$G18 \begin{Bmatrix} G02 \\ G03 \end{Bmatrix} X\_Z\_I\_K\_Y\_F\_ ;$$

$$G19 \begin{Bmatrix} G02 \\ G03 \end{Bmatrix} Y\_Z\_R\_X\_F\_ ;$$

$$G19 \begin{Bmatrix} G02 \\ G03 \end{Bmatrix} Y\_Z\_J\_K\_X\_F\_ ;$$

其中，X、Y、Z 是由 G17、G18、G19 平面选定的两个坐标为螺旋线投影圆弧的终点，意义同圆弧插补，第 3 坐标是与选定平面相垂直轴的终点。其余参数同圆弧插补，该指令对另一个不在圆弧平面上的坐标轴施加运动指令。

注意：一段螺旋插补程序只能加工一段小于等于 360°的螺旋线。

7. 暂停指令(G04 或 G4)

该指令使系统按进给保持给定时间后再继续执行后续程序。该指令为非模态指令，只在本程序段有效。G04 的程序段不能有其他指令。

指令格式：G04 X_ ；或 G04 P_ ；

说明：X、P 均表示暂停时间，其中 X 后面可用带小数点的数，单位为 s。

如 G04X1. 表示在执行到此程序段后，要经过 1s 后才执行下一程序段。

地址 P 后不允许用带小数点的数，单位为 ms。

如要暂停 1s，用 P 表示为：G04P1000。

G04 指令可使刀具作短暂的无进给光整加工，以获得圆整而光滑的表面。如加工盲孔时，在刀具进给到最后深度时，用暂停指令使刀具作无进给光整切削，然后退刀，以保证孔底表面质量。

8. 与参考点有关的指令(G27、G28、G29、G30)

(1) 返回参考点检查(G27)。数控机床通常是长时间连续运转，为了提高加工中的可靠性即保证尺寸的正确性，可用 G27 指令来检查工件原点的正确性。

指令格式：G90(G91)G27X_Y_Z_；

说明：使用 G90 编程时，X、Y、Z 值指参考点在工件坐标系的绝对值(即工件坐标系偏置值取反)；使用 G91 编程时，X、Y、Z 值表示机床参考点相对刀具当前点的增量坐标(即刀具当前点的机械坐标值取反)。

用法：当执行加工完成一个循环，在程序结束前执行 G27 指令，则刀具将以快速定位(G00)方式自动返回机床参考点，如果刀具到达参考点位置，则操作面板上的参考点返回指示灯亮；若某轴返回参考点有误，则该轴对应的指示灯就不亮，系统报警。

(2) 自动返回参考点(G28)。

119

该指令可使坐标轴自动返回参考点。

指令格式：G90(G91)G28X＿Y＿Z＿；

说明：X、Y、Z值为返回参考点时所经过的中间点。

执行该指令，指定的受控轴将快速定位到中间点，然后从中间点返回到参考点。一般在加工之前和加工结束可以让机床自动返回参考点。为了安全考虑一般先使Z轴返回参考点，然后X、Y轴再返回参考点。

例如：G91G28Z0.；　　　　　　　　以刀具当前点为中间点使Z轴返回参考点

G91G28X0.Y0.　　　　　　　以刀具当前点为中间点使X、Y轴返回参考点

（3）从参考点返回（G29）。执行该指令使刀具由机床参考点经过中间点到达目标点。

指令格式：G29X＿Y＿Z＿；

说明：X、Y、Z的值为刀具的目标点坐标。

这里经过的中间点是由G28指令所指定的中间点，故刀具可以经过一个安全路径到达欲切削加工的目标点位置。所以用G29指令之前，必须先用G28指令。G29指令不能单独使用。

（4）第2、3、4参考点返回（G30）。执行该指令使刀具由当前位置经过中间点返回到第2、3、4参考点。G30指令与G28指令类似，差别是G28指令返回第1参考点（机床原点），而G30指令是返回第2、3、4参考点，如换刀点等。

指令格式：

$$G17 \begin{Bmatrix} P2 \\ P3 \\ P4 \end{Bmatrix} X \_ Y \_ Z \_ ;$$

说明：P2、P3、P4即选择第2、3或4参考点，选择第2参考点时可以省略不写P2；X、Y、Z值为返回参考点时所经过的中间点。第2、3、4参考点的机械坐标位置在参数中设定。G30指令通常在自动换刀时使用，一般Z轴的换刀位置与Z轴机床原点不重合，换刀时需要先回到换刀位置即第2参考点。

3.3.2　数控铣床及加工中心刀具补偿功能

在数控铣床系统中刀具补偿包含刀具半径补偿和刀具长度补偿两种补偿。

1. 刀具半径补偿及应用

刀具半径补偿有B补偿和C补偿两种方式，现在的数控铣床、加工中心通常采用C补偿。

1）刀具半径补偿的概念

编制数控程序时，我们把刀具假想为一点（即刀位点）按照零件图样上的轮廓形状进行编程，使刀具的刀位点（立铣刀的端面刃与刀具轴线的交点）沿程序指定的路线进行加工。但实际刀具是有直径的，在加工二维轮廓零件时，无论是内轮廓或外轮廓，实际上是刀具圆周上的侧面刃来进行切削的，这样刀位点总是离实际轮廓面有一个刀具半径的距离。如果没有刀具半径补偿功能，按照零件图样上的轮廓形状进行编程加工得到的零件比实际所需要的零件尺寸小一个刀具直径（铣削外轮廓）或大一个刀具直径（铣削内轮廓）。如图3.39所示，当采用半径为R的立铣刀加工出工件轮廓A-B-C-D时，如果机床不具备刀具半径补偿功能，编程人员必须按照刀具中心运动轨迹A'-B'-C'-D'的坐标数据来编程。当

轮廓形状复杂，或更换半径不同的刀具时，刀具中心轨迹也随之发生变化，则要按照新的刀具轨迹重新编程，这给编程增加了困难和工作量。

因此，为了给编程提供方便，现在的数控系统基本都具备刀具半径补偿功能。在编制零件加工程序时，只需按照零件轮廓编程，在程序合适的位置使用刀具半径补偿指令，并在数控系统对应界面输入刀具半径值。数控系统在执行程序过程中，便能自动的调用刀具半径值计算出刀具实际轨迹，即自动把零件轮廓放大或缩小一个刀具半径。

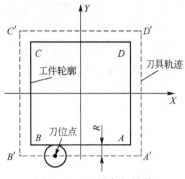

图 3.39　刀具半径补偿

数控系统根据按零件轮廓编制的程序和预先设定的偏置参数能实时自动生成刀具中心轨迹的功能称为刀具半径补偿功能。

2）刀具半径补偿指令

建立刀具半径补偿格式：

$$\begin{Bmatrix}G17\\G18\\G19\end{Bmatrix}\begin{Bmatrix}G00\\G01\end{Bmatrix}\begin{Bmatrix}G41\\G42\end{Bmatrix}\begin{Bmatrix}X\_\ Y\_\\Z\_\ X\_\\Y\_\ Z\_\end{Bmatrix}D\_\ ;$$

取消刀具半径补偿格式：

$$\begin{Bmatrix}G00\\G01\end{Bmatrix}G40\begin{cases}X\_\ Y\_\ ;\\Z\_\ X\_\ ;\\Y\_\ Z\_\ ;\end{cases}$$

说明：

（1）G17、G18、G19 为补偿平面选择指令。用于选择进行刀具半径补偿的工作平面。例如，当执行 G17 指令后，刀具半径补偿仅对 X、Y 轴的移动进行补偿，而对 Z 轴不起作用。平面选择的切换必须在补偿取消的方式下进行，否则将产生报警。

（2）G00、G01 为刀具移动指令。建立和取消刀具半径补偿的程序段必须与 G01 或 G00 指令一起使用，不能使用 G02 或 G03 圆弧插补指令。

（3）G40 为取消刀具半径补偿指令。

（4）G41 为刀具半径左补偿指令。控制刀具沿着走刀路线前进方向，向左侧偏移一个刀具半径的补偿量，如图 3.40(a)所示。

（5）G42 为刀具半径右补偿指令。控制刀具沿着走刀路线前进方向，向右侧偏移一个刀具半径的补偿量，如图 3.40(b)所示。在同一程序中 G41 或 G42 指令不要重复指定。

（6）X、Y 为 G00 或 G01 建立刀具半径补偿直线段运动的编程目标点坐标值。程序执行过程中数控系统将根据起点和该点的连线来判断左、右方向并从起点开始逐渐偏移到目标点，刚好偏移

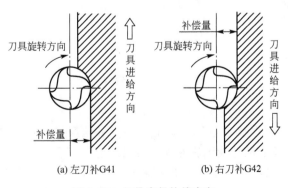

(a) 左刀补G41　　(b) 右刀补G42

图 3.40　刀具半径补偿方向

一个刀具半径。所以数控系统显示的工件坐标值为补偿后的坐标值。

（7）D_ 为刀具半径补偿号或刀具偏置寄存器号。后面常用两位数字表示，一般有D00～D99。D00 恒为空。如程序段 G17G41G01X0Y0D01;其中 D01 表示调用存储在数控系统工具补正表"番号"为"001"行中的"形状(D)"的刀具半径数值。刀具半径值的数值需预先用手工输入，一般为正值，当输入为负值时，G41、G42 补偿方向互换。

例如：G17G41G01X50.0Y-40.0D01为建立刀具半径补偿程序段，如果刀具半径为 10mm，要使该程序段的刀具左补偿功能生效，还必须在数控系统中对应的"刀具补正"界面"番号"为"001"行中的"形状(D)"栏中，手动输入"10.0"的刀具半径补偿量，如图3.41 所示。

3）刀具半径补偿的过程

刀具半径补偿的过程分为：刀具半径补偿的建立、刀具半径补偿的进行、刀具半径补偿的取消三步。

（1）刀具半径补偿的建立。刀具半径补偿的建立就是在刀具从起点接近工件时，刀具中心从与编程轨迹重合过渡到与编程轨迹偏离一个偏置量的过程。如图 3.42 所示，OA 段为加工前的起始段，按照轮廓编程，不采用刀具半径补偿功能时，由 O→A 刀具中心在 A点。采用刀具半径补偿功能时，由 O→A 点的运动过程中刀具逐渐偏移，在 A 点的基础上将偏移一个刀具半径偏置量，系统自动使刀具中心移动到 A′点。

刀具补偿程序段中，必须使用 G00 或 G01 指令才有效。图 3.42 所示的刀具半径补偿的程序段为：

```
G17G41G01X30.0Y15.0D01F100;
```

或

```
G17G41G00X30.0Y15.0D01F100;
```

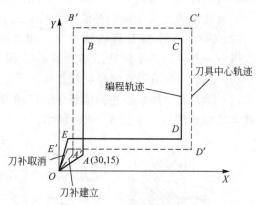

图 3.41　刀具补偿量的设置　　　图 3.42　刀具半径补偿过程

注意：

① 刀具半径补偿的建立需要在补偿平面内移动过程中建立，建立补偿段的移动距离一般要大于刀具的半径补偿量，否则，刀具半径补偿无法建立，会出现 P/S 报警。

② 由于刀具半径补偿建立过程中，刀具将产生偏移，所以在建立刀具半径补偿程序段时不能进行零件的加工。为了避免在建立刀具半径补偿的过程中发生意外，一般在起刀

点与实际切入点之间人为加入一段直线用于建立刀具半径补偿，且建立刀具半径补偿的目标点不宜取在工件轮廓上，以免产生过切。

（2）刀具半径补偿的进行。在用 G41 或 G42 指令程序段建立刀具半径补偿后，在后续轮廓加工程序中一直有效，刀具中心始终与编程轨迹偏移一个偏置量，直到取消刀具半径补偿。G41、G42、G40 为模态指令。

（3）刀具半径补偿的取消。刀具半径补偿的取消与刀具半径补偿的建立过程恰好相反。其使刀具中心轨迹从偏移状态过渡到与编程轨迹重合。

使用了 G41 或 G42 指令后需使用 G40 指令进行取消。

【例 3-1】 精加工如图 3.43(a)所示的外轮廓。刀具为 φ20 的立铣刀，编程原点为 O，刀具补偿地址为 D01。走刀轨迹如图 3.43(b)所示，按照 A→B→C→D→E→F→G→H→I→J→K→L→C→N→M 轨迹编程，各点坐标见表 3-13，采用刀具半径左补偿指令（G41），参考程序如下：

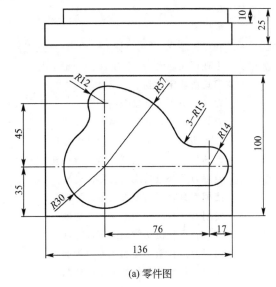

(a) 零件图

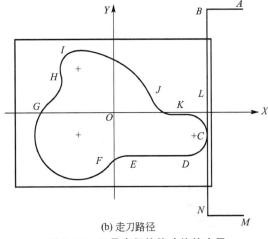

(b) 走刀路径

图 3.43 刀具半径补偿功能的应用

表 3-13　基点坐标

基点	X	Y	基点	X	Y
A	90.0	70.0	H	−36.447	26.4
B	65.0	70.0	I	−25.0	42.0
C	65.0	−15.0	J	27.172	7.958
D	51.0	−29.0	K	40.901	−1.0
E	9.409	−29.0	L	51.0	−1.0
F	−2.06	−34.333	N	65.0	−70.0
G	−42.171	9.6	M	90.0	−70.0

参考程序：

O12	程序名
G54G90G40G49G80G17G21;	程序初始化,调用坐标 G54 参数,建立工件坐标系
M3S1000;	主轴正向启动,转速为 1000r/min
G0X90.0Y70.0;	刀具快速定位到下刀点 A
Z100.0;	刀具快速下刀到安全高度
Z5.0;	刀具快速下刀到进给高度
G1Z-10.0F100M08;	刀具切削进给下刀到进给切削深度
G41G1X65.0D01;	刀具从上一点运动到 B 点过程中建立刀具半径补偿左补偿
Y-15.0;	使用刀具补偿功能加工零件轮廓
G2X51.0Y-29.0R14.0;	使用刀具补偿功能加工零件轮廓
G1X9.409;	使用刀具补偿功能加工零件轮廓
G3X-2.06Y-34.333R15.0;	使用刀具补偿功能加工零件轮廓
G2X-42.171Y9.6R-30.0;	使用刀具补偿功能加工零件轮廓
G3X-36.447Y26.4R15.0;	使用刀具补偿功能加工零件轮廓
G2X-25.0Y42.0R12.0;	使用刀具补偿功能加工零件轮廓
X27.172Y7.958R57.0;	使用刀具补偿功能加工零件轮廓
G3X40.901Y-1.0R15.0;	使用刀具补偿功能加工零件轮廓
G1X51.0;	使用刀具补偿功能加工零件轮廓
G2X65.0Y-15.0R14.0;	使用刀具补偿功能加工零件轮廓
G1Y-70.0;	使用刀具补偿功能加工零件轮廓
G40X90.0;	刀具从上一点运动到 M 点取消刀具半径补偿
Z5.0;	刀具抬到距离工件上表面 5mm 处
M05;	主轴停止
M09;	冷却液关闭
G0Z100.0;	刀具抬到安全高度
G91G28Z0.0;	Z 轴从当前点自动返回到参考点
G91G28X0.0Y0.0;	X、Y 轴从当前点自动返回参考点
M30;	程序结束

（4）刀具半径补偿的应用。刀具补偿功能通过 G41 或 G42 指令，根据偏置表中输入的

偏置量使刀位点与编程轮廓产生一定距离的偏移，这样编程人员可以直接按零件轮廓编程，简化了编程工作。由于刀位点与编程轮廓的偏移量是按偏置表中输入的偏置量来进行的，故可以在刀具实际半径不变的情况下，改变偏置表中的偏置量，这样可以：

① 用同一个加工程序同一把刀具或不同直径的刀具，对零件轮廓进行粗、精加工以及轮廓倒角。

② 当刀具磨损或刀具更换后，刀具半径发生变化时，或轮廓尺寸有误差时，只需在刀具补偿值中输入改变的刀具半径，而不必修改程序。

③ 对于加工同一公称直径的内、外轮廓配合件时编写成同一程序，用同一个半径补偿指令 G41 或 G42，在加工外轮廓时，将偏置值设置为 +D，刀具中心将沿轮廓的外侧铣削；当加工内轮廓零件时，将偏置值设置为 −D，这时刀具中心将沿轮廓的内侧铣削。

当按零件轮廓编程以后，在粗加工零件时我们可以把偏置值设置为 D，$D=R+\Delta$，式中 R 为铣刀半径，Δ 为精加工前的加工余量（粗加工：0.5～1.0mm，半精加工：0.1～0.2mm），那么零件被加工完成以后将得到一个比零件轮廓大 2Δ 的零件。在精加工零件时，偏置值设置为 $D=R$，零件加工完后，将得到零件的实际轮廓。

注意：铣削有内凹轮廓时，刀具值 D 必须小于或等于图形轮廓中的最小圆弧段半径，否则将产生过切。

实现粗、精加工可采用以下三种编程方法：

① 用同一程序分两次执行程序完成粗、精加工，每次执行程序前手动输入相应半径补偿值。

② 用同一程序在一次执行中完成粗、精加工，采用子程序的方法调用预先分别设定好的半径补偿值。

③ 用同一程序在一次执行中完成粗、精加工，采用可编程参数输入指令（G10）修改刀具半径补偿（后续内容再做介绍）

【例 3-2】 用 φ35 的立铣刀粗、精铣图 3.44(a)所示的零件，毛坯尺寸为：130mm×130mm×20mm，六个面已加工。试用子程序编程实现两次刀具半径补偿功能。

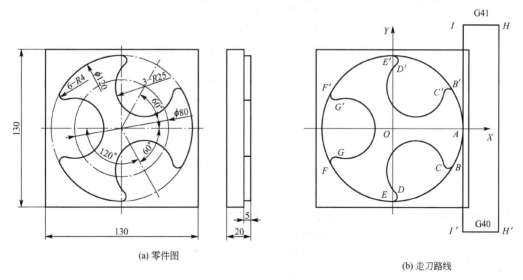

(a) 零件图　　(b) 走刀路线

图 3.44　刀具半径补偿应用实例

编程分析：工件坐标原点设在工件上表面对称中心。采用 G90 绝对坐标值编程。零件轮廓中有凹圆弧，半径为 R25，所选刀具半径 $r \leqslant R$，选直径 $\phi 35$ 的立铣刀，毛坯对角线长度为 184.290mm，零件轮廓最大尺寸为 $\phi 120$mm，加工余量为（184.290－120）/2＝32.145mm，精加工余量为 0.5mm，粗加工余量为 32.145－0.5＝31.645mm，则 D01＝R＋0.5＝17.5 ＋0.5＝18mm，D02＝17.5mm。因凹圆弧处余量比较大，为了避免在该处留下残留，可采用如图 3.44(b)所示走刀路线，先走一个大圆轨迹去除余量再按零件轮廓轨迹进行加工。走刀路径为：$H \to I \to A \to A \to B \to C \to D \to E \to F \to G \to G' \to F' \to E' \to D' \to C' \to B' \to A' \to I' \to H' \to H$。

通过计算或使用绘图软件可以求出各基点坐标。图形关于 X 轴对称，故在此只列出部分基点坐标，见表 3－14：

表 3－14　部分基点坐标

基点	X	Y	基点	X	Y
H	100.0	80.0	D	3.088	－53.053
I	60.0	80.0	E	0.41	－59.999
A	60.0	0.0	F	－52.165	－29.644
B	51.756	－30.354	G	－47.489	－23.852
C	44.401	－29.201			

HI 与 $H'I'$ 段是为了建立、取消刀具半径补偿而人为加入的，IA 与 $I'A'$ 是为了便于切入切出加入的。

参考程序如下：

```
O13                              主程序名
G54G90G40G49G80G17G21;           程序初始化
M03S600;                         主轴正向启动,转速为 600r/min
G00X100.0Y80.0;                  快速定位到下刀点
Z100.0;                          刀具快速下刀到安全高度
Z5.0;                            刀具快速下刀到参考高度
G01Z-5.0F100M08;                 刀具以 100mm/min 的切削速度直线下刀到切削深度 5.0mm,切削液开
G01G17G41X60.0Y80.0D01;          建立刀具半径左补偿,调用 D01 中的刀具半径补偿值,D01=18.0mm
M98P14;                          调用子程序 O14 一次进行轮廓粗加工
G01G17G41X60.0Y80.0D02;          建立刀具半径左补偿,调用 D02 中的刀具半径补偿值,D01=17.5mm
M98P14;                          调用子程序 O14 进行轮廓精加工
G01Z5.0;                         刀具提刀至距离工件上表面 5.0mm 的位置
M05;                             主轴停止
M09;                             切削液关闭
G00Z100.0;                       快速提刀到安全高度
G91G28Z0.0;                      Z 轴回参考点
G91G28X0.0Y0.0;                  X、Y 轴回参考点
M30;                             主程序结束
O14                              子程序名
```

```
G90G01X60.0Y0.0;              零件轮廓加工
G02X60.0Y0.0I-60.0J0.0;       零件轮廓加工
G02X51.756Y-30.354R60.0;      零件轮廓加工
G02X44.401Y-29.201R4.0;       零件轮廓加工
G03X3.088Y-53.053R-25.0;      零件轮廓加工
G02X0.41Y-59.999R4.0;         零件轮廓加工
G02X-52.165Y-29.644R60.0;     零件轮廓加工
G02X-47.489Y-23.852R4.0;      零件轮廓加工
G03X-47.489Y23.852R-25.0;     零件轮廓加工
G02 X-52.165Y29.644R4.0;      零件轮廓加工
G02 X0.41Y59.999R60.0;        零件轮廓加工
G02 X3.088Y53.053R4.0;        零件轮廓加工
G03 X44.401Y29.201R-25.0;     零件轮廓加工
G02X51.756Y30.354R4.0;        零件轮廓加工
G02X60.0Y0.0R60.0;            零件轮廓加工
G01X60.0Y-80.0;               零件轮廓加工
G40G01X100.0Y-80.0;           取消刀具半径补偿
G00X100.Y80.0;                轮廓加工结束,回到主程序加工起点
M99;                          子程序结束返回主程序
```

注意:

在加工之前,必须先将刀具半径补偿值,手动输入到数控系统的"工具补正"界面对应位置,如图 3.45 所示。

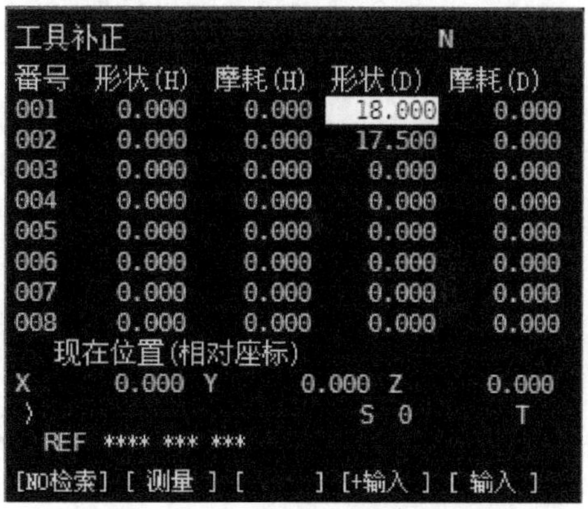

2. 刀具长度补偿及应用

数控铣床或加工中心一般采用工序集中原则,一次装夹使用多把刀具,把能够加工的内容尽量加工完成。但每把刀具的长度都不尽相同,同时,由于刀具在使用中的磨损、更换等都会使刀具长度发生变化。为了保证不同长度的刀具能够加工出正确的深度尺寸,现在的数控铣床、加工中心都具有刀具长度补偿功能。

图 3.45 刀具半径补偿值的设置

1) 刀具长度补偿指令

建立刀具长度补偿指令格式:

$$\begin{Bmatrix} G00 \\ G01 \end{Bmatrix} \begin{Bmatrix} G43 \\ G44 \end{Bmatrix} Z\_ \ H\_ \ ;$$

说明:

(1) G43 表示刀具长度正补偿。执行 G43 指令时,刀具移动后的实际距离是在程序中指定的 Z 坐标的基础上加上 H 指定的偏置值,当 H 为正值时,刀具向 Z 轴正方向移动一个 H 值;当 H 为负值时,刀具向 Z 轴负方向移动一个 H 值,如图 3.46 所示。

(2) G44 表示刀具长度负补偿。执行 G44 指令时,刀具移动后的实际距离是在程序中指定的 Z 坐标的基础上减去 H 指定的偏置值,当 H 为正值时,刀具向 Z 轴负方向移动一

个 H 值；当 H 为负值时，刀具向 Z 轴正方向移动一个 H 值，如图 3.47 所示。

（3）和刀具半径补偿指令中的 D 一样，H 为刀具长度补偿寄存器号，一般为 H00～H99，H00 恒为空。它表示调用刀补表中对应的长度补偿值。如"G90G01G43Z100.0H01"，假如 H01 的长度补偿值为 20.0mm，要使刀具长度补偿功能生效，必须在对应的"工具补正"界面中的"番号"为"001"行中的"形状（H）"栏中，手动输入值为 20.0 的刀具长度补偿值。

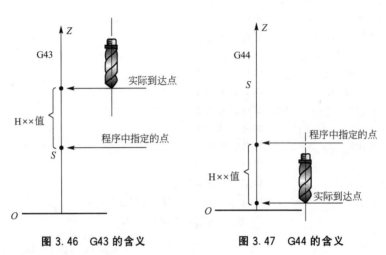

图 3.46 G43 的含义   图 3.47 G44 的含义

（4）Z 为指令 Z 轴移动的坐标值。

取消刀具长度补偿指令格式：

$$\begin{Bmatrix} G00 \\ G01 \end{Bmatrix} G49(Z\_);$$

使用刀具长度补偿功能应注意：

使用 G43 或 G44 指令进行刀具长度补偿时，只能有 Z 轴的移动量，若有其他轴向的移动，则会出现报警；取消刀具长度补偿，除用 G49 指令外，也可以用 H00；当长度补偿量取负值时，G43 和 G44 指令的功效将互换，在实际编程中，为了避免产生混淆，通常只用一种长度补偿指令，习惯用 G43 指令，在应用时改变长度补偿值的正负来实现正负补偿。

2）长度补偿量的确定

刀具长度补偿值，可通过以下三种方法来确定。

（1）事先通过机外对刀仪测量出刀具长度作为长度补偿值（该值应为正）。此时，工件坐标系（G54）中 Z 坐标值应设定为工件原点相对机床原点的 Z 向坐标值（该值为负）。

（2）通过机内对刀测量出刀具 Z 轴返回机床原点时刀位点相对工件基准面的距离作为刀具长度补偿值。工件坐标系（G54）中 Z 坐标值设定为"0"，即工件坐标系 Z 轴原点与机床坐标系原点重合。

（3）基准刀方法，即通过机外对刀仪或机内对刀法测量出所有的刀具长度，将其中的某一把刀作为基准刀，其长度补偿值为"0"，其他刀具的长度补偿值为与基准刀的长度差值（有正负值）。工件坐标系（G54）中 Z 坐标值应设定为基准刀具 Z 轴返回机床原点时刀位点相对工件基准面的距离（该值为负）通过机内对刀法确定。

3）刀具长度补偿的应用

刀具长度补偿功能在实际应用中有以下两种：

（1）实现深度分层加工。用于刀具轴向（Z轴）的补偿，使刀具在轴向的实际位移量比程序给定值增加或减小一个偏置量。即用同一把刀具，通过改变刀具长度补偿值的大小，实现 Z 轴方向的分层加工。

（2）在加工中心上实现工序集中。即将所有刀具的长度补偿值输入到刀具长度补偿寄存器中，编程时以同一 Z 向工件坐标系原点编程，以简化编程。

3.3.3 数控铣床及加工中心孔加工编程

孔的加工是数控加工中最常见的加工工序，数控铣床和加工中心通常都具有钻孔、镗孔、铰孔和攻螺纹等功能。由于孔的形状结构简单且基本相同，孔的加工动作路线也相对固定，用单一动作指令（G00、G01）编程时需要多个程序段，编程比较繁琐。现在各种数控系统中，孔的加工指令都是采用加工循环指令进行编程，即将加工孔的一系列动作预先设计成一个 G 代码，编程时根据需要指定一个 G 代码及相关参数，就能完成一个孔的加工。连续加工多个孔时，如果孔的动作无需变更，则程序中第二个孔及以后孔的所有模态数据可以省略不写，这样可以简化编程。

1. 孔加工循环指令

表 3-15 为 FANUC 0i-MC 系统中的固定循环指令。

表 3-15　FANUC 0i-MC 系统中的固定循环指令

指令	Z 轴进给动作	孔底动作	退刀动作	功能
G73	间歇进给（退）		快速移动	高速深孔钻循环
G74	切削进给	停刀→主轴正转	切削进给	左旋螺纹攻螺纹循环
G76	切削进给	主轴定向停止	快速移动	精镗孔循环
G80				固定循环取消
G81	切削进给		快速移动	钻孔循环，中心孔钻削循环
G82	切削进给	进给暂停	快速移动	钻孔循环，锪镗孔循环
G83	间歇进给（退）		快速移动	深孔钻循环
G84	切削进给	停刀→主轴反转	切削进给	右旋螺纹攻螺纹循环
G85	切削进给		切削进给	精镗孔循环
G86	切削进给	主轴停止	快速移动	镗孔循环
G87	切削进给	主轴正转	快速移动	背镗孔循环
G88	切削进给	进给停止→主轴停止	手动操作	镗孔循环
G89	切削进给	进给暂停	切削进给	镗孔循环

2. 固定循环基本动作

孔加工固定循环通常由一下六个基本动作构成，如图 3.48 所示。图中虚线表示快速进给，实线表示切削进给，箭头表示刀具运动方向（以下各图相同）。

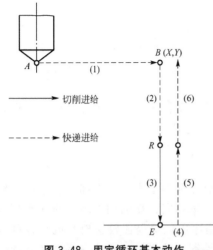

动作1：从安全位置快速移动，快速定位到孔的中心位置 X、Y 坐标点，Z 轴不变。

动作2：刀具快速下刀到 R 点。

动作3：进给速度加工到孔底 E 点。

动作4：孔底动作。有主轴连续旋转、反转、正转、停止、位移和进给暂停等方式。

动作5：返回到 R 点。有快速退刀、进给速度退刀、手动退刀等方式。

动作6：经过 R 点快速返回到初始点。

(1) 初始平面(又称返回平面)。初始平面是为了安全下刀而规定的一个平面。初始平面到工件表面的距离可以任意设定在一个安全的高度上，它的高度(Z 值)由固定循环指令的前一段程序指定。默认状

图 3.48　固定循环基本动作

态下，每一个孔加工完成后刀具都回到初始平面上的初始点(即 G98 方式)。当使用同一把刀具加工一系列孔时，孔与孔间不存在任何障碍时可以使用 G99 指令，最后一个使用 G98 指令。

(2) R 点平面(又称 R 参考平面或参考平面)。这个平面是刀具下刀时自快速进给转为切削进给的高度平面，距工件表面的距离主要考虑工件表面尺寸的变化，一般可取 2～5mm。G99 指令使刀具返回到该平面。

(3) 孔底平面。加工盲孔时孔底平面就是孔的底面，孔深就是就加工深度 Z 值(一般为负值)。加工通孔时一般使刀具伸出工件底面一段距离，此距离一般为 $0.3D$(D 为刀具直径)，主要是为了避免在孔底留下锥形残留保证孔径尺寸。钻削加工时还应注意钻头钻尖对孔深的影响。

(4) 数据形式。固定循环指令中 R 与 Z 的数据指定与 G90 和 G91 指令有关。选择 G90 方式时 R 值与 Z 值一律是相对于编程坐标系来计算的(即 R 值与 Z 值一律取其终点坐标值)；选择 G91 方式时 R 与 Z 值的计算都是相对于上一点来计算的(即 R 值是指 R 点相对于起始点的增量值，为负值；Z 值是指 Z 的终点坐标相对于 R 点绝对坐标的增量值，为负值)，如图 3.49 所示。

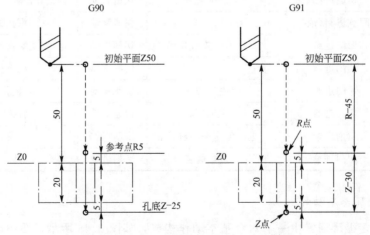

图 3.49　绝对和增量值编程 R 与 Z 的计算

3. 钻削固定循环指令的应用

钻孔固定循环主要有钻中心孔、简单孔的固定循环指令 G81；加工台阶孔、锪孔时的固定循环指令 G82；深孔加工时的固定循环指令 G73 和 G83。

1）钻孔循环指令 G81

G81 指令一般用于加工孔深小于 5 倍直径的浅孔或中心孔，是最基本的固定循环指令，执行常规的钻孔加工动作。如图 3.50 所示，刀具沿着 X、Y 轴快速定位到孔的中心位置；快速移动到 R 点；从 R 点切削进给到 Z 点进行钻孔加工，到达孔底，主轴继续旋转；刀具快速回退到 R 点或初始点。

指令格式：

$$\left.\begin{matrix} G98 \\ G99 \end{matrix}\right\}\left\{\begin{matrix} G91 \\ G90 \end{matrix}\right\} G81X\_Y\_Z\_R\_F\_K\_ ;$$

说明：X、Y 为目标孔的中心 X、Y 坐标位置，也可用 G91 增量值指定；R 为 R 点位置，例如 R5.0 相对于 Z5.0，也可用 G91 增量值指定；Z 为孔底 Z 坐标值，也可用 G91 增量值指定；F 为钻孔切削进给速度，默认单位为 mm/min；K 为固定循环重复次数，只循环一次时 K 可以不指定，其他钻孔固定循环相同。一般在 G91 方式下使用以简化编程。

【例 3-3】 如图 3.51 所示，用 G81 指令编制孔的加工程序。编程原点设在工件上表面的对称中心。加工时采用机用平口钳装夹，加工路线从右下角开始顺时针加工，分别用 G90 和 G91 方式编程。

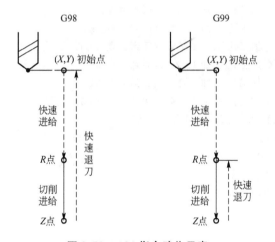

图 3.50 G81 指令动作示意

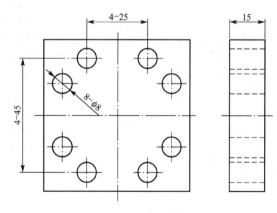

图 3.51 G81 钻孔示例

G90 绝对坐标编程参考程序如下：

O15	程序名
G54G90G40G49G80G17G21;	程序初始化,调用坐标 G54 参数,建立工件坐标系
M3S1000;	主轴正向启动,转速为 1000r/min
G00X22.5Y-12.5;	快速定位到下刀点,第一个孔的中心位置
Z100.0M08;	刀具快速下刀到初始平面,切削液打开
G99G90G81X22.5Y-12.5Z-20.0R5.0F50;	G81 指令加工孔 1,绝对坐标编程,加工结束返回到 R 点 Z5.0

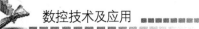

X12.5Y-22.5;	G81 指令加工孔 2,加工结束返回到 R 点 Z5.0
X-12.5;	G81 指令加工孔 3,加工结束返回到 R 点 Z5.0
X-22.5Y-12.5;	G81 指令加工孔 4,加工结束返回到 R 点 Z5.0
Y12.5;	G81 指令加工孔 5,加工结束返回到 R 点 Z5.0
X-12.5Y22.5;	G81 指令加工孔 6,加工结束返回到 R 点 Z5.0
X12.5;	G81 指令加工孔 7,加工结束返回到 R 点 Z5.0
X22.5Y12.5;	G81 指令加工孔 8,加工结束返回到 R 点 Z5.0
G80;	取消钻孔循环,刀具返回到起始点
M05;	主轴停止
M09;	切削液关闭
G91G28Z0.0;	Z 轴返回参考点
G91G28X0.0Y0.0;	X、Y 轴返回参考点
M30	程序结束

G91 增量坐标编程参考程序如下：

O16	程序名
G54G90G40G49G80G17G21;	程序初始化,调用坐标 G54 参数,建立工件坐标系
M3S1000;	主轴正向启动,转速为 1000r/min
G00X22.5Y-12.5;	快速定位到下刀点,第一个孔的中心位置
Z100.0M08;	刀具快速下刀到初始平面,切削液打开
G99G91G81X0.0Y0.0Z-30.0R-95.0F50;	G81 指令加工孔 1,绝对坐标编程,加工结束返回到 R 点 Z5.0
X-10.0Y-10.0	G81 指令加工孔 2,加工结束返回到 R 点 Z5.0
X-25.0;	G81 指令加工孔 3,加工结束返回到 R 点 Z5.0
X-10.0Y10.0;	G81 指令加工孔 4,加工结束返回到 R 点 Z5.0
Y25.0;	G81 指令加工孔 5,加工结束返回到 R 点 Z5.0
X10.0Y10.0;	G81 指令加工孔 6,加工结束返回到 R 点 Z5.0
X25.0;	G81 指令加工孔 7,加工结束返回到 R 点 Z5.0
X10.0Y-10.0;	G81 指令加工孔 8,加工结束返回到 R 点 Z5.0
G80;	取消钻孔循环,刀具返回到起始点
M05;	主轴停止
M09;	切削液关闭
G91G28Z0.0;	Z 轴返回参考点
G91G28X0.0Y0.0;	X、Y 轴返回参考点
M30	程序结束

2) 钻孔、锪孔循环指令 G82

如图 3.52 所示,钻台阶孔及锪孔时,为了获得较好的表面质量和尺寸精度,往往需要进给到孔底后刀具在孔底暂停一段时间(主轴旋转),然后快速退刀。

指令格式：

$$\left.\begin{matrix} G98 \\ G99 \end{matrix}\right\}\left\{\begin{matrix} G91 \\ G90 \end{matrix}\right\} G82X\_Y\_Z\_P\_R\_F\_;$$

说明：G82 与 G81 指令的动作基本相同,与 G81 指令唯一不同的是孔底增加了暂停。暂停时间由参数 P 指定,其单位为 ms,如 P1000 表示主轴在孔底进给暂停 1000ms,即 1s。

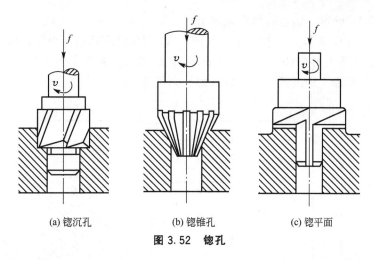

(a) 锪沉孔　　　　　(b) 锪锥孔　　　　　(c) 锪平面

图 3.52　锪孔

3）深孔钻削循环指令 G73 和 G83

深孔加工中除了合理选择切削用量外，还需要解决排屑、冷却钻头和使加工周期最小化三个主要问题。这就需要改变钻孔进给动作，即在钻孔过程中每钻到一定深度后将刀具退出排屑再继续钻削，直至完成孔的加工。根据退刀的位置不同有高速深孔钻削循环 G73 和深孔钻削循环 G83。

（1）高速深孔钻削循环指令 G73。

指令格式：

$$\left. \begin{matrix} G98 \\ G99 \end{matrix} \right\} \left\{ \begin{matrix} G91 \\ G90 \end{matrix} \right\} G73X \_ Y \_ Z \_ Q \_ R \_ F \_ ;$$

其中，Q 表示每次切削进给的切削深度。它必须用增量值指定，且必须是正值，负值被忽略。

G73 指令动作路线如图 3.53 所示，分多次循环间歇切削进给，每次进给的深度由 Q 值设定，且每次进给到指定深度后都快速回退一段距离 d，d 值由系统参数 No.5114 设定，编程时无需指定。间歇进给次数由数控系统根据程序中的 Z、R 和 Q 值进行自动计算和控制。

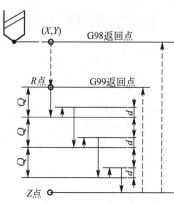

图 3.53　G73 指令高速深孔钻循环动作

（2）深孔钻削循环指令 G83。

指令格式：

$$\left. \begin{matrix} G98 \\ G99 \end{matrix} \right\} \left\{ \begin{matrix} G91 \\ G90 \end{matrix} \right\} G83X \_ Y \_ Z \_ Q \_ R \_ F \_ ;$$

G83 指令与 G73 指令编程格式一样，只是该指令每次加工到 Q 值设定的深度后都退到 R 点，如图 3.54 所示。这样更便于排屑和充分冷却。因此深孔加工，特别是长径比比较大的深孔，为了保证顺利断屑和排屑，使刀具得到充分的冷却，应优先采用 G83 指令。

说明：每次退到 R 点，在下一次切削进给中，刀具先快速下刀至上次钻孔结束之前的 d 距离后（或者下次钻孔结束之前的 $Q+d$ 的距离后）转为切削进给。d 值由

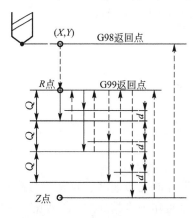

图 3.54　G83 深孔钻循环动作

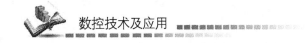

系统参数 No.5115 设定,编程时用户无需指定。

【例 3-4】 用 G73 和 G83 指令编制如图 3.55 所示的深孔加工程序,编程坐标系原点设定在工件上表面的对称中心上。设起始高度为 Z100.0,参考高度为 R5.0,每次钻削深度为 8mm。因为所加工的是通孔,所以取钻孔深度 Z-40.0。

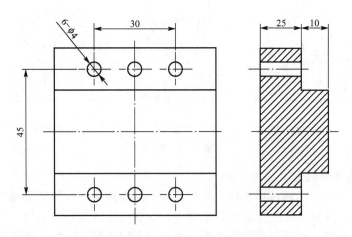

图 3.55　G73 和 G83 指令编程实例

参考程序(G73 指令)如下:

O17	程序名
G54G90G40G49G80G17G21;	程序初始化,调用坐标 G54 参数,建立工件坐标系
M3S1000;	主轴正向启动,转速为 1000r/min
G00X15.0Y-22.5;	快速定位到下刀点,第一个孔的中心位置
Z100.0M08;	刀具快速下刀到初始平面,切削液打开
G99G90G73X15.0Y-22.5Z-40.0Q8.0R5.0F50;	高速深孔加工,每次钻削 8mm,加工结束返回到 R 点 Z5.0
X0.0;	G73 指令加工孔 2,加工结束返回到 R 点 Z5.0
G98X-15.0;	G73 指令加工孔 3,加工结束返回到起始点
G99Y22.5;	G73 指令加工孔 4,加工结束返回到 R 点 Z5.0
X0.0;	G73 指令加工孔 5,加工结束返回到 R 点 Z5.0
G98X15.0;	G73 指令加工孔 6,加工结束返回到起始点
G80;	取消钻孔循环,刀具返回到起始点
M05;	主轴停止
M09;	切削液关闭
G91G28Z0.0;	Z 轴返回参考点
G91G28X0.0Y0.0;	X、Y 轴返回参考点
M30	程序结束

读者可以试着用 G83 指令编写该零件孔的加工程序,这里不再详述。

4. 镗孔固定循环指令的应用

镗孔的通用性强,可以粗镗、半精镗、精镗加工不同尺寸的孔及通孔、盲孔、台阶孔等。粗镗主要是对孔进行粗加工,一般留 2~3mm 的单边余量作为半精镗加工,半精镗留 0.3~0.4mm 的单边余量。精镗加工的目的是保证孔的尺寸、形状精度以及表面粗糙度。

镗孔时因刀具沿主轴轴线旋转和上下进给，具有修正形状误差（如圆度）和位置误差（如垂直度）的能力，精度可以达 IT7～IT8，表面粗糙度为 $Ra0.8～6.3\mu m$，精镗时精度可达到 IT6，表面粗糙度可达 $Ra0.4～0.8\mu m$。

镗孔固定循环主要有粗镗孔循指令 G86；半精镗、铰孔、扩孔循环指令 G85；阶梯孔镗削循环指令 G89；手动退刀镗孔循环指令 G88；精镗孔循环指令 G76。

1）粗镗孔循环指令 G86

指令格式：

$\left.\begin{matrix}G98 \\ G99\end{matrix}\right\}\left.\begin{matrix}G91 \\ G90\end{matrix}\right\}$G86X＿Y＿Z＿R＿F＿；

G86 指令编程格式与 G81 指令相同，该指令的动作与 G81 指令不同之处是进给到孔底后，主轴停止，返回到 R 点（G99）或起始点（G98）后主轴再重新启动，其循环动作如图 3.56 所示。该指令常用于精度或表面粗糙度要求不高孔的镗削加工。

2）半精镗、铰孔、扩孔固定循环指令 G85

指令格式：

$\left.\begin{matrix}G98 \\ G99\end{matrix}\right\}\left.\begin{matrix}G91 \\ G90\end{matrix}\right\}$G85X＿Y＿Z＿R＿F＿；

G85 指令编程格式与 G81 指令相同，该指令的动作路线与 G81 指令不同之处在返回行程中，如图 3.57 所示，从孔底到 R 点不是快速退刀而是以切削速度退刀。该指令除了用于较精密的镗孔加工外，还可用于铰孔、扩孔加工。

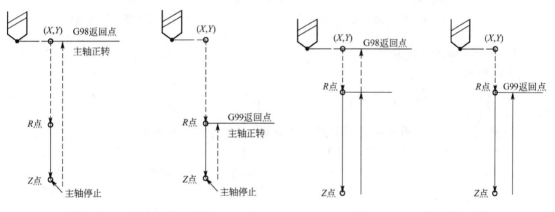

图 3.56　G86 指令循环动作　　　　　图 3.57　G85 指令循环动作

3）阶梯孔镗削固定循环指令 G89

指令格式：

$\left.\begin{matrix}G98 \\ G99\end{matrix}\right\}\left.\begin{matrix}G91 \\ G90\end{matrix}\right\}$G89X＿Y＿Z＿P＿R＿F＿；

其中，P 为进给暂停时间，加工到孔底时有进给保持动作。

G89 指令与 G85 指令动作类似，也是以切削速度退至 R 点，不同之处是刀具到达孔底后有一个进给保持动作，即主轴仍旧旋转进给暂停，所以指令参数中增加了进给暂停时间功能字 P，在孔底执行进给暂停。该指令常用于阶梯孔的镗削加工。G85 指令循环动作如图 3.58 所示。

4）手动退刀镗孔指令 G88

指令格式：

$$\left. \begin{matrix} G98 \\ G99 \end{matrix} \right\} \left\{ \begin{matrix} G91 \\ G90 \end{matrix} \right\} G88X\_Y\_Z\_P\_R\_F\_;$$

G88 指令编程格式与 G89 指令相同，要指定暂停时间 P。但其动作路线与 G89 指令有所不同，如图 3.59 所示，当加工到孔底后同样进给保持 Pms，但不同之处是暂停 Pms 后主轴停止，这时需通过手动方式将刀具从孔底退到 R 点，在 R 点主轴自动启动，并执行快速移动到初始位置。这种方式虽能相应提高孔的加工精度，但加工效率较低。

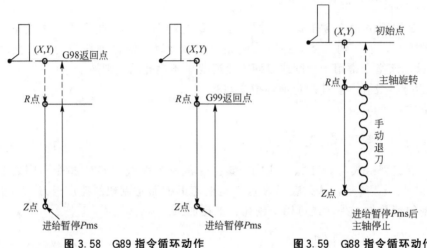

图 3.58　G89 指令循环动作　　　　图 3.59　G88 指令循环动作

5）精镗孔循环指令 G76

指令格式：

$$\left. \begin{matrix} G98 \\ G99 \end{matrix} \right\} \left\{ \begin{matrix} G91 \\ G90 \end{matrix} \right\} G76X\_Y\_Z\_P\_Q\_R\_F\_;$$

说明：P 为刀具在孔底的暂停时间；Q 为准停后主轴在孔底偏移量。

如图 3.60 所示，刀具加工到孔底后，主轴准确定向停止，刀具向刀尖相反的方向移动程序中指定的 Q 值，使刀尖离开工件表面，保证刀具在退刀时不划伤工件，然后快速退刀至 R 点或起始点，刀具自动恢复正转。G76 指令主要用于精密孔的镗削加工，但需要主轴有准确定向停止功能。

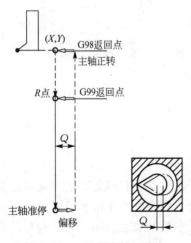

图 3.60　G76 指令循环动作

注意：偏移量 Q 值应为正值，如果 Q 为负值，符号被忽略。偏移方向可用参数 No.5101 的 ♯4（RD1）和 ♯5（RD2）中设定，一般设定为 X 正方向。指定 Q 值时不能太大，以避免碰撞工件。

需特别指出的是，镗刀装到主轴上后，一定在 CRT/MDI 方式下执行 M19 指令使主轴准停后，检查刀尖所处的方向是否与设定的偏移向一致，如果不一致，需将刀具从主轴上卸下，调换 180° 重新安装刀具使其一致。

6）背镗孔固定循环指令 G87

指令格式：

$$G98\begin{Bmatrix}G91\\G90\end{Bmatrix}G87X\_Y\_Z\_P\_Q\_R\_F\_;$$

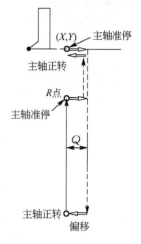

虽然 G87 指令和 G76 指令格式一样，但指令动作有很大不同，如图 3.61 所示，镗刀快速定位到孔中心位置（X、Y 坐标）；主轴准确停止，刀具向刀尖的反方向偏移 Q；镗刀快速运动到孔底位置；刀具沿刀尖方向偏移 Q 到加工位置，主轴正转；刀具向上进给，直到 Z 点；主轴再次准停，刀具朝刀尖反方向偏移 Q，刀具快速返回到初始位置，刀具朝刀尖方向偏移 Q，主轴恢复正转，循环结束。

注意：G87 指令不能用 G99 指令返回 R 点的方式编程。

图 3.61 G87 指令循环动作

5. 取消固定循环指令 G80

指令格式：G80；

当循环指令不再使用时，应用 G80 指令取消循环，恢复一般基本指令状态（如 G00、G01、G02、G03 等），此时循环指令中的孔加工数据（如 Z 点、R 点值等）也被取消，刀具回到起始点。

6. 固定循环中重复次数的使用方法

在固定循环指令段中，用 K 地址制定钻孔动作重复次数，可对等间距的若干线性分布的孔进行钻孔加工。编程时，需用 G91 指令增量值指定第一个孔的位置和 G99 指令方式。K 仅在被指定的程序段内有效。

【例 3-5】 加工如图 3.62 所示的一系列孔，编程坐标系设置在工件上表面对称中心上，安全高度取 Z100.0，参考高度 R5.0，钻孔深度 Z-20.0，钻孔路线从右下角的孔开始从下往上，从右往左进行加工。为了简化编程将下刀点定在 X12.5Y-37.5。

参考程序如下：

O18	程序名
G54G90G40G49G80G17G21;	程序初始化,调用坐标 G54 参数,建立工件坐标系
M3S1000;	主轴正向启动,转速为 1000r/min
G00X12.5Y-37.5;	快速定位到下刀点
G43G0Z100.0H01M08;	调用刀具长度补偿,运动到起始平面;切削液打开
G91G99G81Y15.0R-95.0Z-25.0K4F50;	加工右列 4 个孔,间距为 15.0mm,重复 4 次
X-12.5;	加工中间列第一行第一个孔
Y-15.0K3;	加工中间列剩余三个孔
X-12.5;	加工左列第四行第一个孔
Y15.0K3;	加工左列剩余三个孔
G80;	取消钻孔循环,刀具返回到起始点
G49G0Z150.0;	取消刀具长度补偿
M05;	主轴停止
M09;	切削液关闭

```
G91G28Z0.0;                    Z轴返回参考点
G91G28X0.0Y0.0;                X、Y轴返回参考点
M30                            程序结束
```

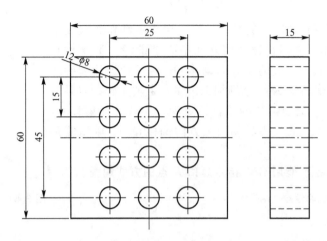

图 3.62　固定循环重复次数的应用

7. 螺纹加工编程指令

在各种箱体、模具、传动机构、紧固件上都有螺纹孔。内螺纹的加工在整个工序中也是最为关键的一个工序。内螺纹加工一般都放置在末尾，螺纹加工合格与否，会导致零件部件报废或者进行昂贵的再加工，所以对螺纹的编程与操作加工应特别重视。

根据螺纹的尺寸、表面粗糙度、公差等级和生产批量的不同，螺纹的加工方法及所采用的刀具也各不相同，在数控铣床和加工中心上，主要有丝锥和螺纹铣刀。

丝锥是加工各种中、小尺寸内螺纹的程序刀具，借助丝锥的几何尺寸形状确定内螺纹的成形。丝锥有手用丝锥、机用丝锥、螺旋丝锥、挤压丝锥等(图 3.63)，在生产中应用得非常广泛。

　(a) 手用丝锥　　　　　(b) 机用螺旋槽丝锥　　　　　(c) 挤压丝锥

图 3.63　各种丝锥

螺纹铣刀与丝锥不同，刀具上无螺旋升程，加工中的螺旋升程靠机床运动来实现，该刀具既可以加工右螺纹，也可以加工左螺纹，主要有圆柱螺纹铣刀、可转位螺纹铣刀(可转位单刃螺纹铣刀、螺纹梳刀)等(图 3.64)。螺纹铣刀一般适用于较大直径的螺纹加工。

1) 内螺纹底孔直径的确定

丝锥在攻螺纹过程中，切削刃除切削金属外还会对金属产生挤压作用，使金属凸起并

(a) 圆柱螺纹铣刀   (b) 可转位单刃螺纹铣刀   (c) 螺纹梳刀

图 3.64   螺纹铣刀

朝牙顶流动。所以在攻螺纹前，钻削螺纹底孔孔径应大于螺纹小径，螺纹底孔太小，会使切削扭矩增大，造成加工困难，甚至使丝锥折断。底孔的直径可查工艺手册或按以下经验公式计算：

加工脆性材料（铸铁、青铜等）或螺距 $P>1$mm 时，钻孔直径

$$D_0 = d - 1.1P$$

式中，d 为螺纹公称直径；P 为螺距。

加工塑性材料（钢、紫铜等）或 $P<1$mm 时，钻孔直径

$$D_0 = d - P$$

式中，d 为螺纹公称直径；P 为螺距。

2）主轴转速的确定

攻丝时主轴转速越高，Z 轴进给与螺距累积量之间的误差就越大，弹簧夹头的伸缩范围也必须足够大，由于夹头机构的限制，主轴转速一般限制在 600r/min 以下。

3）进给速度 F 的确定

攻螺纹时，主轴转一转，Z 轴进给一个螺距。即 Z 轴的进给速度

$$F = n \times P$$

式中，n 为主轴转速（r/min）；P 为丝锥螺纹螺距（mm）。

4）螺纹加工编程指令

（1）攻螺纹固定循环指令 G74、G84。在数控铣床或加工中心上攻螺纹，一般都根据工艺要求选用丝锥，在加工程序中编入一个主轴转速和正/反转指令，然后指定攻螺纹固定循环指令。攻螺纹固定循环指令有攻左螺纹循环指令 G74 和攻右螺纹循环指令 G84，分标准攻螺纹和刚性攻螺纹两种编程方式。刚性攻螺纹编程需将参数 No.5200#0 设置为 1，如果 No.5200#0 设置为 0（标准方式），则需要用 M29 代码指定刚性方式。

① 攻左螺纹固定循环指令 G74。

标准方式指令格式：

M04S _ ；

$\left.\begin{matrix} G98 \\ G99 \end{matrix}\right\} \left.\begin{matrix} G91 \\ G90 \end{matrix}\right\}$ G74X _ Y _ Z _ R _ P _ F _ ；

刚性攻螺纹方式指令格式：

M29S _ ；

$\left.\begin{matrix}G98\\G99\end{matrix}\right\}\left.\begin{matrix}G91\\G90\end{matrix}\right\}$G74X _ Y _ Z _ R _ P _ F _ ；

说明：X _ Y _ 为螺纹孔的中心坐标；Z 在 G91 方式为 R 点到孔底的增量距离值，在 G90 方式为螺纹孔底的坐标值；R 为参考点坐标值，应距离工件表面 7mm 以上；P 为暂停时间，单位为 ms；F 为 Z 轴的切削进给速度，$F＝n×P$，单位为 mm/min。

G74 指令加工方式路线如图 3.65 所示，主轴逆时针旋转，快速定位至初始平面 (X，Y)点；Z 轴快速下刀至 R 点；Z 轴以 F 进给速度执行攻螺纹；到达孔底暂停 Pms 主轴自动正转；以 F 进给速度退刀至 R 点，暂停 Pms 主轴恢复反转；快速退刀至初始平面。

② 攻右螺纹固定循环指令。

标准方式指令格式：

M03S _ ；

$\left.\begin{matrix}G98\\G99\end{matrix}\right\}\left.\begin{matrix}G91\\G90\end{matrix}\right\}$G84X _ Y _ Z _ R _ P _ F _ ；

刚性攻螺纹方式指令格式：

M29S _ ；

$\left.\begin{matrix}G98\\G99\end{matrix}\right\}\left.\begin{matrix}G91\\G90\end{matrix}\right\}$G84X _ Y _ Z _ R _ P _ F _ ；

各项参数含义同 G74 指令。

G84 指令加工方式路线如图 3.66 所示，主轴顺时针旋转，快速定位至初始平面 (X，Y)点；Z 轴快速下刀至 R 点；Z 轴以 F 进给速度执行攻螺纹；到达孔底暂停 Pms 主轴自动反转；以 F 进给速度退刀至 R 点，暂停 Pms 主轴恢复正转；快速退刀至初始平面。

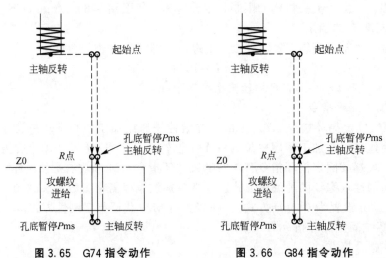

图 3.65　G74 指令动作　　　　图 3.66　G84 指令动作

（2）铣削螺纹指令。小直径的内螺纹大都采用丝锥配合攻螺纹固定循环指令 G74、G84 加工。大直径的螺纹因刀具成本太高，常采用螺纹铣刀配合 G33 指令或 G02、G03 指令来加工，以节省成本。

对于单刃可调的螺纹铣刀，铣削等导程螺纹，可采用 G33 指令，对于螺纹梳刀可以采用 G02 或 G03 指令来加工螺纹。

① 等导程螺纹切削指令 G33。

指令格式：G33Z_F_；

说明：Z 为螺纹孔底坐标值；F 为螺纹导程。

一般在切削螺纹时，从粗加工到精加工，是沿同一轨迹多次重复切削。需要保证每次切削螺纹的起点和运动轨迹必须都相同（即数控机床必须安装有主轴编码器），同时还要求整个螺纹加工过程中主轴转速必须恒定。G33 指令对主轴转速有以下限制：

$$1 \leqslant n \leqslant v_{f\max}/p$$

式中，n 为主轴转速（r/min）；$v_{f\max}$ 为最大进给速度（mm/min）；p 为螺纹导程（mm）。

② 采用 G02、G03 指令铣削螺纹。采用圆柱螺纹铣刀或螺纹梳刀铣削螺纹时，对于内螺纹铣削必须采用 1/4 圆弧切入。铣削时应尽量选用刀片宽度大于被加工螺纹长度的铣刀，这样，铣刀只需旋转 360°即可完成螺纹加工。

注意：在攻螺纹固定循环指令攻螺纹期间进给倍率功能被忽略不起作用，进给暂停功能无效，直到返回动作完成循环动作为止。

3.3.4 数控铣床及加工中心编程特殊功能指令

1. 极坐标编程指令（G16、G15）

通常编程采用直角坐标系编程，X、Y、Z 坐标值是指原点到终点在各坐标轴方向的垂直距离，但有时图纸尺寸标注并不仅仅是水平和垂直标注，而是标注图素的长度及其与水平或垂直方向的夹角，此时如果用直角坐标系编程需要用数学方法来计算其在水平和垂直方向的分量（即坐标点的值）。此时可以采用极坐标系的方式来指定坐标点以避免数学计算。极坐标编程用 G16 指令来指定，可以直接以极半径和极角的方式指定编程坐标点。

1）极坐标编程指令及格式

建立极坐标编程指令：G16；

取消极坐标编程指令：G15；

编程格式示例：

```
G54G90G0X_Y_Z_;          直角坐标编程指定目标点
G90(G91)G17G16;          极坐标生效,绝对编程(增量),选择XY平面
G01 X_Y_;                极坐标编程,X_表示极半径,Y_表示极角
G15;                     取消极坐标
```

极角是指终点到极坐标原点的连线与所在平面的横坐标轴之间的夹角（例如 G17 平面中的 X 轴），该角度可以是正值，也可以是负值。当采用 G90 方式编程时，极坐标原点为编程坐标系原点（0，0）；当采用 G91 方式编程时，极坐标原点为刀具当前点。极角的零度方向为第一轴的水平方向，在工作平面内逆时针为正角，顺时针为负角。

2）极坐标系的平面选择

选择合适的平面对正确使用极坐标编程至关重要，极坐标编程时必须指定所在平面，G17 平面也不例外。如果在其他平面下加工，可遵循表 3-16 原则选择。

表 3-16 极坐标编程加工平面的选择

G 代码	选择平面	第一根轴	第二根轴
G17	XY	X＝极半径	Y＝极角
G18	ZX	Z＝极半径	X＝极角
G19	YZ	Y＝极半径	Z＝极角

注意：

（1）将极半径的值编写在所选平面的第一根轴坐标位置；

（2）将极角的值编写在所选平面的第二根轴的坐标位置。

3）极坐标的应用实例

极坐标编程对于正多边形、圆周分布的孔类零件以及图样以长度和角度形式标注的零件特别方便，能够有效地减少编程时的数学计算。在极坐标编程方式中对圆弧插补 G02、G03 指令同样用 R 指定圆弧半径。

【例 3-6】 如图 3.67 所示，采用极坐标方式编制外轮廓加工程序，加工深度为 5mm。

（1）G90 方式极坐标编程。加工路线如图 3.68 所示，$A \rightarrow B \rightarrow C \rightarrow D \rightarrow E \rightarrow F \rightarrow G \rightarrow B \rightarrow H$，当采用 G90 方式指定极点时，编程坐标系原点为极坐标系原点，各点极坐标值表示如下：

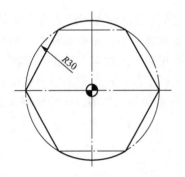

图 3.67 极坐标实例外形图

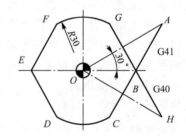

图 3.68 走刀路线图

A 点：$X51.962Y30.0$，极半径为 $OA = 2 \times \cos 30° \times 30$，极角为 OA 与水平轴 X 的夹角，逆时针方向，$\angle AOB = 30°$。

B 点：$X30.0Y0.0$，极半径为 $OB = R = 30.0$，极角为 OB 与水平轴 X 的夹角，两线重合，所以 $\angle BOB = 0°$。

C 点：$X30.0Y-60.0$，极半径为 $OC = 30.0$，极角为 OC 与水平轴 X 的夹角，顺时针方向，$\angle COB = -60°$。

D 点：$X30.0Y-120.0$，极半径为 $OD = 30.0$ 极角为 OD 与水平轴 X 的夹角，顺时针方向，$\angle DOB = -120°$。

E 点：$X30.0Y180.0$，极半径为 $OE = 30.0$，极角为 OE 与水平轴 X 的夹角，逆时针方向，$\angle EOB = 180°$。

F 点：$X30.0Y120.0$，极半径为 $OF=30.0$，极角为 OF 与水平轴 X 的夹角，逆时针方向，$\angle FOB=120°$。

G 点：$X30.0Y60.0$，极半径为 $OG=30.0$，极角为 OG 与水平轴 X 的夹角，逆时针方向，$\angle GOB=60°$。

H 点：$X51.962Y-30.0$，极半径为 $OH=2\times\cos30°\times30$，极角为 OH 与水平轴 X 的夹角，顺时针方向，$\angle HOB=30°$。

参考程序如下：

O19	程序名
G54G90G40G49G80G17G21;	程序初始化,调用坐标 G54 参数,建立工件坐标系
M3S1000;	主轴正向启动,转速为 1000r/min
G17G16G0 X51.962Y30.0;	极坐标生效,极坐标平面选择 XOY 平面
Z100.0;	快速运动至安全高度
Z5.0;	快速运动至参考平面
G1Z-5.0F100;	切削进给下刀至切削深度
G1G41 X30.0Y0.0D01;	从 A→B 段建立刀具半径补偿,补偿值在 D01 中设置
X30.0Y-60.0;	B→C
G2X30.0Y-120.0R30.0;	C→D
G1X30.0Y180.0;	D→E
X30.0Y120.0;	E→F
G2X30.0Y60.0R30.0;	F→G
G1X30.0Y0.0;	G→B
G40X51.962Y-30.0;	从 B→H 段取消刀具半径补偿
G1Z5.0;	提刀至参考平面
G15;	取消极坐标编程
M05;	主轴停止
M09;	切削液关闭
G91G28Z0.0;	Z 轴返回参考点
G91G28X0.0Y0.0;	X、Y 轴返回参考点
M30	程序结束

（2）G91 方式极坐标编程。图 3.69 所示加工路线与 G90 方式相同，当采用 G91 方式指定极点时，刀具当前点位为极坐标系原点，各点极坐标值表示如下：

A 点：应先以 G90 方式定位到 A 点（$X51.962Y30.0$，极半径为 $OA=2\times\cos30°\times30$，极角为 OA 与水平轴 X 的夹角，逆时针方向，$\angle AOB=30°$），在 A 点以 G91 方式指定坐标系原点。

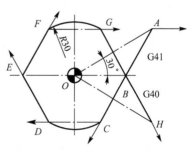

图 3.69 G91 方式极坐标编程

$A\to B$：$X30.0Y-120.0$，极半径为边长 $AB=30.0$；极角为当前点 A 与目标点 B 的连线 AB 与过当前点 A 的水平正 X 轴之间的夹角，顺时针方向 $120°$。

$B\to C$：$X30.0Y0.0$，极半径为 $BC=30.0$，极角为当前点 B 与前一点 A 的连线 AB 及当前点 B 与目标点 C 的连线 BC 之间的夹角，两线重合，故极角为 $0°$。

$C \rightarrow D$：$X30.0Y-60.0$，极半径为 $CD=30.0$，极角为当前点 C 与前一点 B 的连线 BC 及当前点 C 与目标点 D 的连线 CD 之间的夹角，顺时针方向 $60°$。

$D \rightarrow E$：$X30.0Y-60.0$，极半径为 $DE=30.0$，极角为当前点 D 与前一点 C 的连线 CD 及当前点 D 与目标点 E 的连线 DE 之间的夹角，顺时针方向 $60°$。

$E \rightarrow F$：$X30.0Y-60.0$，极半径为 $EF=30.0$，极角为当前点 E 与前一点 D 的连线 DE 及当前点 E 与目标点 F 的连线 EF 之间的夹角，顺时针方向 $60°$。

$F \rightarrow G$：$X30.0Y-60.0$，极半径为 $FG=30.0$，极角为当前点 F 与前一点 E 的连线 EF 及当前点 F 与目标点 G 的连线 FG 之间的夹角，顺时针方向 $60°$。

$G \rightarrow B$：$X30.0Y-60.0$；极半径为 $GB=30.0$，极角为当前点 G 与前一点 F 的连线 FG 及当前点 G 与目标点 B 的连线 GB 之间的夹角，顺时针方向 $60°$。

$B \rightarrow H$：$X30.0Y0.0$，极半径为 $BH=30.0$，极角为当前点 B 与前一点 G 的连线 BG 及当前点 B 与目标点 H 的连线 BH 之间的夹角，顺时针方向 $0°$。

参考程序如下：

```
O20                         程序名
G54G90G40G49G80G17G21;      程序初始化,调用坐标 G54 参数,建立工件坐标系
M3S1000;                    主轴正向启动,转速为 1000r/min
G17G16G0 X51.962Y30.0;      极坐标生效,极坐标平面选择 XOY 平面
Z100.0;                     快速运动至安全高度
Z5.0;                       快速运动至参考平面
G1Z-5.0F100;                切削进给下刀至切削深度
G91G1G41 X30.0Y-120.0D01;   从 A→B 段建立刀具半径补偿,补偿值在 D01 中设置
X30.0Y0.0;                  B→C
G2X30.0Y-60.0R30.0;         C→D
G1 X30.0Y-60.0;             D→E
X30.0Y-60.0;                E→F
G2 X30.0Y-60.0R30.0;        F→G
G1 X30.0Y-60.0;             G→B
G40X30.0Y0.0;               从 B→H 段取消刀具半径补偿
G1Z5.0;                     提刀至参考平面
G15;                        取消极坐标编程
M05;                        主轴停止
M09;                        切削液关闭
G91G28Z0.0;                 Z 轴返回参考点
G91G28X0.0Y0.0;             X、Y 轴返回参考点
M30                         程序结束
```

2. 镜像功能指令（G51、G50 或 G51.1、G50.1）

当零件由多个相同形状轮廓，且相对于某一轴对称时，可以利用镜像功能，只对工件其中一部分进行编程，镜像加工出工件的对称部分，当某一轴的镜像有效时，该轴执行与编程方向相反的运动。

G51、G51.1 指令为使用镜像功能有效；G51、G51.1 指令为取消镜像功能。

指令格式一：

G51X＿Y＿I-1000J-1000；　　　　指定镜像对称点及镜像轴

M98P＿；　　　　　　　　　　　调用被镜像的程序(也可直接编写程序段)

G50；　　　　　　　　　　　　取消镜像

说明：X、Y 为镜像对称点相对工件原点的绝对坐标值；I＿J＿中 I-1000 表示以 X 轴镜像，J-1000 表示以 Y 轴镜像，I-1000J-1000 表示以 XY 轴为对称轴轴镜像。I、J 不能用小数点表示，I、J 值一定是负值，如果为正值则 G51 指令变成了比例缩放指令，另外，如果 I、J 值为负值且不等于-1000，则执行该指令时，既进行镜像又进行缩放。

指令格式二：

G51.1X＿Y＿；　　　　　　　指定镜像轴

M98P＿；　　　　　　　　　　调用被镜像的程序(也可直接编写程序段)

G50.1 X＿Y＿；　　　　　　取消镜像

说明：X、Y 为镜像坐标轴相对于工件原点的值，X0 表示以 Y 轴镜像，Y0 表示以 X 轴镜像，X0 Y0 表示以 XY 轴为对称轴轴镜像。

注意：当在指定平面有一个轴执行镜像时，则：①圆弧指令旋转方向相反；②刀具半径补偿偏置方向相反；③坐标系旋转后旋转方向相反。

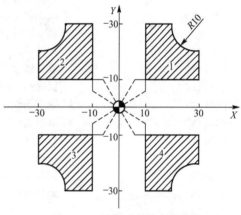

图 3.70　镜像功能应用实例

【例 3-7】　使用镜像功能编制如图 3.70 所示轮廓组成的加工程序。

(1) 使用镜像功能 G51、G50 编程，参考程序如下：

O21	程序名
G54G90G40G49G80G17G21；	程序初始化,调用坐标 G54 参数,建立工件坐标系
M3S1000；	主轴正向启动,转速为 1000r/min
G0X0.Y0.	刀具运动到下刀点
Z100.0；	快速运动至安全高度
Z5.0；	快速运动至参考平面
G1Z-5.0F100；	切削进给下刀至切削深度
M98P22；	调用子程序 O22 加工图形 1
G51X0Y0I-1000；	以工件原点 X0Y0 为对称点,以 X 轴为镜像轴进行镜像
M98P22；	调用子程序 O22 加工图形 2
G51X0Y0I-1000J-1000；	以工件原点 X0Y0 为对称点,以 XY 轴为镜像轴进行镜像
M98P22；	调用子程序 O22 加工图形 3
G51X0Y0J-1000；	以工件原点 X0Y0 为对称点,以 Y 轴为镜像轴进行镜像
M98P22；	调用子程序 O22 加工图形 4
G50；	取消镜像
G90G0Z100.；	
M05；	主轴停止

M09;	切削液关闭
G91G28Z0.0;	Z轴返回参考点
G91G28X0.0Y0.0;	X、Y轴返回参考点
M30	程序结束

（2）使用镜像功能 G51.1、G50.1 编程，参考程序如下：

O23	程序名
G54G90G40G49G80G17G21;	程序初始化,调用坐标 G54 参数,建立工件坐标系
M3S1000;	主轴正向启动,转速为 1000r/min
G0X0.Y0.;	刀具运动到下刀点
Z100.0;	快速运动至安全高度
Z5.0;	快速运动至参考平面
G1Z-5.0F100;	切削进给下刀至切削深度
M98P22;	调用子程序 O22 加工图形 1
G51.1Y0;	以工件坐标中 Y=0 这根直线作为镜像轴进行镜像,即以 X 轴为镜像轴进行镜像
M98P22;	调用子程序 O22 加工图形 2
G50.1Y0.	取消镜像
G51.1X0Y0;	以 XY 轴为镜像轴进行镜像
M98P22;	调用子程序 O22 加工图形 3
G50.1X0.Y0.;	取消镜像
G51.1X0;	以工件坐标中 X=0 这根直线作为镜像轴进行镜像,即以 Y 轴为镜像轴进行镜像
M98P22;	调用子程序 O22 加工图形 4
G50.1X0.;	取消镜像
G90G0Z100.;	
M05;	主轴停止
M09;	切削液关闭
G91G28Z0.0;	Z轴返回参考点
G91G28X0.0Y0.0;	X、Y轴返回参考点
M30;	程序结束

（3）子程序，参考程序如下：

O22	程序名
G54G90G01G41X10.Y5.D01;	建立刀具半径左补偿
Y30.;	轮廓加工
X20.;	轮廓加工
G3X30.Y20.R10.;	轮廓加工
G1Y10.;	轮廓加工
X5.;	轮廓加工
G40X0.Y0.;	取消刀具半径补偿
M99;	子程序结束

3. 比例缩放功能指令（G51、G50）

G51 比例缩放功能有效；G50 取消比例缩放功能。

比例缩放功能可以对所指定的图形轮廓程序按照比例系数进行放大或缩小。G51 即可指定平面缩放也可指定空间缩放。

(1) 不等比例缩放(即沿 X、Y、Z 轴分别以不同的比例放大或缩小)。

指令格式:G51X_Y_Z_I_J_K_;

说明:X、Y、Z 表示指定缩放中心点的绝对坐标;I、J、K 分别对应 X、Y、Z 轴的缩放比例,不能用小数点编程。当用 I-1000 或 J-1000 指定时执行镜像功能。如果 I、J、K 为正值,则执行比例缩放。如果 I、J、K 为不等于-1000 的负值,则既执行镜像又进行镜像。

例如:G51X10.Y20.Z0I1500J800K1000;表示以工件坐标系绝对坐标点(10,20,0)为中心进行比例缩放,在 X 轴方向的缩放系数为 1.5 倍,在 Y 轴方向的缩放系数为 0.8 倍,在 Z 轴方向的缩放系数为 1.0 倍。

(2) 等比例缩放(即沿 X、Y、Z 轴分别以相同的比例放大或缩小)。

指令格式:G51X_Y_Z_P_;

说明:X、Y、Z 表示指定缩放中心点的绝对坐标。如果省略 X、Y、Z,则 G51 指令的刀具当前位置作为缩放中心。P 为缩放比例。由于 P 指定的缩放比例多于段后的 X、Y、Z 指定的坐标位置同比例缩放,一定要注意 Z 值(加工深度)的变化,如果 Z 值不需要缩放,必须在 G51 指令段之前执行下刀动作(即在被比例缩放程序段中不做 Z 轴运动),以避免加工深度的变化。

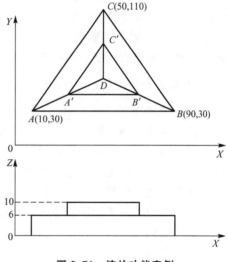

【例 3-8】 用比例缩放功能编制如图 3.71 所示轮廓的加工程序,已知 A(10,30)、B(90,30)、C(50,110),以绝对坐标 D(50,50)为缩放中心,缩放系数为 0.5,编制缩放后的轮廓 A′B′C′的加工程序。

参考程序如下:

图 3.71 缩放功能实例

```
O24                             程序名
G54G90G40G49G80G17G21;          程序初始化,调用坐标 G54 参数,建立工件坐标系
M3S1000;                        主轴正向启动,转速为 1000r/min
G0X120.Y30.                     刀具运动到下刀点
Z100.0;                         快速运动至安全高度
Z5.0;                           快速运动至参考平面
G1Z-5.0F100;                    切削进给下刀至切削深度
G51X50.Y50.P500;                指定缩放中心及缩放比例
G41G1X100.Y30.D01;              按照缩放前轨迹编写程序,建立刀具半径补偿
X10.Y30.;                       按照缩放前轨迹编写程序
X50.Y110.;                      按照缩放前轨迹编写程序
X90.Y30.;                       按照缩放前轨迹编写程序
G40X90.Y-0.;                    按照缩放前轨迹编写程序,取消刀具补偿
G50;                            取消比例缩放
G0Z100.;
```

M05;	主轴停止
M09;	切削液关闭
G91G28Z0.0;	Z轴返回参考点
G91G28X0.0Y0.0;	X、Y轴返回参考点
M30;	程序结束

(3) 使用比例缩放指令需注意以下事项：

① 对于同一编程轮廓进行缩放时，按同比例但指定的中心点不同，缩放后的轮廓位置也不同。

② 比例缩放不改变刀具半径补偿值、刀具长度补偿值和刀具偏置值；在编写比例缩放程序过程中，要特别注意刀补程序段的位置，一般情况，刀补程序段应写在缩放功能开始以后的程序段内。

③ 在比例缩放中进行圆弧插补，如果 X、Y 轴进行等比例缩放，则圆弧半径也相应缩放相同的比例；如果 X、Y 轴各指定不同的缩放比例，刀具也走不出椭圆轨迹，而是按 I、J 中的较大值对半径进行缩放。

④ 在缩放状态下不能指定 G27～G30、G52～G59、G92 等指令，若必须指定这些 G 代码，应在取消缩放功能后再指定。

4. 坐标系旋转编程指令(G68、G69)

坐标系旋转指令 G68 可将程序中的轮廓加工轨迹，以指定的旋转中心旋转给定的角度，得到旋转后的加工图形。例如，要加工图 3.72 所示零件的轮廓，如果按照实际轮廓进行编程，各基点的坐标计算比较繁琐，编程工作量大大增加。如能按照图 3.73 的轮廓进行编程，然后将其旋转一定的角度(图 3.73)，就可以加工出图 3.71 所示零件。这样可以大大简化编程工作量。另外，如果工件由许多形状相同位置不同的轮廓组成，则可以将其中一个轮廓编写成子程序，应用子程序与坐标系旋转功能将零件所有相同形状轮廓加工出来，这样可以大大减少程序的长度和编程工作量。

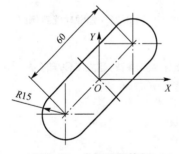

图 3.72　坐标系旋转加
工图形

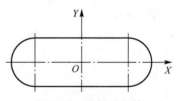

图 3.73　坐标系旋转
编程图形

(1) 坐标系旋转编程格式。

$$\left.\begin{matrix} G17 \\ G18 \\ G19 \end{matrix}\right\} G68 \left\{\begin{matrix} X\_\ Y\_\ R\_\ ; \\ Z\_\ X\_\ R\_\ ; \\ Y\_\ Z\_\ R\_\ ; \end{matrix}\right. \quad 坐标系开始旋转$$

⋮ 　　　　　　　　　　} 坐标系旋转方式(坐标系被旋转)

G69;　　　　　　　　　　坐标系旋转取消指令

说明：

① G17(G18、G19)表示平面选择，在选定平面内的轮廓将被旋转，如图 3.74 所示。

② G68 表示坐标系旋转生效。

③ $\left.\begin{array}{l} X\_Y\_ \\ Z\_X\_ \\ Y\_Z\_ \end{array}\right\}$ 表示坐标系旋转中心坐标值。当将其省略时，旋转中心为制定 G68 时刀具所在位置。

④ R 表示坐标系旋转角度。逆时针为正值，零度方向为第一坐标轴的正方向，单位为度(°)。不足 1°以小数表示，如 30°30′ 在程序应写成 30.5。旋转角度的范围为 −360.000°～360.000°。

(2) 使用坐标旋转指令需注意以下事项：

① 在数控系统中特殊功能指令的执行顺序是：程序镜像→比例缩放→坐标旋转→刀具半径补偿。

② 坐标系指令取消指令 G69 段后的第一个移动指令必须用 G90 绝对坐标值指定，如果用 G91 指定则不能正确的移动。

③ 坐标系旋转方式中，G27～G30、G52～G59、G92 指令不指定。

④ 在坐标系旋转前指定的刀具半径补偿，在坐标系旋转生效后，刀具的长度、半径补偿或刀具的位置仍然被使用。

【例 3-9】 编制图 3.75 所示的三个相同外形轮廓的加工程序。

采用 ϕ8mm 的端面刃过中心的立铣刀垂直下刀，刀具补偿左补偿，按图形 1 轮廓采用绝对坐标值编制加工轮廓子程序，在主程序中分别应用坐标系选择指令，分别调用子程序加工出图形 2、3 轮廓。

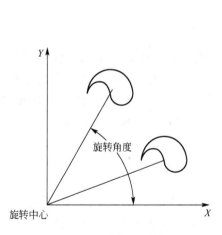

图 3.74 坐标系旋转

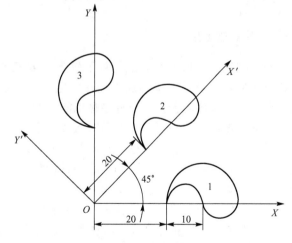

图 3.75 坐标旋转编程

参考程序如下：

```
O25                        主程序名
G54G90G40G49G80G17G21;    程序初始化,调用坐标 G54 参数,建立工件坐标系
M3S1000;                   主轴正向启动,转速为 1000r/min
```

M98P26;	调用 O26 子程序加工图形 1
G68X0Y0R45.;	以工件坐标系的原点为旋转中心将工件坐标系逆时针旋转 45°
M98P26;	调用 O26 子程序加工图形 2
G68X0Y0R90.;	以工件坐标系的原点为旋转中心将工件坐标系逆时针旋转 90°
M98P26;	调用 O26 子程序加工图形 3
G40G49G90G0Z100.;	取消刀具长度补偿和刀具半径补偿
M05;	主轴停止
M09;	切削液关闭
G91G28Z0.0;	Z 轴返回参考点
G91G28X0.0Y0.0;	X、Y 轴返回参考点
M30;	程序结束
子程序	
O26	子程序名
G90G0X40.Y20.;	快速运动到起刀点
G0Z100.;	
Z5.;	
G1Z-5.F100;	
G41G1Y10.D01;	按照图 1 形轮廓编程,建立刀具半径补偿
Y0.;	按照图 1 形轮廓编程
G2X30.Y0.R5.;	按照图 1 形轮廓编程
G3X20.Y0.R5.;	按照图 1 形轮廓编程
G2X40.Y0.R10.;	按照图 1 形轮廓编程
G40G1Y-20.;	按照图 1 形轮廓编程,取消刀具半径补偿
G0Z100.	
M99;	子程序结束

3.3.5 用户宏程序

在数控铣床、加工中心上,对于较复杂或三维曲面零件的编程,虽然可以使用各种 CAD/CAM 软件来自动编制加工程序,但数控系统为用户提供了类似高级语言的变量编程,即用户宏程序功能。用户程序是把能完成某一功能的一系列指令像子程序(模块化)事先存入数控系统的存储器中,应用时通过宏程序调用指令执行其功能。用户宏程序可以使用变量进行算术运算、逻辑运算和函数的混合运算。此外,宏程序还提供了循环语句、分支语句和子程序调用语句,有利于编制各种复杂的零件加工程序,减少和免除手工编程时进行繁琐的数值计算,以及精简程序量。

FANUC 系统提供了 A 类和 B 类两种用户宏程序。由于 A 类宏程序需要使用"G65Hm"格式的宏指令来表达各种数学运算和逻辑关系,直观性和可读性较差,实际工作中使用不方便。现在大部分的系统,如 FANUC 0i 系统都支持 B 类宏程序功能,因此这里主要介绍 B 类宏程序。

1. 变量

普通加工程序中指定 G 代码和移动距离时,直接使用数字值,如 G100 和 X100.0。而在用户宏程序中,数字值可直接指定或使用变量号(称宏变量)。当采用宏变量时,其值可在程序中修改或利用 MDI 面板操作进行修改。

1）变量的表示

FANUC 系统 B 类宏程序的变量是用变量符号"♯"和后面的变量号指定的，变量一般为 1～33，100～199，500～999 之间的整数，如♯1，♯120，♯502。

变量号也可以用一个表达式来指定，这时表达式必须封闭在方括号"[ ]"中，如♯[♯2＋♯10-6]。

2）变量的类型

根据变量号可以将宏变量分为四种，见表 3-17。

表 3-17 变量的类型

变量号	变量类型	功能
♯0	空变量	该变量通常为空(null)，不能赋值
♯1～♯33	局部变量（Local variables）	局部变量只能在宏程序内部使用，用于保存数据，如运算结果等。当电源关闭时，局部变量被清空，而当宏程序被调用时，（调用）参数被赋值给局部变量
♯100～♯149（♯199）♯500～♯531（♯999）	全局变量（Common variables）	全局变量可在不同宏程序之间共享，当电源关闭时，♯100～♯149 被清空，而♯500～♯531 的值仍保留。在某一运算中，♯150～♯199，♯532～♯999 的变量可被使用，但存储器磁带长度不得小于 8.5m
♯1000～♯9999	系统变量（System variables）	系统变量可读、可写，用于保存数控系统的各种数据项，如当前位置、刀具补偿值等

注：全局变量♯150～♯199，♯532～♯999 是选用变量，应根据实际系统使用。

3）宏变量的引用

在程序中引用(使用)宏变量时，其格式为在指令字地址后面跟宏变量号。当用表达式表示变量时，表达式应包含在一对方括号内，如 G01X[♯1+♯2]F♯3;。

被引用宏变量的值会自动根据指令地址的最小输入单位进行圆整。如程序段 G00 X♯1；给宏变量♯1 赋值 12.3456，在 1/1000mm 的 CNC 上执行时，程序段实际解释为 G00 X12.346;。

要改变被引用的宏变量的值的符号，在"♯"前加前缀"-"即可，如 G00 X-♯1;。

当引用未定义(赋值)的宏变量时，该变量前的指令地址被忽略，如♯1=0，♯2=null（未赋值），执行程序段 G00 X♯1 Y♯2;，结果为 G00 X0;当变量未定义时，这样的变量成为"空"变量，变量♯0 总是空变量，它不能写，只能读，除了用＜空＞赋值外，其余情况下＜空＞与 0 相同，见表 3-18。

表 3-18 ＜空＞变量与 0 的比较

当♯1=＜空＞时	当♯1=0 时
♯2=♯1，则♯2=＜空＞	♯2=♯1，则♯2=0
♯2=♯1*5，则♯2=0	♯2=♯1*5，则♯2=0
♯2=♯1+♯1，则♯2=0	♯2=♯1+♯1，则♯2=0

注意：宏变量不能用于程序号、程序段顺序号、程序段跳段编号。例如：

O#1;
/#2 G00 X100.0;
N#3 Y200.0;

2．B类宏程序的运算

B类宏程序的运算类似于数学运算，在一个表达式中可以使用多种运算符来表示，运算符包括算术运算、逻辑运算、关系运算。

1）算术、逻辑运算和函数

FANUC 0i算术运算和逻辑运算见表 3－19。

表 3－19　FANUC 0i 算术运算和逻辑运算

功能		格式	备注
赋值		#i＝#j	
算术运算	求和	#i＝#j＋#k	
	求差	#i＝#j-#k	
	乘积	#i＝#j＊#k	
	求商	#i＝#j/#k	
	正弦	#i＝SIN［#j］	角度用十进制度表示
	余弦	#i＝COS［#j］	
	正切	#i＝TAN［#j］	
	反正切	#i＝ATAN［#J］/［#k］	
	平方根 t	#i＝SQRT［#j］	
	绝对值	#i＝ABS［#J］	
	四舍五入	#I＝ROUND［#J］	
	向下取整	#I＝FIX［#J］	
	向上取整	#I＝FUP［#J］	
逻辑运算	或 OR	#I＝#J OR #K	逻辑运算用二进制数按位操作
	异或 XOR	#I＝#J XOR #K	
	与 AND	#I＝#J	
	十——二进制转换	#I＝BIN［#J］	用于转换发送到 PMC 的信号或从 PMC 接收的信号
	二——十进制转换	#I＝BCD［#J］	

2）关系运算符

关系运算由两个字母组成，在条件转移和循环语句中，用于两个值的比较，以决定它们是相等还是一个值小于或大于另一个值，见表 3－20。

表 3－20　比较运算符

运算符	含　义
EQ	相等 equal to（＝）
NE	不等于 not equal to（≠）
GT	大于 greater than（＞）
GE	大于等于 greater than or equal to（≥）
LT	小于 less than（＜）
LE	小于等于 less than or equal to（≤）

变量赋"空"值与"0"值时在条件表达式中的区别见表 3－21。

表 3－21　变量赋"空"值与"0"值时在条件表达式中的区别

当♯1＝＜空＞时	当♯1＝0 时
♯1EQ♯0 成立	♯1EQ♯0 不成立
♯1NE♯0 成立	♯1NE♯0 不成立
♯1GE♯0 成立	♯1GE♯0 不成立
♯1GT♯0 不成立	♯1GT♯0 不成立

3）运算次序

在一个表达式中可以使用多种运算符，运算从左到右根据优先级的高低依次进行，在构建表达式时可以使用方括号"[ ]"来改变运算次序。

（1）函数；

（2）乘除类运算（＊、/、AND）；

（3）加减类运算（＋、－、OR、XOR）。

3. 转移和循环

在程序中可用 GOTO 语句和 IF 语句改变控制执行顺序、分支和循环操作共有三种类型：GOTO、IF、WHILE 可供使用。

1）无条件转移 GOTO 语句

此语句无需条件，在程序中执行此语句时，可强制行向前或向后跳转至标有程序段号 n 的程序段，可用表达式指定顺序号。

程序格式：GOTO n；

其中，n 表示程序段号的数字（1～9999）。

例如：

N10…；

N50 GOTO 100；表示无条件转向 N100 程序段，不论 N100 程序在 GOTO 语句之前还是其后

…;

N100…;

2) 条件转移 IF 语句

(1) 程序段格式一。

IF［表达式］GOTOn;

此语句一般由条件式和转移目标两部分组成。IF 之后指定条件表达式，当条件满足时，转移到顺序号为 n 的程序段，不满足则顺序执行下一程序段。如 IF[a GT b]GOTO c;表示如果 *a* 大于 *b*，则转移执行程序 c。a 和 b 可以是数值、变量或含有数值变量的表达式，c 是转移目标的程序段号；否则继续执行下一个程序段。

使用 GO 语句计算 1 到 10 的总和，程序如下：

```
O27
#1=0;
#2=1;
N1 IF[#2GT10]GOTO2;
#1=#1+#2
#2=#2+1
GOTO1
N2 M30
```

(2) 程序段格式二。

IF［表达式］THEN

如果条件表达式成立，执行预先决定的宏程序语句，且只执行一个宏程序语句。例如，要执行当#1和#2值相同时，将0赋值给变量#3，程序段为：IF[#1EQ#2]THEN #3=0;。

3) 循环 WHILE 语句

在 WHILE 后指定一条件表达式，当条件满足时，执行 DO 到 END 之间的程序，然后返回到 WHILE 重新判断条件，不满足则执行 END 后的下一程序段。

格式：

WHILE［条件表达式］DO m;（m=1，2，3）

…

END m;

WHILE 语句对条件的处理与 IF 语句类似。

在 DO 和 END 后的数字是用于指定处理的范围(称循环体)的识别号，数字可用1、2、3表示。当使用1、2、3之外的数时，产生 126 号报警。

DO m 和 END m 必须成对使用，而且 DO m 一定要在 END m 指令之前，如果仅写 DO - END，而没有 WHILE，将造成无限循环。

使用 WHILE 语句计算 1 到 10 的总和，程序如下：

```
O3018
#1=0;
#2=1;
WHILE[#2GT10]DO 1;
#1=#1+#2
```

#2=#2+1

END1

N2 M30

使用 WHILE 循环语句时，需要注意：对单重 DO–END 循环体来说，识别号(1~3)可随意使用且可多次使用。但当程序中出现循环交叉(DO 范围重叠)时，产生 124 号报警。

（1）识别号(1~3)可随意使用且可多次使用。

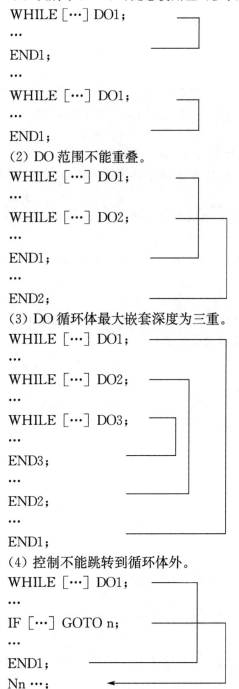

WHILE［…］DO1；

…

END1；

…

WHILE［…］DO1；

…

END1；

（2）DO 范围不能重叠。

WHILE［…］DO1；

…

WHILE［…］DO2；

…

END1；

…

END2；

（3）DO 循环体最大嵌套深度为三重。

WHILE［…］DO1；

…

WHILE［…］DO2；

…

WHILE［…］DO3；

…

END3；

…

END2；

…

END1；

（4）控制不能跳转到循环体外。

WHILE［…］DO1；

…

IF［…］GOTO n；

…

END1；

Nn …；

（5）分支不能直接跳转到循环体内。

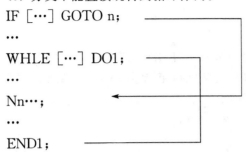

```
IF［…］GOTO n；
…
WHLE［…］DO1；
…
Nn…；
…
END1；
```

4. 调用宏程序

宏程序可用以下方式调用：简单调用 G65；模态调用 G66、G67；用 G 代码调用宏程序；用 M 代码调用宏程序；用 M 代码的子程序调用；用 T 代码的子程序调用。

1）宏程序调用和子程序调用的区别

（1）用 G65 可以指定实参（传送给宏程序的数据），而 M98 没有此能力。

（2）当 M98 程序段包含其他数控指令（如 G01X100.0 M98 Pp）时，在该指令执行完后调用子程序，而 G65 则无条件调用宏程序。

（3）当 M98 程序段包含其他数控指令（如 G01X100.0 M98 Pp）时，在程序单段运行模式下机床停止，而 G65 不会让机床停止。

（4）G65 调用时，局部变量的层次被修改，而 M98 调用不会更改局部变量的层次。

2）宏程序的简单调用 G65

G65 为非模态调用指令。当宏程序以子程序模块方式存入系统时，在主程序中用 G65 指令调用子程序时，同时可对子程序所对应的变量进行赋值。

指令格式：

G65 P＿L＿＜自变量＞；

说明：P＿为指定调用宏程序的程序号；L＿为执行子程序的重复次数（默认值为 1）；自变量是以规定的形式给宏程序中相应的局部变量赋值。

例如：

O3019；（主程序）	O9010；（子程序）
…	#3=#1+#2；
G65 P9010 L2 A1.0 B2.0；	IF［#3 GT 360］GOTO 9；
…	G00 G91 X#3；
M30；	N9 M99；

上面程序中 A1.0 表示给#1 赋值 1.0，B2.0 给变量#2 赋值 2.0。

3）变量赋值方法

在 G65 格式中，自变量可用两种形式给对应变量赋值。这里规定只给#1～#33 局部变量赋值。

（1）自变量赋值方法Ⅰ。可同时使用除 G、L、O、N 和 P 之外的字母各一次。G65 指令中赋值地址与宏程序中局部变量对应关系见表 3-22。

表 3 - 22　变量赋值方法 I 的地址与变量号码之间的对应关系

地址	变量号	地址	变量号	地址	变量号
A	＃1	I	＃4	T	＃20
B	＃2	J	＃5	U	＃21
C	＃3	K	＃6	V	＃22
D	＃7	M	＃13	W	＃23
E	＃8	Q	＃17	X	＃24
F	＃9	R	＃18	Y	＃25
H	＃11	S	＃19	Z	＃26

（2）自变量赋值方法 II。可使用 A、B、C 每个字母一次，I、J、K 每个字母可使用十次作为地址。地址与变量之间的关系见表 3 - 23。

表 3 - 23　变量赋值方法 II 的地址与变量号码之间的对应关系表

地址	变量号	地址	变量号	地址	变量号
A	＃1	K3	＃12	J7	＃23
B	＃2	I4	＃13	K7	＃24
C	＃3	J4	＃14	I8	＃25
I1	＃4	K4	＃15	J8	＃26
J1	＃5	I5	＃16	K8	＃27
K1	＃6	J5	＃17	I9	＃28
I2	＃7	K5	＃18	J9	＃29
J2	＃8	I6	＃19	K9	＃30
K2	＃9	J6	＃20	I10	＃31
I3	＃10	K6	＃21	J10	＃32
J3	＃11	I7	＃22	K10	＃33

（3）自变量赋值方法 I、II 的混合使用。赋值方法 I 和方法 II 的区别是方法 I 指令段中不会出现两个重复的地址，方法 II 是不会出现除了 A、B、C、I、J、K 以外的地址。数控机床内部自动识别自变量赋值方法 I 和自变量赋值方法 II。如果方法 I 和方法 II 混合指定，即产生重复时，后指定的自变量类型有效。如 G65 P3020A1.0B2.0I-30.I-40.D5.0，其中 I4.0 和 D5.0 同时给变量＃7 赋值，后者 D5.0 有效。

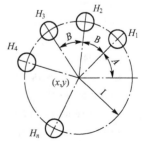

图 3.76　圆周孔变量参数

【例 3 - 10】　如图 3.76 所示，在半径为 I 的圆周上钻削 H 个等分孔。已知加工第一个孔的起始角度为 A，孔相邻两孔之间角度增量为 B，圆周中心坐标为 (x, y)。指令可用绝对或增量方式指定。当需顺时针方向加工时，B 用负值指定。试编写该类零件的加工宏程序。

调用宏程序格式如下：

G65 P9100 Xx Yy Zz Rr Ff Ii Aa Bb Hh；

其中地址含义见表 3 - 24。

表 3 - 24　地址含义

地址	变量号	含义
X	#24	均布圆心的 X 坐标（绝对或增量指定）
Y	#25	均布圆心的 Y 坐标（绝对或增量指定）
Z	#26	孔加工深度
R	#18	参考点坐标
F	#9	进给速率
I	#4	均布圆半径
A	#1	钻孔起始角
B	#2	角度增量（顺时针时负值指定）
H	#11	均布孔个数

主程序如下：

```
O3020                          主程序名
G90G92X0.Y0.Z100.;             将刀具当前点设定为工件 X0.Y0.Z100.
M13S800                        主轴正向启动,转速为 800r/min,切削液开
G65 P9100 X100.0 Y50.0 R30.0 Z-50.0 I100.0 A0 B45.0 H5;
                               调用宏程序 O9100,并初赋值
G0X0.Y0.Z100.                  刀具回到起始位置
M30;                           主程序结束
```

宏程序如下：

```
O9100;                         宏程序名
#3=#4003;                      读取 03 组 G 代码(G90/G91)
IF[#3 EQ 90]GOTO 1;            G90 模式跳至 N1 分支
#24=#5001+#24;                 计算圆心 X 坐标
#25=#5002+#25;                 计算圆心 Y 坐标
N1 WHILE[#11 GT 0]DO 1;        当#11 大于 0 时执行 DO1 至 End1 之间的程序
#5=#24+#4*COS[#1];             计算孔轴线 X 坐标
#6=#25+#4*SIN[#1];             计算孔轴线 Y 坐标
G90 X#5 Y#6;                   钻孔前定位到目标孔处
G81 Z#26 R#18 F#19;            钻孔循环
#1=#1+#2;                      计算下一孔的角度
#11=#11-1;                     孔数减 1
END 1;
```

```
G#3 G80;                    回复 G 代码原有状态
M99;
```

有关变量的含义：＃3 表示 03 组 G 代码的状态；＃5 表示下一孔孔轴线 X 坐标；＃6 表示下一孔孔轴线 Y 坐标；＃5001 表示程序段终点的 X 坐标；＃5002 表示程序段终点的 Y 坐标。

4）模态调用 G66

一旦指令了 G66，就指定了一种模态宏调用，即在（G66 之后的）程序段中指令的各轴运动执行完后，调用（G66 指定的）宏程序。这将持续到指令 G67 为止，才取消模态宏调用。

指令格式：

G66　P＿L＿＜自变量＞；

说明：P＿为被调宏程序号；L＿为调用次数，缺省值为 1；自变量为传送给宏程序的数据。

注意：

（1）与非模态调用（G65）相同，使用自变量指定（赋值），其值被赋给宏程序中＃1～＃33 相应的局部变量中。

（2）指定 G67 时，取消 G66，即其后的程序不再执行宏程序模态调用。G66 和 G67 应该成对使用。

（3）在模态调用期间，指定另一个 G66 代码，可以嵌套模态调用。调用可以嵌套 4 级。

（4）在 G66 程序段中，不能调用多个宏程序。G66 必须在自变量之前指定。

5. 宏程序应用实例

编制半球加工宏程序。加工图 3.77 所示的外球面。为对刀方便，宏程序编程零点在球面最高点处，采用从下向上进刀方式加工。

1）球面加工使用的刀具

粗加工可以使用键槽铣刀或立铣刀，也可以使用球头铣刀；精加工应使用球头铣刀。

2）球面加工的走刀路线

一般使用一系列水平面截球面所形成的同心圆来完成走刀。

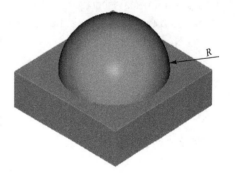

图 3.77　半球

在进刀控制上有从上向下进刀和从下向上进刀两种，一般应使用从下向上进刀来完成加工，此时主要利用铣刀侧刃切削，表面质量较好，端刃磨损较小，同时切削力将刀具向欠切方向推，有利于控制加工尺寸。

3）进刀点的计算

（1）先根据允许的加工误差和表面粗糙度，确定合理的 Z 向进刀量，再根据给定加工深度 Z 计算加工圆的半径，即 $r = \mathrm{sqrt}(R^2 - Z^2)$。此算法走刀次数较多。

（2）根据允许的加工误差和表面粗糙度，确定两相邻进刀点相对球心的角度增量，再根据角度计算进刀点的 r 和 Z 值。即 $Z = R \times \sin\theta$，$r = R \times \cos\theta$。

4）进刀轨迹的处理

使用立铣刀加工，曲面加工是刀尖完成的，当刀尖沿圆弧运动时，其刀具中心运动轨迹是一半径相同的圆弧，只是圆心位置相差一个刀具半径。

使用球头刀加工，曲面加工是球刃完成的，其刀具中心是球面的同心球面，半径相差一个刀具半径，如图3.78所示。

主程序的参考程序如下：

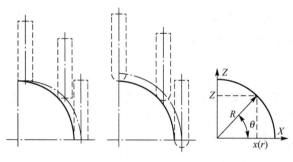

图3.78 从下向上进刀方式加工

O3021	主程序名
G91 G28 Z0;	Z轴回参考点,准备换刀
M06 T01;	换01号刀,准备粗加工
G54 G90 G0 G17 G40;	初始化
G43 Z50 H1M03 S3000;	调用01号刀具长度补偿
G65 P9013 X0.Y0.Z-30.D6.I40.5 Q3 F800;	调用O9013宏程序,并对变量赋值
G49 Z100 M05;	取消刀具长度补偿
G91G28Z0.;	Z轴回参考点,准备换刀
M06 T02;	换02号刀,准备精加工
G54 G90 G0 G17 G40;	初始化
G43 Z50 H02M03 S3000;	调用02号刀具长度补偿
G65 P9014X0.Y0.Z-30.D6.I40.5 Q3 F800;	调用O9014宏程序,并对变量赋值
G49 Z100 M05;	取消刀具长度补偿
G91G28Z0.;	Z轴回参考点
G91G28X0.Y0.;	X、Y轴回参考点
M30;	主程序结束

变量地址含义见表3-25。

表3-25 变量地址含义

地址	变量号	含义
X	#24	球心X坐标
Y	#25	球心Y坐标
Z	#26	圆球高度
D	#7	刀具半径
Q	#17	角度增量,单位为度(°)
I	#4	圆球半径
F	#9	走刀速度

粗加工宏程序如下：

```
O9013                          宏程序名
#1=#4+#26;                     进刀点相对球心 Z 坐标
#2=SQRT[#4*#4-#1*#1];          切削圆半径
#3=ATAN#1/#2                   角度初值
G90 G0 X[#24+#2+#7+2]Y#25;
Z5;
G1 Z#26 F300;
WHILE[#3 LT 90]DO1;            当进刀点相对水平方向夹角小于 90°时加工
G1 Z#1 F#9;
X[#24+#2];
G2 I-#2;
#3=#3+#17;                     角度增量自加
#1=#4*[SIN[#3]-1];             Z=-(R-Rsinθ)
#2=#4*COS[#3]+#7;              r=Rcosθ+r
END1;
M99;
```

精加工宏程序如下：

```
O9014                          宏程序名
#1=#4+#26;                     中间变量
#2=SQRT[#4*#4-#1*#1];          中间变量
#3=ATAN#1/#2                   角度初值
#4=#4+#7;                      刀具中心轨迹球径
#1=#4*[SIN[#3]-1];             Z=-(R-Rsinθ)
#2=#4*COS[#3];                 r=Rcosθ
G90 G0 X[#24+#2+2]Y[#25];
Z5;
G1 Z#26 F300;
WHILE[#3 LT 90]DO1;            当角小于 90°时加工
G1 Z#1 F#9;
X[#24+#2];
G2 I-#2;
#3=#3+#17;                     角度增量自加
#1=#4*[SIN[#3]-1];             Z=-(R-Rsinθ)
#2=#4*COS[#3];                 r=Rcosθ
END1;
G0 Z5;
M99;
```

3.3.6 数控铣床及加工中心编程实例

零件如图 3.79 所示，毛坯为 136mm×100mm×32mm 板材，六面已加工过，工件材料为 45 钢。

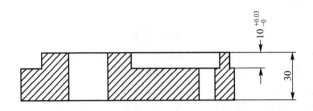

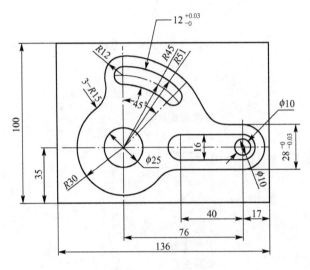

图 3.79　编程实例

1. 工艺分析

(1) 零件毛坯为矩形，六个面已经加工过，长宽方向尺寸到位。采用平口钳装夹，工件原点设置在工件中心上表面。

(2) 加工工序及刀具。

① 铣削工件上表面，保证厚度尺寸 30mm，选用 ϕ125mm 的面铣刀。

② 铣削凸台轮廓，选择 ϕ25mm 的圆柱立铣刀。

③ 铣槽，选择 ϕ12mm 的键槽铣刀。加工 12mm 宽的槽时，先沿槽的中心加工，加工 16mm 宽的槽时按照轮廓进行精加工。

④ 钻孔 ϕ10mm 和 ϕ25mm 底孔，选用 ϕ10mm 的钻头。

⑤ 钻孔 ϕ25mm，选用 ϕ25mm 的钻头。

零件加工工序和数控加工工具分别见表 3-26 和表 3-27。

表 3-26　零件加工工序

零件名称		数量(个)		材料		45 钢
工序	名称	工步及工艺要求		刀具号	主轴转速/ (r/min)	进给速度/ (mm/min)
1	毛坯	136mm× 100mm×32mm				

（续）

零件名称			数量(个)		材料	45 钢	
2	铣削	1	铣削工件上表面，保证厚度尺寸 30mm	T01	800	120
		2	铣削凸台轮廓	T02	500	80
		3	铣槽	T03	1000	100
		4	钻孔 $\phi10mm$ 和 $\phi25mm$ 中心孔	T04	2000	50
		5	钻孔 $\phi10mm$ 和 $\phi25mm$ 底孔	T05	800	50
		6	钻孔 $\phi25mm$	T06	300	50
3	检验					

表 3 - 27 数控加工刀具

刀具号	刀具规格名称	数量	加工内容
T01	$\phi125mm$ 面铣刀	1	铣削工件上表面
T02	$\phi25mm$ 圆柱立铣刀	1	铣削凸台轮廓
T03	$\phi12mm$ 键槽铣刀	1	铣槽
T04	$\phi5mm$ 中心钻	1	钻 $\phi10mm$ 和 $\phi25mm$ 定位孔
T05	$\phi10mm$ 钻头	1	钻 $\phi10mm$ 孔和 $\phi25mm$ 底孔
T06	$\phi25mm$ 钻头	1	钻 $\phi25mm$ 孔

2. 确定走刀路线

在工序之前，零件的六个表面已经加工过不存在淬硬层问题。为了得到较好的表面质量和保护刀具，在铣削时采用顺铣比较合理。具体走刀路线如图 3.80 所示。

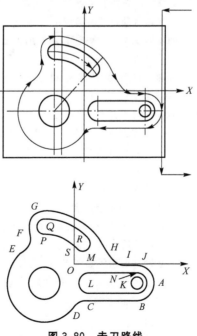

图 3.80 走刀路线

3. 数值计算

将工件坐标系建立在工件上表面对称中心上，按照图 3.80 的走刀路径计算各点坐标，见表 3-28。

表 3-28　各基点坐标

基点	X	Y	基点	X	Y
A	65.0	−15.0	J	51.0	−1.0
B	51.0	−29.0	K	51.0	−23.0
C	9.409	−29.0	L	11.0	−23.0
D	−2.06	−34.333	M	11.0	−7.0
E	−42.171	9.6	N	51.0	−7.0
F	−36.447	26.4	P	−25.0	24.0
G	−25.0	42.0	Q	−25.0	36.0
H	27.172	7.958	R	11.062	21.062
I	40.901	−1.0	S	2.577	12.577

4. 编写程序

参考程序如下：

```
O3022                          程序名
G54G90G40G49G80G17G21;         初始化
G91G28Z0.;                     Z轴自动返回参考点
G91G28X0.Y0.                    X、Y轴自动返回参考点
T01;                           T01为φ125mm面铣刀,用于加工上表面
M6;                            将T01换到主轴上
M3S800;                        主轴正向启动,转速为800r/min
G90G0X135.Y-20.;               快速定位到下刀点
G43G0Z100.H01;                 调用H01补偿值,建立刀具长度补偿,采用Z轴对刀数据作为补偿值
Z5.;                           快速下刀到进给高度,即距离工件上表面5mm处
G1Z-2.F100;                    刀具下到切削深度Z-2.0位置
G1X-135.F120;                  铣削平面
G1Z5.;                         刀具抬起到进给高度
G0Z100.;                       刀具抬起到安全高度
G49Z0.;                        取消刀具长度补偿(G54坐标系中Z值为0)
G91G28Z0.;                     Z轴自动返回参考点
G91G28X0.Y0.;                  X、Y轴自动返回参考点
T02;                           φ25mm的圆柱立铣刀,铣削外形轮廓
M06;                           将T02换到主轴上
G54G90G40G49G80G17G21;         初始化
M3S500;                        主轴正向启动,转速为500r/min
```

G0X90.Y70.;	快速定位到下刀点
G43G0Z100H02.;	调用 H02 补偿值,建立刀具长度补偿,采用 Z 轴对刀数据作为补偿值
Z5.;	快速下刀到进给高度,即距离工件上表面 5mm 处
G1Z-10.F100;	刀具下到切削深度 Z-10.0 位置
G41G1X65.D01.;	调用 D01 补偿值,建立刀具半径左补偿
Y-15.;	凸台轮廓加工
G2X51.Y-29.R14.;	凸台轮廓加工
G1X9.409;	凸台轮廓加工
G3X-2.06Y-34.333R15.;	凸台轮廓加工
G2X-42.171Y9.6R-30.;	凸台轮廓加工
G3X-36.447Y26.4R15.;	凸台轮廓加工
G2X-25.Y42.R12.;	凸台轮廓加工
X27.172Y7.958R57.;	凸台轮廓加工
G3X40.901Y-1.R15.;	凸台轮廓加工
G1X51.;	凸台轮廓加工
G2X65.Y-15.R14.;	凸台轮廓加工
G1Y-70.;	凸台轮廓加工
G40X90.;	凸台轮廓加工完成,刀具退出取消刀具半径补偿
Z5.	刀具抬起到进给高度
G0Z100.;	刀具抬起到安全高度
G49Z0.;	取消刀具长度补偿(G54坐标系中 Z 值为 0)
G91G28Z0.;	Z 轴自动返回参考点
G91G28X0.Y0.;	X、Y 轴自动返回参考点
T03;	φ12mm 的键槽铣刀,铣削两槽
M06;	将 T03 换到主轴上
G54G90G40G49G80G17G21;	初始化
M3S1000;	主轴正向启动,转速为 1000r/min
G0X-25.Y30.;	快速定位到下刀点
G43G0Z100.H03;	调用 H03 补偿值,建立刀具长度补偿,采用 Z 轴对刀数据作为补偿值
Z5.;	快速下刀到进给高度,即距离工件上表面 5mm 处
G1Z-10.F100;	刀具下到切削深度 Z-10.0 位置
G2X6.82Y16.82R45.;	铣圆弧槽
G1Z5.;	刀具抬起到进给高度
G0X45.Y-15.;	定位到下刀点
G1Z-10.F100;	下刀切削深度
G41G1X52.Y-22.D03;	调用 D03 补偿值,建立刀具半径左补偿
G3X59.Y-15.R7.;	加工腰型槽引入
G3X51.Y-7.R8.;	加工腰型槽
G1X11.;	加工腰型槽
G3X11.Y-23.R8.;	加工腰型槽
G1X51.Y-23.;	加工腰型槽
G3X59.Y-15.R8.;	加工腰型槽
G3X52.Y-8.R7.;	加工圆弧槽引出
G1G40X45.Y-15.;	圆弧槽加工结束取消刀具半径补偿

Z5.;	刀具抬起到进给高度
G1X90.Y70.;	定位到腰型槽加工下刀点
G90G41G1X65.D05;	调用 D05 补偿值,建立刀具半径左补偿精加工凸台
Y-15.;	凸台轮廓精加工
G2X51.Y-29.R14;	凸台轮廓精加工
G1X9.409;	凸台轮廓精加工
G3X-2.06Y-34.333R15.;	凸台轮廓精加工
G2X-42.171Y9.6R-30.;	凸台轮廓精加工
G3X-36.447Y26.4R15.;	凸台轮廓精加工
G2X-25.Y42.R12.;	凸台轮廓精加工
X27.172Y7.958R57.;	凸台轮廓精加工
G3X40.901Y-1.R15.;	凸台轮廓精加工
G1X51.;	凸台轮廓精加工
G2X65.Y-15.R14.;	凸台轮廓精加工
G1Y-70.;	凸台轮廓精加工
G40X90;	凸台轮廓精加工结束,取消刀具半径补偿
G1Z5.;	刀具抬起到进给高度
G0Z100.;	刀具抬起到安全高度
G49Z0.;	取消刀具长度补偿(G54 坐标系中 Z 值为 0)
G91G28Z0.;	Z轴自动返回参考点
G91G28X0.Y0.;	X,Y轴自动返回参考点
T04;	ϕ5mm 中心钻
M6;	将 T04 换到主轴上
G54G90G40G49G80G17G21;	初始化
M3S2000;	主轴正向启动,转速为 2000r/min
G0X51.Y-15.;	快速定位到第一个孔的中心位置
G43G0Z100H04.;	调用 H04 补偿值,建立刀具长度补偿
G81Z-5.R5.F50;	钻第一个孔
X-25.Y-15.;	钻第二个孔
G80;	取消钻孔循环
G49Z0.;	取消刀具长度补偿
G91G28Z0.;	Z轴自动返回参考点
G91G28X0.Y0.;	X,Y轴自动返回参考点
T05;	ϕ10mm 钻头,加工 ϕ10mm 孔与 ϕ25mm 底孔
M6;	将 T05 换主轴上
G54G90G40G49G80G17G21;	初始化
M3S800;	主轴正向启动,转速为 800r/min
G0X51.Y-15.;	快速定位到第一个孔的中心位置
G43G0Z100H05.;	调用 H05 补偿值,建立刀具长度补偿
G81Z-35.R5.F50;	钻第一个孔
X-25.Y-15.;	钻第二个孔
G80;	取消钻孔循环
G49Z0.;	取消刀具长度补偿
G91G28Z0.;	Z轴自动返回参考点

```
G91G28X0.Y0.;                      X、Y轴自动返回参考点
T06;                               φ25mm钻头,加工φ25mm孔
M6;                                将T06换主轴上
G54G90G40G49G80G17G21;             初始化
M3S300;                            主轴正向启动,转速为800r/min
G0X-25.Y-15.0;                     快速定位到φ25mm孔的中心位置
G43G0Z100.H06;                     调用H06补偿值,建立刀具长度补偿
G81Z-35.R5.F100;                   钻φ25mm孔
G80;                               取消钻孔循环
G49Z0.;                            取消刀具长度补偿
G91G28Z0.;                         Z轴自动返回参考点
G91G28X0.Y0.;                      X、Y轴自动返回参考点
M30;                               程序结束
```

3.4　自　动　编　程

3.4.1　概述

自动编程是指用计算机编制数控加工程序的过程。自动编程的优点是效率高,正确性好。自动编程由计算机代替人完成复杂的坐标计算和书写程序单的工作,它可以解决许多手工编制无法完成的复杂零件编程难题,但其缺点是必须具备自动编程系统或自动编程软件。自动编程较适合形状复杂零件的加工程序编制,如模具加工、多轴联动加工等场合。

CAD/CAM软件编程加工过程为:图样分析、零件分析、三维造型、生成加工刀具轨迹;后置处理生成加工程序、程序校验、程序传输并进行加工。

3.4.2　主要CAD/CAM系统

1. UG(Unigraphics)

UG起源于麦道飞机制造公司,是由EDS公司开发的集成化CAD/CAE/CAM系统,是当前国际、国内最为流行的工业设计平台。其庞大的模块群为企业提供了从产品设计、产品分析、加工装配、检验,到过程管理、虚拟动作等全系列的支持,其主要模块有数控造型、数控加工、产品装配等通用模块和计算机辅助工业设计、钣金设计加工、模具设计加工、管路设计布局等专用模块。该软件的容量较大,对计算机的硬件配置要求也较高,所以早期版本在我国使用不太广泛,但随着计算机配置的不断升级,该软件在国际、国内的CAD/CAE/CAM市场上已占有了很大的份额。

2. Pro/Engineer

Pro/Engineer是由美国PTC(参数科技公司)于1989年开发的,它开创了三维CAD/CAM参数化的先河,采用单一数据库的设计,是基于特征、全参数、全相关性的CAD/CAE/CAM系统。它包含零件造型、产品装配、数控加工、模具开发、钣金件设计、外形设

计、逆向工程、机构模拟、应力分析等功能模块，因而广泛应用于机械、汽车、模具、工业设计、航天、家电、玩具等行业，在国内外尤其是制造业发达的地区有着庞大的用户群。

3. SolidWorks

SolidWorks 是一个在微机平台上运行的通用设计的 CAD 软件，它具有高效方便的计算机辅助，有极强的图形格式转换功能，几乎所有的 CAD/CAE/CAM 软件都可以与 SolidWorks 软件进行数据转换，美中不足的是其数控加工功能不够强大而且操作也比较烦琐，所以该软件常作为数控自动化编程中的造型软件，再将造型完成的三维实体通过数据转换到 UG、Mastercam、Cimatron 软件中进行自动化编程。

4. Mastercam

Mastercam 是由美国 CNCSoftware 公司推出的基于 PC 平台，集二维绘图、三维曲面设计、体素拼合、数控编程、刀具路径模拟及真实感模拟为一身的 CAD/CAM 软件，该软件尤其对于复杂曲面的生成与加工具有独到的优势，但其对零件的设计、模具的设计功能不强。由于该软件对运行环境要求较低、操作灵活易掌握、价格便宜，所以受到我国中小数控企业的欢迎。

5. Cimatron

Cimatron 系统是源于以色列设计开发喷气式战斗机所发展出来的软件。它是以色列的 Cimatron 公司提供的一套集成 CAD/CAE/CAM 的专业软件，具有模具设计、三维造型、生成工程图、数控加工等功能。该软件在我国得到了广泛的使用，特别是在数控加工方面更是占有很大的比例。

6. CAXA 制造工程师

CAXA 制造工程师是我国北航海尔软件有限公司研制开发的全中文、面向数控铣床与加工中心的三维 CAD/CAM 软件，它既具有线框造型、曲面造型和实体造型的设计功能，又具有生成二至五轴的加工代码的数控加工功能，可用于加工具有复杂三维曲面的零件。由于该软件是我国自行研制的数控软件，采用了全中文的操作界面，学习与操作都很方便，而且价格也较低，所以该软件近几年在国内得到了较大程度的推广。另外，CAXA 系列软件中的"CAXA 线切割"也是一种方便实用的线切割自动编程软件。

3.4.3 自动编程实例

下面以采用 Mastercam X5 为例简单演示自动编程的过程。
零件如图 3.81 所示。

1. 加工工艺分析及加工工序

(1) 采用平口钳装夹。

(2) 选择刀具。选择以下 3 种刀具进行加工：1 号刀为 $\phi16mmR1mm$ 圆鼻刀（硬质合金刀），用于粗加工；2 号刀为 $\phi10mmR5mm$ 球刀，用于精加工侧面；3 号刀为 $\phi16mm$ 平底立铣刀，用于精加工底、顶平面和侧面清根。

(3) 加工工序。该零件的加工工序为：毛坯粗加工→精加工侧面→精加工底平面→精

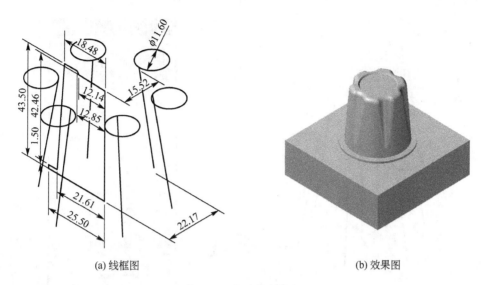

| (a) 线框图 | (b) 效果图 |

图 3.81　自动编程实例

加工顶部内面及底面→清根。

2. 模型建立

1) 作基本线框

(1) 在开始菜单运行 Mastercam X5，设定当前图层为 1，构图面和视角均为前视图，构图深度 Z 为 0。并设定所需的线型、线宽和颜色等，如图 3.82 所示。

图 3.82　图层、视角、构图面及当前图素特殊性设置

在菜单栏选择【绘图】→【任意线】→【绘制任意线】命令，在提示栏(Ribbon Bar)中选择【连续线】▧，选择【快速绘点】🔷，依次输入："0，0"按【Enter】键、"−25.5"按【Enter】键、"1.5"按【Enter】键、"−21.61"按【Enter】键、"−18.48，43.5"按【Enter】键、"−12.85"按【Enter】键、"−12.14，42.46"按【Enter】键、"0"按【Enter】键、"0，0"按【Enter】键，在前视图作出如图 3.83 所示的基本线框 1。最后按【ESC】键退出或单击✅结束命令。

(2) 设定当前图层为 2，关闭第 1 层；构图面和视图面均为右视图，构图深度 Z 为 0。作图 3.83 所示的基本线框 2。

(3) 设定当前构图层 3，关闭第 2 层；构图面和视图均为俯视图，构图深度 Z 为 43.5（即顶面），作图 3.83 所示的 ϕ11.6mm 的圆（基本线框 3）。

(4) 打开第 2 层；构图面为俯视图，视角为等角视图。屏幕显示基本线框 2 和基本线框 3。

(5) 旋转复制直线和 ϕ11.6mm 圆。在菜单栏选择【转换】→【旋转】，点选直线和圆，按【Enter】键确定，同时弹出旋转设置对话框，按图 3.84 所示设置旋转选项，选择原点为旋转中心，单击 ✅ 确认，完成线框的绘制。

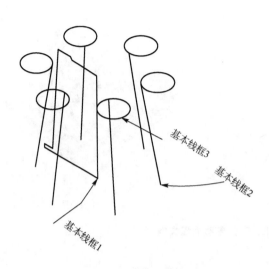

图 3.83　基本线框绘制　　　　　图 3.84　设置旋转选项

2）建立实体

（1）作旋转实体。设定当前图层为 4，打开第 1 层，关闭其他层，视角为等角视图。在菜单栏选择【实体】→【实体旋转】，弹出串联选项对话框，按提示点选层 1 中的串联，单击 ✓ 确认，再点选图 3.85 所示的直线为旋转轴，单击 ✓ 确认完成实体旋转。

（2）扫描切割实体。打开第 2、3 层。在菜单栏选择【实体】→【扫描实体】，弹出串联选项对话框，按图 3.86 所示选择 ϕ11.6mm 圆作为扫描体，在选择图中所示的直线作为扫描路径，完成扫描切割实体。用同样的方法完成其余扫描切割实体。

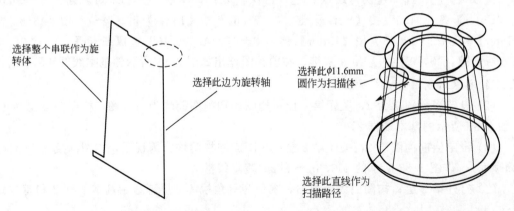

图 3.85　选择旋转体和旋转轴　　　　　图 3.86　选择扫描体和扫描路径

（3）增加方形基座。在主菜单选择【绘制】→【基本实体/曲面】→【画立方体】，弹出立方体设置对画框，按照图 3.87 所示进行设置。在绘图区选择原点作为立方体的定位点，

单击 ☑ 确定，完成立方体的创建。

将上一步所作的立方体与之前的实体作布尔(加)运算，并进行倒圆角 $R3$。最后效果如图 3.81(b)所示。

3. 创建刀具路径

1) 创建刀具路径的准备工作

(1) 选择机床类型及数控系统。在菜单栏选择【机床类型】→【铣床】→【默认】确定机床形式和控制系统。在【操作管理】中选择【刀具路径】→【属性】→【材料设置】选择边界盒设定毛坯的形状及尺寸。

(2) 设置加工原点。由于绘图时将原点设置在顶面下43.5mm 的地方，为避免在加工过程中由于安全高度设置错误而导致刀具在区域间移动时发生碰撞，通常将加工原点设置在工件的最高点。设置的方法有两种：一是利用平移的方法，将整个图形移至指定位置；另一种是在不移动图形的情况下，通过设置Tplane(刀具平面)的方法直接定义加工原点。下面以后一种方法设置本例的加工原点。

单击状态栏中的【平面】选择【构图平面和刀具平面原点0，0，0】，输入坐标"0，0，43.5"即顶面的中心坐标，按【Enter】键，则加工原点被定义至(0，0，43.5)，按键盘上的【F9】键可以看到刀具平面如图 3.88 所示的坐标。

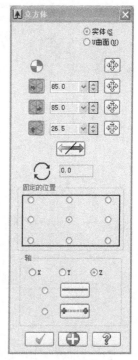

图 3.87 立方体绘制设置

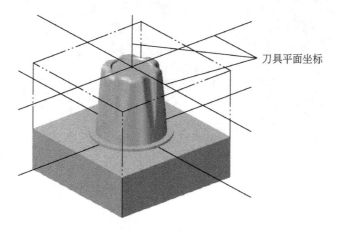

图 3.88 设定刀具平面效果

2) 粗加工程序编制

在菜单栏选择【刀具路径】→【曲面粗加工】→【粗加工挖槽加工】，选择所有曲面按【Enter】键确认，选则加工边界，按图 3.89 所示选择 $\phi16mmR1mm$ 的圆鼻刀(合金刀)为粗加工刀具并设置刀具参数、曲面加工参数(图 3.90)、粗加工参数(图 3.91)和挖槽参数(图 3.92)等。设置完成后单击 ☑ 确认，计算机开始计算刀具路径，效果如图 3.93所示。

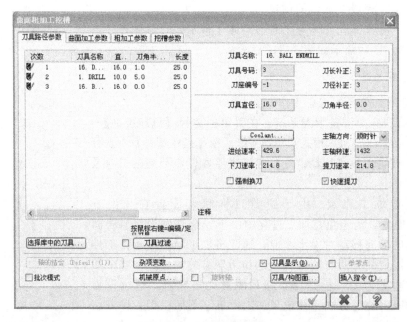

图 3.89　刀具参数设置

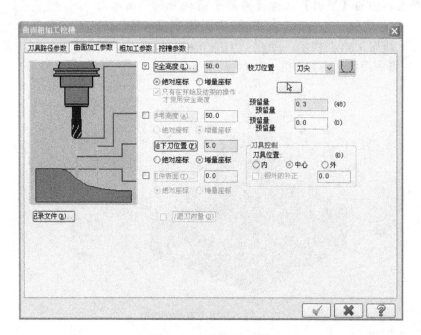

图 3.90　曲面加工参数

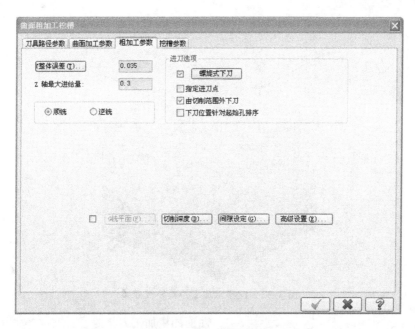

图 3.91　粗加工参数设置

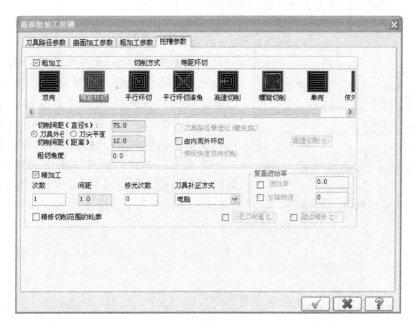

图 3.92　挖槽参数设置

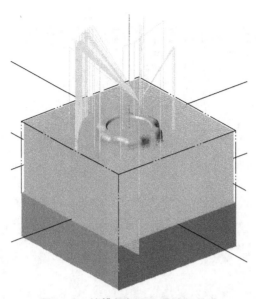

图 3.93　挖槽粗加工刀具路径效果

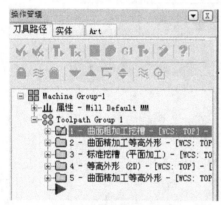

图 3.94　刀具路径列表

曲面的精加工刀具路径，有兴趣的读者可以尝试着创建。创建完成后的刀具路径列表如图 3.94 所示。

4. 后置处理程序

通过 CAD/CAM 软件创建的刀具路径文件，数控机床并不能识别，而要通过后置处理程序将刀具路径文件处理成具体设备能够识别的指令。Mastercam 提供了常用数控系统的后置处理程序。在此仅以曲面粗加工挖槽为例做后置处理。

首先在刀具路径操作管理中选择需要后置处理的刀具路径，然后选择 G1 弹出后置处理程式对话框，进行设置后单击 ✓ 确认，计算机开始自动处理程序，结果如图 3.95 所示。

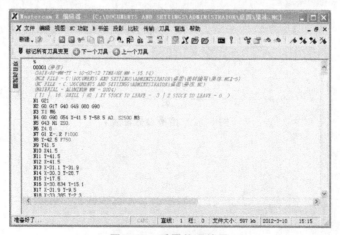

图 3.95　后置处理结果

但现在生成的 NC 档案还包含一些非加工信息，并不能直接传入数控机床用于实际的加工，必须进行必要的编辑。如删除程序名信息（PROGRAM　NAME -电话听筒曲面 1）、时间信息、刀具信息，并根据实际数控机床、零件及操作情况对公制（G21）、英制（G20），刀具的长度补偿信息（G43 H1）进行修改。国内的数控机床基本默认状态为公制（G21），所以也可以将 G21 删除。如果采用数控铣床加工并且每把刀具都是用机内对刀的方法进行对刀，也可将刀具长度补偿信息（G43 H1）删除。特别要注意检查程序中有无工件坐标系信息（G54～G59 之一），是否与数控机床设定一致并进行必要的修改或添加，否则将造成工件报废甚至更大的事故。

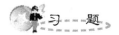 习 —— 题

3-1　简述数控编程的内容和步骤。

3-2　数控加工程序编制方法有哪些？它们分别适用什么场合？

3-3　如何确定数控机床坐标系和运动方向？

3-4　机床坐标系和工件坐标系是如何建立的？有何不同？

3-5　为什么要进行刀具轨迹补偿？刀具补偿的实现要分为哪三大步骤？

3-6　什么是刀具长度补偿？长度补偿的作用是什么？

3-7　要加工如图 3.96 所示的零件，毛坯为 $\phi45mm \times 100mm$ 棒材，材料为 45 钢，请完成零件的加工程序。为保证零件的形位精度符合图样要求，该零件采用一次装夹方式，将各部位加工至尺寸要求后再切断。

3-8　加工如图 3.97 所示零件的端面及轮廓。毛坯为 $\phi40mm \times 110mm$ 的棒料。A、B、C 点相对于工件坐标系的坐标值是：$A(X27.368, Z-45.042)$；$B(X25.019, Z-54.286)$；$C(X26.806, Z-60.985)$，试编程。

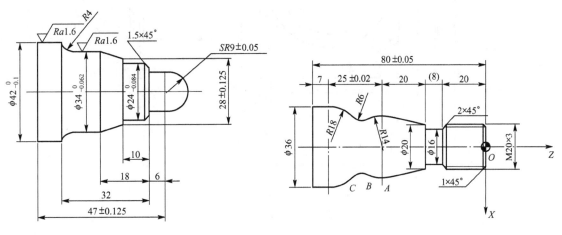

图 3.96　习题 3-7 图　　　　　　　　图 3.97　习题 3-8 图

3-9　在数控车床上加工如图 3.98 所示的零件，已知该零件的毛坯为 $\phi90mm \times 50mm$ 的棒料，材料为 45 钢，试编写加工程序。

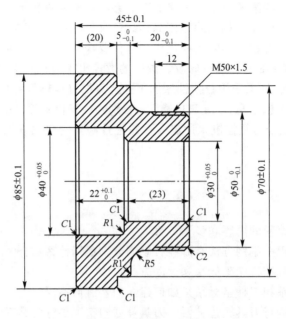

图 3.98　习题 3－9 图

3-10　在数控铣床或加工中心上加工如图 3.99 所示零件，已知该零件的毛坯为 100mm×100mm×30mm 的方料，六个面已经磨削，材料为 45 钢，试编写加工程序。

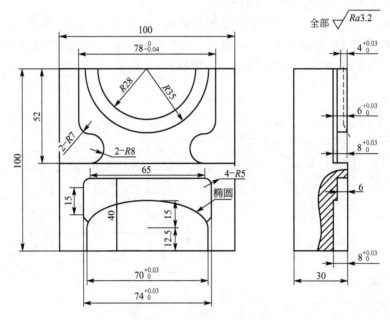

图 3.99　习题 3－10 图

3-11　在数控铣床或加工中心上加工如图 3.100 所示的零件，已知该零件的毛坯为 φ80mm×20mm 的圆形盘料，外圆及上下面已经加工到位，材料为 45 钢，试编写加工程序。

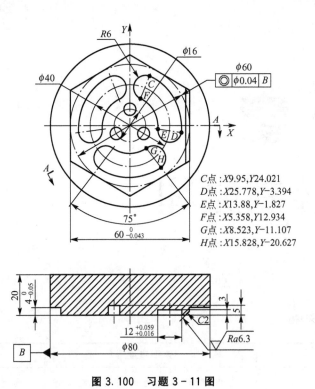

C点：X9.95,Y24.021
D点：X25.778,Y-3.394
E点：X13.88,Y-1.827
F点：X5.358,Y12.934
G点：X8.523,Y-11.107
H点：X15.828,Y-20.627

图 3.100　习题 3－11 图

3－12　在数控铣床或加工中心上加工如图 3.101 所示的零件，已知该零件的毛坯为 117mm×117mm×38mm 板料，材料为 45 钢，试编写加工程序。

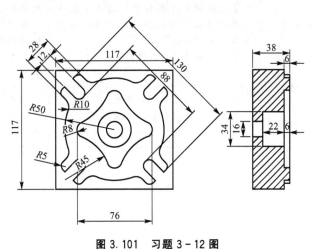

图 3.101　习题 3－12 图

第4章
数字控制原理

 本章教学要点

知识要点	掌握程度	相关知识
CNC 系统的工作过程	了解 CNC 系统的工作原理及工作过程	典型 CNC 系统的工作过程
基准脉冲插补、数据采样插补	掌握基准脉冲插补中的逐点比较法直线插补和圆弧插补、数字积分法直线插补和圆弧插补； 了解数据采样插补的特点	逐点比较法直线插补和圆弧插补实例； 数字积分法直线插补和圆弧插补实例； 数据采样插补中直线插补和圆弧插补应用实例
刀具半径补偿	掌握刀具半径补偿的原理； 熟悉刀具半径补偿的计算； 了解刀具半径补偿的应用	刀具半径补偿的过程； 典型零件加工刀具半径补偿的应用

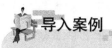

导入案例

我国机床数字控制技术的回顾和发展

数字控制技术是20世纪最伟大的工程技术发明之一,已有近60多年的发展历史,与计算机技术、集成电路技术、纳米技术和高分子技术等一样,成为对制造技术发展有着深远影响的共性工程技术。目前,机床数字控制技术仍处于方兴未艾的大发展时期,成为衡量国家制造技术特别是装备制造业发展水平的重要指标之一,世界各工业发达国家均给予高度重视。

人们发展机床数字控制是从程序控制开始的,主要是为了解决一些单件小批量生产中难以加工的曲线和曲面,如样板、叶片和手柄等,由于是用数字电路来进行控制的,便称为数字控制。在我国,数字控制机床最早被称为程序控制机床,强调了加工程序的自动控制。又由于这种机床是用脉冲信号来控制的,是数字信号的自动控制,很快被普遍称之为数字控制机床,简称数控机床,机床数字控制的代表作是数字控制机床。

数字控制技术用于机床上就出现了数控机床,但它不仅可用于数控机床,还可用于其他机器和装置上。数控机床出现后,由于是自动加工,大大减少了人为加工的影响,因此具有良好的尺寸、位置和形状的一致性,且效率很高,又随着制造成本不断降低和应用普及,使得数控机床成为工厂企业中的重要生产手段和关键设备,并受到广泛的重视。

机床数字控制的发展初期,控制信号是通过穿孔带的孔来传输的,纸带成为信息载体,与无线电的发报方式相似,所用的纸带也借用无线电发报。实际上,在我国古代,在织布机上进行提花就是通过纸带上的穿孔来实现的,通过控制经线的提升,织出不同花色,这就是一种程序控制。著名的南京"云锦"就是这样生产的,其历史可追溯到东晋时期。当时,在建康(今南京)设立了专门管理织锦的官署——锦署,此后,云锦一直成为历朝皇家服饰的专用品,已有1500多年的手工织造历史。云锦织造是在传统的大花楼木织机上进行的,该机长为5.6m,宽为1.4m,高为4m,由坐在织机上层的"拽花工"负责提升经线,坐在机下的"织手"负责织纬、妆金敷彩。两人配合,织出需要的色彩和图案,效率非常低,一天只能织出50～60cm,这是一种手工的、原始的程序控制,在自动化的进程中是很有意义的。

➡ 资料来源:王先逵. 我国机床数字控制技术的回顾和发展 [J]. 现代制造工程,2011(1).

4.1 概　述

数字控制顾名思义就是数字化控制 (Numerical Control,NC)。随着大规模集成电路技术和计算机技术的迅速发展,20世纪70年代以前采用数字逻辑电路连接而成的硬件数控系统很快被计算机数控(Computer Numerical Control,CNC)系统所代替,接着出现了微型计算机数控(Microsoft Numerical Control,MNC)系统。现代数控机床绝大部分为

MNC 系统，习惯上把 MNC 和 CNC 都称为 CNC 系统。

CNC 系统是一种位置控制系统。它的实质是将被加工零件的图样及工艺信息数字化，用规定的代码和程序格式编写加工程序，然后将所编写程序指令输入到机床的数控装置中。数控装置再将程序（代码）进行译码、运算，把程序数据段进行相应的处理，让数据段插补出理想的刀具运动轨迹并将插补结果输出到执行部件，控制机床和刀具的相对运动，加工出合格的零件。

CNC 系统的工作过程

CNC 装置的工作过程是在硬件的支持下执行软件的控制逻辑的全过程。由系统监控软件的控制逻辑，对输入、译码、刀具补偿、速度处理、插补、位置控制、I/O 处理、显示和诊断等方面进行控制。CNC 系统在工作过程中，需要采集机床、控制面板和辅助加工设备的状态信息（如行程开关信号、按钮开关信号等）；需要通过感知机构测量运动位置、运动速度和工件尺寸等信号；需要向各种驱动装置（伺服驱动器、电磁阀等）发送控制信号。下面简要说明 CNC 装置的工作情况。

1. 输入

CNC 控制器输入的有零件加工程序、机床参数和刀具补偿参数。机床参数一般在机床出厂时或用户安装调试时已设定好，所以输入 CNC 系统的主要是零件加工程序和刀具补偿参数。输入的方式有键盘手动输入（MDI）、磁盘输入、纸带阅读机输入、通信接口输入、上级计算机的 DNC（Direct Numerical Control）接口输入及网络输入。CNC 装置在输入过程中还要完成校验、代码转换及无效码删除等工作，输入的全部信息都放到 CNC 装置的内部存储器中。CNC 数控输入工作方式有存储方式和数控方式。存储方式是将整个零件程序一次全部输入到 CNC 装置内部存储器中，加工时再从存储器中把一个一个程序调出，该方式应用较多。数控方式是 CNC 装置一边输入一边加工的方式，即在前一程序段加工时，输入后一程序段的内容。

2. 译码

译码过程是以零件程序的一个程序段为单位进行处理，把其中零件的轮廓信息（起点、终点、直线或圆弧等），加工速度 F 代码以及其他辅助功能 S、T、M 代码等功能信息按一定的语法规则解释（编译）成计算机能够识别的数据形式，并以一定的数据格式存放在指定的内存专用区域。在译码过程中，还要完成程序段的语法检查，若发现语法错误便会立即报警。

3. 刀具补偿

刀具补偿包括刀具半径补偿和刀具长度补偿。为了方便编程人员编制零件加工程序，编程时零件程序是以零件轮廓轨迹来编程的，与刀具尺寸无关。程序输入和刀具参数输入分别进行。刀具补偿的作用是把零件轮廓轨迹按系统存储的刀具尺寸数据自动转换成刀具中心（刀位点）相对于工件的移动轨迹。刀具补偿包括 B 机能和 C 机能刀具补偿功能。在较高档次的 CNC 系统中一般应用 C 机能刀具补偿，C 机能刀具补偿能够实现程序段之间的自动转接和过切削判断等功能。

4. 速度处理

根据程序给出的合成进给速度计算出各运动坐标方向的分速度，为插补时计算各坐标的行程量做准备；另外，根据机床允许的最低和最高速度进行限速处理、软件的自动加减速处理等。辅助功能如换刀、主轴启停、切削液开关等一些开关量信号在此程序中处理。

5．插补

要进行轨迹加工，必须从一条已知起点和终点的曲线上自动进行"数据点的密化"工作，即在给定运动轨迹的起点和终点之间插入一些中间点，这就是插补。插补在每个规定的周期内进行一次，即在每个周期内，按指令进给速度计算出一个微小的直线数据段，通常经过若干个插补周期后，插补完一个程序段的加工，完成从程序段起点到终点的"数据点的密化"工作。

6．位置控制

位置控制是将 CNC 装置送出的位置进给脉冲和进给速度指令，经变换和放大后转化为进给电动机的转动，从而带动机床工作台的移动。在闭环控制系统中，它的主要任务是在每个采样周期内，将插补计算的理论位置与实际反馈位置进行比较，用其差值去控制进给电动机，进而控制工作台或刀具的位移。在位置控制中通常还要完成位置回路的增益调整、坐标方向的螺距误差补偿和反向间隙补偿等，以提高机床的定位精度。位置控制的原理如图 4.1 所示。

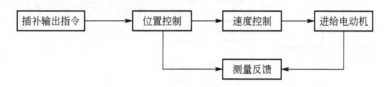

图 4.1　位置控制的原理

7．I/O 处理

CNC 系统的 I/O 处理是 CNC 系统与机床之间的信息传递和变换的通道。其作用一方面是将机床运动过程中的有关参数输入到 CNC 系统中；另一方面是将 CNC 系统的输出命令（如换刀、主轴变速挡、开切削液等）变为执行机构的控制信号，实现对机床的控制。

8．显示

CNC 装置的显示主要是为操作者提供方便，通常显示包括：零件加工程序、参数设置、刀具位置、机床状态、报警信息显示等。有的 CNC 装置中还有刀具加工轨迹的静态和动态模拟加工图形显示。

9．诊断

诊断主要有启动诊断和在线诊断，是指 CNC 装置利用内装诊断程序进行自诊断。启动诊断是指 CNC 装置每次从通电开始进入正常的运行准备状态中，系统相应的内装诊断程序通过扫描自动检查系统硬件、软件及有关外设是否正常。只有当检查的每个项目都确认正确无误后，整个系统才能进入正常的准备状态。否则，CNC 装置将通过报警方式指出故障的信息，此时，启动诊断不结束，系统不能投入运行。在线诊断程序是指在系统处于正常运行状态中，由系统相应的内装诊断程序，通过定时中断周期扫描检查系统本身以及各外设。只要系统不停电，在线诊断就不会停止。

当系统出现故障时，还可通过网络与远程通信诊断中心的计算机相连，利用诊断程序分析并确定故障所在，将诊断结论和处理方法通知用户。

CNC 系统的工作过程如图 4.2 所示。

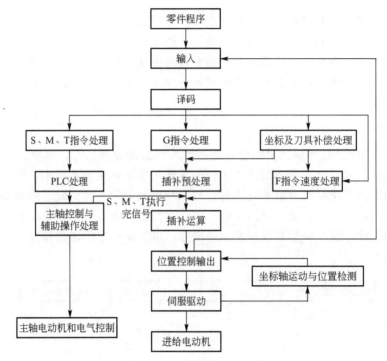

图 4.2　CNC 系统的工作过程

4.2　插补原理的数学建模方法

数控机床要对零件进行加工，最核心的问题就是如何控制刀具和工件的相对运动。对于平面曲线的运动轨迹需要两个坐标联动，对于空间曲线或曲面的运动轨迹则要求三个及以上坐标联动才能走出其运动轨迹。数控加工时，只要按规定将信息输入数控装置就能进行控制。输入信息可以用直接计算的方法得出，例如 $y=f(x)$ 的轨迹运动，可以按精度要求递增给出 x 值，然后按函数式算出 y 值。只要给出 x 的范围，就能得到近似的轨迹，正确控制 x、y 向速比，就能走出精确的轨迹。但是，这种计算方法阶次越高，计算越复杂，计算量越大，速比也越难控制。另外，用离散数据表示的曲线、曲面很难计算。因此，数控加工不采用这种直接的计算方法作为控制信息的输入。

数控机床加工过程中，一般已知运动轨迹的起点坐标、终点坐标和曲线方程，CNC 装置根据这些信息，实时地计算出各个中间点的坐标，这种机床数控系统依照一定方法确定刀具运动轨迹的过程就叫做"插补"。插补的实质是在一个曲线的起点和终点之间进行数据点的密化工作。数控系统根据输入的基本数据(直线起点、终点坐标，圆弧圆心、起点、终点坐标、进给速度等)运用一定的算法，自动地在有限坐标点之间形成一系列的坐标数据，从而自动地对各坐标轴进行脉冲分配，完成整个线段的轨迹分析，以满足加工精度的要求。插补计算就是数控装置根据输入的基本数据，通过计算，把工件轮廓的形状描述出来，边计算边根据计算结果向各坐标发出进给脉冲，对应每个脉冲，机床在响应的坐标方向上移动一个脉冲当量的距离，从而将工件加工出所需要轮廓的形状。

大多数 CNC 系统都具有直线和圆弧插补功能。对于非直线或圆弧组成的轨迹，可以用小段的直线或圆弧来拟合。只有在某些要求高的系统中，才具有抛物线、螺旋线插补功能。对于轮廓控制系统来说，插补是最重要的控制任务，由于每个中间点计算所需的时间直接影响系统的控制精度，而插补中间点坐标值的计算精度又影响到整个 CNC 系统的控制精度，所以插补算法是整个 CNC 系统控制的核心。目前常用的插补算法有两类：一类是以脉冲形式输出的基准脉冲插补；另一类是以数字量形式输出的数据采样插补。

4.2.1 基准脉冲插补

基准脉冲插补又称为脉冲增量插补或行程标量插补。这类插补算法每次插补结束后产生一个行程增量，以脉冲形式输出，每插补运算一次，最多给每个轴一个进给脉冲。该插补算法主要为各坐标轴进行脉冲分配计算。在数控系统中，一个脉冲所产生的坐标轴位移量叫做脉冲当量（最小分辨率），脉冲当量是脉冲分配的基本单位，按机床设计的加工精度选定。普通精度的机床为 0.01mm，较精密的机床为 0.001mm 或 0.005mm。脉冲输出的最大速度取决于完成一次插补运算所需的时间，例如，某基准脉冲插补算法大约需要 $40\mu s$ 的处理时间，当系统脉冲当量为 $0.001mm/p$（$/p$ 代表脉冲）时，则可以求得单个坐标的极限速度为 1.5m/min。这类插补算法，最高进给速度受限制。基准脉冲插补通常有以下几种方法：逐点比较法、数字积分法、比较积分法、矢量判断法、最小偏差法、数字脉冲乘法器法等。基准脉冲插补适用于以步进电动机为驱动元件的开环控制系统，有的数控系统将其用于精插补。

1. 逐点比较法

逐点比较法又称为代数运算法、醉步法。这种方法的基本原理是：计算机在控制加工过程中，能逐点地计算和判断加工误差，与规定的运动轨迹进行比较，由比较结果决定下一步的移动方向。逐点比较法既可以作直线插补，又可以作圆弧插补。这种插补算法的特点是运算直观，插补误差小于一个脉冲当量，输出脉冲均匀，而且输出脉冲的速度变化小，调节方便，因此，在两坐标联动的数控机床中应用较为广泛。

1）逐点比较法直线插补

（1）逐点比较法直线插补原理。直线插补时，以直线起点为原点 O，给出终点坐标 A $(x_e，y_e)$，直线方程为

$$\frac{y_i}{x_i} = \frac{y_e}{x_e}$$

改写为

$$x_e y_i - x_i y_e = 0$$

直线插补时偏差可能有三种情况，如图 4.3 所示，以第一象限为例，插补点位于直线上方、下方和直线上。对于位于直线上方的点，则有

$$\frac{y_i}{x_i} > \frac{y_e}{x_e}$$

即
$$x_e y_i - x_i y_e > 0$$

对位于直线下方的点，则有
$$\frac{y_i}{x_i} < \frac{y_e}{x_e}$$

即
$$x_e y_i - x_i y_e < 0$$

因此可以取判别函数 F 来判断点与直线的相对位置，F 为
$$F = x_e y - x y_e$$

当加工点落在直线上时，$F = 0$；当加工点落在直线上方时，$F > 0$；当加工点落在直线下方时，$F < 0$。

称 $F = x_e y - x y_e$ 为直线插补偏差判别式或偏差判别函数，F 的值称为偏差。

加工如图 4.4 所示直线 OA，运用下述法则，根据偏差判别式，求得图中近似直线（由折线组成）。若刀具加工点的位置 $P(x_i, y_j)$ 处在直线上方（包括直线上），即满足 $F_{i,j} \geq 0$ 时，则向 X 轴方向发出一个正向运动的进给脉冲（$+\Delta x$），使刀具沿 X 轴坐标移动一步（即一个脉冲当量），逼近直线；若刀具加工点的位置 $P(x_i, y_j)$ 处在直线下方，即满足 $F_{i,j} < 0$ 时，则向 Y 轴发出一个正向运动的进给脉冲（$+\Delta y$），使刀具沿着 Y 轴移动一步逼近直线。

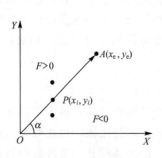

图 4.3　直线方程

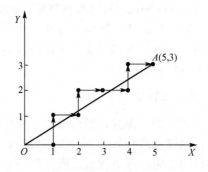

图 4.4　直线插补轨迹 a

按照上述法则进行运算判别，要求每次进行判别式 $F_{i,j}$ 运算——乘法与减法运算，这在具体电路或程序中实现不是很方便。为了便于运算，每走一步到新加工点，加工偏差用前一点的加工偏差递推出来，这种方法叫做"递推法"。

若 $F_{i,j} \geq 0$，则向 X 轴发出一个进给脉冲，刀具从该点向 X 轴正方向迈进一步，新加工点 $P(x_{i+1}, y_j)$ 为
$$x_{i+1} = x_i + 1$$
$$y_j = y_j$$

$P(x_{i+1}, y_j)$ 的偏差为
$$F_{i+1,j} = x_e y_j - (x_i + 1) y_e = x_e y_j - x_i y_e - y_e = F_{i,j} - y_e$$

即
$$F_{i+1,j} = F_{i,j} - y_e$$

如果某一时刻加工点 $P(x_i, y_j)$ 的 $F_{i,j} < 0$ 时，则向 Y 轴正向发出一个脉冲，刀具从这点向 Y 轴正方向迈进一步，新加工点 $P(x_i, y_{j+1})$ 为

$$x_i = x_i$$
$$y_{j+1} = y_j + 1$$

$P(x_i, y_{j+1})$ 的偏差为

$$F_{i,j+1} = x_e(y_j + 1) - x_i y_e = x_e y_j - x_i y_e + x_e = F_{i,j} + x_e$$

即

$$F_{i,j+1} = F_{i,j} + x_e$$

据上面的式子可以看出，新加工点的偏差值完全可以用前一点的偏差递推出来。

（2）逐点比较法直线插补举例。

【例 4 - 1】 设欲加工第一象限直线 OA，终点坐标 $x_e = 5$，$y_e = 3$，试用逐点比较法插补该直线。

解：总步数 $n = 5 + 3 = 8$

开始时刀具在直线起点，即在直线上，故 $F_0 = 0$。表 4 - 1 列出了直线插补运算过程，插补轨迹如图 4.4 所示。

表 4 - 1 直线插补运算过程 a

脉冲个数	偏差判别	进给方向	偏差计算	终点判别
0			$F_0 = 0$，$x_e = 5$，$y_e = 3$	$E = 8$
1	$F_0 = 0$	$+X$	$F_1 = F_0 - y_e = 0 - 3 = -3$	$E = E - 1 = 8 - 1 = 7 \neq 0$
2	$F_1 = -3 < 0$	$+Y$	$F_2 = F_1 + x_e = -3 + 5 = 2$	$E = E - 1 = 7 - 1 = 6 \neq 0$
3	$F_2 = 2 > 0$	$+X$	$F_3 = F_2 - y_e = 2 - 3 = -1$	$E = E - 1 = 6 - 1 = 5 \neq 0$
4	$F_3 = -1 < 0$	$+Y$	$F_4 = F_3 + x_e = -1 + 5 = 4$	$E = E - 1 = 5 - 1 = 4 \neq 0$
5	$F_4 = 4 > 0$	$+X$	$F_5 = F_4 - y_e = 4 - 3 = 1$	$E = E - 1 = 4 - 1 = 3 \neq 0$
6	$F_5 = 1 > 0$	$+X$	$F_6 = F_5 - y_e = 1 - 3 = -2$	$E = E - 1 = 3 - 1 = 2 \neq 0$
7	$F_6 = -2 < 0$	$+Y$	$F_7 = F_6 + x_e = -2 + 5 = 3$	$E = E - 1 = 2 - 1 = 1 \neq 0$
8	$F_7 = 3 > 0$	$+X$	$F_8 = F_7 - y_e = 3 - 3 = 0$	$E = E - 1 = 1 - 1 = 0$ 到终点

【例 4 - 2】 设欲加工第一象限直线 OA，终点坐标 $x_e = 4$，$y_e = 5$，试用逐点比较法插补该直线。

解：总步数 $n = 4 + 5 = 9$

开始时刀具在直线起点，即在直线上，故 $F_0 = 0$。表 4 - 2 列出了其直线插补运算过程，插补轨迹如图 4.5 所示。

表 4 - 2 直线插补运算过程 b

序号	偏差判别	进给方向	偏差计算	终点判别
0			$F_{0,0} = 0$，$x_e = 4$，$u_e = 5$	$E = 0$，$N = 9$
1	$F_{0,0} = 0$	$+X$	$F_{1,0} = F_{0,0} - y_e = -5$	$E = 1$
2	$F_{1,0} = -5 < 0$	$+Y$	$F_{1,1} = F_{1,0} + x_e = -1$	$E = 1 + 1 = 2 < N$
3	$F_{1,1} = -1 < 0$	$+Y$	$F_{1,2} = F_{1,1} + x_e = 3$	$E = 2 + 1 = 3 < N$

（续）

序号	偏差判别	进给方向	偏差计算	终点判别
4	$F_{1,2}=3>0$	$+X$	$F_{2,2}=F_{1,2}-y_e=-2$	$E=3+1=4<N$
5	$F_{2,2}=-2<0$	$+Y$	$F_{2,3}=F_{2,2}+x_e=2$	$E=4+1=5<N$
6	$F_{2,3}=2>0$	$+X$	$F_{3,3}=F_{2,3}-y_e=-3$	$E=5+1=6<N$
7	$F_{3,3}=-3<0$	$+Y$	$F_{3,4}=F_{3,3}+x_e=1$	$E=6+1=7<N$
8	$F_{3,4}=1>0$	$+X$	$F_{4,4}=F_{3,4}-y_e=-4$	$E=7+1=8<N$
9	$F_{4,4}=-4<0$	$+Y$	$F_{4,5}=F_{4,4}+x_e=0$	$E=8+1=9=N$

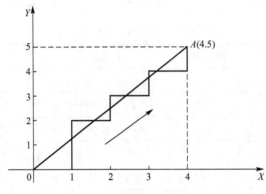

图 4.5　直线插补轨迹 b

（3）节拍控制和运算程序流程图。

直线插补的节拍控制：逐点比较法直线插补的全过程，每走一步要进行以下四个节拍才能完成一步的动作。

第一节拍——偏差判别：判别刀具当前位置相对于给定轮廓的偏离情况，据此决定刀具下一步的走向；

第二节拍——坐标进给：根据偏差判别结果，控制刀具相对于工件轮廓进给一步，即向给定的轮廓靠拢，减小偏差；

第三节拍——偏差计算：由于刀具进给已经改变了位置，因此应计算出刀具当前位置的新偏差，为下一次判别作准备；

第四节拍——终点判别：判别刀具是否已经达到被加工轮廓线段的终点。如果到达，则停止插补，如果未到达，继续插补。不断重复以上四个节拍就可以加工出所要求的轮廓。直线运算流程图如图 4.6 所示。

（4）不同象限的直线插补。对于第二象限，只要用 $|x|$ 取代 x，就可以变换到第一象限，对于输出驱动，应使 X 轴向步进电动机反向旋转，而 Y 轴步进电动机仍为正向旋转。同理，第三、四象限的直线也可以变换到第一象限。在第三象限，点在直线上方，向 $-Y$ 方向进给，点在直线下方，向 $-X$ 方向进给；在第四象限，点在直线上方，向 $-Y$ 方向进给，点在直线下方，向 $+X$ 方向进给。四个象限的进给方向如图 4.7 所示。

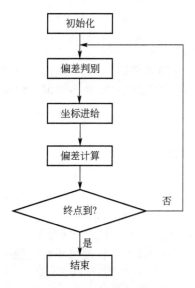

图 4.6 直线运算程序流程图　　　　　**图 4.7 直线插补在四个象限中的进给方向**

现在将直线四种情况的偏差计算及进给方向列于表 4 - 3 中，其中用 L 表示直线，四个象限分别用数字 1、2、3、4 标注。

表 4 - 3　XY 平面内直线插补的进给与偏差计算

线　型	偏　差	偏 差 计 算	进给方向与坐标
L_1，L_4	$F \geqslant 0$	$F \leftarrow F - \lvert y_e \rvert$	$+\Delta x$
L_2，L_3	$F \geqslant 0$		$-\Delta x$
L_1，L_2	$F < 0$	$F \leftarrow F - \lvert x_e \rvert$	$+\Delta y$
L_3，L_4	$F < 0$		$-\Delta y$

2）逐点比较法圆弧插补

（1）逐点比较法的圆弧插补原理。根据圆的定义，任意一点到圆心的距离等于定长半径的大小。在圆弧加工过程中，要描述刀具位置与被加工圆弧之间的关系，可以用动点到圆心的距离大小来反映。假定圆弧的圆心在坐标原点，已知圆弧起点为 $A(x_0,\ y_0)$，在 XY 坐标平面第一象限中，点 $P(x_i,\ y_j)$ 的加工偏差可能存在 3 种情况，即在圆弧上、圆弧内、圆弧外，如图 4.8 中的点 B、D、C 所示。

当加工点 $P(x_i,\ y_j)$ 正好落在圆弧上，则
$$x_i^2 + y_j^2 = x_0^2 + y_0^2 = R^2$$
当加工点 $P(x_i,\ y_j)$ 落在圆弧内，则
$$x_i^2 + y_j^2 < x_0^2 + y_0^2$$
当加工点 $P(x_i,\ y_j)$ 落在圆弧外，则

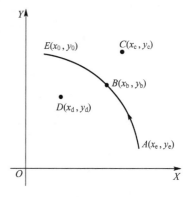

图 4.8 点在圆弧上的分布情况

$$x_i^2 + y_j^2 > x_0^2 + y_0^2$$

用 F 表示 P 点的偏差值，定义圆弧偏差函数判别式为

$$F_{i,j} = (x_i^2 - x_0^2) + (y_j^2 - y_0^2)$$

若点 $P(x_i, y_j)$ 在圆弧上或圆弧外侧，即满足 $F_{i,j} \geqslant 0$ 的条件时，向 X 轴负向发出一运动的进给脉冲即 $-\Delta x$；若点 $P(x_i, y_j)$ 在圆弧内侧，即满足 $F_{i,j} < 0$ 的条件时，则向 Y 轴正向发出一运动的进给脉冲即 $+\Delta y$。为了简化偏差判别式的运算，仍用递推法来推算下一步的加工偏差。

设加工点 $P(x_i, y_j)$ 在圆弧外侧或在圆弧上，则加工偏差为

$$F_{i,j} = (x_i^2 - x_0^2) + (y_j^2 - y_0^2) \geqslant 0$$

故 X 轴必须向负方向进给一步 $-\Delta x$，从而移到新的加工点 $P(x_{i+1}, y_j)$，其加工偏差为

$$F_{i+1,j} = (x_i - 1)^2 - x_0^2 + y_j^2 - y_0^2 = x_i^2 - 2x_i + 1 + y_j^2 - y_0{}^2 - x_0^2 = F_{i,j} - 2x_i + 1$$

设加工点 $P(x_i, y_j)$ 在圆弧的内侧，则加工偏差 $F_{i,j} < 0$。那么 Y 轴需向正向进给一步 $+\Delta y$，移到新的加工点 $P(x_i, y_{j+1})$，其加工偏差为

$$F_{i,j+1} = x_i^2 - x_0^2 + (y_j + 1)^2 - y_0^2 = x_i^2 - x_0^2 + y_j^2 + 2y_j + 1 - y_0^2 = F_{i,j} + 2y_j + 1$$

从上面的两个式子可以看出，新加工点的偏差值计算公式除与前一点的偏差值有关外，还与动点坐标有关，动点坐标值随着插补的进行是变化的，所以圆弧插补的同时，还必须修正新的动点坐标。圆弧插补计算过程与直线插补计算过程基本相同，对于圆弧仅在一个象限内的情况，终点判别采用与直线插补相同的方法，将 X、Y 轴走的步数总和存入一个计数器，$N = |x_b - x_a| + |y_b - y_a|$，每走一步 N 减去 1，当 $N = 0$ 时发出停止信号。逐点比较法软件插补流程图如图 4.9 所示。

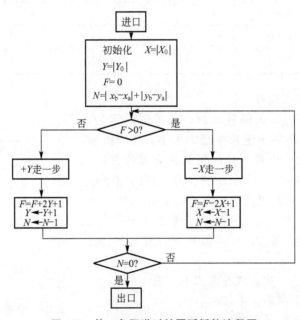

图 4.9 第一象限逆时针圆弧插补流程图

（2）圆弧插补实例。

【例 4-3】 现欲加工第一象限逆时针圆弧 AB，如图 4.10 所示，起点 $A(10, 0)$，终

点 $B(6，8)$，试用逐点比较法进行插补。

解： 圆弧插补过程见表 $4-4$。

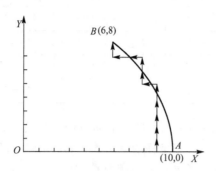

图 4.10　第一象限逆时针圆弧插补实例

表 $4-4$　第一象限逆时针圆弧插补过程

序号	偏差判别	进给方向	偏差计算	终点判别
0			$F_{10,0}=0$	$N=12$
1	$F_{10,0}=0$	$-X$	$F_{9,0}=F_{10,0}-2\times10+1=-19$	$N=12-1=11$
2	$F_{9,0}=-19<0$	$+Y$	$F_{9,1}=F_{9,0}+2\times0+1=-18$	$N=12-2=10$
3	$F_{9,1}=-18<0$	$+Y$	$F_{9,2}=F_{9,1}+2\times1+1=-15$	$N=12-3=9$
4	$F_{9,2}=-15<0$	$+Y$	$F_{9,3}=F_{9,2}+2\times2+1=-10$	$N=12-4=8$
5	$F_{9,3}=-10<0$	$+Y$	$F_{9,4}=F_{9,3}+2\times3+1=-3$	$N=12-5=7$
6	$F_{9,4}=-3<0$	$+Y$	$F_{9,5}=F_{9,4}+2\times4+1=6$	$N=12-6=6$
7	$F_{9,5}=6>0$	$-X$	$F_{8,5}=F_{9,5}-2\times9+1=-11$	$N=12-7=5$
8	$F_{8,5}=-11<0$	$+Y$	$F_{8,6}=F_{8,5}+2\times5+1=0$	$N=12-8=4$
9	$F_{8,6}=0$	$-X$	$F_{7,6}=F_{8,6}-2\times8+1=-15$	$N=12-9=3$
10	$F_{7,6}=-15<0$	$+Y$	$F_{7,7}=F_{7,6}+2\times6+1=-2$	$N=12-10=2$
11	$F_{7,7}=-2<0$	$+Y$	$F_{7,8}=F_{7,7}+2\times7+1=13$	$N=12-11=1$
12	$F_{7,8}=13>0$	$-X$	$F_{6,8}=F_{7,8}-2\times7+1=0$	$N=12-12=0$

【例 $4-4$】　用逐点比较法加工第二象限顺圆弧 AB，起点为 $A(-5，0)$，终点为 B $(-3，4)$。试用逐点比较法进行插补。

解： 圆弧插补过程见表 $4-5$。插补轨迹如图 4.11 所示。

表 $4-5$　第二象限顺时针圆弧插补过程

序号	偏差判别	进给方向	偏差计算	终点判别
0			$F_{5,0}=0$	$N=6$
1	$F_{5,0}=0$	$+X$	$F_{4,0}=F_{5,0}-2\times\mid-5\mid+1=-9$	$N=6-1=5$
2	$F_{4,0}=-9<0$	$+Y$	$F_{4,1}=F_{4,0}+2\times\mid0\mid+1=-8$	$N=6-2=4$

（续）

序号	偏差判别	进给方向	偏差计算	终点判别
3	$F_{4,1}=-8<0$	$+Y$	$F_{4,2}=F_{4,1}+2\times|1|+1=-5$	$N=6-3=3$
4	$F_{4,2}=-5<0$	$+Y$	$F_{4,3}=F_{5,2}+2\times|2|+1=0$	$N=6-4=2$
5	$F_{4,3}=0$	$+X$	$F_{3,3}=F_{4,3}-2\times|-4|+1=-7$	$N=6-5=1$
6	$F_{3,3}=-7<0$	$+Y$	$F_{3,4}=F_{3,3}+2\times|3|+1=0$	$N=6-6=0$

（3）圆弧插补的象限处理与坐标变换。上面讨论的是第一象限圆弧插补方法，与直线插补的方法相似，若插补计算都用坐标的绝对值，将进给方向另做处理，4 个象限插补公式可以用统一的公式来计算。当第一象限顺时针圆弧插补时，将 X 轴正向进给改为 X 负向进给，则走出的是第二象限逆时针圆弧，若将 X 轴沿着负向、Y 轴沿着正向进给，则走出的是第三象限顺时针圆弧。用 SR_1、SR_2、SR_3、SR_4 分别表示第 Ⅰ、Ⅱ、Ⅲ、Ⅳ 象限的顺时针圆弧，用 NR_1、NR_2、NR_3、NR_4 分别表示第 Ⅰ、Ⅱ、Ⅲ、Ⅳ 象限的逆时针圆弧，4 个象限的圆弧进给方向如图 4.12 所示。

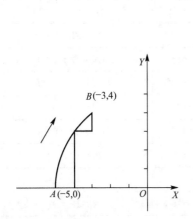

图 4.11　第二象限顺时针圆弧插补实例

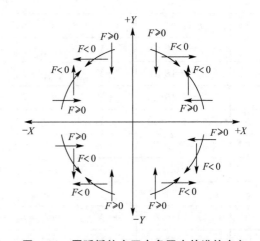

图 4.12　圆弧插补在四个象限中的进给方向

如果圆弧的起点和终点不在同一象限内，即圆弧过象限。若坐标采用绝对值进行插补，应先进行过象限判断，当 $X=0$ 或 $Y=0$ 时过象限。需要将圆弧分成两段圆弧进行处理，对应调用圆弧的插补程序。若用带符号的坐标值进行插补计算，在插补的同时，比较动点坐标和终点坐标的代数值，若两者相等，插补结束。

XY 平面内圆弧插补的进给与偏差计算见表 4-6。如果对于其他平面的插补可以采用坐标变换的方法实现。用 Y 代替 X，Z 代替 Y 即可实现 YZ 平面内的直线和圆弧插补；用 Z 代替 Y 而 X 坐标不变，可以实现 XZ 平面内的直线与圆弧插补。

表 4-6　XY 平面内圆弧插补的进给与偏差计算

线　型	偏　差	偏差计算	进给方向与坐标
SR_2，NR_3	$F\geqslant0$	$F\leftarrow F+2x+1$	$+\Delta x$
SR_1，NR_4	$F<0$	$x\leftarrow x+1$	

（续）

线　　型	偏　　差	偏差计算	进给方向与坐标
NR_1，SR_4	$F \geqslant 0$	$F \longleftarrow F - 2x + 1$	$-\Delta x$
NR_2，SR_3	$F < 0$	$x \longleftarrow x - 1$	
NR_4，SR_3	$F \geqslant 0$	$F \longleftarrow F + 2y + 1$	$+\Delta y$
NR_1，SR_2	$F < 0$	$y \longleftarrow y + 1$	
SR_1，NR_2	$F \geqslant 0$	$F \longleftarrow F - 2y + 1$	$-\Delta y$
NR_3，SR_4	$F < 0$	$y \longleftarrow y - 1$	

2. 数字积分法插补

数字积分法又称为数字微分分析法（Digital Differential Analyzer，DDA），是在数字积分器的基础上建立起来的一种插补算法，可以实现一次、二次、甚至高次曲线的插补，也可以实现多坐标联动控制，并具有运算速度快、应用广泛的特点。只要输入不多的几个数据，就能加工出圆弧等形状较为复杂的轮廓曲线。作直线插补时，脉冲分配也比较均匀。这种方法最初在硬件数控系统中使用逻辑电路实现积分运算，现在可以由软件实现。

如图 4.13 所示，假定有一函数 $y = f(t)$，求此函数在 $t_0 \sim t_n$ 区间的积分，就是求出此函数曲线所包围的面积。如果将横坐标区间段划分为间隔为 Δt 的很小的区间，当 Δt 足够小时，此面积可以近似地用许多小矩形面积之和来代替，则

$$S = \int_{t_0}^{t_n} Y \mathrm{d}t = \sum_{i=0}^{n-1} Y_i \Delta t \qquad (4-1)$$

式(4-1)说明，求积分的过程也可以用累加的方法来近似。数学运算时，如果 $\Delta t = 1$，即一个脉冲当量，式(4-1)可以简化为

$$S = \sum_{i=0}^{n-1} Y_i$$

由此可以看出，函数的积分运算变成了变量求和运算。如果所选取的脉冲当量足够小，则用求和运算来代替积分运算所引起的误差一般可以满足加工要求。

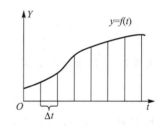

图 4.13　函数 $y = f(t)$ 的积分

1）数字积分法直线插补

假定 XY 平面内直线 OE，起点坐标 $O(0, 0)$，终点坐标为 $E(x_e, y_e)$，如图 4.14 所示。若以匀速沿着 OE 位移，则运行的速度可以分为动点在 X 轴和 Y 轴方向的两个分速度 V_x、V_y，根据积分原理可知，在 X 轴和 Y 轴方向上微小位移量为 Δx、Δy 应为

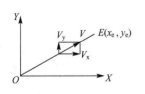

图 4.14　数字积分法直线插补

$$\begin{cases} \Delta x = V_x \cdot \Delta t \\ \Delta y = V_y \cdot \Delta t \end{cases}$$

对于直线函数来说，式(4-2)成立

$$\frac{V}{OE} = \frac{V_x}{x_e} = \frac{V_y}{y_e} = k \, (k \text{ 为常数}) \qquad (4-2)$$

各坐标轴的位移量为

$$\begin{cases} X = \int V_x \mathrm{d}t = \int k x_e \mathrm{d}t \\ Y = \int V_y \mathrm{d}t = \int k y_e \mathrm{d}t \end{cases} \tag{4-3}$$

数字积分法是求从 O 到 E 区间的定积分。此积分值等于由 O 到 E 的坐标增量，因为积分是从原点开始的，所以坐标增量即是终点坐标。

$$\begin{cases} \int_{t_0}^{t_n} k x_e \mathrm{d}t = x_e - x_0 \\ \int_{t_0}^{t_n} k y_e \mathrm{d}t = y_e - y_0 \end{cases}$$

t_0 对应直线起点的时间，t_n 对应终点时间。

用累加来代替积分，刀具在 X、Y 方向移动的微小增量分别为：

$$\begin{cases} \Delta x = V_x \Delta t = k x_e \Delta t \\ \Delta y = V_y \Delta t = k y_e \Delta t \end{cases} \tag{4-4}$$

动点从原点走向终点的过程，可以看作各坐标轴每经过一个单位时间间隔 Δt，分别以增量 kX_e 及 kY_e 同时累加的结果。

$$\begin{cases} x = \sum_{i=1}^{m} \Delta x_i = \sum_{i=1}^{m} k x_e \Delta t_i \\ y = \sum_{i=1}^{m} \Delta y_i = \sum_{i=1}^{m} k y_e \Delta t_i \end{cases} \tag{4-5}$$

取 $\Delta t_i = 1$（一个单位时间间隔），则

$$\begin{cases} x = kX_e \sum_{i=1}^{m} \Delta t_i = km x_e \\ y = k y_e \sum_{i=1}^{m} \Delta t_i = km y_e \end{cases} \tag{4-6}$$

若经过 m 次累加后，X、Y 都到达终点 $E(X_e, Y_e)$，式（4-7）成立

$$\begin{cases} x = km x_e = x_e \\ y = km y_e = y_e \end{cases} \tag{4-7}$$

可见累加次数与比例系数之间有如下关系

$$km = 1$$

或

$$m = 1/k$$

两者互相制约，不能独立选择，m 是累加次数，取整数，k 取小数。即先将直线终点坐标 x_e、y_e 缩小到 kx_e、ky_e，然后再经 m 次累加到达终点。另外还要保证沿坐标轴每次进给脉冲不超过一个，保证插补精度，应使式（4-8）成立

$$\begin{cases} \Delta X = k x_e < 1 \\ \Delta Y = k y_e < 1 \end{cases} \tag{4-8}$$

如果存放 x_e、y_e 寄存器的位数是 n，对应最大允许数字量为 $2^n - 1$（各位均为1），所以 x_e，y_e 最大寄存数值为 $2^n - 1$，则

$$k(2^n - 1) < 1$$

$$k < \frac{1}{2^n - 1} \tag{4-9}$$

为使式(4-9)成立,取 $k=\dfrac{1}{2^n}$,代入得

$$\frac{2^n-1}{2^n}<1$$

累加次数 $m=\dfrac{1}{k}=2^n$。

因为 $k=\dfrac{1}{2^n}$,对于一个二进制数来说,使 kx_e(或 ky_e)等于 x_e(或 y_e)乘以 $\dfrac{1}{2^n}$ 是很容易实现的,也就是说 x_e(或 y_e)数字本身不变,只要把小数点左移 n 位即可。所以,一个 n 位的寄存器存放 x_e(或 y_e)和存放 kx_e(或 ky_e)的数字是相同的,只是后者的小数点出现在最高位数 n 前面,其他没有差异。

数字积分法直线插补的终点判别比较简单,因为直线程序段需要进行 2^n 次累加运算,进行 2^n 次累加后就一定到达终点,故可以由一个与积分器中寄存器容量相同的终点计数器实现,其初始值为零。每累加一次,计数器加一,当累加 2^n 次后,产生溢出,计数器清零,完成插补。DDA 直线的插补器结构图如图 4.15 所示。

用 DDA 进行插补时,X 和 Y 两坐标可以同时进给,即可同时送出 Δx、Δy 脉冲,同时每累加一次,要进行一次终点判别。DDA 直线插补软件流程如图 4.16 所示。

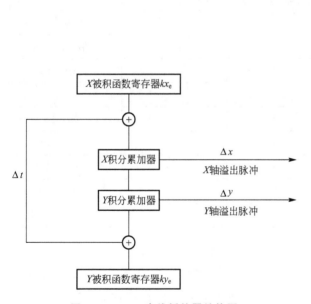

图 4.15　DDA 直线插补器结构图

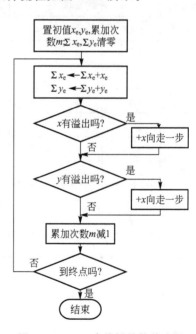

图 4.16　DDA 直线插补软件流程

【例 4-5】　设有一直线 OA,起点在坐标原点,终点的坐标为(5,3)。试用 DDA 直线插补此直线。若被积函数寄存器 R_x、R_y 和余数寄存器 R_{ax}、R_{ay} 以及终点计数器 R_e 均为三位二进制寄存器。请写出插补过程、画出 DDA 直线插补轨迹。

解:插补前 R_{ax}、R_{ay}、R_e 为零,R_x、R_y 分别存放 $x_e=5$,$y_e=3$,且始终保持不变。选的寄存器位数为 3,则累加次数 $n=2^3=8$,运算过程见表 4-7 和表 4-8,插补轨迹如图 4.17 所示。

表 4-7   DDA 直线插补二进制计算

累加次数(Δt)	X 积分器			Y 积分器			终点计数器 JE	备注
	JVx(xe)	JRx	Δx	JVy(ye)	JRy	Δy		
0	101	000		011	000		000	初始状态
1	101	101		011	011		001	第一次迭代
2	101	010	1	011	110		010	Δx 溢出
3	101	111		011	001	1	011	Δy 溢出
4	101	100	1	011	100		100	Δx 溢出
5	101	001	1	011	111		101	Δx 溢出
6	101	110		011	010	1	110	Δy 溢出
7	101	011	1	011	101		111	Δx 溢出
8	101	000	1	011	000	1	000	Δx、Δy 溢出

表 4-8   DDA 直线插补整数计算过程

累加次数(Δt)	X 积分器			Y 积分器			终点计数器 JE	备注
	JVx(xe)	JRx	Δx	JVy(ye)	JRy	Δy		
0	5	0		3	0		0	初始状态
1	5	5		3	3		1	第一次迭代
2	5	2	1	3	6		2	Δx 溢出
3	5	7		3	1	1	3	Δy 溢出
4	5	4	1	3	4		4	Δx 溢出
5	5	1	1	3	7		5	Δx 溢出
6	5	6		3	2	1	6	Δy 溢出
7	5	3	1	3	5		7	Δx 溢出
8	5	0	1	3	0	1	8	Δx、Δy 溢出

2）数字积分法圆弧插补

DDA 直线插补的物理意义是使动点沿着速度矢量的方向前进，这同样适合于圆弧插补。以第一象限为例，如图 4.18 所示，P 点为逆圆弧 AB 上的一个动点，起点为 A，终点为 B。数字积分法是采用曲线中每一微小线段的相应切线来代替该小段曲线，在圆弧插补时，要求刀具沿着圆弧切线做等速运动，假定圆弧上任意一动点为 $P(x，y)$ 的速度为 V，在两个坐标方向的分速度为 V_x，V_y，根据图中的几何关系，可知

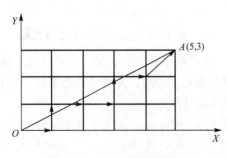

图 4.17   DDA 直线插补轨迹

$$\frac{V}{R}=\frac{V_x}{y}=\frac{V_y}{x}=k(常数)$$

$$\begin{cases} \Delta x=-V_x \cdot \Delta t=-k \cdot y \cdot \Delta t \\ \Delta y=V_y \cdot \Delta t=k \cdot x \cdot \Delta t \end{cases} (\Delta t 为时间增量)$$

注意：对于第一象限逆圆弧，X 坐标轴的进给方向是－X 方向，因此，要加上负号。

DDA 圆弧插补和其直线插补类似，可以用两个积分器来实现圆弧插补。第一象限的 DDA 圆弧插补原理图如图 4.19 所示。DDA 圆弧插补与直线插补的主要区别为：坐标值 x、y 存入被积函数寄存器 JVx、JVy 的对应关系与直线不同，正好相反，JVx 存放着 y，JVy 存放着 x。直线插补时，寄存器中始终存放着终点的坐标值，为常数，而圆弧插补则不同，寄存器中存放着动点坐标，是个变量。在插补过程中，必须根据动点位置的变化来改变 JVx、JVy 中的内容。

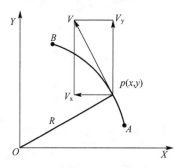

图 4.18　DDA 圆弧插补

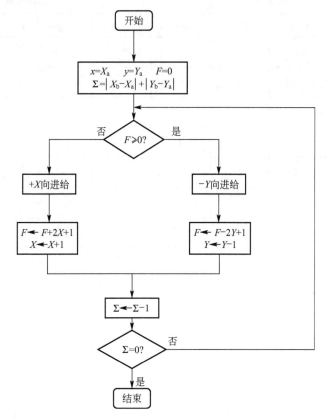

图 4.19　第一象限 DDA 圆弧插补原理图

DDA 圆弧插补时，由于 X、Y 方向到达终点的时间不同，需要对 x、y 两个坐标分别进行判断。把 x、y 坐标要输出的脉冲数 $|x_a-x_b|$、$|y_a-y_b|$ 分别存放在两个计数器中，当某一个坐标计数器为零时，说明该坐标已经到达终点，停止迭代。当两个终点计数器均为零时，插补结束。

【例 4-6】 设有第一象限顺时针圆弧 AB，如图 4.20 所示，起点 $A(0，5)$，终点 $B(5，0)$，寄存器位数为 3，试用 DDA 插补此圆弧。

解：插补轨迹如图 4.20 所示，运算过程见表 4-9。

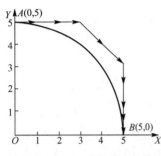

图 4.20 DDA 圆弧插补实例

3) 数字积分法插补的象限处理

DDA 插补不同象限的直线插补相对简单，如图 4.21 所示。不同象限的顺时针、逆时针圆弧插补运算过程和原理与第一象限顺时针圆弧插补基本一致。对于第二象限逆时针圆弧，如图 4.22 所示，圆弧插补时被积函数是动点坐标，在插补过程中要进行修正，坐标值的修改要看动点运动是使该坐标绝对值是增加还是减少，来确定是加 1 还是减 1。四个象限直线进给方向和圆弧插补的坐标修改及进给方向见表 4-10。

表 4-9 DDA 圆弧插补运算过程

累加器 n	X 积分器				Y 积分器			
	J_{VX}	J_{RX}	Δx	J_{EX}	J_{VY}	J_{RY}	Δy	J_{EY}
0	5	0	0	5	0	0	0	5
1	5	0+5=5	0	5	0	0+0=0	0	5
2	5	5+5=8+2	1	4	0	0+0=0	0	5
3	5	5+2=7	0	4	1	1	0	5
4	5	5+7=8+4	1	3	1	1+1=2	0	5
5	5	5+4=8+1	1	2	2	2+2=4	0	5
6	5	5+1=6	0	2	3	3+4=7	0	5
7	5	5+6=8+3	1	1	4	3+7=8+2	1	4
8	4	4+3=7	0	1	4	4+2=6	0	4
9	4	4+7=8+3	1	0	4	4+6=8+2	1	3
10	3	停止			5	5+2=7	0	3
11	3				5	5+7=8+4	1	2
12	2				5	5+4=8+1	1	1
13	1				5	5+1=6	0	1
14	1				5	5+6=8+3	1	0
15	0				5	停止		

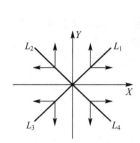

图 4.21 DDA 直线插补四个象限进给方向

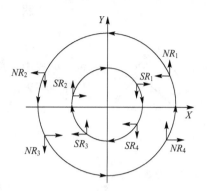

图 4.22 DDA 圆弧四个象限进给方向

表 4-10　DDA 圆弧插补不同象限的脉冲分配及坐标修正

	SR1	SR2	SR3	SR4	NR1	NR2	NR3	NR4
J_{VX}	−1	+1	−1	+1	+1	−1	+1	−1
J_{VY}	+1	−1	+1	−1	−1	+1	−1	+1
Δx	+	+	−	−	−	−	+	+
Δy	−	+	+	−	−	+	−	+

4.2.2　数据采样插补

数据采样插补又称为时间标量插补、时间分割插补或数字增量插补。这类插补算法的特点是数控装置产生的不是单个脉冲，而是标准二进制数。根据编程的进给速度，插补周期，计算出轮廓步长，即用一系列首尾相连的微小线段来逼近给定轮廓。每经过一个插补周期就进行一次插补计算，求出插补周期内各个坐标轴的进给量，得出下一个插补点的指令位置。

数据采样插补方法很多，如直线函数法、扩展数字积分法、二阶递归算法等，适用于闭环、半闭环以直流和交流伺服电动机为驱动装置的数据采样控制系统，能较好地满足速度控制和精度控制的要求。插补计算通常分两步完成，粗插补求出每个插补周期的微小直线段，精插补是在粗插补算出的每一微小直线段的基础上再作"数据点的密化"工作。粗插补一般由软件完成，精插补由硬件实现，从而减轻软件插补工作量，发挥硬件插补速度快的优势，满足高速加工的要求。

数据采样是指由时间上连续信号取出不连续信号，对时间上连续的信号进行采样，就是通过一个采样开关 K（这个开关 K 每隔一定的周期 T_C 闭合一次）后，在采样开关的输出端形成一连串的脉冲信号。这种把时间上连续的信号转变成时间上离散的脉冲系列的过程称为采样过程，周期 T_C 叫做采样周期。

计算机定时对坐标的实际位置进行采样，采样数据与指令位置进行比较，得出位置误差用来控制电动机，使实际位置跟随指令位置。对于给定的某个数控系统，插补周期 T 和采样周期 T_C 是固定的，通常 $T \geqslant T_C$，一般要求 T 是 T_C 的整数倍。

在圆弧插补中，将轮廓步长作为切线、割线或弦线来逼近圆弧，必然会带来轨迹误差。

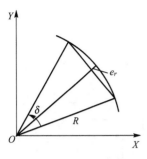

图 4.23 弦线逼近圆弧

如图 4.23 所示，用弦线逼近圆弧，其最大径向误差 e_r 为

$$e_r = R\left(1 - \cos\frac{\delta}{2}\right)$$

式中，R 为被插补圆弧半径（mm）；δ 为角步距，在一个插补周期内逼近弦所对应的圆心角。

将式（4-9）中的 $\cos(\delta/2)$ 用幂级数展开，得

$$e_r = R\left(1 - \cos\frac{\delta}{2}\right) = R\left\{1 - \left[1 - \frac{(\delta/2)^2}{2!} + \frac{(\delta/2)^2}{4!} - \cdots\right]\right\} \approx \frac{\delta^2}{8}R$$

$$(4-10)$$

设 T 为插补周期，F 为进给速度，则轮廓步长为

$$l = TF$$

用轮廓步长代替弦长，有

$$\delta \approx \frac{l}{R} = \frac{TF}{R}$$

从而得

$$e_r = \frac{(TF)^2}{8R} \qquad (4-11)$$

可见，圆弧插补过程中，用弦线逼近圆弧时，插补误差 e_r 与程编进给速度 F 的平方、插补周期 T 的平方成正比，与圆弧半径 R 成反比。对于具体的 CNC 装置，T 是固定的。将 CNC 装置应用于具体的数控机床时，允许的径向逼近误差也是一定的。当加工圆弧半径已知时，可以求出允许的最大进给速度，则实际使用的进给速度应小于允许的最大进给速度。

1. 直线插补

图 4.24 所示为第一象限直线，刀尖从点 P_{i-1} 到点 P_i，每个插补周期的进给步长为 $\Delta L = FT$，直线 OP_e 的长度为 $L = (x_e^2 + y_e^2)^{0.5}$，$X$ 和 Y 轴的位移增量为 $\Delta x = \Delta L x_e/L$，$\Delta y = \Delta L y_e/L$。假设 $k = \Delta L/L$，则插补第 i 点的动点坐标为

$$x_i = x_{i-1} + \Delta x = x_{i-1} + kx_e$$

$$y_i = y_{i-1} + \Delta y = y_{i-1} + ky_e$$

由此，可以设计第一象限数据采样直线插补软件流程图。

2. 圆弧插补

要进行圆弧插补，需要先根据指令中的进给速度 F，计算出轮廓步长 l，再进行插补计算。以弦线逼近圆弧，就是以轮廓步长为圆弧上相邻两个插补点之间的弦长，由前一个插补点的坐标和轮廓步长，计算后一插补点，实质上是求后一插补点到前一插补点两个坐标轴的进给量 Δx，Δy。

如图 4.25 所示，$A(x_i, y_i)$ 为当前点，$B(x_{i+1}, y_{i+1})$ 为插补后到达的点，图中 AB 弦正是圆弧插补时在一个插补周期的步长 l，需计算 X 轴和 Y 轴的进给量 $\Delta x = x_{i+1} - x_i$，$\Delta y = y_{i+1} - y_i$。AP 是 A 点的切线，M 是弦的中点，$OM \perp AB$，$ME \perp AG$，E 为 AG 的中点。圆心角计算如下

$$\phi_{i+1} = \phi_i + \delta$$

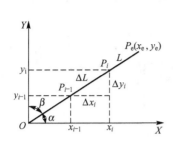

图 4.24　第一象限直线

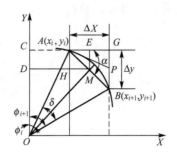

图 4.25　圆弧插补

式中，δ 是轮廓步长所对应的圆心角增量，也称为角步距。

因为 $OA \perp AP$（AP 为圆弧切线），所以 $\triangle AOC \sim \triangle PAG$，则 $\angle AOC = \angle GAP = \phi_i$。

因为 $\angle PAB + \angle OAM = 90°$，则

$$\angle PAB = \angle AOM = \alpha = \frac{1}{2}\angle AOB = \alpha = \frac{1}{2}\delta$$

设 $\alpha = \angle GAB = \angle GAP + \angle PAB = \phi_i + \frac{1}{2}\delta$，则 $\triangle MOD$ 中

$$\tan\left(\phi_i + \frac{1}{2}\delta\right) = \frac{DM}{OD} = \frac{DH + HM}{OC - CD} \tag{4-12}$$

将 $DH = x_i$，$OC = y_i$，$HM = \frac{1}{2}l\cos\alpha = \frac{1}{2}\Delta x$，$CD = \frac{1}{2}l\sin\alpha = \frac{1}{2}\Delta y$ 带入式（4-12），则

$$\tan\alpha = \tan\left(\phi_i + \frac{1}{2}\delta\right) = \frac{x_i + \frac{1}{2}l\cos\alpha}{y_i - \frac{1}{2}l\sin\alpha} = \frac{x_i + \frac{1}{2}\Delta x}{y_i - \frac{1}{2}\Delta y} \tag{4-13}$$

又因为

$$\tan\alpha = \frac{GB}{GA} = \frac{\Delta y}{\Delta x}$$

所以

$$\frac{\Delta y}{\Delta x} = \frac{x_i + \frac{1}{2}\Delta x}{y_i - \frac{1}{2}\Delta y} = \frac{x_i + \frac{1}{2}l\cos\alpha}{y_i - \frac{1}{2}l\sin\alpha} \tag{4-14}$$

式（4-14）反映了圆弧上任意相邻两插补点坐标之间的关系，只要求得 Δx 和 Δy，就可以计算出新的插补点 $B(x_{i+1}, y_{i+1})$

$$x_{i+1} = x_i + \Delta x$$
$$y_{i+1} = y_i + \Delta y$$

式（4-13）中，$\sin\alpha$ 和 $\cos\alpha$ 均为未知，求解困难，采用近似算法，用 $\sin45°$ 和 $\cos45°$ 来代替，即 $\tan\alpha' = \dfrac{x_i + \frac{1}{2}l\cos45°}{y_i - \frac{1}{2}l\sin45°}$

$\tan\alpha'$ 与 $\tan\alpha$ 不同，从而造成了 $\tan\alpha$ 的偏差，在 $\alpha = 0°$ 处偏差较大。如图 4.26 所示，

由于角 α 成为 α'，因而影响到 Δx 值，使之为 $\Delta x' = l\cos\alpha' = AT$。

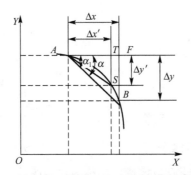

图 4.26 圆弧插补近似处理引起的进给速度偏差

为保证下一个插补点仍在圆弧上，$\Delta y'$ 的计算应按式（4-15）进行

$$x_i^2 + y_i^2 = (x_i + \Delta x')^2 + (y_i + \Delta y')^2 \qquad (4-15)$$

经展开整理得

$$\Delta y' = \frac{\left(y_i + \dfrac{1}{2}\Delta x'\right)\Delta x'}{y_i - \dfrac{1}{2}\Delta x'} \qquad (4-16)$$

由式（4-16）可用迭代法解出 $\Delta y'$。

采用近似算法可保证每次插补点均在圆弧上，引起的偏差仅是 $\Delta x \rightarrow \Delta x'$，$\Delta y \rightarrow \Delta y'$，$AB \rightarrow AS$，即 $l \rightarrow l'$。这种算法仅造成每次插补进给量的微小变化，而使进给速度有偏差，实际进给速度的变化小于指令进给速度的 1%，在加工中是允许的。直线函数法，用弦线逼近圆弧，因此插补误差主要为半径的绝对误差。因插补周期是固定的，该误差取决于进给速度和圆弧半径，当加工的圆弧半径确定后，为了使径向绝对误差不超过允许值，对进给速度要有一个限制。

$$F \leqslant \frac{\sqrt{8e_r R}}{T}$$

4.3 刀具半径补偿

刀具补偿是数控技术中较常用的处理问题的方法。根据轨迹控制中有关刀具情况的补偿，可以分为刀具半径补偿、长度补偿和位置补偿。下面仅介绍刀具半径补偿。

要进行数控编程，首先要引入一个刀位点的概念，我们把表征刀具位置的特征点叫做刀具的刀位点。在编制数控加工程序时，把刀具当成刀位点处理，这样在确定刀具运动轨迹和给出所需参数时，仅仅与零件轮廓形状有关，按照刀具刀位点的轨迹进行编程即可。但是，较多的时候刀具起切削作用的是一段切削刃，如果控制刀具的刀位点沿着轮廓轨迹进行走刀，加工后的零件将发生过切或欠切，为了克服这种情况，只需将刀具沿着零件的轮廓轨迹根据需要向左或向右偏离一个刀具半径即可，半径的大小可以作为一个参数输入给 CNC 装置，输入的参数称为刀具补偿值（简称刀补值）。对加工中使用的每一把刀具按照机床规定进行编号，得到刀具号，为每个刀具号分配一个刀具补偿号（简称刀补号）。刀补值存入刀具补偿寄存器中，可以通过刀补号进行寻址。

4.3.1 刀具半径补偿的基本原理

刀补的使用过程分为三个阶段，即刀补的建立过程、刀补的工作过程和刀补的撤销过程。在进行刀补建立程序段时，将刀补号对应的刀补值按指令要求补偿到刀具的位移中，使刀位点相对编程轨迹产生一个偏置。刀补一旦建立，在没有出现撤销指令时一直有效，刀位点始终保持相对于刀补值的偏置，即刀补的工作过程。当工件加工完毕后，使刀位点回复到编程轨迹上，需要撤销刀补，即刀补的撤销过程。

1. 刀补的建立过程

刀具从起点出发，沿着直线接近加工零件，根据刀补指令使刀具中心在原来的编程轨迹基础上伸长或缩短一个刀具半径值，也就是说刀具中心从与编程轨迹重合过渡到与编程轨迹偏离一个刀具半径值，如图 4.27 所示。

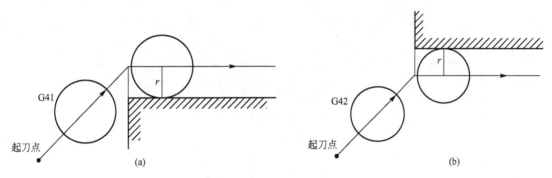

图 4.27 建立刀具补偿

2. 刀补的工作过程

刀补指令是模态指令，刀补指令一旦建立后一直有效，直到刀补指令撤销。在刀补进行期间，刀具中心轨迹始终偏离编程轨迹一个刀具半径值的距离。在轨迹转接处，采用圆弧过渡或直线过渡。

3. 刀补的撤销过程

当工件加工完成需要刀具撤离工件时，要撤销刀具补偿。与刀具补偿建立过程相似，刀具中心轨迹从与编程轨迹相距一个刀具半径值过渡到与编程轨迹重合。

刀具半径补偿只在平面内进行，由平面坐标指令 G17、G18、G19 指定不同的坐标平面。

4.3.2 B 刀具半径补偿的计算

刀具半径补偿的计算就是根据零件尺寸和刀具半径计算出刀具中心的运动轨迹。一般的 CNC 系统仅仅能实现直线和圆弧的轮廓控制。对于直线组成的零件轮廓来说，刀具半径补偿后的刀具中心运动轨迹是与原直线平行的直线，刀具半径补偿的计算只需要计算出刀具中心轨迹的起点和终点坐标。对于圆弧组成的零件轮廓，刀具半径补偿后的刀具中心运动轨迹是一条与原来的圆弧同心的圆弧，圆弧的刀具半径补偿计算只需要计算出刀具补偿后圆弧的起点和终点坐标以及刀具补偿后的圆弧半径值。计算出这些数据后，直线或圆弧的轨迹控制就能够实现。

4.3.3 C功能刀具半径补偿的计算

一般刀具半径补偿方法 B 刀具半径补偿只能计算出直线或圆弧终点的刀具中心值，而对于两个程序段之间在刀具补偿后可能出现的一些特殊情况没有给予考虑。在实际加工中，加工程序段之间是连续过渡的，没有间断点，也没有重合段。但是进行了 B 刀具半径补偿后，两个程序段之间的刀具中心轨迹可能会出现间断点和交叉点。如图 4.28 所示，当加工 ACB 段直线外轮廓时，会出现间断 $A'C'B'$；当加工内轮廓时，会出现交叉点 C''。对于只有 B 刀补功能的数控系统，当遇到间断点时，可以在两个间断点之间增加一个半径为刀具半径的过渡圆弧段 $A'B'$。当遇到交叉点时，事先在两个程序段间增加一个过渡圆弧 AB，圆弧的半径必须大于所用刀具的半径。这对编程人员来说很不方便。

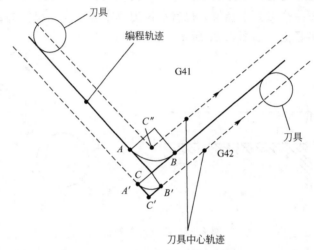

图 4.28 B刀具补偿的交叉点和间断点

由数控系统根据与实际轮廓的编程轨迹直接计算出刀具中心轨迹转接交点 C' 或 C''，再对原来的程序轨迹作出一定的修正。这种直接求出刀具中心轨迹交点的刀具半径补偿方法称为 C 功能刀具半径补偿。根据前后两编程轨迹的不同，刀具中心轨迹的不同连接方法有以下四种转接形式：直线与直线转接；直线与圆弧转接；圆弧与直线转接；圆弧与圆弧转接。两编程轨迹在交点处非加工侧的矢量夹角 α 如图 4.29 所示。

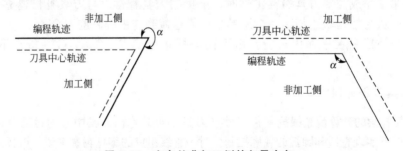

图 4.29 交点处非加工侧的矢量夹角 α

根据两段程序轨迹的矢量夹角 α 和刀补方向的不同，过渡方式可以分为缩短型、伸长型和插入型三种。当矢量夹角 $\alpha \geqslant 180°$ 时，刀具中心轨迹短于编程轨迹的过渡方式称为缩短型；当矢量夹角 $90° \leqslant \alpha < 180°$ 时，刀具中心轨迹长于编程轨迹的过渡方式称为伸长型；

当矢量夹角 $\alpha < 90°$ 时，在两段刀具中心轨迹之间插入一段直线的过渡方式称为插入型。C 功能刀具半径补偿的建立和撤销过程见表 4-11，刀具半径补偿的工作过程见表 4-12。

表 4-11　刀具半径补偿的建立和撤销过程

转接形式　　矢量夹角	刀补建立 (G42)		刀补撤销 (G42)		过渡方式
	直线—直线	直线—圆弧	直线—直线	圆弧—直线	
$\alpha \geqslant 180°$	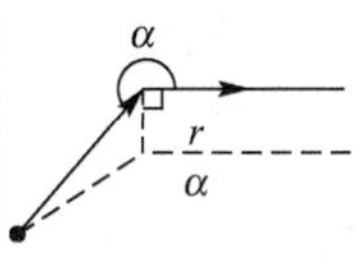	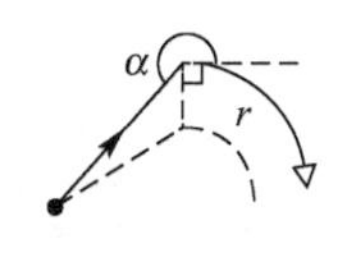	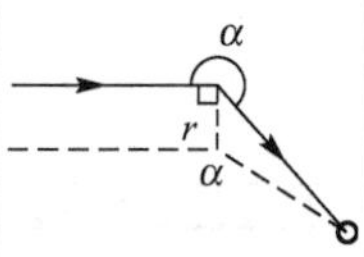	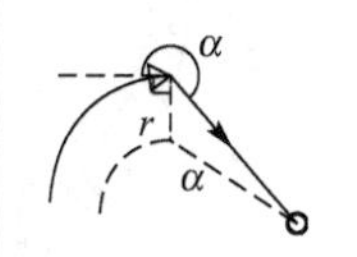	缩短型
$90° \leqslant \alpha < 180°$	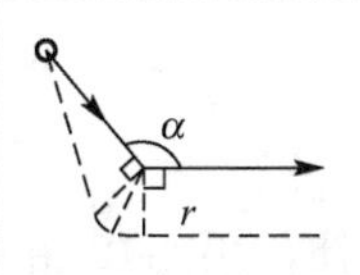	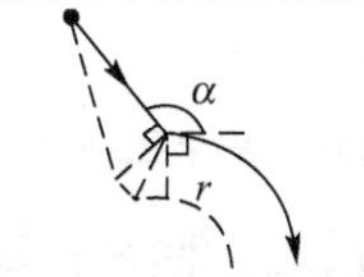	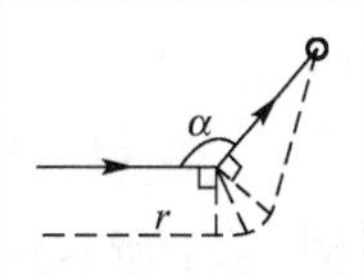	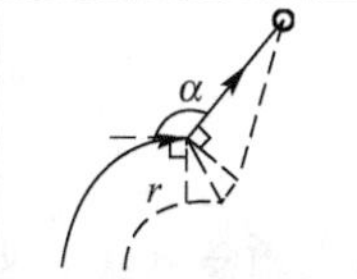	伸长型
$\alpha < 90°$	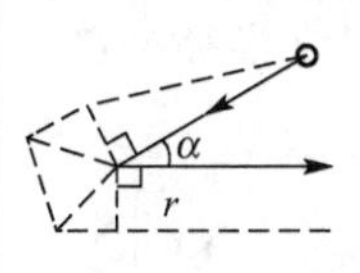	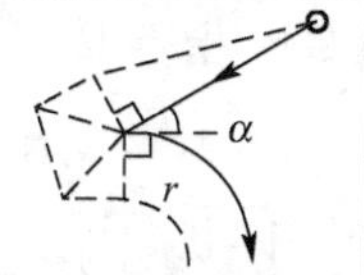	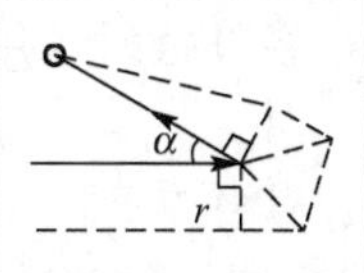	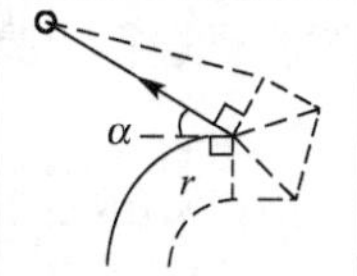	插入型

表 4-12　刀具半径补偿的工作过程

转接形式　　矢量夹角	刀补进行 (G42)				过渡方式
	直线—直线	直线—圆弧	圆弧—直线	圆弧—圆弧	
$\alpha \geqslant 180°$	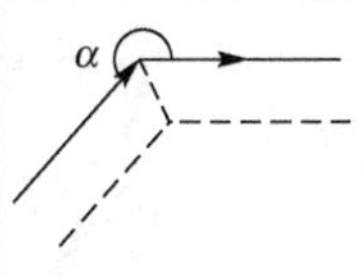	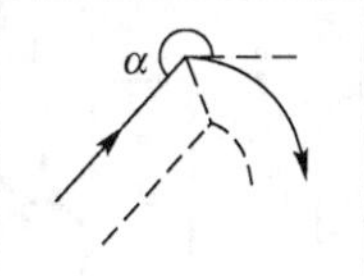	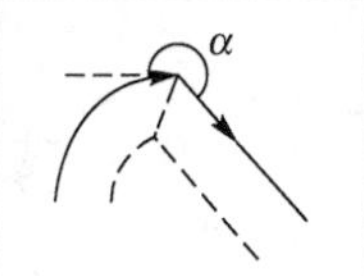	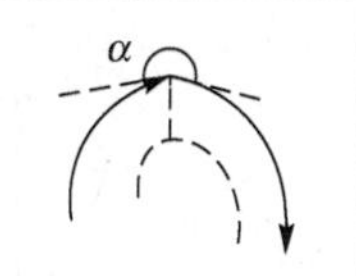	缩短型
$90° \leqslant \alpha < 180°$	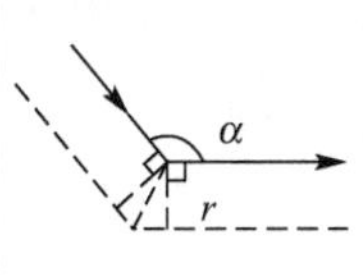	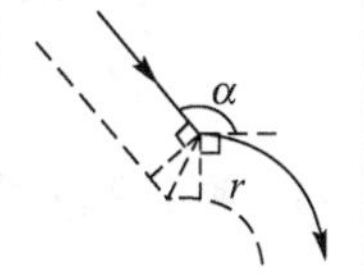	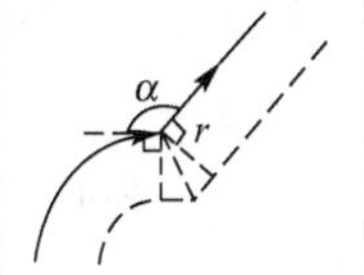	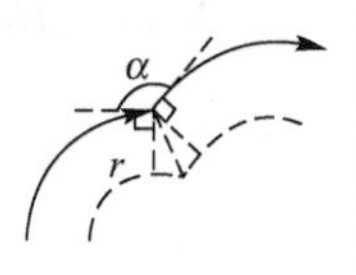	伸长型
$\alpha < 90°$	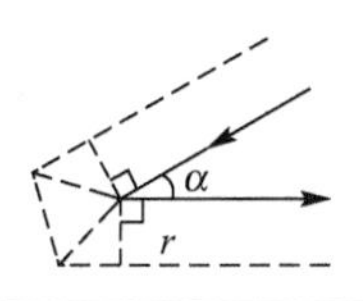	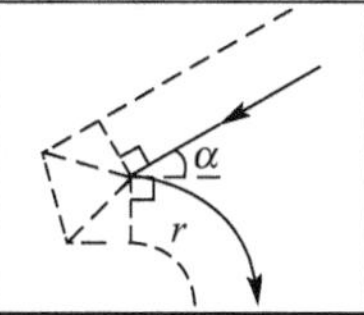	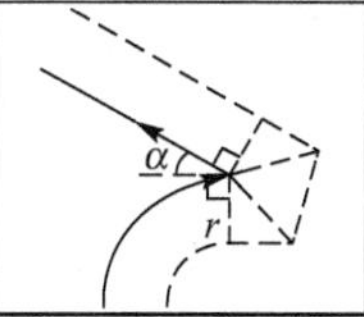	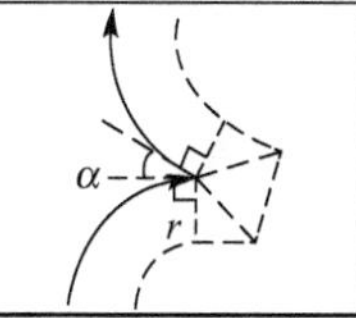	插入型

4.3.4　刀具半径补偿指令

对零件轮廓进行加工时，由于刀具半径尺寸影响，刀具的中心轨迹与零件轮廓往往不一致。为了避免计算刀具中心轨迹，直接按零件图样上的轮廓尺寸编程，数控系统提供刀具半径补偿功能，如图 4.30 所示。对数控机床进行编程时，一般用 G41 和 G42 指令进行刀具半径补偿，并使用 D×× 给出刀补号。

根据 ISO 标准，沿着刀具运动的方向看，刀具在加工后的零件轮廓的左侧，称为左刀

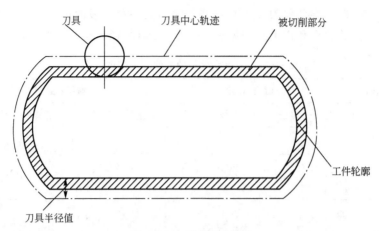

图 4.30　刀具半径补偿

补，用 G41 指令表示，如图 4.31 所示；反之，称为右刀补，用 G42 指令表示，如图 4.32 所示。当不需要进行刀具半径补偿时，用 G40 指令取消刀具半径补偿。

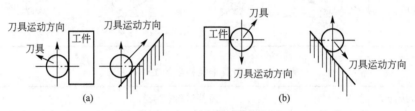

图 4.31　左刀具半径补偿

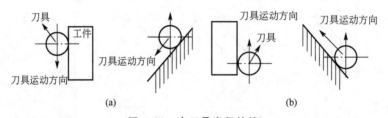

图 4.32　右刀具半径补偿

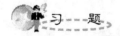习 —— 题

4-1　简述 CNC 系统的工作过程。

4-2　何谓插补？有哪些插补算法？

4-3　试述逐点比较法的四个节拍。

4-4　利用逐点比较法插补直线 $\overline{OE}$，起点 $O(0,0)$，终点 $E(6,10)$，试写出插补计算过程并绘出轨迹。

4-5　逐点比较法如何实现 XY 平面第一象限的直线插补和圆弧插补？

4-6　简述 DDA 插补的原理。

4-7　何谓刀具半径补偿？刀具半径补偿分为哪几个过程？

4-8　B 功能刀具半径补偿和 C 功能刀具半径补偿有何区别？

第5章
计算机数字控制装置

本章教学要点

知识要点	掌握程度	相关知识
CNC 装置的结构、特点及功能	掌握 CNC 装置的结构；熟悉 CNC 装置的功能；了解 CNC 装置的特点	典型 CNC 装置的结构
单片机数控装置、单 CPU 数控装置、多 CPU 数控装置	掌握三种数控装置的结构及特点；了解三种数控装置的应用	三种数控装置的典型结构
CNC 系统的软件结构特点、软件结构模式	掌握 CNC 系统的多任务性、并行处理和实时中断处理；了解典型数控系统的软件结构特点及应用	资源分时共享的处理方法、时间重叠流水并行处理方法；多重中断型软件结构、前后台型软件结构；典型数控系统
数控机床用可编程控制器的分类、功能及典型数控机床用 PLC 的指令系统	掌握数控机床用可编程控制器内装型 PLC 和独立型 PLC 的特点及功能；熟悉典型数控机床用 PLC 的指令系统	数控机床用可编程控制器特点；典型数控机床用 PLC 的基本指令和功能指令系统

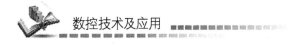

数控技术及应用

导入案例

计算机数字控制装置的维修

CNC 装置的工作是在硬件支持下，执行软件的全过程。通过输入设备，零件程序、控制参数和补偿数据等信息输入 CNC 装置。经过对各种零件信息、加工信息和其他辅助信息的译码处理，解释成计算机能够识别的数据形式，并且 CNC 装置再把如刀具补偿、进给速度处理、插补等功能与加工程序具体地结合在一起，通过输出给进给电动机，完成对工件的加工。CNC 装置与机床之间的强电信号是通过 I/O 处理回路来完成的。在 CNC 装置工作的过程中，它的自诊断程序运行，不间断地对机床各部分监测点实施监测，如果发现故障，就发送报警信号，方便维修人员快速准确地判断、定位并修复有关 CNC 系统或非系统内部的各种故障。

例：车间 CK61100 数控车床曾发生 MDI/CRT 操作面板所有按钮均失灵的故障，机床功能全部失灵，且无具体报警信息。让维修人员无从下手。

对照系统维修手册察看，发现系统 I/F 诊断异常，全部 I/O 接口信息均无显示。

维修手册提示：①I/O 接口损坏；②CNC 装置接口损坏。按照这一提示，停电后检查 I/O 接口，发现电路板有烧痕，判断 I/O 接口烧坏。更换新 I/O 接口后系统恢复正常。

综上所述，随着装备了计算机数字控制装置的数控机床应用逐步广泛，针对 CNC 装置的抢修维护问题也随着迫切起来。要熟练掌握数控机床的维护，不仅需要深入学习 CNC 装置的原理，更需要在日常维护工作中不断总结、思考，并把 CNC 装置与外部电路联系在一起考虑，这样才能简捷有效地解决 CNC 装置出现的问题，做到事半功倍。

资料来源：马胜虎，周旭芳，贾宝玲. 计算机数字控制装置的维修 [J]. 工业技术，2011(8).

5.1 概　　述

数控系统是数控机床的大脑和核心，而数控系统的核心是完成数字信息运算、处理和控制的计算机，即计算机控制装置。随着计算机技术的发展，现代数控装置以微型计算机数控(MNC)装置为主体，统称为 CNC 数控装置。数控装置(习惯称为数控系统)是对机床进行控制，并完成零件自动加工的专用电子计算机。它接收数字化的零件图样和工艺要求等信息，按照一定的数学模型进行插补运算，用运算结果实时地对机床的各运动坐标进行速度和位置控制，完成零件的加工。随着科学技术的进步，特别是微电子技术和计算机技术的发展，使数控系统不断得到最新的硬软件资源而飞速发展。

5.1.1 CNC 装置的结构

CNC 装置是数控机床加工用的专用计算机，除了具有一般的计算机结构外，还具有和数控机床功能有关的功能模块结构和接口单元。CNC 装置由硬件和软件两部分组成，软件在硬件的支持下运行，离开了软件，硬件也无法工作。因此，两者缺一不可。CNC装置的工作是在硬件的支持下，由软件来实现部分或大部分数控功能。软件分为管理软件和控制软件两大类。管理软件由零件程序的输入输出、程序显示、程序诊断、各种复杂的轨迹控制、通信及网络功能等组成。控制软件由译码程序、刀补计算程序、速度控制程序、插补运算程序和位置控制程序等组成。CNC装置的硬件组成如图5.1所示。

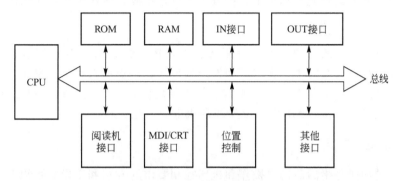

图 5.1　CNC 装置的硬件组成

5.1.2　CNC 装置的特点

1. 较高的柔性

柔性即灵活性，与硬件数控装置相比，灵活性是CNC装置的主要特点，硬件数控的功能一旦制成就难以改变。而CNC只要改变相应的控制软件，就可以改变和扩展其功能，补充新技术，满足用户的不同需要。这就延长了硬件结构的使用期限。

2. 良好的通用性

CNC装置硬件结构形式多样，有多种通用的模块化结构，使系统易于扩展，模块化软件能满足各类数控机床(如车床、铣床、加工中心等)的不同控制要求。标准化的用户接口，统一的用户界面，既方便系统维护，又方便用户培训。开放式系统的引入，不但发展了模块化的概念，更是将PC系统的标准化和开放性思想引进来，使数控系统的通用性大大提高。

3. 可实现复杂控制功能

CNC装置利用计算机的高速计算能力，能方便地实现许多复杂的数控功能，如多种补偿功能、动静态图形显示功能、高次曲线插补功能、数字伺服控制功能等。同时，随着处理器的速度越来越快，很多对速度有要求的功能也能被软件来处理，这样就可以既相对简化硬件设计又可以增加系统的灵活性。

4. 较高的可靠性

数控机床待加工零件的加工程序在加工前输入到CNC装置中，经系统检查后方可调用执行，这就避免了零件程序错误的问题。CNC装置的许多功能由软件实现，使硬件的元器件数目大为减少，硬件结构大大简化，整个系统的可靠性得到很大改善，特别是采用大规模和超大规模集成电路，硬件高度集成、体积小，进一步提高了系统的可靠性。

5. 维修使用方便

CNC 装置的诊断程序使维修使用非常方便，其自诊断功能能够迅速的报警或显示故障的原因和位置，大大方便了维修工作，减少了停机时间。CNC 装置有零件程序编辑功能、自动在线编程功能等，使程序编制很方便。加工零件程序编好后，可显示程序，还可以通过空运行，将刀具轨迹显示出来，检查程序是否正确，体现了其方便的使用性。

6. 易于实现机电一体化

随着集成电路技术的发展以及先进制造和安装技术的应用，CNC 装置的功能不断增强，功耗逐渐减小，大大缩小了板卡等硬件结构尺寸，体积越来越小，易于和机床的机械结构融合，占地面积小，操作方便。通信功能不断增强，容易组成数控加工自动生产线，如 DNC、FMC、FMS 和 CIMS 等，易于实现机电一体化。

5.1.3　CNC 装置的功能

数控装置的功能是指满足用户操作和机床控制要求的方法和手段，可以分为基本功能和选择功能。基本功能是数控系统基本配置的功能，即必备的功能；选择功能是用户可根据实际使用要求选择的功能。下面介绍其主要功能。

1. 控制功能

CNC 装置能够控制的轴数和能同时控制(联动)的轴数是其主要性能之一。CNC 的进给轴可以分为移动轴(X、Y、Z 轴)和回转轴(A、B、C 轴)，也可以分为基本轴和附加轴(U、V、W 轴)。联动控制轴数越多，CNC 系统就越复杂，编程也越困难，但数控装置的功能越强大。

2. 准备功能(G 功能)

准备功能指的是指令机床动作方式的功能，包括基本移动、平面选择、坐标设定、刀具补偿、固定循环等指令。

3. 插补功能

插补功能是数控系统实现零件轮廓(平面或空间)加工轨迹运算的功能。CNC 插补功能实际上分为粗插补和精插补，插补软件每次插补一个轮廓步长数据的插补为粗插补；伺服系统根据插补的结果，将轮廓步长分成单个脉冲输出的插补称为精插补，也有的数控机床采用硬件进行精插补。

4. 进给功能

进给功能指的是进给速度的控制功能。进给速度是控制刀具相对工件的运动速度，单位通常为 mm/min。同步进给速度是实现切削速度和进给速度的同步，单位为 mm/r。进给倍率(进给修调率)是人工实时修调预先给定的进给速度，使用倍率开关不用修改程序就可以改变进给速度，并可以在加工工件时随时改变进给速度或在发生意外时随时停止进给。

5. 主轴功能

主轴功能指数控系统的主轴控制功能，主要有主轴转速(单位为 r/min)——主轴转速的控制功能;恒线速度控制——刀具切削点的切削速度为恒速的控制功能;主轴定向控制——主轴周向定位于特定位置控制的功能;C 轴控制——主轴周向任意位置控制的功能;主轴修调率——人工实时修调预先设定的主轴转速。

6. 辅助功能(M 功能)

辅助功能指用于指令机床辅助操作的功能。如切削液的开停、主轴的正反转等,属于开关量控制。不同型号的数控装置具有的 M 功能差别很大,而且有许多是自定义的。

7. 刀具管理功能

刀具管理功能指实现对刀具几何尺寸和寿命的管理功能。刀具几何尺寸包括刀具半径和刀具长度,供刀具补偿功能使用;刀具寿命是指时间寿命,当刀具寿命到期时,CNC系统将提示用户更换刀具;CNC 系统都具有刀具号(T)管理功能,用于标识刀库中的刀具和自动选择加工刀具。

8. 补偿功能

补偿功能指刀具位置补偿、刀具半径和刀具长度补偿功能。可以实现按零件轮廓编制的程序控制刀具中心轨迹的功能。主要有传动链误差补偿功能,包括螺距误差补偿和反向间隙误差补偿功能;非线性误差补偿功能,对诸如热变形、静态弹性变形、空间误差以及由刀具磨损所引起的加工误差等,采用 AI、专家系统等新技术进行建模,利用模型实施在线补偿。

9. 人机对话功能

人机对话功能在 CNC 装置中有菜单结构操作界面显示功能、零件加工程序的编辑环境、系统和机床参数、状态、故障信息的显示、查询或修改画面等。

10. 自诊断功能

为了防止故障的发生或在发生后可以迅速查明故障的类型和部位,以减少停机时间,CNC 系统中设置了各种诊断程序。自诊断功能指 CNC 自动实现故障预报和故障定位的功能,该功能的强弱是衡量数控技术水平的重要标志。主要有开机自诊断功能、在线自诊断功能、离线自诊断功能和远程通信诊断。

11. 通信功能

通信功能指 CNC 与外界进行信息和数据交换的功能,通常有 RS232 接口功能,可传送零件加工程序;DNC 接口功能,可实现直接数控;也有的可以通过 MAP(制造自动化协议)接入工厂的通信网络。

12. 人机交互图形编程功能

计算机辅助编程功能可以提高数控机床的编程效率,特别是较为复杂零件的数控程序都要通过计算机辅助编程,尤其是利用图形进行自动编程。因此,对于现代 CNC 系统一般要求具有人机交互图形编程功能。有这种功能的 CNC 系统可以根据零件图直接编制程序,即编程人员只需输入图样上简单表示的几何尺寸就能自动地计算出全部交点、切点和圆心坐标,生成加工程序。有的 CNC 系统可根据引导图和显示说明进行对话编程,并且具有自动工序选择、刀具和切削条件的自动选择等智能功能。

5.2 硬 件 结 构

随着大规模集成电路技术和表面安装技术的发展，CNC系统硬件模块及安装方式不断改进。早期数控系统的输入、运算、插补、控制功能均由电子管、晶体管、中小规模集成电路组成的逻辑电路实现。不同的数控机床需要设计专门的逻辑电路，可靠性差，功能和灵活性差。世界上第一台CNC系统于1970年问世，1974年美、日等国便研究出了以微处理器为核心的数控系统，之后相继8位、16位、后16位、32位、64位CNC系统被应用。CNC系统具有体积小、结构紧凑、功能丰富、可靠性好等优点。

5.2.1 单片机数控装置

单片机是在一块半导体芯片上集成了CPU、存储器以及输入、输出接口电路，这样的芯片习惯上称为单片微型计算机。它的主要特点是抗干扰性强、可靠性高、速度快、指令系统的效率高、体积小、价格低，适宜于简易的和小型专用的数控装置。单片机的典型结构如图5.2所示。

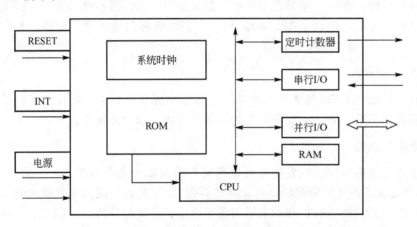

图 5.2 单片机的典型结构

单片机典型应用系统是指单片机要完成工业测试、控制功能所必须具备的硬件结构系统。由于单片机主要用于工业测控，因此，其典型应用系统应具备用于测控目的前向传感器通道、后向伺服控制通道和基本的人机对话手段。它包括了系统扩展和系统配置两部分的内容。系统扩展是指在单片机中的ROM、RAM及I/O接口等片内部件不能满足系统要求时，在片外扩展相应的部分。系统配置是指单片机为满足应用要求时，应配置的基本外部设备，如键盘、显示器等。单片机的典型应用系统如图5.3所示，整个系统包括基本部分和测控增强部分以及外设增强部分。

图5.4是用80C31单片机组成的简易数控装置的硬件系统图。这是一个裁纸机的数控装置。它包含了输入、输出、运动控制和开关量控制等数控装置的基本功能。图中74LS02为双极TTL数字逻辑电路，2764为EPROM，可擦写只读存储器GND为信号地，RST为复位，DG1~DG6为LED显示器。

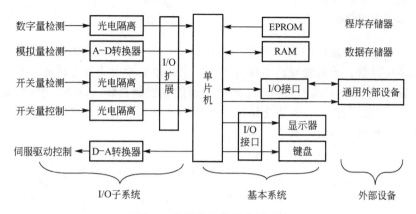

图 5.3 典型的单片机应用系统

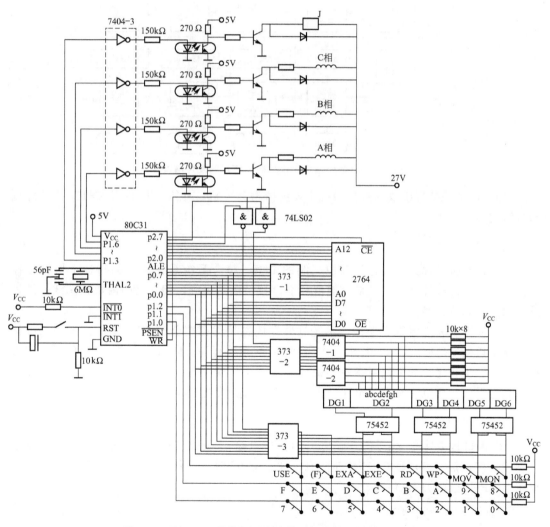

图 5.4 用 80C31 单片机组成的简易数控装置的硬件系统图

5.2.2 单 CPU 数控装置

单微处理机数控装置以中央处理器为核心，CPU 通过总线与存储器以及各种接口相连接，采用集中控制，分时处理的工作方式，完成数控加工中的各个任务。有的数控装置虽然有两个以上 CPU，但其中只有一个微处理器能够控制总线，其他 CPU 只是附属的专用智能部件，不能控制总线，也不能访问主存储器。图 5.5 是一个典型的基于总线结构的单微处理机三坐标数控装置的硬件结构图。

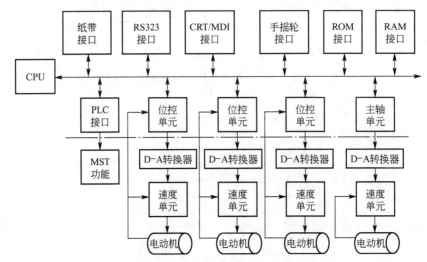

图 5.5　单微处理机三坐标数控装置的硬件结构图

单 CPU 数控装置组成的数控系统主要由微型计算机、外围 I/O 设备和机床 I/O 控制部分组成。

1. 微型计算机

微型计算机又称微机，它是数控系统的中枢，整个系统是在微机的指挥下协调工作的。微机主要由微处理器，内部存储器和 I/O 接口电路组成，相互之间由数据总线、地址总线和控制总线连接。

微机在系统软件控制下工作，系统软件存放在只读存储器(ROM)中，当控制系统接通电源或重新复位时，CPU 执行存放在 ROM 的系统程序。随机存储器(RAM)主要用来存放工件加工程序、加工现场参数和提供系统的工作缓冲区。由于系统掉电后，RAM 中的信息会丢失，所以应具有掉电保持电路和后备电池供电电路。

2. I/O 接口

I/O 接口是指外围设备与 CPU 之间的接口电路。一般情况下，外围设备与存储器之间不能直接通信，必须靠 CPU 传递信息。通过 CPU 对 I/O 接口的读/写控制，完成外围设备与 CPU 之间的信息传递。

3. 机床 I/O 控制部分

机床 I/O 控制部分是微机与机床连接的关键部件。CNC 系统的机床 I/O 控制具有以下几个特点：

（1）能够可靠地传送控制机床动作的信息并能输入机床当前的状态信息。

（2）能够进行相应的信息转换，以满足 CNC 系统的输入与输出要求。

（3）具有较强的阻断干扰信号进入计算机的能力，以提高系统的可靠性。

5.2.3 多 CPU 数控装置

多 CPU 结构 CNC 系统是指在 CNC 系统中有两个或两个以上的 CPU 能够控制系统总线或主存储器进行工作的系统结构。

现代的 CNC 系统大多采用多 CPU 结构。在这种结构中，每个 CPU 完成系统中规定的一部分功能，独立执行程序，它与单 CPU 结构相比，提高了计算机的处理速度。多 CPU 结构的 CNC 系统采用模块化设计，模块间有明确的符合工业标准的接口，彼此间可以进行信息交换。采用这样的模块化结构，缩短了 CNC 系统的设计制造周期，并且具有良好的适应性和扩展性，结构紧凑。多 CPU 结构的 CNC 系统由于每个 CPU 分管各自的任务，可以使故障对系统的影响减少到最低程度，提高了可靠性，性价比高，适合于多轴控制、高进给速度、高精度的数控机床。

1. 多 CPU 结构 CNC 系统的典型结构

1）共享总线结构

在这种结构的 CNC 系统中，只有主模块有权控制系统总线，且在某一时刻只能有一个主模块占有总线，如有多个主模块同时请求使用总线会产生竞争总线问题。

共享总线结构的各模块之间的通信，主要靠存储器实现，采用公共存储器的方式。公共存储器直接插在系统总线上，有总线使用权的主模块都能访问，可供任意两个主模块交换信息，其结构框图如图 5.6 所示。

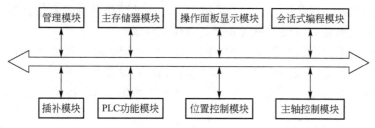

图 5.6　共享总线的多 CPU 结构 CNC 系统结构框图

2）共享存储器结构

在该结构中，采用多端口存储器来实现各 CPU 之间的互连和通信，每个端口都配有一套数据、地址、控制线，以供端口访问，由多端控制逻辑电路解决访问冲突，如图 5.7 所示。当 CNC 系统功能复杂要求 CPU 数量增多时，会因争用共享存储器而造成信息传输的阻塞，降低系统的效率，其扩展功能较为困难。

2. 多 CPU 结构 CNC 系统基本功能模块

（1）管理模块。该模块是管理和组织整个 CNC 系统工作的模块，主要功能包括初始化、中断管理、总线裁决、系统出错识别和处理、系统硬件与软件诊断等。

（2）插补模块。该模块用于在完成插补前，进行零件程序的译码、刀具补偿、坐标位移量计算、进给速度处理等预处理，然后进行插补计算，并给定各坐标轴的位置值。

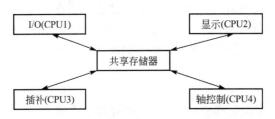

图 5.7 共享存储器的多 CPU 结构框图

（3）位置控制模块。对坐标位置给定值与由位置检测装置检测到的实际位置值进行比较并获得差值，进行自动加减速、回基准点、对伺服系统滞后量进行监视和漂移补偿，最后得到速度控制的模拟电压（或速度的数字量），去驱动进给电动机。

（4）PLC 模块。零件程序的开关量（M、S、T）和机床面板来的信号在这个模块中进行逻辑处理，实现机床电气设备的启、停控制，刀具交换，转台分度，工件数量和运转时间的计数等。

（5）命令与数据输入/输出模块。指零件程序、参数和数据，各种操作指令的输入/输出，以及显示所需要的各种接口电路。

（6）存储器模块。该模块指存储数据的主存储器，以及能进行模块数据传送用的共享存储器。

3．多 CPU 结构的特点

（1）能实现真正意义上的并行处理，处理速度快。多 CPU 结构中的每一个微处理机完成系统中的指定一部分功能，独立执行程序，并行运行，比单微处理机提高了计算处理速度。

（2）容错能力强，可靠性高。由于系统中每个微处理机分管各自的任务，形成若干模块，插件模块更换方便，可使故障对系统的影响减到最小。

（3）有良好的适应性和扩展性。多 CPU 的数控装置大都采用模块化结构，相应的软件也是模块结构，固化在硬件模块中，称为功能模块，功能模块间的接口是标准的，不同厂家的产品，彼此可以进行信息交换，可以积木式组成 CNC 装置，能适应不同机床的要求。

（4）硬件易于组织规模生产。一般按模块化设计的硬件是通用的，便于组织规模生产。

5.2.4 全功能型 CNC 系统硬件特点

全功能型数控系统功能齐全，又称标准数控系统。与经济型数控系统相比，具有以下特点：

1）具有多个微处理器

全功能数控系统一般有 2～4 个 CPU 工作，各 CPU 并行工作，所以运算速度高，使机床进给速度大大提高。例如，经济型数控机床的快进速度为 6mm/min，全功能型数控系统可以达到 24mm/min。

2）采用闭环、半闭环控制

经济型数控机床为步进电动机开环控制，全功能数控系统为闭环或半闭环控制。电动机采用直流伺服电动机或交流伺服电动机。由于交流电动机调速技术迅速发展，数控系统越来越多地采用交流伺服电动机调速系统。

3）功能强

标准型数控机床开发了许多新的功能，如自动编程、图形显示、自动对刀、刀具磨损自动测量及补偿等。经济型数控系统没有这些功能。

4）用可编程控制器控制强电

机床的顺序控制部分使用继电器逻辑控制。随着机械设备的自动化水平不断提高，机床本身的信号越来越多，对控制的要求也越来越高，由于继电器接触逻辑控制本身的固有缺陷，已无法适应机床的发展。例如，一台标准型数控机床，控制中心 CPU 和控制面板及强电逻辑之间的信号多达 100 多个，用继电器实现逻辑控制，显然是很困难的。因而，越来越多的数控机床采用可编程控制器实现机床的顺序动作。

5.3 软 件 结 构

CNC 数控装置的软件是为完成 CNC 系统的各项功能而专门设计和编制的，是数控加工的一种专用软件，又称系统软件，管理作业类似于计算机操作系统的功能。不同的 CNC 装置，其功能和控制方案也不同，因而各系统软件在结构和规模上差别较大，各厂家的软件互不兼容。现代的数控机床功能大都采用软件来实现，所以，系统软件的设计及功能是 CNC 系统的关键。

软件结构取决于 CNC 装置中软件和硬件的分工，也取决于软件本身的工作性质。硬件为软件运行提供了支持环境。软件和硬件在逻辑上是等价的，由硬件能完成的工作原则上也可以由软件完成。硬件处理速度快，但造价高，软件设计灵活，适应性强，但处理速度慢。因此，在 CNC 装置中，软硬件的分工是由性价比决定的。

5.3.1 CNC 系统的软件结构特点

1. CNC 系统的多任务性

CNC 系统作为一个独立的数字运算控制器应用于工业自动化生产中，其多任务性表现在它的管理软件必须完成系统管理和系统控制两大任务。其中系统管理包括输入、I/O 处理、通信、显示、诊断以及加工程序的编制管理等程序。系统控制部分包括译码、刀具补偿、速度处理、插补和位置控制等程序，图 5.8 为 CNC 系统任务分解图。

2. CNC 系统的并行处理

并行处理是指计算机在同一时刻或同一时间间隔内完成两种或两种以上性质相同或不相同的工作。并行处理提高了运行的速度。在许多情况下，CNC 装置必须同时执行某些管理和控制任务，这是由 CNC 装置的工作特点决定的。例如，当 CNC 装置工作在加工控制状态时，为了使操作人员及时了解 CNC 装置的工作状态，显示任务必须与控制任务同时执行。在控制加工过程中，I/O 处理是必不可少的，因此控制任务需要与 I/O 处理任务同时执行。无论输入、显示、I/O 处理，还是加工控制都伴随有故障诊断，即输入、显示、I/O 处理、加工控制等任务同时执行。在控制任务中，其本身的各项处理任务也需要

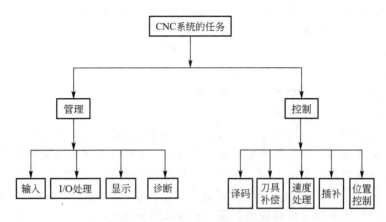

图 5.8　CNC 系统任务分解图

同时执行。如为了保证加工的连续性，即各程序段间不出现停刀现象，译码、刀具补偿和速度处理任务需要与插补任务同时执行，插补任务又需要与位置控制任务同时执行。CNC装置各任务之间的并行处理关系如图 5.9 所示。

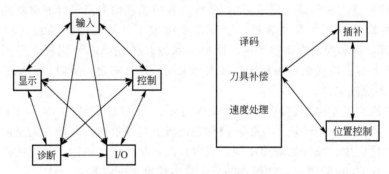

图 5.9　CNC 装置各任务之间的并行处理关系

并行处理分为"资源重复"法、"时间重叠"法和"资源共享"法等并行处理方法。目前，在 CNC 装置的软件结构中，主要采用"资源分时共享"和"时间重叠的流水处理"方法。

（1）资源分时共享的处理方法。在单 CPU 结构的 CNC 装置中，要采用 CPU 分时共享的原则来解决多任务的同时运行问题。各个任务何时占用 CPU 及占用时间的长短，是首要解决的两个时间分配问题。在 CNC 装置中，各任务占用 CPU 的问题采用循环轮流和中断优先相结合的办法来解决。图 5.10 是一个典型的 CNC 装置各任务分时共享 CPU 的时间分配。

系统在完成初始化任务后自动进入时间分配循环中，在循环中依次轮流处理各任务。而对于系统中一些实时性很强的任务则按优先级排队，作为环外任务，可以随时中断环内各任务的执行，每个任务允许占用 CPU 的时间受到一定的限制。对于某些占用 CPU 时间较长的任务，如译码、刀具补偿、速度处理等，可以在其中某些地方设置断点，当程序运行到断点处时，自动让出 CPU，等到下一个运行时间自动跳到断点处继续运行。

（2）时间重叠流水并行处理方法。当 CNC 装置在自动加工方式时，其数据的转换过程将由零件程序输入、插补准备、插补、位置控制四个子过程组成。如果每个子过程的处理时

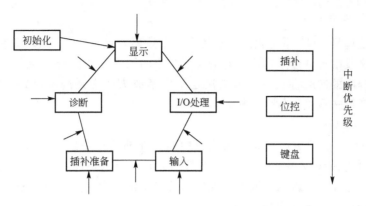

图 5.10 CPU 分时共享的并行处理

间分别为 Δt_1、Δt_2、Δt_3、Δt_4，则一个零件程序段的数据转换时间是 $t = \Delta t_1 + \Delta t_2 + \Delta t_3 + \Delta t_4$。如果以顺序方式处理每个零件的程序段，则第一个零件程序段处理完以后再处理第二个程序段，依次类推。图 5.11(a)表示这种顺序处理时的时间空间关系。从图中可以看出，两个程序段的输出之间将有一个时间为 t 的间隔。这种间隔反映在刀具上是刀具的时走时停，反映在电动机上是电动机的时停时转，这种情况在加工工艺上是不允许的。

消除这种间隔的方法是用时间重叠的流水并行处理技术。采用流水并行处理后的时间空间关系如图 5.11(b)所示。

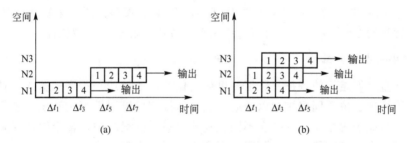

图 5.11 时间重叠流水并行处理

采用时间重叠流水处理技术可以消除这种时间间隔。流水并行处理的关键是时间重叠，即在一个时间间隔内不是处理一个子过程，而是处理两个或更多的子过程。从图中可以看出，经过流水并行处理以后，从时间 Δt_4 后开始，每个程序段的输出之间不再有间隔，从而保证了电动机运转和刀具移动的连续性。

由此可以推广到一般情况，如果各任务之间的关联程度较高，即一个任务的输出是另一个任务的输入，则可以采取流水处理的方法实现并行处理。时间重叠流水处理要求每个子过程的执行时间相等。而实际上每个子过程的执行时间很难相等，一般都是不相等的，解决的办法是取最长的子过程处理时间为流水处理时间间隔，在处理时间较短的子过程结束后进入等待状态。在单 CPU 的 CNC 装置中，时间重叠流水处理只有宏观意义，即在一段时间内，CPU 处理多个子过程，单从微观上看，各子过程是分时占用 CPU 的。只有在多 CPU 结构的 CNC 装置中，各子过程处理使用不同的 CPU，才能实现真正意义上的时间重叠流水处理。

3. 实时中断处理

实时中断处理是 CNC 系统软件结构的另一个重要特点。CNC 系统程序以零件加工为对象，每个程序段中有许多子程序，它们按照预定的顺序反复执行，各个步骤间关系十分密切，许多子程序的实时性很强，这就决定了中断成为整个系统不可缺少的重要组成部分。系统的中断形式取决于软件结构。

常见的中断类型有以下几种：

(1) 外部中断。主要有纸带光电阅读机中断、外部监控中断(如急停、越位检测、量仪到位等)和操作面板输入中断。前两种中断的实时性要求很高，通常把它们安排在较高的优先级上，而操作面板输入中断则放在较低的中断优先级上，在有些系统中，用查询方式处理键盘和操作面板输入中断。

(2) 内部定时中断。主要有插补周期定时中断和位置采样周期定时中断。有些系统中将这两种中断合二为一，但在处理时，总是先处理位置控制，然后处理插补运算。

(3) 硬件故障中断。每种硬件检测装置都会产生故障，如存储器出错、定时器出错、插补运算超时等。

(4) 程序性中断。程序性中断是程序中出现异常情况时的报警中断。如各种溢出，运算中出现除数为零等情况。

5.3.2 CNC 系统的软件结构模式

CNC 装置的软件结构指系统软件的任务或程序组织管理方式，取决于系统采用的中断结构。在常规的 CNC 系统中，有多重中断型软件结构和前后台型软件结构两种模式。

1. 多重中断型软件结构

多重中断型软件结构的特征是除了开机初始化外，数控加工程序的输入、预处理、插补、辅助功能控制、位置伺服控制以及通过数控面板和机床面板等交互设备进行的数据输入和显示等各功能子程序均被安排在不同级别的中断服务程序中，整个软件就是一个大的中断系统，系统程序管理依靠各中断服务程序间的通信实现。

多重中断型软件结构如图 5.12 所示，其任务调度机制为抢占式优先调度，实时性好。

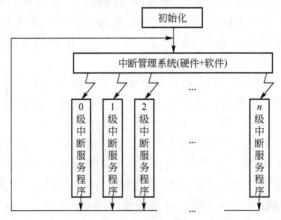

图 5.12 多重中断型软件结构图

由于中断级别较多(最多可达 8 级),强实时性任务可安排在优先级较高的中断服务程序中。但是,模块间的关系复杂,耦合度大,不利于对系统的维护和扩充。

FANUC-BESK 7CM 系统是采用多重中断型软件结构的典型。整个系统的各个功能模块被分为八级不同优先级的中断服务程序,见表 5-1。其中伺服系统位置控制被安排成很高的级别,因为机床的刀具运动实时性很强。CRT 显示被安排的级别最低,即 0 级,其中断请求是通过硬件接线始终保持存在。只要 0 级以上的中断服务程序均未发生,就进行CRT 显示。1 级中断相当于后台程序的功能,进行插补前的准备工作。1 级中断有 13 种功能,对应口状态字中的 13 个位,每位对应于一个处理任务。在进入 1 级中断服务时,先依次查询口状态字的 0~12 位的状态,再转入相应的中断服务(表 5-2)。其处理过程如图 5.13 所示。口状态字的置位有两种情况:一是由其他中断根据需要置 1 级中断请求的同时置相应的口状态字;二是在执行 1 级中断的某个口子处理时,置口状态字的另一位。当某一口的处理结束后,程序将口状态字的对应位清除。

表 5-1 FANUC-BESK 7CM CNC 系统的各级中断功能

中断级别	主要功能	中断源
0	控制 CRT 显示	硬件
1	译码、刀具中心轨迹计算,显示器控制	软件,16ms 定时
2	键盘监控,I/O 信号处理,穿孔机控制	软件,16ms 定时
3	操作面板和电传机处理	硬件
4	插补运算、终点判别和转段处理	软件,8ms 定时
5	纸带阅读机读纸带处理	硬件
6	伺服系统位置控制处理	4ms 实时钟
7	系统测试	硬件

表 5-2 FANUC-BESK 7CM CNC 系统 1 级中断的 13 种功能

口状态字	对应口的功能
0	显示处理
1	公制、英制转换
2	部分初始化
3	从存储区(MP、PC 或 SP 区)读一段数控程序到 BS 区
4	轮廓轨迹转换成刀具中心轨迹
5	"再启动"处理
6	"再启动"开关无效时,刀具回到断点"启动"处理
7	按"启动"按钮时,要读一段程序到 BS 区的预处理
8	连续加工时,要读一段程序到 BS 区的预处理
9	纸带阅读机反绕或存储器指针返回首址的处理

（续）

口状态字	对应口的功能
A	启动纸带阅读机使纸带正常进给一步
B	置 M、S、T 指令标志及 G96 速度换算
C	置纸带反绕标志

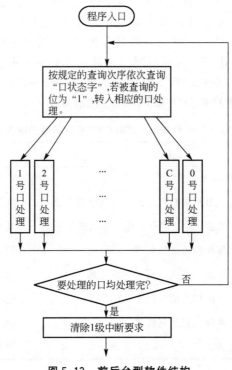

图 5.13　前后台型软件结构

2 级中断服务程序的主要工作是对数控面板上的各种工作方式和 I/O 信号的处理。3 级中断则是对用户选用的外部操作面板和电传机的处理。

4 级中断最主要的功能是完成插补运算。7CM 系统中采用了"时间分割法"（数据采样法）插补。此方法经过 CNC 插补计算输出的是一个插补周期 T(8ms)的 F 指令值，这是一个粗插补进给量，而精插补进给量则是由伺服系统的硬件与软件来完成的。一次插补处理分为速度计算、插补计算、终点判别和进给量变换四个阶段。

5 级中断服务程序主要对纸带阅读机读入的孔信号进行处理。这种处理基本上可以分为输入代码的有效性判别、代码处理和结束处理三个阶段。

6 级中断主要完成位置控制、4ms 定时计时和存储器奇偶校验工作。

7 级中断实际上是工程师的系统调试工作，非使用机床的正式工作。

中断请求的发生，除了第 6 级中断是由 4ms 时钟发生之外，其余的中断均靠别的中断设置，即依靠各中断程序之间的相互通信来解决。例如第 6 级中断程序中每两次设置一次第 4 级中断请求（8ms）；每四次设置一次第 1、2 级中断请求。插补的第 4 级中断在插补完一个程序段后，要从缓冲器中取出一段并作刀具半径补偿，这时就置第 1 级中断请求，并把 4 号口置 1。

2. 前后台型软件结构

前后台型软件结构如图 5.14 所示，适合于采用集中控制的单微处理器 CNC 系统。在这种软件结构中，前台程序为实时中断程序，承担了几乎全部实时功能，这些功能都与机床动作直接相关，如位置控制、插补、辅助功能处理、面板扫描及输出等。后台程序主要用来完成准备工作和管理工作，包括输入、译码、插补准备及管理等，通常称为背景程序。背景程序是一个循环运行程序，在运行过程中实时中断程序不断插入，前后台程序相互配合完成加工任务。程序启动后，运行完初始化程序即进入背景程序环，同时开发定时中断，每隔一个固定时间间隔发生一次定时中断，执行一次中断服务程序。就这样，中断程序和背景程序有条不紊地协同工作。

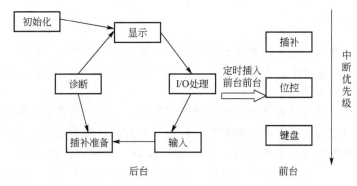

图 5.14 前后台型软件结构

前后台型结构模式优先抢占调度和循环调度。前台程序的调度是优先抢占式的，前台和后台程序内部各子任务采用的是顺序调度，前台和后台程序之间以及内部各子任务之间的信息交换主要通过缓冲区，在前台和后台程序内无优先级等级、也无抢占机制。

5.3.3 典型 CNC 系统简介

1. FANUC CNC 系统简介

FANUC 公司数控系统的产品结构上长期采用大板结构，但在新的产品中已采用模块化结构；采用专用 LSI，以提高集成度、可靠性，减小体积和降低成本；产品应用范围广；每一 CNC 装置上可配多种控制软件，适用于多种机床；不断采用新工艺、新技术，如表面安装技术（SMT）、多层印制电路板、光导纤维电缆等；CNC 装置体积减少，采用面板装配式、内装式可编程机床控制器（PMC）；在插补、加减速、补偿、自动编程、图形显示、通信、控制和诊断方面不断增加新的功能；支持多种语言显示，包括日、英、德、汉、意、法、荷、西班牙、瑞典、挪威、丹麦语等；备有多种外设。如 FANUC PPR，FANUC FA Card，FANUC FLOPPY CASSETE，FANUC PROGRAM FILE Mate 等；已推出 MAP（制造自动化协议）接口，使 CNC 系统通过该接口实现与上一级计算机通信，现已形成多种版本。

2. SIEMENS 系统简介

SIEMENS 系列数控系统在功能上，特别是在多轴控制、通信、PLC 及编程方面具有特色。SIEMENS 公司为了适应柔性制造系统（FMS）和计算机制造系统（CIMS）的需要，在 810/820、850/880 系统中采用通道结构，使控制轴数可达 20～30 个，其中包括多主轴控制，并可实现 12 个工位的联动控制。产品采用模块化结构，模块由多层印制电路板制成，在一种 CNC 系列中采用标准硬件模块，用户可选择不同模块组合来满足各种机床的要求。

CNC 产品中采用了通信中央处理单元，使其具有很强的数据管理、传送和处理能力，以及与上级计算机通信的功能，易于进入 FMS，数据传送用 RS-232C/20mA 接口（V24）。

SIEMENS 公司开发了总线结构的 SINEC H1 工业局部网络，可连接成 FMC 和 FMS。SIEMENS 公司的 CNC 产品采用 SIMATIC S5、S7 系列可编程控制器或内装式可编程序控制器，用 STEP5、STEP7 编程语言。功能很强的 PLC 可以满足各种机床与 CNC 之间的大量信息交换要求，同时显著提高了信息传递的速度。

3. 国产数控系统简介

我国与日本、德国、前苏联同步开始研究数控技术，一直到 20 世纪 60 年代中期仍处于研制开发阶段。现有华中、航天、蓝天、中华等数控系统，部分数控系统的技术水平已达到国际同类产品的水平。

华中数控系统是我国具有自主知识产权的产品。经过多年的发展和技术更新，可靠性和精度及自动化程度都达到了一定的水平。目前华中数控已派生出了十多种系列三十多个产品，广泛用于教学车床、教学铣床、磨、锻、齿轮、仿形、激光加工、纺织机械等设备。基于通用工业微机的开放式体系结构，华中数控系统采用工业微机作为硬件平台，使得系统硬件可靠性得到保证。由于与通用微机兼容，能充分利用 PC 软、硬件的丰富资源，使得华中数控系统的使用、维护、升级和二次开发非常方便。华中数控系统有先进的控制软件技术和独创的曲面插补算法，以软件创新用单 CPU 实现了国外多 CPU 结构的高档系统的功能，可进行多轴多通道控制，其联动轴数可达到 9 轴，国际首创的多轴曲面插补技术能完成多轴曲面轮廓的直接插补控制，可实现高速、高精和高效的曲面加工。华中数控系统采用汉字菜单操作，并提供在线帮助功能和良好的用户界面。系统提供宏程序功能，具有形象直观三维图形仿真校验和动态跟踪，使用操作十分方便。公司除生产各类数控系统外，还具有全系列的交流伺服驱动单元、伺服电动机、主轴电动机的生产能力，同时在 CAD/CAM 技术等方面也处于国内前列，是国内综合配套能力较强的单位。

综上所述，华中数控系统具有高性能、低价位、易使用、高质量、多品种、易开发的特点。从而使国产数控系统的发展，跟上了国际数控系统发展的步伐。

全球生产数控系统的厂家有很多，并且都有自己的品牌产品，但无论是哪个品牌相互间都有共同点，表现在以下方面：

（1）具有计算机的基本特征，实现其根本任务即位置控制。

（2）有系统操作面板（MDI/CRT）和机床操作面板。在系统操作面板上，除了字母、数字、符号和编辑键，用于程序的输入、编辑和数据设定外；还有软功能键，用于系统功能"菜单"的选择。在机床操作面板上，除了机床的一般操作功能开关外，还有工作方式选择开关，用于机床运行状态的选择，如手动数据输入、自动方式、回参考点等方式。

（3）具备串行通信接口，用于和微机进行通信，有些系统还具备以太网功能接口。

（4）数控系统的位置控制既有模拟速度指令输出，又有实际位置反馈输入。

（5）有 I/O 模块单元，通过系统内部的 PLC 程序，用于机床上的输入、输出开关量的控制。

（6）开放式数控系统建立在通用微机平台上，既可借助微机软、硬件技术发展的优势，又满足了数控系统二次开发的要求。开放式数控系统是当前数控系统重要的发展方向。

5.4　可编程控制器

可编程控制器(Programmable Controller，PC)经历了可编程序矩阵控制器(PMC)、可编程序顺序控制器(PSC)、可编程序逻辑控制器(Programmable Logic Controller，PLC)和可编程序控制器(PC)几个不同时期。为与个人计算机(PC)相区别，现在仍然沿用可编程逻辑控制器这个老名字 PLC。因此，在数控技术方面，PC、PMC 和 PLC 可以理解为同一个概念。

5.4.1　数控机床用可编程控制器的分类

数控机床用可编程控制器可分为两大类：一类是专为实现数控机床顺序控制而设计制造的内装型(built-in type)PLC；另一类是外置型或独立型(stand-alone type)PLC。

1. 内装型 PLC

内装型 PLC 从属于 CNC 装置，安装在数控系统内部，PLC 与 NC 间的信号传送在CNC 装置内部即可实现。PLC 与机床之间则通过 CNC I/O 接口电路实现信号传送。

内装型 PLC 有如下特点。

（1）内装型 PLC 实际上是数控系统装置本身带有 PLC 功能，其功能通常是作为可选功能提供给用户的。

（2）内装型 PLC 可与数控系统共用一个 CPU，也可以单独有一个专用的 CPU。硬件电路可与数控系统电路制作在同一块电路板上，也可单独制成一个附加板，当 CNC 装置需要附加 PLC 功能时，再将此附加板装到 CNC 装置上，内装 PLC 一般不单独配置 I/O接口电路，而是使用 CNC 本身的 I/O 电路。PLC 控制电路及部分 I/O 电路(一般为输入电路)所用电源由 CNC 装置提供，不需另备电源。

（3）有些内装型 PLC 可利用数控系统的显示器和键盘进行阶梯图或语言的编程调试，无须装专门的编程设备。

（4）内装型 PLC 的性能指标(如 I/O 点数，程序最大步数，每步执行时间、程序扫描周期、功能指令数目等)是根据所从属的 CNC 系统的规格、性能、适用机床的类型等确定的。其硬件和软件部分是被作为 CNC 系统的基本功能或附加功能与 CNC 系统其他功能一起统一设计、制造的。因此，系统硬件和软件结构十分紧凑，且 PLC 所具有的功能针对性强，技术指标也较合理、实用，尤其适用于单机数控设备的应用场合。

目前，大部分数控系统均可选择内装型 PLC。随着大规模集成电路的采用，带与不带内装型 PLC，数控系统的外形尺寸已经没有明显差别。内装型 PLC 与数控系统之间的信息交换是通过公共 RAM 区完成的，因此，内装型 PLC 与数控系统之间没有连线，信息交换量大，安装调试更加方便，且结构紧凑，可靠性好。与拥有数控系统后再配置一台通用 PLC 相比，无论在技术上还是在经济上对用户都是有利的。具有内装型 PLC 的 CNC 机床系统框图如图 5.15 所示。

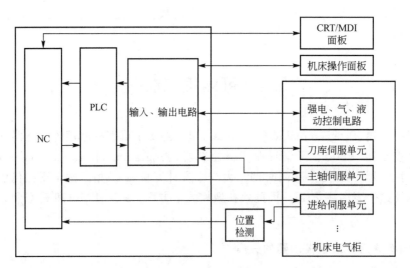

图 5.15 具有内装型 PLC 的 CNC 机床系统框图

2. 独立型 PLC

独立型 PLC 在数控系统外部，自身具有完备的硬、软件功能，具有如下特点。

(1) 独立型 PLC 本身就是一个完整的计算机系统，它具有 CPU、EPROM、RAM、I/O 接口以及编程器等外部设备的通信接口、电源等。

(2) 与内装型 PLC 相比，独立型 PLC 的功能更强，但一般要配置单独的编程设备。独立型 PLC 与数控系统之间的信息交换可采用 I/O 对接方式，也可采用通信方式。I/O 对接方式就是将数控系统的输入、输出点连接起来，适应于数控系统与各种 PLC 的信息交换。由于每一点的信息传递需要一根信号线，所以这种方式连线多、信息交换量小。采用通信方式可以克服上述 I/O 对接方式的缺点。但是，采用这种方式的数控系统与 PLC 必须采用同一通信协议。一般来说数控系统与 PLC 必须是同一家公司的产品。采用通信方式时，数控系统与 PLC 的连线少，信息交换量大而且非常方便。

(3) 独立型 PLC 的输入、输出点数可以通过 I/O 模块或插板的增减灵活配置。有的独立型 PLC 还可通过多个远程终端连接器构成有大量输入、输出点的网络，以实现大范围的集中控制。

具有独立型 PLC 的 CNC 机床系统框图如图 5.16 所示。

5.4.2 数控机床用可编程控制器的功能

在数控机床中可编程控制器主要实现 M、S、T 等辅助功能。

PLC 可以完成的 M 辅助功能很广泛，根据不同的 M 代码，可以控制主轴的正反转及停止，切削液的开、停，主轴齿轮箱的变速，刀具自动交换等运动。

当 CNC 装置输出 S 代码进入 PLC 后，经过电平转换（独立型 PLC）、译码、数据交换、限位控制和 D/A 变换，最后送至主轴电动机伺服系统。限位控制是当主轴转速代码 S

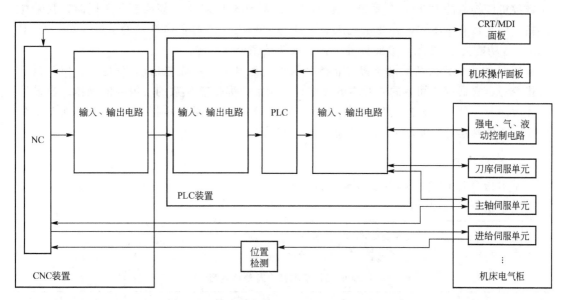

图 5.16 具有独立型 PLC 的 CNC 机床系统框图

对应的转速大于规定的最高转速时，将其限制在最高转速，当 S 代码对应的转速小于规定的最低转速时，将其限制在最低转速。为了提高主轴转速的稳定性，增大转矩、调整转速范围，还可以增加 1～2 级机械变速挡。

PLC 实现刀具功能，给加工中心的自动换刀管理带来了很大的方便。自动换刀控制方式有随机取换刀方式和固定取换刀方式，它们分别采用刀具编码制和刀套编码器。刀套编码的 T 功能过程中，CNC 装置送出 T 代码指令给 PLC，PLC 经过译码，在数据表内检索，找到 T 代码指定的新刀号所在的数据表的表地址，并与现行刀号进行判别比较。如果不符，将会将刀库回转指令发送给刀库控制系统，直到刀库定位到新刀号位置时，刀库停止回转，并准备换刀。

PLC 向机床传递的信号，主要是控制机床执行件的执行信号，如电磁铁、接触器、继电器的动作信号以及确保机床各运动部件状态的信号和故障指示。

PLC 向 CNC 传递的信号，主要有机床各坐标基准点信号，M、S、T 功能的应答信号等。

机床向 PLC 传递的信号，主要有机床操作面板上各开关按钮的信号，其中包括机床的启动、停止，机械变速选择，主轴正反转及停止，切削液的开、关，各坐标的点动和刀架、夹具的松开、夹紧等信号，以及上述各部件的限位开关等保护装置、主轴伺服保护状态监视信号和伺服系统运行准备等信号。

按照数控机床的控制要求，可以设置不同的 PLC 与 CNC 以及 PLC 与机床之间的信息多少，几乎所有的机床辅助功能，都可以通过 PLC 来控制。

5.4.3 典型数控机床用 PLC 的指令系统

不同厂家的产品采用的编程语言不同，这些编程语言有梯形图、语句表、控制系统流程图等。在众多的 PLC 产品中，由于制造厂家不同，其指令系统的表示方法和语句表中的助记符也不尽相同，但原理是完全相同的。以 FANUC‑PMC‑L 为例，简单介绍适用于数控机床控制的 PLC 指令系统。在 FANUC 系列的 PLC 中，规格型号不同时，只是功能指令的数目有所不同，如北京机床研究所与 FANUC 公司合作开发的 FANUC - BESK PLC - B 功能指令 23 条，除此以外，指令系统是完全一样的。

PLC 的指令分为基本指令和功能指令两种。基本指令主要包括读/写指令、位逻辑运算指令等，它们都是简单的、基本的操作。功能指令都是较复杂的、组合的操作。当设计顺序程序时，使用最多的是基本指令，FANUC - PMC - L 的基本指令有 12 条。功能指令便于机床特殊运行控制的编程，功能指令有 35 条。

1. 基本指令

基本指令共 12 条，指令及处理内容见表 5 - 3。

基本指令格式如下：

基本指令　　　　地址号　　　位数

表 5 - 3　基本指令及处理内容

序号	指　　令	处　理　内　容
1	RD	读指令信号的状态，并写入 ST0 中。在一个阶梯开始的是常开节点时使用
2	RD. NOT	将信号的"非"状态读出，送入 ST0 中。在一个阶梯开始的是常开节点时使用
3	WRT	输出运算结果(ST0 的状态)到指定地址
4	WRT. NOT	输出运算结果(ST0 的状态)的"非"状态到指定地址
5	AND	将 ST0 的状态与指定地址的信号状态相"与"后，再置于 ST0 中
6	AND. NOT	将 ST0 的状态与指定地址的"非"状态相"与"后，再置于 ST0 中
7	OR	将指定地址的状态与 ST0 相"或"后，再置于 ST0
8	OR. NOT	将指定地址的"非"状态相"或"后，再置于 ST0
9	RD. STK	堆栈寄存器左移一位，并把指定地址的状态置于 ST0
10	RD. NOT. STK	堆栈寄存器左移一位，并把指定地址的状态取"非"后再置于 ST0
11	AND. STK	将 ST0 和 ST1 的内容执行逻辑"与"，结果存于 ST0，堆栈寄存器右移一位
12	OR. STK	将 ST0 和 ST1 的内容执行逻辑"或"，结果存于 ST0，堆栈寄存器右移一位

2. 功能指令

功能指令都是一些子程序，应用功能指令就是调用了相应的子程序。数控机床所用 PLC 的指令必须满足数控机床信息处理和动作控制的特殊要求。例如由 NC 输出的 M、S、T 二进制代码信号的译码(DEC)，机械运动状态或液压系统动作状态的延时(TMR)确认，加工零件的计数(CTR),刀库、分度工作台沿最短路径旋转和现在位置至目标位置步数的计算(ROT),换刀时数据检索(DSCH)等。对于上述的译码、定时、计数、最短路径选择,以及比较、检索、转移、代码转换、四则运算、信息显示等控制功能,仅用一位操作的基本指令编程,实现起来将会十分困难。因此要增加一些具有专门控制功能的指令,这些专门指令就是功能指令。表5-4列出了35种功能指令及处理内容。

表5-4 功能指令及处理内容

序号	指 令			处理内容
	格式1 (梯形图)	格式2 (纸带穿孔与程序显示)	格式3 (程序输入)	
1	END1	SUB1	S1	1级(高级)程序结束
2	END2	SUB2	S2	2级程序结束
3	END3	SUB48	S48	3级程序结束
4	TMR	TMR	T	定时器处理
5	TMRB	SUB24	S24	固定定时器处理
6	DEC	DEC	D	译码
7	CTR	SUB5	S5	计数处理
8	ROT	SUB6	S6	旋转控制
9	COD	SUB7	S7	代码转换
10	MOVE	SUB8	S8	数据"与"后传输
11	COM	SUB9	S9	公共线控制
12	COME	SUB29	S29	公共线控制结束
13	JMP	SUB10	S10	跳转
14	JMPE	SUB30	S30	跳转结束
15	PARI	SUB11	S11	奇偶检查
16	DCNV	SUB14	S14	数据转换(二进制 BCD 码)
17	COMP	SUB15	S15	比较
18	COIN	SUB16	S16	符合检查
19	DSCH	SUB17	S17	数据检索
20	XMOV	SUB18	S18	变址数据传输
21	ADD	SUB19	S19	加法运算
22	SUB	SUB20	S20	减法运算
23	MUL	SUB21	S21	乘法运算
24	DIV	SUB22	S22	除法运算
25	NUME	SUB23	S23	定义常数

（续）

序号	指　令			处理内容
	格式 1 （梯形图）	格式 2 （纸带穿孔与程序显示）	格式 3 （程序输入）	
26	PACTL	SUB25	S25	位置 Mate-A
27	CODE	SUB27	S27	二进制代码转换
28	DCNVE	SUB31	S31	扩散数据转换
29	COMPB	SUB32	S32	二进制数比较
30	ADDB	SUB36	S36	二进制数加
31	SUBB	SUB37	S37	二进制数减
32	MULB	SUB38	S38	二进制数乘
33	DIVB	SUB39	S39	二进制数除
34	NUMEB	SUB48	S40	定义二进制常数
35	DISP	SUB49	S49	在 NC 的 CTR 上显示信息

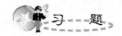

5-1　数控装置有何特点？

5-2　简述 CNC 装置的功能。

5-3　多微处理机结构有哪些功能模块？

5-4　试述 CNC 系统软件结构中多任务并行处理的主要方法。

5-5　简述内装型 PLC 与独立型 PLC 的特点。

5-6　CNC 系统控制功能是如何由 PLC 实现的？

第**6**章
数控机床检测装置

 本章教学要点

知识要点	掌握程度	相关知识
位置检测装置的组成、作用及分类	掌握位置检测装置的组成、作用；熟悉位置检测装置的分类；了解数控机床对位置检测装置的要求	位置检测装置在数控机床中的作用；典型分类方法的特点
旋转变压器、感应同步器、光栅、磁栅、编码器的结构和工作原理	掌握各种位置检测装置的工作原理；熟悉各种位置检测元件的结构组成；了解各种位置检测装置的特点及应用	各种位置检测装置的结构及工作原理；各种位置检测装置在机床中的应用

导入案例

绝对式光栅尺和编码器是当代位移传感器发展主流

2011年春季，在北京举办的第十二届中国国际机床展览会(CIMT2011)上汇集了高档数控机床和世界先进制造技术的最新成果，展示了当代机床精密测量和控制技术的发展方向。这届展会上光栅位移传感器制造厂商德国的 HEIDENHAIN(海德汉)、西班牙的 FAGOR（发格）、日本的 MITUTOYO(三丰)、英国的 RNISHAW（雷尼绍)和磁栅尺制造商日本的 MAGNESCALE（磁尺）以及英国的球栅尺制造商 NENWALL（钮沃尔)等都来参加了。此外，还有正在兴起的中国光栅传感器制造商广州诺信、长春光机、长春禹衡、怡信(珠海和苏州)、东莞万濠、贵阳新天、无锡科瑞特、廊坊莱格等众多的企业也参加了。国外的位移传感器从增量式跨入绝对式，国内的光栅传感器从数显尺进入数控尺。在这届展览会上，绝对式光栅尺和绝对式光栅编码器是功能部件的显著亮点，同时也是绝对式全闭环高档数控机床的亮点。

随着数控机床向高速度、高效率、高可靠性和高精度的方向发展，高档数控机床各个轴的位移传感器需要在机床加工时，实时提供轮廓加工性能信息，以确定机床状态和控制的参数设置，从而促使绝对式光栅测量系统得到迅速发展。绝对式光栅位移传感器的机床或生产线在重新开机后，无需执行参考点回零操作，就立刻重新获得各个轴的当前绝对位置值以及刀具的空间指向，因此可以马上从中断处开始继续原来的加工程序，大大提高了数控机床的有效加工时间；并对重要部件的状态进行实时监控，提高机床的可靠性；另外，还可以在任何时间确定机床运动部件所处的位置，通过在数控系统中作相应的设置，可以省去行程开关，提高机床使用时的安全性。在全闭环的高档数控系统中已经普遍使用绝对式光栅尺和绝对式光栅编码器，在西方发达国家采用绝对式光栅位移传感器的占数控机床的80%，目前国内的全闭环高档数控机床中采用绝对式光栅传感器的也接近30%。在本届展览会上，全球著名的切削机床制造商 DMG（德马吉）集团展出的十台高档数控机床全部采用绝对式光栅尺和绝对式光栅编码器的全闭环数控系统。

从本届展览会上可以看到，绝对式光栅传感器是位移传感器发展的主流，是高档数控机床最重要的功能部件。国产的光栅尺从数显尺进入到数控尺，国产的光栅旋转编码器进入到了数控机床，但是与西方发达国家的差距还很大，必须努力。

资料来源：卢国纲. 绝对式光栅尺和编码器是当代位移传感器发展主流［J］. 世界制造技术与装配市场，2011(4).

6.1 概 述

数控机床的检测装置由检测元件(传感器)和信号处理装置(测量电路)组成。检测元件一般安装在机床工作台上或丝杠轴、电动机轴端。检测装置的作用是实时测量机床执行部件的位移和速度信号，并变换成位置控制单元所要求的信号形式，从而将执行部件的现实位置反馈到位置控制单元,构成伺服系统的半闭环或闭环控制。因此检测装置是闭环伺服系统的重要组成部分,闭环数控机床的加工精度在很大程度上是由检测装置的精度决定的。检测装置的精度主要包括系统的精度和分辨率。系统精度是指在一定长度或转角范围内测量累积误差的最大值。分辨率为检测装置能够测量出的最小位移量,分辨率不仅取决于检测元件本身,也取决于测量线路。

6.1.1 数控机床对位置测量装置的要求

不同的数控机床,被测运动部件的最高移动速度不同,对位置检测元件、检测装置的精度要求也不同。一般来说,数控机床上使用的检测装置应满足以下要求:

(1) 高可靠性和高抗干扰性。受温度、湿度的影响小,工作可靠,精度保持性好,抗干扰能力强。

(2) 能满足精度和速度的要求。位置检测装置分辨率应高于数控机床的分辨率(一个数量级);位置检测装置最高允许的检测速度应高于数控机床的最高运行速度。

(3) 使用维护方便,适应机床工作环境。检测装置安装要有一定的安装精度,考虑到环境的影响,还要有防尘、防油雾和防切屑等措施。

(4) 成本低。

6.1.2 位置检测装置的分类

由于工作条件和测量要求的不同,位置检测装置的测量方式也有所不同。

1. 按输出信号的形式分

数字式:将被测量以数字形式表示,测量信号一般为电脉冲。这样的检测装置有脉冲编码器、光栅等。

模拟式:将被测量以连续变化的物理量来表示,如电压的相位变化、幅值变化等。数控机床中模拟式检测主要用于小量程测量,这样的检测装置有旋转变压器、感应同步器和磁尺等。

2. 按测量基点的类型分

增量式:只测量位移增量,并用数字脉冲的个数表示单位位移的数量。每移动一个测量单位就发出一个测量信号。其优点是检测装置比较简单,任何一个对中点都可以作为测量起点。但在此系统中,移动的距离是靠对检测信号累积后读出的,一旦累积有误,测量结果就会出现错误。另外发生故障后不能再找到原来的正确位置,必须在故障排除后,将运动部件移至起点重新计数才能找到故障前的正确位置。这样的检测装置有脉冲编码器、旋转变压器、感应同步器、光栅、磁栅等。

绝对式:测量的是被测部件在某一绝对坐标系中的绝对坐标位置值,并且以二进制或十进制数码信号表示出来,一般要经过转换成脉冲数字信号才能送去进行比较和显示。这样的检测装置有绝对式脉冲编码盘、三速式绝对编码盘等。

3. 按检测元件的运动形式分

直线型:检测元件安装在工作台或刀架上,随工作台或刀架一起移动,用来测量其直线位移。这类检测装置有直线光栅、感应同步尺、磁栅等,可以构成闭环控制系统。直线型检测装置的测量精度主要取决于测量元件的精度，不受机床传动精度的影响。

回转型：检测元件安装在丝杠轴或电动机轴端，测量角位移。当检测元件随轴旋转一周时，机床的直线运动部件就移动一个丝杠导程的位移，因此测得的角位移经过传动比变换后才能得到执行部件的直线位移量。这类检测装置有旋转变压器、脉冲编码器等，可以构成半闭环控制系统。回转型检测装置的测量精度主要取决于测量元件和机床传动链两者的精度。

数控机床常见的位置检测装置见表6-1。

表6-1　数控机床常见的位置检测装置

类型	数字式		模拟式	
	增量式	绝对式	增量式	绝对式
回转式	脉冲编码盘、圆光栅	绝对式脉冲编码盘	旋转变压器、圆感应同步器	三速圆感应同步器
直线式	直线光栅、激光干涉仪	多通道透射光栅	直线感应同步器	三速感应同步器、绝对磁尺

6.2　旋转变压器

旋转变压器是利用变压器原理实现角位移测量的检测元件，如图6.1所示，它可以将角度信号转换成与其成某种函数关系的电压信号，具有输出信号幅值大、抗干扰能力强、结构简单、动作灵敏、性能可靠等特点，同时，对环境条件要求不高，广泛用于半闭环进给伺服驱动系统。

图6.1　旋转变压器

6.2.1　旋转变压器的结构

从结构上看，旋转变压器相当于一台两相的绕线转子异步电动机，其一次绕组、二次绕组分别放在定子、转子上，一次绕组与二次绕组之间的电磁耦合程度与转子的转角密切相关。根据转子电信号引进引出的方式，旋转变压器可分为有刷和无刷两种类型。有刷旋转变压器中，定子、转子上都有绕组，转子绕组的电信号，通过滑动接触，由转子上的集电环和定子上的电刷引进或引出。由于有电刷结构的存在，使得旋转变压器的可靠性很难得到保证。因此目前这种结构形式的旋转变压器很少应用。

图6.2所示为无刷旋转变压器结构示意图，这种结构很好地实现了无刷、无接触。它由分解器与变压器两部分组成，无电刷和集电环。分解器结构与有刷旋转变压器基本相同，分解器转子绕组与变压器的一次绕组连在一起，分解器定子绕组外接励磁电压，转子绕组输出信号接到变压器的一次绕组，通过电磁耦合，从变压器的二次绕组引出最后的输出信号。无刷旋转变压器的特点是输出信号大，可靠性高且寿命长，不用维修，更适合数控机床使用。

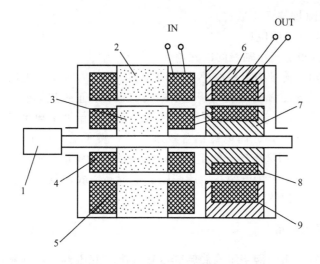

图 6.2 无刷旋转变压器结构示意图

1—转子轴；2—分解器定子；3—分解器转子；4—分解器转子绕组；

5—分解器定子绕组；6—变压器定子；7—变压器转子；

8—变压器一次绕组；9—变压器二次绕组

常见的旋转变压器一般有两级绕组和四级绕组两种结构形式。两级绕组旋转变压器的定子和转子各有一对磁极，四级绕组则有两对磁极，主要用于高精度的测量系统。另外还有多极式旋转变压器，用于高精度绝对式测量系统。

6.2.2 旋转变压器的工作原理

旋转变压器是利用电磁感应原理工作的。旋转变压器的结构保证了其定子和转子之间空气间隙内磁通分布符合正弦规律，因此，当励磁电压加到定子绕组时，通过电磁耦合，转子绕组便产生感应电动势。

图 6.3 所示为两极旋转变压器的工作原理。设加在定子绕组的励磁电压为

$$V_1 = V_m \sin\omega t \tag{6-1}$$

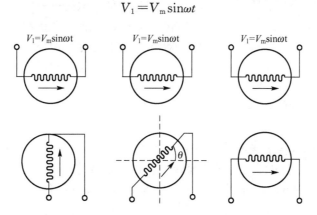

图 6.3 两极旋转变压器的工作原理

通过电磁偶合，转子绕组产生的感应电动势为

$$E_2 = KV_1\cos\theta = KV_m\sin\theta\sin\omega t \tag{6-2}$$

式中　　K——变压比（即绕组匝数比）；

　　　　V_m——励磁电压的幅值；

　　　　θ——定子、转子绕组轴线间的夹角。

由式（6-2）可知，转子绕组中的感应电动势 E_2 为以角速度 ω 随时间 t 变化的交变电压信号，其幅值 $KV_m\sin\theta$ 随转子相对于定子的角位移 θ 以正弦规律变化，当转子和定子的磁轴垂直时，$\theta=90°$，定子绕组磁通不穿过转子绕组，转子感应电动势 $E_2=0$。当转子和定子的磁轴平行时，$\theta=0°$，此时电磁耦合效果最好，转子的感应电动势为最大，即 $E_2=KV_m\sin\omega t$。因此，只要测量出转子绕组中的感应电动势的幅值，便可知 θ 的大小。如果转子安装在机床丝杠轴上，定子安装在机床底座上，则 θ 代表的是丝杠轴转过的角度，它间接反映了机床工作台的位移。

6.2.3　旋转变压器的应用

实际应用中，常采用四极绕组式旋转变压器。旋转变压器可单独和丝杠轴相连，也可与伺服电动机组成一体。

图6.4所示为四极旋转变压器的工作原理。旋转变压器定子绕组和转子绕组均由两个匝数相等互相垂直的绕组组成，其中，定子上的两相绕组，一相为正弦绕组，另一相为余弦绕组。转子的两相绕组，一相为工作绕组，另一相为电枢补偿绕组。定子绕组通入不同的励磁电压，旋转变压器可以有两种不同的工作方式，即鉴相式和鉴幅式。

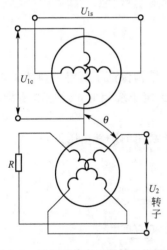

图6.4　四极旋转变压器的工作原理

1. 鉴相式

鉴相式工作方式是一种根据旋转变压器转子绕组中感应电动势的相位来确定被测位移大小的检测方式。在该工作方式下，旋转变压器定子的两相绕组，分别通以幅值相同、频率相同，但相位差 $\pi/2$ 的正弦交变电压，即

$$U_{1s}=U_m\sin\omega t \tag{6-3}$$

$$U_{1c}=U_m\sin(\omega t+\pi/2)=U_m\cos\omega t \tag{6-4}$$

当转子旋转时，通过电磁感应，转子绕组中产生感应电动势，根据线性叠加原理，在转子工作绕组中产生的感应电动势为这两相磁通所产生的感应电动势之和，即

$$U_2=KU_{1s}\sin(-\theta)+KU_{1c}\cos\theta=KU_m\sin(\omega t-\theta)$$

$$\tag{6-5}$$

可见，旋转变压器转子绕组中的感应电动势与定子绕组中的励磁电压频率相同，但相位不同，其差值为 θ。而 θ 即是转子的偏转角，也就是要测量的角位移。因此通过比较转子感应电动势和定子励磁电压的相位，就可以求得 θ，也就可得到被测轴的角位移。

2. 鉴幅式

鉴幅式工作方式是一种根据旋转变压器转子绕组中感应电动势的幅值来确定被测位移大小的检测方式。在该工作方式下，旋转变压器定子的两相绕组，分别通以频率相同、相位相同，但幅值分别按正弦和余弦变化的交变电压，即

$$U_{1s} = U_m \sin\alpha \sin\omega t \qquad (6-6)$$

$$U_{1c} = U_m \cos\alpha \sin\omega t \qquad (6-7)$$

式(6-6)和式(6-7)中，$U_m \sin\alpha$ 和 $U_m \cos\alpha$ 分别为定子两相交变电压的幅值，在转子中的感应电动势为

$$U_2 = KU_{1s}\cos\alpha - KU_{1c}\sin\alpha = KU_m \sin(\alpha - \theta)\sin\omega t \qquad (6-8)$$

式中，θ 为转子的偏转角；α 为电气角，励磁交变电压信号的相位角。

由式(6-8)可以看出，转子感应电动势不仅与转子的偏转角 θ 有关，还与励磁交变电压的幅值有关。感应电动势 U_2 是以 ω 为角频率、以 $U_m \sin(\alpha - \theta)$ 为幅值的交变电压信号。若 α 已知，那么只要测出 U_2 的幅值，便可求出 θ，从而得出被测角位移。实际应用中，利用幅值为零(即 $U_2 = 0$)的特殊情况进行测量。测量的具体过程是：不断的调整定子励磁电压的 α，使转子感应电动势 $U_2 = 0$，即感应电动势的幅值 $U_m \sin(\alpha - \theta) = 0$。跟踪 θ 的变化，当 $U_2 = 0$ 时，说明 $\theta = \alpha$，这样一来，用 α 代替了对 θ 的测量。α 通过具体电子线路测得。

6.3 感应同步器

感应同步器与旋转变压器一样，是一种电磁感应式的检测元件，根据电磁耦合原理将位移信号转换成电信号。它有两种结构形式，一种用来测量直线位移，称直线式感应同步器，如图 6.5 所示；另一种用来测量角位移，称旋转式(或圆盘式)感应同步器，由定子和转子组成，形状呈圆片形，如图 6.6 所示。感应同步器对环境要求低，工作可靠，抗干扰能力强，成本低，使用寿命长，大量程接长方便，可以测量较大位移。

图6.5 直线式感应同步器　　　　图6.6 圆盘式感应同步器

6.3.1 直线式感应同步器的结构

直线式感应同步器由定尺和滑尺组成，其结构如图 6.7 所示。定尺和滑尺的材料、结构和制造工艺相同。基板是由与机床热膨胀系数相近的钢板或非铁磁的材料做成的，基板上用绝缘粘接剂贴有铜箔，并用制造印制电路板相同的腐蚀方法制成印制绕组。在定尺的绕组表面涂上一层耐切削液的清漆涂层，以保护尺面。在滑尺的绕组表面上用绝缘的粘接剂粘贴一层铝箔作为屏蔽层，以防止机床切削液腐蚀和静电感应的影响。使用时定尺安装

在机床固定部件上，滑尺安装在移动部件上，两尺平行安置，之间保持(0.25±0.05)mm的间隙。

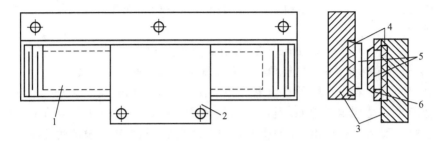

图 6.7 直线式感应同步器

1—定尺；2—滑尺；3—基板；4—绝缘层；5—绕组；6—屏蔽层

标准直线式感应同步器定尺长度为250mm，滑尺长度为100mm，图 6.8 所示为两种型号的定尺，图 6.9 所示为两种型号的滑尺。如果测量长度超过170mm时，可将若干根定尺接长使用。

GZD-1: 250mm×58mm×9.5mm

GZD-2: 250mm×30mm×9.5mm

图 6.8 感应同步器定尺

GZH-1: 100mm×73mm×9.5mm

GZH-2: 100mm×37mm×9.5mm

图 6.9 感应同步器滑尺

图 6.10 所示为直线式感应同步器绕组原理图。定尺和滑尺上绕组的节距相等，均为 2τ，定尺上绕组是连续的，滑尺上则分布着两个励磁绕组，分别称为正弦绕组和余弦绕组，这两个励磁绕组在长度方向上相差 1/4 节距。即如果把定尺绕组和滑尺绕组 A 对准，那么滑尺绕组 B 正好和定尺绕组相差 1/4 节距。

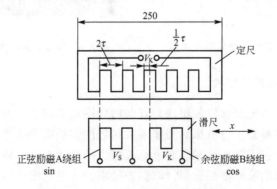

图 6.10 直线式感应同步器绕组原理图

6.3.2　直线式感应同步器的工作原理

感应同步器的工作原理类似于正余弦旋转变压器。工作时，定尺和滑尺相互平行安放，其间有一定的间隙。定尺是固定的，滑尺相对于定尺移动，当滑尺两个绕组中任一绕组通以某一频率的励磁交变电压时，由于电磁感应，在定尺绕组上会产生同频率的交变感应电动势，该感应电动势的大小和滑尺相对于定尺的位置有关。如图 6.11 所示，当滑尺绕组（只有一个绕组通以励磁交变电压）与定尺绕组完全重合时（A 点），定尺绕组中的感应电动势为正向最大；如果滑尺相对于定尺从重合处逐渐向右（左）平行移动，感应电动势就随之逐渐减小，在移动到两绕组刚好处于相差 1/4 节距的位置时（B 点），感应电势减为零；如果滑尺再继续移动到 1/2 节距的位置时（C 点），其感应电动势为负向最大；当移动到 3/4 节距的位置时（D 点），感应电动势又

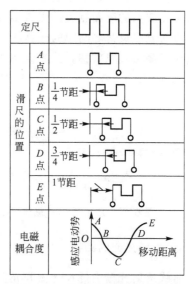

图 6.11　感应同步器的工作原理

变为零；其后移动了一个节距位置时（E 点），感应电动势又变为正向最大。这样，滑尺在移动一个节距的过程中，感应同步器定尺绕组的感应电动势近似于余弦函数变化了一个周期。

设滑尺移动移动距离为 x，感应电动势将以余弦函数变化相位角 θ，则有

$$\frac{\theta}{2\pi} = \frac{x}{2\tau} \qquad (6-9)$$

即可得

$$\theta = \frac{x\pi}{\tau} \qquad (6-10)$$

令 V_S 是加在滑尺任一绕组上的励磁电压

$$V_S = V_m \sin\omega t \qquad (6-11)$$

则在定尺绕组上产生的感应电动势为

$$V_B = K V_S \cos\theta = K V_m \cos\theta \sin\omega t \qquad (6-12)$$

式中，K 为电磁耦合系数；V_m 为励磁电压的幅值；θ 为滑尺相对于定尺在空间的相位角。

由式（6-11）和式（6-12）可知，当滑尺上某一绕组通以给定频率的励磁交变电压时，由于电磁感应，在定尺绕组上产生同频率的感应电动势，该感应电动势是感应同步器的输出信号，它能反映滑尺和定尺之间的相对位移。当滑尺绕组上施加不同的励磁交变电压时，感应同步器的工作方式同样也有鉴相式工作方式和鉴幅式工作方式两种。

6.4　光　　栅

光栅是一种光电检测元件，测量输出的信号为数字脉冲，是构成进给伺服系统闭环控制常用的位置检测元件之一。光栅的测量精度很高，可小于 $1\mu m$。光栅对环境有一定的要

求，灰尘、油污等会影响工作可靠性，且电路较复杂，成本较高。

光栅种类很多，根据制造方法和光学原理不同，光栅分为透射光栅和反射光栅，透射光栅是在玻璃的表面制成透明与不透明等间距的光栅线纹，反射光栅是在金属的镜面上制成全反射或漫反射等间距的光栅线纹。根据形状不同，光栅分为直线光栅和圆光栅，直线光栅用于测量直线位移，圆光栅用于测量角位移。在数控机床上使用较多的是透射光栅。图 6.12 所示为直线光栅，图 6.13 所示为圆光栅。

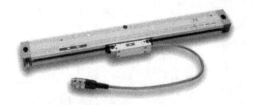 

图 6.12 意大利 GIVI 直线光栅　　　　　图 6.13 RESR 圆光栅

6.4.1 直线光栅的结构

直线透射光栅由标尺光栅和光栅读数头两部分组成，如图 6.14 所示。

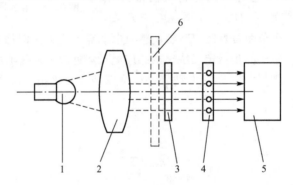

图 6.14 直线光栅的结构示意图
1—光源；2—透镜；3—指示光栅；4—光敏元件；
5—驱动线路；6—标尺光栅

光栅的读数头又称为光电转换器，读数头是由光源 1、透镜 2、指示光栅 3、光敏元件 4 和驱动线路 5 组成。标尺光栅 6 不属于光栅读数头，但它要穿过光栅读数头，且保证与指示光栅有准确的相互位置关系。光源发出的光线经过透镜后变为平行光束，照射光栅尺。光敏元件接收透过光栅尺的光强信号，并将其转换成相应的电压信号。该电压信号经过电路处理，变成与位移成比例的脉冲信号输出。

标尺光栅和指示光栅统称为光栅尺，如图 6.15 所示，其中长的一块为标尺光栅，短的一块为指示光栅。光栅尺是在真空镀膜的玻璃面上刻出均匀细密、互相平行的线纹，线纹之间的距离称为栅距，栅距一般为 $0.004 \sim 0.025$mm。从光栅尺线纹的局部放大部分来看，白的部分 b 为透光线纹宽度，黑的部分 a 为不透光线纹宽度，设栅距为 W，则 $W = a + b$，一般光栅尺的透光线纹和不透光线纹宽度是相等的，即 $a = b$。每毫米长度上线纹数称为线密度。玻璃透射光栅的密度一般为 25 条/mm、50 条/mm、100 条/mm、250 条/mm 等。

实际使用时，标尺光栅一般固定在机床的移动部件（如工作台）上，随移动部件一起运动，要求与行程等长。光栅读数头装在机床固定部件（如床身）上。标尺光栅和指示光栅的尺面平行，两者之间保持 0.05～0.1mm 的间隙，并使它们的线纹相对倾斜一个很小的角度。当机床移动部件带着标尺光栅相对指示光栅移动时，通过光电转换装置，发送与位移量相对应

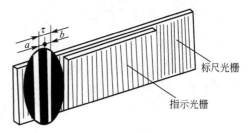

图 6.15　光栅尺

的数字脉冲信号，作为位置反馈信号。直线光栅尺尺身采用封闭式结构，由坚固的铝合金壳体构成，用于保护内部的刻线玻璃尺以及光电转换装置，如图 6.16 所示。

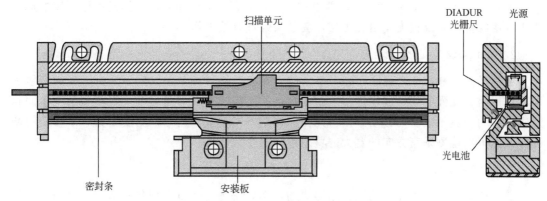

图 6.16　海德汉光栅尺

6.4.2　光栅的测量原理

光栅是根据莫尔条纹的形成原理进行测量工作的。光栅实际上是一根刻线很密很精确的"尺"。如果用它测量位移，只要数出测试对象上某个确定点相对于光栅移过的线纹数即可。但是，由于光栅线纹过密，直接对线纹计数很困难，因而利用光栅的莫尔条纹现象进行计数。

如图 6.17 所示，如果将指示光栅在其平面内转过一个很小的角度 θ，那么在光源的照射下，位于几乎垂直栅纹的方向上，形成明暗相间的条纹。这种条纹称为"莫尔条纹"。严格地说，莫尔条纹排列的方向与两片光栅线纹夹角的平分线垂直。莫尔条纹中两条亮纹或两条暗纹之间的距离称为莫尔条纹的宽度，以 W 表示。

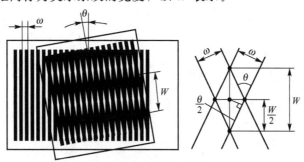

图 6.17　莫尔条纹的形成

莫尔条纹具有以下特征：

1. 放大作用

在两光栅线纹夹角很小的情况下，莫尔条纹宽度 W 和光栅栅距 ω、栅线角 $\theta(\mathrm{rad})$ 之间有下列关系，即

$$W=\frac{\omega}{2\sin\dfrac{\theta}{2}} \qquad (6-13)$$

由于 θ 很小，$\sin\theta\approx\theta$，则

$$W=\frac{\omega}{\theta} \qquad (6-14)$$

若 $\omega=0.01\mathrm{mm}$，$\theta=0.01\mathrm{rad}$，则由式(6-14)可得 $W=1\mathrm{mm}$，即把光栅栅距转换成放大 100 倍的莫尔条纹宽度。由此可见，莫尔条纹具有放大作用。

2. 莫尔条纹的变化规律

当标尺光栅移动一个栅距时，莫尔条纹也相应地移过一个条纹间距。由于光的衍射和干涉作用，其光强的变化规律近似正弦函数，若光栅向相反方向移动，则莫尔条纹也向相反方向移动。莫尔条纹的移动方向与光栅的移动方向垂直，这样，测量光栅水平移动的微小距离就可用检测垂直方向的宽大的莫尔条纹的变化代替。

3. 均化误差作用

莫尔条纹是由若干光栅线纹共用形成的，例如每毫米 100 条线纹的光栅，10mm 宽的一条莫尔条纹就由 1000 条线纹组成，这样栅距之间的相邻误差就被平均化了，消除了由于栅距不均匀、断裂等造成的误差。

6.4.3 光栅测量装置的信号处理

如图 6.18 所示，光栅测量装置的信号处理电路包括差动放大器、整形器、鉴相倍频和门电路。由 4 个光敏元件获得的 4 路光电信号分别送到 2 只差动放大器输入端，从差动放大器输出的两路信号其相位差为 $\pi/2$，为得到判向和计数脉冲，需对这两路信号进行整形，首先把它们整形为占空比为 1:1 的方波。然后，通过对方波的相位进行判别比较，就可以得到光栅尺的移动方向。通过对方波脉冲进行计数，可以得到光栅尺的位移和速度。

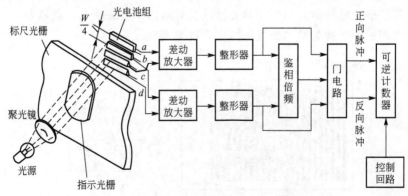

图 6.18 光栅测量系统信号处理电路框图

高分辨率的光栅尺一般造价较高，且制造困难。为了提高系统分辨率，需要对莫尔条纹进行细分，目前光栅检测装置多采用电子细分方法。如图 6.19 所示为四倍频细分法。在一个莫尔条纹宽度内，按照一定间隔放置 4 个光敏元件，得到相位分别相差 90°的 4 个正弦周期信号，用电子电路对这一系列信号进行处理，得到一列脉冲信号，每个脉冲分别和其周期信号的零点相对应，则电脉冲的周期为 1/4 莫尔条纹宽度。用计数器对这一列脉冲信号计数，就可以读到 1/4 个莫尔条纹宽度的位移，比光栅固有分辨率提高了 4 倍。例如，栅线为 50 线/mm 的光栅尺，其光栅栅距为 0.02mm，若采用四细分后便可得到分辨率为 5μm 的计数脉冲，这在工业普通测控中已达到了很高精度。随着电子技术和单片机技术的发展，光栅检测装置在位移测量系统得到广泛应用，并逐步向智能化方向发展。

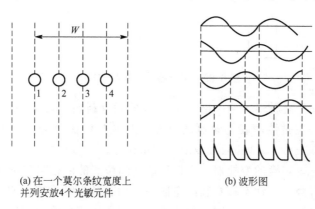

(a) 在一个莫尔条纹宽度上并列安放4个光敏元件　　(b) 波形图

图 6.19　用 4 个光敏元件实现细分

6.5　磁　　栅

磁栅是用电磁方法计算磁波数目的一种位置检测装置，按其结构可分为直线式和角位移式，分别用于线位移和角度位移的检测，如图 6.20 和图 6.21 所示。

磁栅加工工艺简单，需要时还可以将原来的磁化信号抹去，重新录制。目前可以做到系统精度 ±0.01mm，分辨率 5μm。磁栅对使用环境的要求较低，在油污、灰尘较多的工作环境使用时，仍具有较高的稳定性。

图 6.20　德国 SIKO 磁栅尺(长度检测)

图 6.21　德国 SIKO 磁性编码器(角度检测)

6.5.1　磁栅尺的结构

磁栅尺用于测量直线位移，由磁性标尺、磁头和检测电路组成，如图 6.22 所示。它利用磁记录原理将一定波长的矩形波或正弦波信号用磁头记录在磁性标尺上，作为测量基准。检测时，磁头将磁性标尺上的磁化信号转化为电信号，并通过检测电路将磁头相对于磁性标尺的位置或位移量用数字显示出来或转化为控制信号输入给机床。

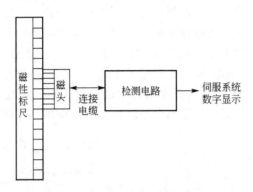

图 6.22 磁栅检测装置的构成

磁栅标尺是在非导磁材料上涂一层 $1\sim2~\mu m$ 的磁性材料，形成一层均匀的磁性薄膜，然后采用录磁的方法在磁性薄膜上录制的具有一定波长的磁信号。信号可为正弦波或方波，波长一般为 0.05mm、0.1mm、0.2mm、1mm 等。

磁头是进行磁—电转换的变换器，它把反映空间位置的磁信号转换为电信号输送到检测电路中去。磁头有两种，动态磁头和静态磁头。动态磁头又称速度响应式磁头，只有在磁头与磁尺间有相对运动时才能读取磁化信号，并有电压信号输出，输出信号的大小取决于运动速度，静止时没有信号输出。这种磁头用于录音机、磁带机，不适用于长度测量。静态磁头又称磁通响应式磁头，在低速甚至静止时也能进行位置检测，所以数控机床上采用静态磁头。静态磁头分为单磁头、双磁头和多磁头。其结构如图 6.23 所示，静态磁头由铁心上两个产生磁通方向相反的励磁绕组和两个串联的拾磁绕组组成。将高频励磁电流通入励磁绕组时，在磁头上产生磁通 Φ_1。

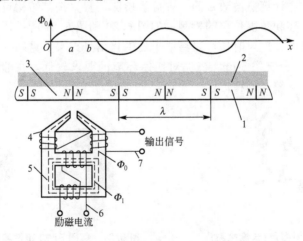

图 6.23 磁栅结构原理

1—磁性膜；2—基体；3—磁尺；4—磁头；5—铁心；

6—励磁绕组；7—拾磁绕组

当磁头靠近磁尺时，磁尺上的磁信号产生的磁通 Φ_0 进入磁头铁心，并被高频励磁电流产生的磁通 Φ_1 所调制。于是在拾磁绕组中感应电动势为

$$U = U_0 \sin \frac{2\pi x}{\lambda} \sin\omega t \qquad (6-15)$$

式中，U_0 为感应电动势幅值；λ 为磁尺磁化信号的节距；x 为选定某一 N 极作为位移零点时，磁头相对于磁尺的位移；ω 为输出线圈感应电动势的频率，它比励磁电流的频率高一倍。

使用单磁头输出信号小，而且对磁栅标尺上磁化信号的节距和波形精度要求高，为此，实际使用时将几十个磁头以一定方式联接起来，组成多磁头串联方式，如图 6.24 所示。每个磁头之间的间距都是 $\lambda/2$，并将相邻两个磁头的输出绕组反相串联，其总的输出电压是每个磁头输出电压的叠加。这样不但增大了输出信号的强度，提高了信噪比，同时因为多个磁头串联使用也降低了对节距和波形的精度要求。

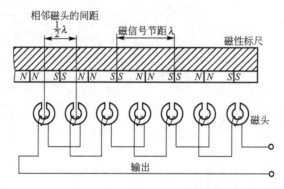

图 6.24 多间隙磁头工作原理

采用双磁头是为了辨别磁头在磁尺上的移动方向，通常两磁头按间距为 $(m\pm 1/4)\lambda$（m 为任意正整数）配置，如图 6.25 所示。

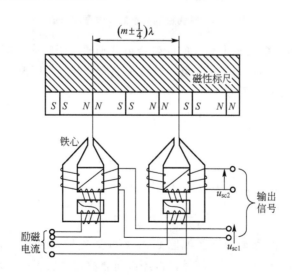

图 6.25 辨向磁头的配置

从两磁头的输出绕组上得到的是两路相位差 90°的电压信号，根据两个磁头输出信号的超前或滞后，可确定其移动方向。磁栅尺的辨向原理与光栅尺是一样的。

6.5.2 磁栅尺的工作原理

磁尺检测是模拟测量，检出信号是一模拟信号，必须经检测电路处理变换，才能获得表示位移量的脉冲信号。根据检测方法不同，检测电路分为鉴幅型和鉴相型两种。数控机床上常采用的是鉴相式测量，如图 6.26 所示。

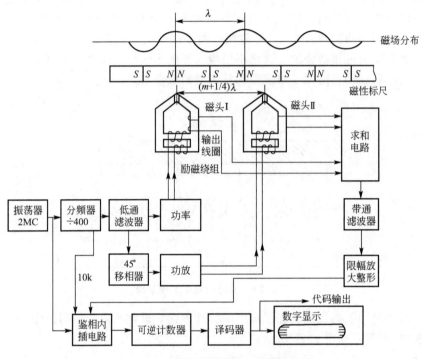

图 6.26　磁栅检测装置的工作原理框图

对图 6.26 所示的两组磁头 I 和 II 的励磁绕组分别通以同频率、同幅值、相位相差 90°的励磁电流，取磁尺上的某 N 点为起点，若磁头 I 离开起点的距离为 x，则磁头 I 和磁头 II 上拾磁绕组输出的输出电压为

$$U_1 = U_0 \sin\frac{2\pi x}{\lambda}\cos\omega t \qquad (6-16)$$

$$U_2 = U_0 \cos\frac{2\pi x}{\lambda}\sin\omega t \qquad (6-17)$$

在求和电路中相加，则得磁头总输出电压为

$$U = U_0 \sin\left(\frac{2\pi}{\lambda}x + \omega t\right) \qquad (6-18)$$

磁栅检测装置的工作原理方框图如图 6.26 所示，由脉冲发生器发出 400kHz 脉冲序列，经 80 分频，得到 5kHz 的励磁信号，再经带通滤波器变成正弦波后分成两路：一路经功率放大器送到第一组的磁头的励磁绕组；另一路经 45°移相，后由功率放大器送到第二组的励磁线圈，从两组磁头读出信号(U_1，U_2)，由求和电路去求和，即可得到相位随位

移 X 而变化的合成信号，将该信号进行放大、滤波、整形后变成 10kHz 的方波，再与一相励磁电流(基准相位)鉴相以细分内插的原理，即可得到分辨率为 $5\mu m$(磁尺上的磁化信号节距 $200\mu m$)的位移测量脉冲，该脉冲可送至显示计数器或位置检测控制回路。

磁尺制造工艺比较简单，录磁、消磁都较方便。若采用激光录磁，可得到更高的精度。直接在机床上录制磁尺，不需安装、调整工作，避免了安装误差，从而得到更高的精度。磁尺还可以制作得较长，用于大型数控机床。目前数控机床的快速移动速度已达到 24m/min，因此，磁尺作为测量元件难以跟上这样高的反应速度，使其应用受到限制。

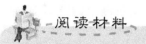
阅读材料

光栅尺和磁栅尺的应用

光栅尺以精度见长，量程在长度 $0\sim2m$ 性价比有明显优势，应用于金属切削机床、线切割、电火花、测量光学投影仪等。因光栅尺生产工艺的原因，若测量长度超过 5m，生产制造将很困难(两块玻璃尺要 45°斜角对接以增加长度，用于玻璃尺镀铬机空间有限)，价格会很贵。

磁栅尺以耐水耐油污耐粉尘耐振动性见长，长度在 2 米以上性价比优势愈加明显，并且长度越长优势越明显。磁栅尺的量程可达 30m。在大型金属切削机床，如大的镗床、铣床，水下测量，木材石材加工机床(工作环境粉尘很重)，金属板材压轧设备(大型成套设备)等应用方面有明显优势。

▷ 资料来源：http://www.bokee.net/company/weblog_viewEntry/4874369.html，2010.

6.6 编 码 器

脉冲编码器是一种旋转式脉冲发生器，如图 6.27 所示，它能把机械转角转换成电脉冲，是一种常用的角位移测量装置。脉冲编码器分为光电式、接触式和电磁感应式三种，光电式的精度和可靠性都优于其他两种，因而广泛应用于数控机床。

光电脉冲编码器按工作原理又可分为增量式光电脉冲编码器和绝对式光电脉冲编码器两种。增量式光电脉冲编码器是将位移转换成周期性的电信号，再把这个电信号转变成计数脉冲，用脉冲的个数表示位移的大小。绝对式光电脉冲编码器的每一个位置对应一个确定的数字码，因此它的示值只与测量的起始和终止位置有关，而与测量的中间过程无关。这两种在数控机床中均有应用，常用的是增量式光电脉冲编码器，绝对式光电脉冲编码器应用于特殊要求的场合。

图 6.27 FAGOR 旋转编码器

6.6.1 增量式脉冲编码器

增量式脉冲编码器能把旋转轴的旋转方向、旋转角度和旋转角速度准确测量出来，是数控机床上使用很广泛的位置检测装置。

图 6.28 所示为增量式光电脉冲编码器的结构原理图。它由光源、聚光镜、光电码盘、

光栅板、光敏元件和信号处理电路及数显装置组成。光电码盘是一个玻璃圆盘，在其圆周上刻有间距相等的细密线纹，分为透明和不透明部分。光栅板上制有两条狭缝，每条狭缝后面对应安装一个光敏元件。光电码盘与工作轴连接在一起，轴承安装在编码器外壳上，编码器的工作轴和被测轴采用软连接同轴安装，当被测轴旋转时带动编码器的工作轴和光电码盘一起旋转。在光源的照射下，光线透过光电码盘和光栅板上的狭缝，形成明暗相间近似于正弦信号的光信号。光敏元件接收这些光信号，并把其转换成近似正弦波的电信号，通过信号处理电路整形、放大、分频变换成电脉冲信号。通过计数器计量脉冲的数目，即可测定旋转运动的角位移。通过计数器计量脉冲的频率，即可测定旋转运动的转速。测量结果可以通过数字显示装置进行显示或直接输入到数控系统中。

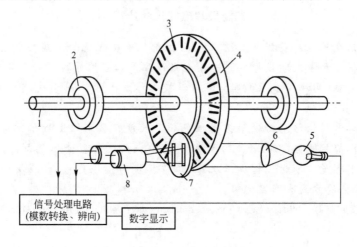

图 6.28 增量式脉冲编码器的结构原理图

1—旋转轴；2—滚动轴承；3—透光狭缝；4—光电码盘；

5—光源；6—聚光镜；7—光栅板；8—光敏元件

增量式光电脉冲编码器的结构如图 6.29 所示．实际应用的增量式光电脉冲编码器的光栅板有两组狭缝 A、$\overline{A}$ 和 B、$\overline{B}$，A 组与 B 组的狭缝在同一圆周上彼此错开 1/4 节距，这样，当 A 组狭缝全部遮住光电码盘狭缝时，B 组狭缝刚好遮住光电码盘上狭缝的一半，两组狭缝相对应的光敏元件所产生的信号相位相差 90°，如图 6.30 所示。根据信号 A 和信号 B 的发生顺序，即可判断光电编码器轴的正反转。若 A 相超前于 B 相，则对应正转；若 B 相超前于 A 相，则对应反转。数控系统正是利用这一相位关系来判断方向的。另外还有一个狭缝称为零位狭缝，光电码盘转一周时，由此狭缝发出一个脉冲。这个脉冲用来产生机床的基准点，该脉冲以差动形式 C 和 $\overline{C}$ 输出。光电码盘转过一个狭缝的角度，A 信号就产生一个脉冲，如果光电码盘上有 1000 条刻线，则编码器旋转一周，A 信号就有 1000 个脉冲，其测量角度的分辨率为 0.36°。

旋转增量值编码器在转动时输出脉冲，通过计数设备来计算其位置，当编码器不动或停电时，依靠计数设备的内部记忆来记住位置。这样，当停电后，编码器不能有任何的移动，当来电工作时，编码器输出脉冲过程中，也不能有干扰而丢失脉冲，不然，计数设备计算并记忆的零点就会偏移，而且这种偏移的量是无从知道的，只有错误的结果出现后才能知道。解决的方法是增加参考点，编码器每经过参考点，将参考位置修正进计数设备的记忆位置。在参考点以前，是不能保证位置的准确性的。在工控中就有每次操作先找参考点，开机找零等方法。

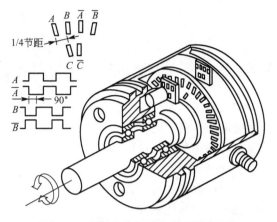

图 6.29 增量式光电脉冲编码器的结构

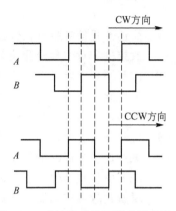

图 6.30 光电脉冲编码器的输出波形

6.6.2 绝对式脉冲编码器

绝对式光电脉冲编码器可将被测转角转化成相应的代码来指示绝对位置而没有累计误差，是一种直接编码式的测量装置。

绝对编码器是直接输出数字量的传感器，一般做成二进制编码，在它的圆形码盘(图 6.31)上沿径向有若干同心圆环组成，称为码道。码道的数量与二进制的位数相同，靠近圆心的码道代表高位数码，最外圈是最低位。每条道上由透光和不透光的扇形区相间组成，在码盘的一侧是光源，另一侧对应每一码道有一光敏元件；当码盘处于不同位置时，各光敏元件根据受光照与否转换出相应的电平信号，形成二进制数。绝对式编码器的特点是不要计数器，在转轴的任意位置都可读出一个固定的与位置相对应的数字码。码道越多，分辨率就越高，对于一个具有 n 位二进制分辨率的编码器，其码盘必须有 n 条码道，码道的分辨率为 $360°/2^n$。它的特点是可以直接读出角度坐标的绝对值；没有累积误差；电源切除后位置信息不会丢失。

这样的编码器是由光电码盘的机械位置决定的，它不受停电、干扰的影响；由于绝对值编码器由机械位置决定的每个位置是唯一的，它无需记忆，无需找参考点，而且不用一直计数，什么时候需要知道位置，什么时候就去读取它的位置。这样，编码器的抗干扰特性、数据的可靠性大大提高了。

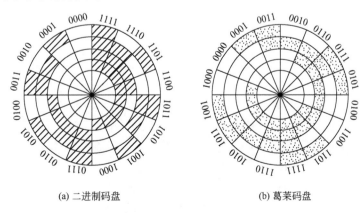

(a) 二进制码盘　　　　　(b) 葛莱码盘

图 6.31 绝对式编码器码盘

 习 题

6-1 简述位置检测装置在数控机床中的作用。

6-2 数控机床对位置检测装置有哪些要求？

6-3 位置检测装置可以分为哪几类？

6-4 分析旋转变压器与感应同步器的结构特点及工作原理。

6-5 鉴相式工作方式和鉴幅式工作方式励磁电压有何不同？

6-6 莫尔条纹有哪些特性？为什么实际测量时利用莫尔条纹进行测量？

6-7 试述透射光栅的测量原理及如何提高它的分辨率。

6-8 磁栅由哪些部件组成？被测位移量与感应电动势的有什么关系？

6-9 增量式脉冲编码器和绝对式脉冲编码器各有什么优缺点？

6-10 举例说明哪些检测装置可以用于闭环控制系统，哪些可以用于半闭环控制系统。

第7章
数控机床伺服系统

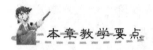本章教学要点

知识要点	掌握程度	相关知识
伺服系统概念、分类和发展、数控机床对伺服系统的要求	掌握数控机床对伺服系统的要求；理解伺服系统概念；熟悉伺服系统的分类；了解伺服系统的发展	伺服系统的概念、应用及发展趋势；伺服系统的工作原理及分类
步进电动机的工作原理，结构和调速方法	掌握步进电动机的结构、工作原理及特点；熟悉步进电动机的特性及调速方法；了解步进电动机的选择	步进电动机的特性曲线；步进电动机的调速原理；步进电动机的选择方法
直流伺服电动机的结构、工作原理和调速方法	熟悉直流伺服电动机的基本原理及结构；了解直流伺服电动机的特点、分类；理解直流伺服电机调速原理	直流伺服电动机的原理及特点；直流伺服电动机的发展趋势
交流伺服电动机的结构、工作原理和调速方法	熟悉交流伺服电动机的基本原理及结构；了解交流伺服电动机的特点、分类；理解直流伺服电动机调速方法	交流伺服电动机的原理及特点；交流伺服电动机的发展趋势
直线电动机的结构、工作原理和调速方法	熟悉直线电动机的基本原理及结构；了解直线电动机的特点	直线电动机的原理及特点；直线电动机的发展趋势
位置控制的概念及工作原理	理解位置控制的概念、作用及工作原理；了解数字脉冲比较位置控制系统、全数字控制伺服系统的原理	位置控制在数控机床中的作用

全球首创全智能机床彰显"中国智慧"

只要在平板电脑上生成一个订单，一台或几台机床就可以自动加工客户需要的部件，并将生产进程、故障预测及清除等信息实时发送至客户手机。2013 年 4 月 22 日，第十三届中国国际机床展览会在北京中国国际展览中心开幕。搭载了沈阳机床集团自主研发、全球首创 i5 数控系统的全智能机床受到广泛关注，大批客商围在展台前观摩、洽谈。

本届展会展出面积 10.08 万 m^2，创历届规模之最，吸引了来自 28 个国家和地区的 1500 余家企业参展。沈阳机床以"智能化、客户化"为主题，推出 16 款具有国际化水准的数控机床产品，向世界集中展示了制造业的"中国智慧"。

作为全球首创的全智能化运动控制系统，i5 数控系统将运动控制技术、计算机技术、网络技术、信息技术集成在一起，让机床操作更简单、维护更方便、管理更高效。在沈阳机床专设的智能制造展区，3 台搭载了 i5 数控系统的机床将中国工业生产高度自动化的最新进展和成果诠释得淋漓尽致。据悉，以首次参展为标志，沈阳机床 i5 数控系统全智能机床正式进入产业化阶段。

展会的另一个"明星"是沈阳机床与西门子公司首度合作研发推出的 BRIO 系列产品，业界誉之为"贝多芬交响乐与现代先进制造技术的完美融合"。这一系列产品外观设计极具艺术性，生产周期更短、加工精度更高，充分满足了汽车、工程机械、轨道交通、能源等行业对零件的高效加工需求。

　　资料来源：http://www.jc81.com/news/html/hangye/9667.html 2013 - 4 - 26 14：52：39

7.1　概　　述

7.1.1　伺服系统的概念

1. 伺服驱动的定义及作用

按日本 JIS 标准的规定，伺服驱动是一种以物体的位置、方向、状态等作为控制量，追求目标值的任意变化的控制结构，即能自动跟随目标位置等物理量的控制装置，简写为 SV(servo drive)。

数控机床伺服驱动的作用主要有两个：使坐标轴按数控装置给定的速度运行和使坐标轴按数控装置给定的位置定位。

2. 伺服系统

伺服系统是根据输入信号的变化而进行相应的动作，以获得精确的位置、速度或力的自动控制系统，又称位置随动系统。

数控机床的伺服系统是数控装置与机床本体间的联系环节，即接收来自数控装置输出

250

的进给脉冲指令，经过一定的信号变换及功率放大后，驱动机床执行元件，实现机床部件产生相应运动的控制系统。

伺服系统的性能直接关系到数控机床执行件的静态和动态特性、工作精度、负载能力、响应速度和稳定程度等。所以，至今伺服系统还被看作是一个独立部分，与数控系统和机床本体并列为数控机床的三大组成部分。

伺服系统是一种反馈控制系统，以指令脉冲为输入给定值，与输入量进行比较，利用偏差值对系统进行自动调节，以消除偏差，使输出量紧密跟踪给定值。所以，伺服系统的运动来源于偏差信号，必须具有负反馈回路，始终处于过渡过程状态。

一般伺服系统的组成如图 7.1 所示，由比较元件、调节元件、执行元件、受控对象和测量、反馈元件组成。输入的指令信号与反馈信号通过比较元件进行比较，得到控制系统动作的偏差信号；偏差信号经调节元件变换、放大后，控制执行元件按要求产生动作；执行元件将输入的能量转换成机械能，驱动被控对象工作；测量反馈元件用于实时检测被控对象的输出量并将其反馈到比较元件。

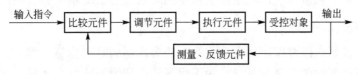

图 7.1 伺服系统的组成图

7.1.2 数控机床对伺服系统的要求

"伺服(servo)"在中英文是一个音、意都相同的词，表示"伺候服务"的意思。它是按照数控系统的指令，使机床各坐标轴严格按照数控指令运动，加工出合格的零件。也就是说，伺服系统是把数控信息转化为机床进给运动的执行机构。

数控机床集中了传统的自动机床、精密机床和万能机床的优点，将高效率、高精度和高柔性集于一体。而数控机床技术水平的提高首先依赖于进给和主轴驱动特性的改进以及功能的扩大，为此数控机床对进给伺服系统的位置控制、速度控制、伺服电动机等方面都提出了很高的要求。

由于各种数控机床所完成的功能不完全相同，对伺服系统的要求也不尽相同，总体上可概括为以下几方面：

1. 可逆运行

可逆运行要求能实现灵活的正、反向运行。加工过程中，机床根据加工轨迹的要求，随时都可能实现正向或反向运动。同时，要求在方向变化时不应该有反向间隙和运动的损失。从能量角度看，应该实现能量的可逆转换，即加工运行时，电动机从电网吸收能量，将电能转变为机械能；在制动时，应把电动机的机械惯性能转变为电能输出给电网，以实现快速制动。

2. 调速范围宽

调速范围是指生产机械要求电动机能提供的最高转速和最低转速之比。在数控机床中，由于所用刀具、加工材料及零件加工要求的不同，为保证在各种情况下都能得到最佳

数控技术及应用

切削速度，就要求伺服系统具有足够宽的调速范围。

对一般数控机床而言，进给速度范围在 0～24m/min 都可满足加工要求。在这样的速度范围内还可以提出以下更细致的技术要求：

（1）在 1～24000mm/min，即 1：24000 的调速范围内，要求速度均匀、稳定、无爬行，且速度降小。

（2）在 1mm/min 以下时，具有一定的瞬时速度，但平均速度很低。

（3）在零速度时，即机床停止运动时，要求电动机处于伺服锁定状态。

3. 具有速度稳定性

稳定性是指当作用在系统上的扰动信号消失后，系统能够恢复到原来的稳定状态下运行，或者系统在输入的指令信号的作用下，能够达到新的稳定状态的能力。稳定性取决于系统的结构及组成件的参数（如惯性、刚度、阻尼、增益等），与外界作用信号（包括指令信号和扰动信号）的性质或形式无关。对进给伺服系统要求有较强的抗干扰能力，保证进给速度均匀、平稳。伺服系统的稳定性直接影响着数控加工的精度和表面粗糙度。

4. 快速响应并无超调

快速响应反映系统跟踪精度，是伺服系统动态品质的重要指标。机床进给伺服系统实际上就是一种高精度的位置随动系统。为了保证轮廓切削形状相反和低的加工表面粗糙度值，对位置伺服系统除了要求有较高的定位精度外，还要求有良好的快速响应特性。这就对伺服系统的动态性能提出两方面的要求：一方面在伺服系统处于频繁地启动、制动、加速、减速等动态过程中，要求加、减速度足够大，以缩短过渡过程时间。一般电动机的速度由零到最大，或从最大减少到零，时间应控制在 200ms 以下，甚至少于几十毫秒，且速度变化时不应有超调；另一方面当负载突变时，过渡过程前沿要陡，恢复时间要短，且无振荡，即要求跟踪指令信号的响应要快，跟随误差小。

5. 高精度

数控机床要加工出高精度、高质量的工件，伺服系统本身就应有高的精度，但数控机床不可能像传统机床那样用手动操作来调整和补偿各种误差，因此要求有很高的定位精度和重复定位精度及进给跟踪精度。这也是伺服系统静态特性与动态特性指标是否优良的具体表现。位置伺服系统的定位精度一般要求能达到 1μm，甚至 0.1μm，有的可达到 0.01～0.005μm。

6. 低速大转矩

机床的加工特点大多是低速时进行切削，即在低速时进给驱动要有大的转矩输出。主轴坐标的伺服控制在低速时为恒转矩控制，高速时为恒功率控制；进给坐标的伺服控制属于恒转矩控制。

7.1.3 伺服系统的分类

如上所述，伺服系统作为数控机床的重要组成部分。其主要功能是：接受来自数控装置的指令来控制电动机驱动机床的各运动部件，从而准确地控制它们的速度和位置，达到加工出所需工件的外形和尺寸的最终目标。伺服系统的分类方法很多。

1. **按伺服系统控制方式分类**

（1）开环伺服系统。图7.2所示为开环伺服系统结构原理图。该系统常采用步进电动机作为将数字脉冲变换为角度位移的执行机构，无检测元件，也无反馈回路，靠驱动装置本身定位，所以结构、控制方式比较简单，维修方便，成本较低；但由于精度难以保证、切削力矩小等原因，多用于精度要求不高的中、低档经济型数控机床及机床的数控化改造。

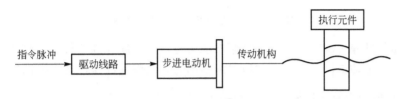

图7.2 开环伺服系统结构原理图

（2）半闭环伺服系统。数控机床半闭环伺服系统一般将检测元件安装在系统中间适当部件如电动机轴上，以获取反馈信号，用以精确控制电动机的角度，然后通过滚珠丝杠等传动部件，将角位移转换成工作台的直线位移（图7.3）。系统抛开传统系统刚性和摩擦阻尼等非线性因素，所以系统容易调试，稳定性较好；且采用高分辨率的测量元件，能获得较满意的精度和速度；检测元件安装在系统中间部件上，能减少机床制造安装时的难度；目前数控机床多使用半闭环伺服系统控制。

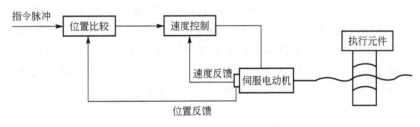

图7.3 半闭环伺服系统结构原理图

（3）全闭环伺服系统。数控机床全闭环伺服系统是误差控制随动系统，图7.4所示为全闭环伺服系统结构原理图，常由位置环及速度环及电流环组成，位置检测元件反馈回来的机床坐标轴的实际位置信号和输入的指令比较，产生电压信号，形成位置环的速度指令；速度环接收位置环发出的速度指令和电动机的速度反馈脉冲指令，比较后产生电流信号；电流环将电流信号和从电动机电流检测单元发出的反馈信号进行处理，驱动大功率元件，产生伺服电动机的工作电流，带动执行元件工作。

该系统中检测元件安装在系统中间部件和工作台上，能减少进给传动系统的全部误差，精度较高。缺点是系统的各个环节都包括在反馈回路中，所以结构复杂，调试和维护都有一定难度，成本较高，一般只应用在大型精密数控机床上。

2. **按用途和功能分类**

按用途和功能分为进给伺服系统和主轴伺服系统。进给伺服系统包括速度控制环和位置控制环，用于数控机床工作台或刀架坐标的控制系统，控制机床各坐标轴的切削进给运

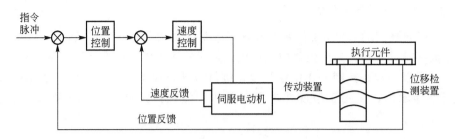

图 7.4　全闭环伺服系统结构原理图

动，并提供切削过程所需转矩。主轴伺服系统只是一个速度控制系统，控制机床主轴的旋转运动，为机床主轴提供驱动功率和所需的切削力，从而保证任意转速的调节。

3. 按伺服电动机类型分类

(1) 直流伺服系统。直流伺服系统常用的伺服电动机有小惯量直流伺服电动机和永磁直流伺服电动机(也称为大惯量宽调速直流伺服电动机)；小惯量直流伺服电动机最大限度地减少了电枢的转动惯量，快速性较好，在早期的数控机床上应用较多。

永磁直流伺服电动机具有转子惯量大，过载能力强，低速运行平稳的特点。在 20 世纪 80 年代以后，永磁直流伺服电动机得到了极其广泛的应用，其缺点是有电刷磨损，需要定期更换和清理，换向时容易产生电火花，限制了转速的提高。一般额定转速为 1500～3000r/min，而且结构复杂，价格较贵。

(2) 交流伺服系统。进入 20 世纪 80 年代后，由于交流电动机调速技术的突破，交流伺服驱动系统进入电气传动调速控制的各个领域。交流伺服系统使用交流异步伺服电动机(一般用于主轴伺服电动机)和永磁同步伺服电动机，由于交流伺服电动机的转子惯量比直流电动机小，动态响应好；容易维修，制造简单，适合于在较恶劣环境中使用，且易于向较大的输出功率、更高的电压和转速方向发展，克服了直流伺服电动机的缺点。因此，目前交流伺服电动机的应用得到了迅速的发展。

(3) 直线电动机伺服系统。直线电动机的实质是把旋转电动机沿径向剖开，然后拉直演变而成，利用电磁作用原理。将电能直接转换成直线运动的一种装置，是一种较为理想的驱动装置。采用直线电动机直接驱动与旋转电动机的最大区别是取消了从电动机到工作台之间的机械传动环节，实现了机床进给系统的零传动，具有旋转电动机驱动方式无法达到的性能指标和优点，具有很广阔的应用前景。但由于直线电动机在机床中的应用目前还处于初级阶段，还有待进一步研究与改进。随着相关配套技术和直线电动机制造工艺的进一步完善，直线电动机在机床上会得到更加广泛的应用。

4. 按驱动装置类型分类

(1) 电液伺服系统。电液伺服系统的执行元件为液压元件，控制系统为电器元件。常用的执行元件有电液脉冲电动机和电液伺服系统，在低速下可以得到很高的输出力矩，并且刚性好、时间常数小、反应快、速度平稳。

(2) 电气伺服系统。电气伺服系统全部采用电子器件和电动机，操作维护方便、可靠性高。电气伺服系统采用的驱动装置有步进电动机、直流伺服电动机和交流伺服电动机。

5. 按反馈比较控制方式分类

(1) 相位伺服系统。相位伺服系统是采用相位比较方法实现位置闭环(及半闭环)控制的伺服系统,是数控机床常用的一种位置控制系统。在相位伺服系统中,位置检测装置采用相位工作方式,指令信号与反馈信号用某个载波的相位表示。通过指令信号与反馈信号相仿的比较,获得实际位置与指令位置的偏差,实现闭环控制,如图7.5所示。

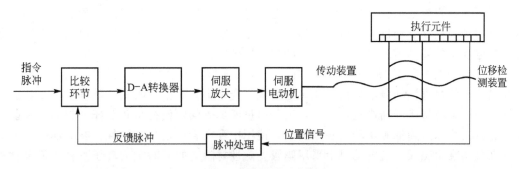

图 7.5 相位伺服系统框图

相位伺服系统适用于感应式检测装置,精度较高,因其载波频率高、响应快、抗干扰性强,特别适合于连续控制的伺服系统。

(2) 幅值伺服系统。幅值伺服系统是采用位置检测信号幅值大小来反应机械位移的数值,以此信号作为反馈信号,转换成数字信号后与指令信号相比较,得到位置偏差信号即实际位置与指令位置的偏差,构成闭环控制系统。系统结构如图7.6所示。

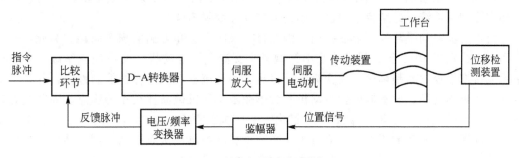

图 7.6 幅值伺服系统结构框图

这时,给定信号与反馈信号是幅值方式进行比较的,所用的位置检测元件应工作在幅值工作方式。

7.1.4 伺服系统的发展

伺服机构的产生早于数控机床,早在20世纪40年代,伺服机构已在技术领域取得较大的进展,当时主要用于炮弹跟踪等一些位置随动系统,一般只要求稳、准、快,对调速要求不高,只有位置反馈,没有速度反馈。

到20世纪50年代,伺服机构开始用于数控机床,当时主要采用步进电动机驱动,由于受大功率晶体管生产条件的制约,步进电动机的输出功率难以提高,所以当时的数控机床切削量很小,效率较低,只用于复杂形状零件的加工。

1959 年，日本富士通 FANUC 公司开发研制了电液脉冲马达，即步进电动机加液压力矩放大器，使伺服驱动力矩大大提高，因此很快被推广，从而也扩展了数控机床的应用。20 世纪 60 年代几乎是电液伺服的全盛时期。

由于液压机构的噪声、漏油、效率低、维护不便等本质上的缺点，不少厂家都致力于电动伺服的研制：如德国 SIEMENS 公司、美国 GE 公司等都在直流电动机上下功夫研究，力图研制一种高灵敏度的直流伺服电动机。

当时普通直流电动机本身惯量较大，电动机的加速度较低，难以满足伺服动态响应指标，又由于在提高电动机的峰值(加速)扭矩上受到限制，所以不少电动机研制厂都极力通过减小电动机的转动惯量来提高电动机的响应灵敏度。

日本安川电机厂于 1963 年研制成功一种采用无槽小直径转子的新型直流电动机，并被命名为小惯量直流伺服电动机。就该电动机本身来讲，其电气时间常数确实较小，但在实际应用中，与机床传动机构连接后，由于惯量匹配等问题使得带负载能力较差，未能全面综合解决机床进给伺服驱动的各项要求，使用中存在着一定的局限性。在此期间，美国盖梯斯公司在永磁式直流电动机上采用陶瓷类磁性材料，并同时加大转子直径，使电动机在不引起磁化的条件下能承受额定值 10～15 倍的峰值扭矩，达到较好的扭矩/惯量比。

1969 年，大惯量直流伺服电动机问世。由于该电动机转子的转动惯量大，容易与机床传动机构达到惯量匹配，一般可直接与丝杠相连，这既提高了其精度和刚度，又减小了整个系统的机电时间常数，使得原来极力回避的大惯量反而成了优点。同时，由于它能瞬时输出数倍于额定扭矩的加速扭矩、使得动态响应大大加快，这种电动机推出后较快地得到了广泛应用。日本 FANUC 公司于 1974 年向美国购买了该项技术专利，并采用 PWM 晶体管脉宽调制系统作为其驱动控制电源，于 1976 年正式推出以大惯量电动机为基础的闭环直流伺服系统，并结束了自己开创的电液开环伺服系统。

由于直流电动机需利用电刷换向，因此存在换向火花和电刷磨损等问题。为此，美国通用电气公司于 1983 年研制成功采用笼型异步交流伺服电动机的交流伺服系统。它主要采用矢量变换控制变频调速，使交流电动机具有和直流电动机一样的控制性能，并具有结构简单、可靠性高、成本低以及电动机容量不受限制和机械惯性较小等优点。随着微处理器应用技术的发展，日本于 1986 年又推出了数字伺服系统。它与以往的模拟伺服系统相比，在确保相同速度的要求下，通过细分来减小脉冲当量，从而提高其伺服精度。从伺服驱动的发展来看，其性能当然是后者优于前者，但到目前为止，除了电液脉冲马达已被淘汰外，其他均占有一定市场。

就步进电动机来说，由于其控制简单，一个脉冲转一个步距角，无需位置检测，又具有自锁能力，所以较多地应用在一些经济型数控机床上。尤其在我国，由于经济型数控机床有较大的市场，近年来，各有关科研机构也先后对步进电动机及驱动控制作了有效的改进，如电动机从反应式发展成永磁式、混合式。驱动控制电路也先后出现了高低压控制、恒流斩波电源、调频调压等多种改进电路，这使得输出力矩和控制特性均有了较大的提高。但由于其固有的工作方式，有些伺服指标也难以提高，如调速范围窄，矩频特性软，启、停必须经过升降频过程控制，所以只能用于要求较低的场合。对于交、直流两种伺服系统来说，由于交流电动机的制造成本远低于直流电动机，而驱动控制电路虽然比直流复杂，但随着微电子技术的迅速发展，两者也将会相差不多。交流伺服系统的性能价格比必将优于直流伺服系统，即交流伺服系统有可能完全取代直流伺服系统，但这只是指在旋转电动机的范围内。

还有另一种直线电动机进给伺服系统,它是一种完全机电一体化的直线进给伺服系统,它的应用也将使整个机床结构发生革命性的变化。所谓直线电动机,其实质是把旋转电动机沿径向剖开,然后拉直演变而成。采用直线电动机直接驱动机床工作台后,即取消了原旋转电动机到工作台之间的一切机械中间传动环节,把机床进给传动链的长度缩短为零,故这种传动方式被称为"零传动",也称为"直接驱动(direct drive)"。

在数控及相关技术的迅猛发展中,超高速切削、超精密加工等先进制造技术也在逐步成熟,走向实用阶段。随着该类技术的进一步发展、提高,对机床的各项性能指标又提出了越来越高的要求。特别是对机床进给系统的伺服性能提出了更高、甚至苛刻的要求,既要有很高的驱动推力、进给速度,又要有极高的快速定位精度;为此,尽管当前世界先进的交、直流伺服(旋转电动机)系统,在微电子技术发展的支持下,其性能也大有改进。但是由于受到传统机械结构进给传动方式的限制,其有关伺服性能指标(特别是快速响应性)已难以突破提高。为此,国内外有专家也曾先后提出了用直线电动机直接驱动机床工作台的有关方案。随着各项配套技术的发展、成熟,当今世界先进工业发达地区的机床行业正在迅速掀起"直线电动机热"。

7.2 步进电动机及其驱动控制

步进电动机是一种将电脉冲信号转换为相应角位移或直线位移的转换装置,是开环伺服系统的最后执行元件,因为其输入的进给脉冲是不连续变化的数字量,而输出的角位移或直线位移是连续变化的模拟量,所以步进电动机也称为数模转换装置。

步进电动机受驱动线路控制,将进给脉冲序列转换成为只有一定方向、大小和速度的机械转角位移,并通过齿轮和丝杠带动工作台移动。进给脉冲的频率代表驱动速度,脉冲的数量代表位移量,运动方向由步进电功机的各相通电顺序来决定。步进电动机转子的转角与输入电脉冲数成正比,其速度与单位时间内输入的脉冲数成正比。在步进电动机负载能力允许下,这种线性关系不会因负载变化等因素而变化,所以可以在较宽的范围内,通过对脉冲的频率和数量的控制,实现对机械运动速度和位置的控制。并且保持电动机各相通电状态就能使电动机自锁。但由于该系统没有反馈检测环节,其精度主要由步进电动机来决定,速度也受到步进电动机性能的限制。

7.2.1 步进电动机组成及其工作原理

1. 步进电动机的组成、工作原理及工作方式

(1)步进电动机的结构组成。各种步进电动机都有转子和定子,但因类型不同,结构也不完全一样。如图 7.7 所示的三相反应式步进电动机的结构图,由定子、转子和绕组三部分组成。定子上有 6 个磁极,分成 U、V、W 三

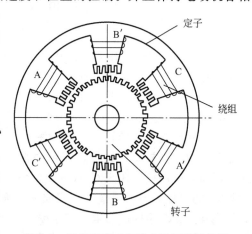

图 7.7 三相反应式步进电动机的结构图

相，每个磁极上绕有励磁绕组，按串联（或并联）方式连接，使电流产生的磁场方向一致。转子是由带齿的铁心做成的，当定子绕组按顺序轮流通电时，U、V、W 三对磁极就依次产生磁场，并且每次对转子的某一对齿产生电磁转矩，使它一步步转动。每当转子某一对齿的中心线与定子磁极中心线对齐时，磁阻最小，转矩为零，每次就在此时按一定方向切换定子绕组各相电流，使转子按一定方向一步步转动。

（2）步进电动机的工作原理。图 7.8 所示为最常用的反应式步进电动机工作原理图。定子上有 6 个磁极，磁极上绕有励磁绕组。每两个相对的磁极组成一相；转子上有 4 个齿。如果先将电脉冲加到 A 相绕组，定子的 A 相磁极就产生磁场，并对转子产生磁场力，使转子的 1、3 两个齿与定子的 A 相磁极对齐。而后再将电脉冲通入 B 相励磁绕组，B 相磁极便产生磁场，这时转子 2、4 两个齿与 B 相磁极靠得最近，于是转子使沿着逆时针方向转过 30°，使转子 2、4 两个齿与定子 B 相磁极对齐。如果按照 A→B→C→A→B→…的顺序通电，转子则沿逆时针方向一步步地转动，每步转过 30°，显然，单位时间内通入的电脉冲数越多，即电脉冲频率越高，电动机转速越高。如果按 A→C→B→A→C→…的顺序通电，步进电动机将沿着顺时针方向一步步地转动。因而只要控制输入脉冲的数量、频率和通电绕组的相序，即可获得所需的转角、转速及旋转方向。

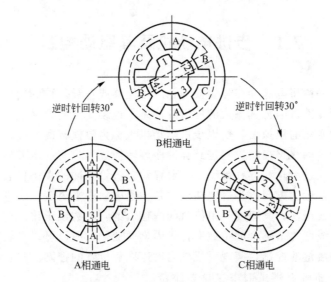

图 7.8　反应式步进电动机工作原理图

（3）步进电机的工作方式。从一相通电换接到另一相通电称为一拍，每拍转子转动一个步距角，如上述的步进电动机，三相励磁绕组依次单独通电运行，换接三次完成一个通电循环，称为三相单三拍通电方式，步距角是 30°。"单"是指每次只有一相绕组通电，"三拍"是指经过三次换接为一个循环，即 A、B、C 三拍。由于每次只有一相绕组通电，在切换瞬间将失去自锁转矩，容易失步，另外，只有一相绕组通电，易在平衡位置附近产生振荡，稳定性较差，故实际应用中很少采用单拍工作方式。而采用三相双三拍通电方式，即通电顺序按 AB→BC→CA→AB→…（逆时针方向）或 AC→CB→BA→AC→…（顺时针为向）的顺序通电，换接三次完成一个通电循环。相比于三相单三拍通电方式，这种方式每次有两相绕组同时通电，转子受到的感应力矩大，静态误差小，定位精度高；另外通电状态转换时始终有一相控制绕组通电，电动机工作稳定，不易失步。

三相六拍控制方式，即通电顺序按 A→AB→B→BC→C→CA→A→AB→B→…（逆时针方向）或 A→AC→C→CB→B→BA→A→AC→C→…（顺时针方向）的顺序通电，换接六次完成一个通电循环，其步距角，相比于三相单三拍通电方式，通电状态增加了一倍，步距角减小了 1/2，为 1.5°。

步进电动机的步距角越小，则所能达到的位置精度越高。通常的步距角是 3°、1.5°或 0.75°，为此需要将转子制成多齿，在定子磁极上也制成小齿；定子磁极上的小齿和转子磁极上的小齿大小相同，两种小齿的齿宽和齿距相等。当一相定子磁极的小齿与转子的齿对齐时，其他两相磁极的小齿都与转子的齿错过一个角度。按照相序，后一相比前一相错开的角度要大。例如转子上有 40 个齿，则相邻两个齿的齿距是(360°/40)＝9°。若定子每个磁极上制成 5 个小齿，当转子齿和 A 相磁极小齿对齐时，B 相磁极小齿则沿逆时针方向超前转子齿 1/3 齿距角，按照此结构，当励磁绕组按 A→C→B→A→C→…的顺序以三相通电时，转子逆时针方向旋转，步距角为 3°；如果按照 A→AB→B→BC→C→CA→A→AB→B→…的顺序以三相六拍方式通电时，步距角将减小为 1.5°。此外，也可以从电路方面采用细分技术来改变步距角，如图 7.9 所示。

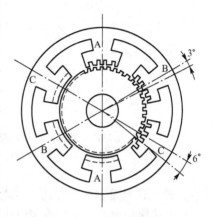

图 7.9　步进电动机工作方式

一般情况下，m 相步进电动机可采用单相、双相或单双相轮流通电方式工作，对应的通电方式分别称为 m 相单 m 拍、m 相双 m 拍和 m 相单 $2m$ 拍通电方式。循环拍数越多，步距角越小，定位精度越高。电动机的相数越多，工作方式越多。

2．步进电动机的特点

综上所述，关于步进电动机有如下结论：

(1) 步进电动机受脉冲控制，步进电动机定子绕组通电状态每改变一次，转子便转过一个步距角，转子角位移和转速严格与输入脉冲的数量和频率成正比，通电状态变化频率越高，转子转速越高。

(2) 改变步进电动机定子绕组通电顺序，可以改变转子旋转方向。

(3) 步进电动机有一定步距精度，没有累积误差。

(4) 当停止输入脉冲时，只要控制绕组的电流不变，步进电动机可保持在固定的位置，不需要机械制动装置。

(5) 步进电动机受脉冲频率的限制，调速范围小。

3．步进电动机的类型

步进电动机的分类方式很多。

(1) 按力矩产生的原理分为反应式、励磁式和混合式。反应式的转子无绕组，由被励磁的定子绕组产生反应力矩来实现步进运行。励磁式的定子、转子均有励磁绕组，由电磁力矩实现步进运行。带永磁转子的步进电动机叫做混合式步进电动机(或感应子式同步电动机)。所谓"混合式"是因为它是在永磁和励磁原理共同作用下运转的，这种电动机因效率高以及其他优点与反应式步进电动机一起在数控系统中得到广泛应用。

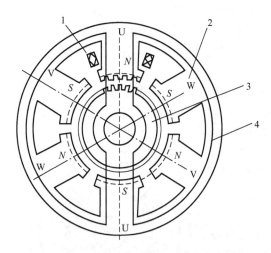

图 7.10 反应式步进电动机结构原理图

1—绕组；2—定子铁心；3—转子铁心；4—相磁通

图 7.10 所示为反应式步进电动机结构原理图。定子上有 6 个均布的磁极，在直径相对的两个磁极上的线圈串联构成一相控制绕组。极与极之间的夹角为 60°，每个定子磁极上均布 5 个齿，齿槽距相等，齿间夹角为 9°。转子上无绕组，只有均布的 40 个齿，齿槽等宽，齿间夹角也是 9°。三相（U、V、W）定子磁极和转子上相应的齿依次错开 1/3 齿距。这样，若按三相六拍方式给定子通电，即可控制步进电动机以 1.5° 的步距角做正向或反向旋转。

反应式步进电动机的另外一种结构是多定子轴向排列的，定子和转子铁心都做成 5 段，每段一相，依次错开排列，每相是独立的。这就是五相反应式步进电动机。

（2）按输出力矩大小分为伺服式和功率式。伺服式只能驱动较小负载，一般与液压扭矩放大器配用才能驱动机床工作台等较大负载。功率式可以直接驱动较大负载，它按各相绕组分布分为径向式和轴向式。径向式步进电动机各相按圆周依次排列，轴向式步进电动机各相按轴向依次排列。

（3）按步进电机输出运动轨迹形式可分为旋转式和直线式步进电动机；按励磁相数可分为三相、四相、五相、六相等步进电动机。

7.2.2 步进电动机的特性及选择

1. 步进电动机的主要性能指标

（1）步距角与步距误差。步距角是指步进电动机每改变一次通电状态，转子转过的角度。它反映步进电动机的分辨能力，是决定步进伺服系统脉冲当量的重要参数。步距角与步进电动机的相数、通电方式及电动机转子齿数的关系如下

$$\alpha = \frac{360°}{mzk} \tag{7-1}$$

式中，α 为步进电动机的步距角；m 为电动机相数；z 为转子齿数，k 为系数，相邻两次通电相数相同时 $k=1$；相邻两次通电相数不同时 $k=2$。

步距误差是指步进电动机运行时，转子每一步实际转过的角度与理论步距角之差值，主要由步进电动机齿距制造误差引起，会产生定子和转子间气隙不均匀、各相电磁转矩不均匀现象。连续走若干步时，上述步进误差的累积值称为步距的累积误差。由于步进电动机转过一转后，将重复上一转的稳定位置，即步进电动机的步距累积误差将以一转为周期重复出现，不能累加。

（2）单相通电时的静态矩角特性。当步进电动机保持通电状态不变时称为静态，如果

此时在电动机轴上外加一个负载转矩，转子会偏离平衡位置向负载转矩方向转过一个角度，称为失调角。此时步进电动机所受的电磁转矩称为静态转矩，这时静态转矩等于负载转矩。静态转矩与失调角之间的关系叫矩角特性，如图 7.11 所示，近似为正弦曲线。该矩角特性上的静态转矩最大值称为最大静态转矩，在静态稳定区内，当外加负载转矩除去时，转子在电磁转矩的作用下，仍能回到稳定平衡点位置。

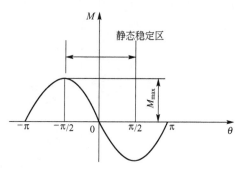

图 7.11　单相通电时的矩角特性

（3）空载启动频率。步进电动机在空载情况下，不失步启动所能允许的最高频率称为空载启动频率，又称为启动频率或突跳频率。步进电动机在启动时，既要克服负载力矩，又要克服惯性力矩，加给步进电动机的指令脉冲频率如大于启动频率，就不能正常工作，所以启动频率不能太高。步进电动机在带负载（惯性负载）情况下的启动频率比空载要低。而且，随着负载加大（在允许范围内），启动频率会进一步降低。

（4）连续运行频率。步进电动机启动后，其运行速度能根据指令脉冲频率连续上升而不丢步的最高工作频率称为连续运行频率，其值远大于启动频率。它也随着电动机所带负载的性质、大小而异，与驱动电源也有很大的关系。

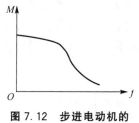

图 7.12　**步进电动机的**
矩频特性曲线

（5）运行矩频特性。矩频特性是描述步进电动机连续稳定运行时，输出转矩与运行频率之间的关系。图 7.12 所示曲线称为步进电动机的矩频特性曲线，由图可知，当步进电动机正常运行时，电动机所能带动的负载转矩会随输入脉冲频率的增加而逐渐下降。

（6）加减速特性。步进电动机的加减速特性是描述步进电动机由静止到工作频率和由工作频率到静止的加减速过程中，定子绕组通电状态的变化频率与时间的关系，如图 7.13 所示。当要求步进电动机由启动到大于突跳频率的工作频率时，变化速度必须逐渐上升；反之，变化速度必须逐渐下降。上升和下降的时间不能过小，否则易产生失步现象。

2. 步进电动机的选择

合理选择步进电动机很重要，人们希望步进电动机的输出转矩大，启动频率和运行频率高，步距误差小，性价比高，但增大转矩和快速运行相互矛盾。选择步进电动机时需要主要考虑以下问题。

（1）考虑系统精度和速度的要求。脉冲当量越小，系统的精度越高，但运行速度越低。选择时应兼顾精度和速度的要求来确定脉冲当量，再根据脉冲当量来选择步进电动机的步距角和传动机构的传动比。

（2）考虑启动矩频特性曲线和工作矩频特性曲线。启动矩频特性曲线指反映启动频率与负载转矩之间的关系；工作矩频特性曲线反映转矩与连续运行频率之间的关系。

已知负载转矩时，可以根据启动矩频特性曲线查启动频率，在实际中，只要启动频率

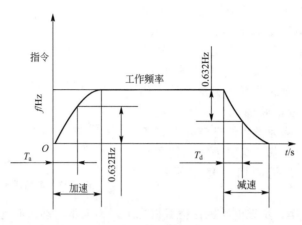

图 7.13　加减速特性

小于或等于该值，电机就能直接带负载启动。

已知连续运行频率时，可从工作矩频特性曲线中查转矩，使电动机拖动的负载转矩小于查到的转矩值即可。

7.2.3　步进电动机的驱动控制线路

步进电动机驱动控制线路的功能是：将具有一定频率、一定数量和方向的进给脉冲信号转换为控制步进电动机各定子绕组通断电的电平信号。即将逻辑电平信号变换成电动机绕组所需的具有一定功率的电流脉冲信号，实现由弱电到强电的转换和放大。为了实现该功能，一个较完善的步进电动机驱动控制线路应包括各个组成电路，如图 7.14 所示。

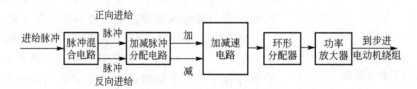

图 7.14　步进电动机驱动控制线路框图

由图 7.14 可知，步进电动机的驱动控制线路包括脉冲混合电路、加减脉冲分配电路、加减速电路、环形分配器和功率放大器五部分。

1. 脉冲混合电路

无论是来自于数控系统的插补信号，还是各种类型的误差补偿信号、手动进给信号及手动回原点信号等，其目的都是使工作台实现正向进给或反向进给。首先必须将这些信号混合为使工作台正向进给的"正向进给"信号或使工作台反向进给的"反向进给"信号，由脉冲混合电路来实现此功能。

2. 加减脉冲分配电路

当机床在进给脉冲的控制下正在沿某一方向进给时，由于各种补偿脉冲的存在，可能还会出现极个别的反向进给脉冲，这些与正在进给方向相反的个别脉冲指令的出现，意味着执行元件即步进电动机正在沿着一个方向旋转时，再向相反的方向旋转极个别几个步距角。一般采用的方法是，从正在进给方向的进给脉冲指令中抵消相同数量的反向补偿脉冲，这也正是加减脉冲分配电路的功能。

3. 加减速电路

加减速电路又称自动升降速电路。根据步进电动机加减速特性，进入步进电动机定子绕组的电平信号的频率变化要平滑，而且应有一定的时间常数。但由于来自加减脉冲分配电路的进给脉冲频率是有跃变的，因此，为了保证步进电动机能够正常、可靠地工作，此跃变频率必须首先进行缓冲，使之变成符合步进电动机加减速特性的脉冲频率，然后再送入步进电动机的定子绕组，加减速电路就是为此而设置的。

4. 环形分配器

环形分配器的作用是把来自于加减速电路的一系列进给脉冲指令转换成控制步进电动机定子绕组通、断电的电平信号，电平信号状态的改变次数及顺序与进给脉冲的数量及方向相对应，如对于三相单三拍步进电动机，若"1"表示通电，"0"表示断电，A、B、C是其三相定子绕组，则经环形分配器后，每来一个进给脉冲指令，A、B、C应按(100)→(010)→(001)→(100)…的顺序改变一次。

环形分配器有硬件环形分配器和软件环形分配器两种形式。硬件环形分配器是由触发器和门电路构成的硬件逻辑线路。现在市场上已经有集成度高、抗干扰性强的 PMOS 和 CMOS 环形分配器芯片供选用，也可以用计算机软件实现脉冲序列分配的软件环形分配器。

5. 功率放大器

功率放大器又称功率驱动器或功率放大电路。从环形分配器出来的进给控制信号的电流只有几毫安，而步进电动机的定子绕组需要几安培电流，因此，需要功率放大器将来自环形分配器的脉冲电流放大，才能驱动步进电动机旋转。

7.3 直流伺服电动机及其速度控制

7.3.1 直流伺服电动机及其工作特性

为了满足数控机床伺服系统的要求，直流伺服电动机必须具有较高的力矩/惯量比，由此产生了小惯量直流伺服电动机和宽调速直流伺服电动机。这两类电动机定子磁极都是永磁体，大多采用新型的稀土永磁材料，具有较大的矫顽力和较高的磁能积，因此抗去磁能力大为提高，体积大为缩小。

1. 直流伺服电动机的工作原理

直流伺服电动机的工作原理与一般直流电动机基本相同，都是建立在电磁力和电磁感应的基础上的。为了分析简便，可把复杂的直流电动机结构简化为如图 7.15(a)所示的结构，其电路原理如图 7.15(b)所示。

直流电动机具有一对磁极 N 和 S，电枢绕组只是一个线圈，线圈两端分别连在两个换

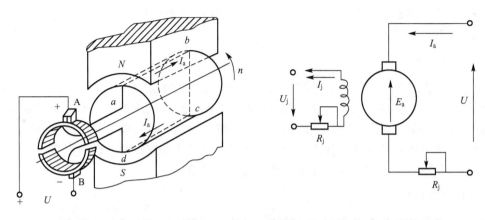

(a) 直流电动机的结构图　　　　　　　　　(b) 直流电动机的电路原理图

图 7.15　直流电动机的结构与电路原理图

向片上,换向片上压着电刷 A 和 B。将直流电源接在电刷之间而使电流通入电枢线圈。由于电刷 A 通过换向片总是与 N 极下的有效边(切割磁力线的导体部分)相连,电刷 B 通过换向片总是与 S 极下的有效边相连,因此电流方向应该是这样的:N 极下的有效边中的电流总是一个方向(在图 7.15(a)中由 $a \rightarrow b$),而 S 极下的有效边中的电流总是另一个方向(在图 7.15(b)中由 $c \rightarrow d$),这样才能使两个边上受到的电磁力的方向保持一致,电枢因此转动。有效边受力方向可用左手定则判断。当线圈的有效边从 $N(S)$ 极下转到 $S(N)$ 极下时,其中电流的方向必须同时改变,以使电磁力的方向不变,而这也必须通过换向器才能得以实现。

　　2. **直流伺服电动机的类型及特点**

　　直流伺服电动机按定子磁场产生的方式可分为永磁式和他励式,两者性能相近。永磁式直流伺服电动机的磁极采用永磁材料制成,充磁后即可产生恒定磁场。他励式直流伺服电动机的磁极由冲压硅钢片叠加而成,外加线圈,靠外加励磁电流产生磁场。由于永磁式直流伺服电动机不需要外加励磁电源,因而在伺服系统中应用广泛。

　　直流伺服电动机按电枢的结构与形状可分为平滑电枢型、空心电枢型和有槽电枢型等。

　　平滑电枢型的电枢无槽,其绕组用环氧树脂粘固在电枢铁心上,因而转子形状细长,转动惯量小。空心电枢型的电枢无铁心,且常做成杯形,其转子的转动惯量最小。有槽电枢型的电枢与普通直流电动机的电枢相同,因而转子的转动惯量较大。

　　直流伺服电动机按转子转动惯量的大小可分为大惯量、中惯量和小惯量直流伺服电动机。大惯量直流伺服电动机(又称为直流力矩伺服电动机或宽调速直流伺服电动机)负载能力强,易与机械系统匹配。而小惯量直流伺服电动机的加减速能力强、响应速度快、低速运行平稳,能频繁启动与制动,但因其过载能力低,在早期的数控机床上应用广泛。

　　(1) 宽调速直流伺服电动机。宽调速直流伺服电动机又称大惯量直流伺服电动机,其结构如图 7.16 所示,它是通过提高输出力矩来提高力矩/惯量比的。具体措施:一是增加定子磁极对数并采用高性能的磁性材料,如稀土等材料以产生强磁场,该磁性材料性能稳定且不易退磁;二是在同样的转子外径和电枢电流的情况下,增加转子上的槽数和槽的截面积。因此，电动机的机械时间常数和电气时间常数都有所减小，这样就提高了快速响应性。目前数控机床广泛采用这类电动机构成闭环进给系统。

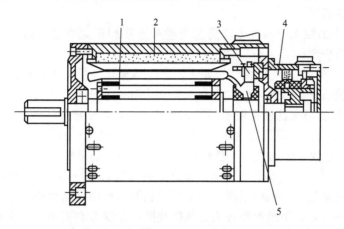

图 7.16 宽调速直流伺服电动机结构简图

1—转子；2—定子；3—电刷；4—测速发电机；5—换向器

在结构上，这类电动机采用了内装式的低纹波的测速发电机。测速发电机的输出电压作为速度环的反馈信号，使电动机在较宽的范围内平稳运转。除测速发电机外，还可以在电动机内部安装位置检测装置，如光电编码器或旋转变压器等。当伺服电动机用于垂直轴驱动时，电动机内部可安装电磁制动器，以克服滚珠丝杠垂直安装时的非自锁现象。

大惯量直流伺服电动机的机械特性如图 7.17 所示。

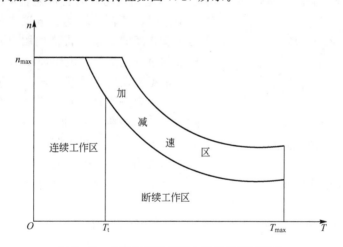

图 7.17 大惯量直流伺服电动机的机械特性

在图 7.17 中，T_t 为连续工作转矩，T_{max} 为最大转矩。在连续工作区，电动机通以连续工作电流，可长期工作，连续电流值受发热极限的限制。在断续工作区，电动机处于接通—断开的断续工作方式，换向器与电刷工作于无火花的换向区，可承受低速大转矩的工作状态。在加减速区，电动机处于加减速工作状态，如启动、制动。启动时，电枢瞬时电流很大，所引起的电枢反应会使磁极退磁和换向产生火花，因此，电枢电流受去磁极限和瞬时换向极限的限制。

宽调速直流伺服电动机能提供大转矩的意义在于：

① 能承受的峰值电流和过载能力高。瞬时转矩可达额定转矩的 10 倍，可满足数控机床对其加减速的要求。

② 低速时输出力矩大。这种电动机能与丝杠直接相连，省去了齿轮等传动机构，提高了机床进给传动精度。

③ 具有大的力矩/惯量比，快速性好。由于电动机自身惯量大，外部负载惯量相对来说较小，因此伺服系统的调速与负载几乎无关，从而大大提高了抗机械干扰的能力。

④ 调速范围宽。与高性能伺服驱动单元组成速度控制系统时，调速比超过 1：10000。

⑤ 转子热容量大。电动机的过载性能好，一般能过载运行几十分钟。

（2）小惯量直流伺服电动机。小惯量直流伺服电动机是通过减小电枢的转动惯量来提高力矩/惯量比的，其力矩/惯量比要比普通直流电动机大 40～50 倍。小惯量直流伺服电动机的转子与一般直流电动机的区别：一是转子长而直径小，从而得到较小的惯量；二是转子是光滑无槽的铁心，用绝缘粘合剂直接把线圈粘在铁心表面上。小惯量直流伺服电动机机械时间常数小（可以小于 10ms），响应快，低速运转稳定而均匀，能频繁启动与制动。但由于其过载能力低，并且自身惯量比机床相应运动部件的惯量小，因此必须配置减速机构与丝杠相连接才能和运动部件的惯量相匹配，这样就增加了传动链误差。小惯量直流伺服电动机在早期的数控机床上得到广泛应用，目前在数控钻床、数控冲床等点位控制的场合应用较多。

3. 直流伺服电动机的工作特性

（1）直流伺服电动机的静态特性。直流伺服电动机的静态特性是指电动机在稳态情况下工作时，其转子转速、电磁力矩和电枢控制电压三者之间的关系。直流伺服电动机采用电枢电压控制时的电枢等效电路如图 7.18 所示：

根据电动机学的基本知识，有

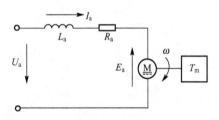

图 7.18 直流伺服电动机的电枢等效电路

$$E_a = U_a - I_a R_a \quad E_a = C_e \Phi \omega \quad T_m = C_m \Phi I_a$$

式中，E_a 为电枢反电动势；U_a 为电枢电压；I_a 为电枢电流；R_a 为电枢电阻；C_e 为转矩常数（仅与电动机结构有关）；Φ 为定子磁场中每极气隙磁通量；ω 为转子在定子磁场中切割磁力线的角速度；T_m 为电枢电流切割磁力线所产生的电磁转矩；C_m 为转矩常数。

根据以上三式。可得到直流伺服电动机运行特性的一般表达式

$$\omega = \frac{U_a}{C_e \Phi} - \frac{R_a}{C_e C_m \Phi^2} \cdot T_m \qquad (7-2)$$

在采用电枢电压控制时，磁通 Φ 是一常量。如果使电枢电压 U_a 保持恒定，则式（7-2）可写成

$$\omega = \omega_0 - K T_m \qquad (7-3)$$

式中，$\omega_0 = \dfrac{U_a}{C_e \Phi}$，$K = \dfrac{R_a}{C_e C_m \Phi^2}$。

式（7-3）被称为直流伺服电动机的静态特性方程。

根据静态特性方程，可得出直流伺服电动机的两种特殊运行状态。

① $T_m = 0$，即空载

$$\omega = \omega_0 = \frac{U_a}{C_e \Phi}$$

其中，ω_0 称为理想空载角速度。可见，其值与电枢电压成正比。

② 当 $\omega = 0$ 时，即启动或堵转时

$$T_m = T_d = \frac{C_m \Phi}{R_a} U_a$$

其中，T_d 称为启动转矩或堵转转矩，其值也与电枢电压成正比。

在静态特性方程中，如果把角速度 ω 看做电磁转矩 T_m 的函数，可得到直流伺服电动机的机械特性表达式

$$\omega = \omega_0 - \frac{R_a}{C_e C_m \Phi^2} T_m$$

如果把角速度 ω 看做电枢电压的函数，即 $\omega = f(U_a)$，则得直流伺服电动机的调节特性表达式

$$\omega = \frac{U_a}{C_e \Phi} - K T_m$$

根据式 $\omega = \omega_0 - \dfrac{R_a}{C_e C_m \Phi^2} T_m$ 和 $\omega = \dfrac{U_a}{C_e \Phi} - K T_m$

给定不同的 U_a 和 T_m 值，可分别给出直流伺服电动机的机械特性曲线和调节特性曲线，如图 7.19 所示。

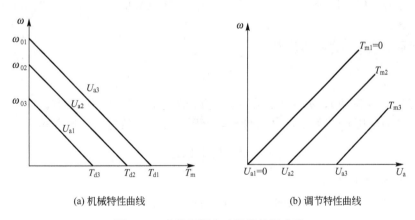

(a) 机械特性曲线   (b) 调节特性曲线

图 7.19　直流伺服电动机的特性曲线

由图 7.19(a)可知，直流伺服电动机的机械特性是一组斜率相同的直线。每条机械特性直线和一种电枢电压相对应，与 ω 轴的交点是该电枢电压下的理想空载角速度，与 T_m 轴的交点则是该电枢电压下的启动转矩。

由图 7.19(b)可知，直流伺服电动机的调节特性也是一组斜率相同的直线。每条调节特性直线和一种电磁转矩相对应，与 U_a 轴的交点是启动时的电枢电压。

此外，从图中还可以看出，机械特性的斜率为负，这说明在电枢电压不变时，电动机转速随负载转矩增加而降低；而调节特性的斜率为正，这说明在一定负载下，电动机转速随电枢电压的增加而增加。

　　上述对直流伺服电动机静态特性的分析是在理想条件下进行的，实际上，电动机的功放电路、电动机内部的摩擦及负载的变动等因素都对直流伺服电动机的静态特性有着不容忽视的影响。

　　(2) 直流伺服电动机的动态特性。直流伺服电动机的动态特性是指当给电动机电枢加上阶跃电压时，转子转速随时间的变化规律，其本质是由对输入信号响应的过渡过程来描述的。直流伺服电动机产生过渡过程的原因在于电动机中存在机械惯性和电磁惯性两种惯性。机械惯性是由直流伺服电动机和负载的转动惯量引起的，是造成机械过渡过程的原因；电磁惯性是由电枢回路中的电感引起的，是造成电磁过渡过程的原因。一般而言，电磁过渡过程比机械过渡过程要短得多。在直流伺服电动机动态特性分析中，可忽略电磁过渡过程，而把直流伺服电动机简化为一机械惯性环节。

7.3.2　直流伺服电动机的速度控制方法

1. 调速原理及方法

　　电动机电枢线圈通电后在磁场中因受力而转动，同时，电枢转动后，因导体切割磁力线而产生反电动势 E_a，其方向总是与外加电压的方向相反（由右手定则判断）。直流电动机电枢绕组中的电流与磁通量 Φ 相互作用，产生电磁力和电磁转矩。其中电磁转矩为

$$T = K_m \Phi I_a \qquad (7-4)$$

式中，T 为电磁转矩（N·m）；Φ 为一对磁极的磁通量（Wb）；I_a 为电枢电流（A）；K_m 为电磁转矩常数。

　　电枢转动后产生的反电动势为

$$E_a = K_e \Phi n \qquad (7-5)$$

式中，E_a 为反电动势（V）；n 为电枢的转速（r/min）；K_e 为反电动势常数。
作用在电枢上的电压 U 应等于反电动势与电枢压降之和，故电压平衡方程为

$$U = E_a + I_a R_a \qquad (7-6)$$

式中，R_a 为电枢电阻（Ω）。

　　由式(7-5)和式(7-6)得到的电压平衡方程为可得

$$n = \frac{U - I_a R_a}{K_e \Phi} \qquad (7-7)$$

　　由式(7-7)可知，调节直流电动机的转速有三种方法：

　　① 改变电枢电压 U。即当电枢电阻 R_a、磁通量 Φ 都不变时，通过附加的调压设备调节电枢电压 U。一般都将电枢的额定电压调低，使电动机的转速 n 由额定转速向下调低，调速范围很宽，作为进给驱动的直流伺服电动机常采用这种方法进行调速。

　　② 改变磁通量 Φ。调节励磁回路的电阻 R_j，（参见图 7.15(b)），使励磁回路电流 I_j 减小，磁通量 Φ 也减小，使电动机的转速由额定转速向上调高。这种方法由于励磁回路的电感较大，导致调速的快速性变差，但速度调节容易控制，常用于数控机床主传动的直流伺

服电动机调速。

③ 在电枢回路中串联调节电阻 R_t，此时转速的计算公式变为

$$n = \frac{U - I_a(R_a + R_t)}{K_e \Phi} \tag{7-8}$$

这种方法电阻上的损耗大，且转速只能调低，故不经济。

2. 晶闸管调速系统的基本原理

1）系统的组成

图 7.20 所示为晶闸管直流调速系统结构图。该系统由内环——电流环、外环——速度环和晶闸管整流放大器等组成。电流环的作用是由电流调节器对电动机电枢回路的滞后进行补偿，使动态电流按所需的规律（通常是一阶过渡规律）变化。I_R 为电流环指令值（给定），来自速度调节器的输出 I_f 为电流的反馈值，由电流传感器取自晶闸管整流的主回路，即电动机的电枢回路。经过比较器比较，其输出 E_I 作为电流调节器的输入。速度环是用速度调节器对电动机的速度误差进行调节，以实现所要求的动态特性，通常采用比例-积分调节器。

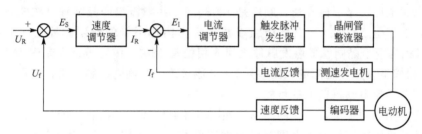

图 7.20　晶闸管直流调速系统结构图

U_R 为来自数控装置经 D/A 变换后的参考（指令）值，该值一般取 $0 \sim 10V$ 直流，正负极性对应于电动机的转动方向；U_f 为速度反馈值。速度的测量目前多用两种元件：一种是测速发电机，可直接装在电动机轴上；另一种是光电脉冲编码器，也可直接装在电动机轴上，编码器发出的脉冲要经频率压变换（频率/电压变换），其输出电压反映了电动机的转速。U_R 与 U_f 的差值 E_S 为速度调节器的输入，该调节器的输出就是电流环的输入指令值。速度调节器和电流调节器都是由线性运算放大器和阻容元件组成的校正网络构成的。触发脉冲发生器产生晶闸管的移相触发脉冲，其触发角对应整流器的不同直流电压，从而得到不同的速度。晶闸管整流器为功率放大器，直接驱动直流伺服电动机旋转。

晶闸管（SCR）速度单元分为控制回路和主回路两部分。控制回路产生触发脉冲，该脉冲的相位即触发角，作为整流器进行整流的控制信号。主回路为功率级的整流器，将电网交流电变为直流电；相当于将控制回路信号的功率放大。得到较高电压与放大电流以驱动电动机。这样就将程序段中的 F 值一步步变成了伺服电动机的电压，完成调速任务。

2）主回路工作原理

晶闸管整流电路由多个大功率晶闸管组成，整流电路可以是单相半控桥、单相全控桥、二相半波、三相半控桥、三相全控桥等。虽然单相半控桥及单相全控桥式整流电路简单，但因其输出波形差、容量有限而较少采用。在数控机床中，多采用三相全控桥式反并联可逆电路（图 7.21）。二相半控桥晶闸管分两组，每组内按三相桥式连接，两组反并联，

分别实现正转和反转；每组晶闸管都有两种工作状态，即整流和逆变，一组处于整流工作时，另一组处于待逆变状态。在电动机降速时，逆变组工作。

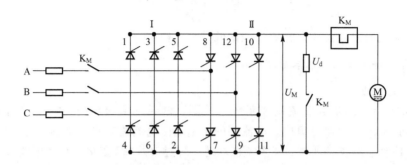

图 7.21 三相全控桥式反并联整流电路

在三相全控桥式反并联电路的(正转组或反转组)每组中，需要共阴极组中一个晶闸管和共阳极组中一个晶闸管同时导通才能构成通电回路，为此必须同时控制。共阴极组的晶闸管是在电源电压正半周内导通，顺序是 1、3、5，共阳极组的晶闸管是在电源电压负半周内导通，顺序是 2、4、6。共阳极组或共阴极组内晶闸管的触发脉冲之间的相位差是 120°，在每相内两个晶闸管的触发脉冲之间的相位是 180°，按管号排列顺序为 1→2→3→4→5→6，相邻触发脉冲之间的相位差是 60°。通过改变晶闸管的触发角，就可改变输出电压，达到调节直流电动机速度的目的。

为保证合闸后两个串联工作的晶闸管能同时导通，或电流截止后能再导通，必须对共阳极组和共阴极组中应导通的晶闸管同时发出脉冲，每个晶闸管在触发导通 60° 后，再补发一个脉冲，这种控制方法为双脉冲控制；也可用一个宽脉冲代替两个连续的窄脉冲，脉冲宽度应保证相应的导通角大于 60°，但要小于 120°，一般取为 80°～100°，这种控制方法称为宽脉冲控制。

3) 控制回路分析

虽然改变触发角能达到调速目的，但调速范围很小，机械特性很软，这是一种开环方法。为了扩大调速范围，采用带有测速反馈的闭环方案。闭环调速范围为

$$R_L = (1 + K_s) R_h \qquad (7-9)$$

式中，R_L 为闭环调速范围；R_h 为开环调速范围；K_S 为开环放大倍数。

为了提高调速特性硬度，速度调节又增加了一个电流反馈环节。

控制回路主要包括比较放大器、速度调节器、电流调节器等。工作过程如下：

(1) 速度指令电压 U_R 和速度反馈电压 U_f 分别经过阻容滤波后，在比较放大器中进行比较放大，得到速度误差信号 E_s。E_s 为速度调节器的输入信号。

(2) 速度调节器经常采用比例-积分调节器(即 PI 调节器)，采用 PI 调节器的目的是为了获得满意的静态和动态调速特性。

(3) 电流调节器可以由比例(P)或 PI 调节器组成，其中 I_R 为电流给定值，I_f 为电流反馈值，E_I 为比较后的误差。经过电流调节器输出以后还要变成电压，采用电流调节器的目的是为了减小系统在大电流下的开环放大倍数，加快电流环的响应速度，缩短启动过程，同时减小低速轻载时由于电流断续对系统稳定性的影响。

（4）触发脉冲发生器可使电路产生晶闸管的移相触发脉冲，晶闸管的移相触发电路有多种，如电阻-电容桥式移相电路，磁性触发器、单结晶体管触发电路和带锯齿波正交移相控制的晶体管触发电路等。

3．晶体管脉宽调速系统的基本原理

由于大功率晶体管工艺上的成熟和高反压大电流的模块型功率晶体管的商品化，晶体管脉宽调制型的直流调速系统得到了广泛的应用，与晶闸管相比，晶体管控制简单，开关特性好。克服了晶闸管调速系统的波形脉动，特别是轻载低速调速特性差的问题。

1）晶体管脉宽调制（PWM）系统的组成原理及特点

图 7.22 所示为脉宽调制系统组成原理图，该系统由控制回路和主回路构成。控制部分包括速度调节器、电流调节器、固定频率振荡器及三角波发生器、脉冲宽度调制器和基极驱动电路等；主回路包括晶体管开关式放大器和功率整流器等。控制部分的速度调节器和电流调节器与晶闸管调速系统一样，同样采用双环控制。不同的只是脉宽调制和功率放大器部分，它们是晶体管脉宽调制调速系统的核心。所谓脉宽调制，就是使功率放大器中的晶体管工作在开关状态下，开关频率保持恒定，用调整开关周期内晶体管导通时间的方法来改变其输出，从而使电动机电枢两端获得宽度随时间变化的给定频率的电压脉冲，脉宽的连续变化使电枢电压的平均值也连续变化，因而使电动机的转速连续调整。

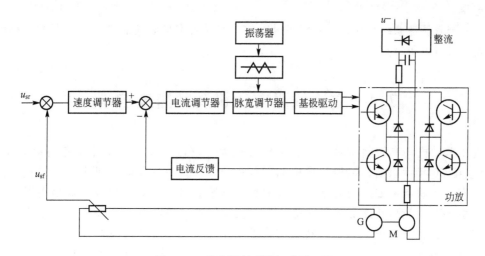

图 7.22　脉宽调制系统组成原理图

2）脉宽调制器

脉宽调制器的作用是将插补器输出的速度指令转换过来的直流电压量变成具有一定脉冲宽度的脉冲电压，该脉冲电压随直流电压的变化而变化。在 PWM 调速系统中，直流电压量为电流调节器的输出，经过脉宽调制器变为周期固定、脉宽可变的脉冲信号。由于脉冲周期不变，脉冲宽度改变将使脉冲平均电压改变。脉冲宽度调制器的种类很多，但从构成来看都由两部分组成，一是调制信号发生器，二是比较放大器。而调制信号发生器都是采用三角波发生器或者锯齿波发生器。

脉宽调制器的工作原理如图 7.23 所示。图示为用三角波和电压信号进行调制将电压信号转换为脉冲宽度的调制器，这种调制器由三角波发生器（该部分电路图中未画）和比较

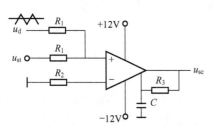

图 7.23　脉宽调制器的原理

器组成。三角波信号 U_d 和速度信号 U_{st} 一起送入比较器同向输入端进行比较，完成速度控制电压到脉冲宽度之间的变换，且脉冲宽度正比于代表速度的电压的高低。脉宽调制器使电流调节器输出的直流电压电平（按给定指令变化）与振荡器产生的固定频率三角波叠加，然后利用线性组件产生宽度可变的矩形脉冲，经基极的驱动回路放大；最后加到功率放大器晶体管的基极，控制其开关周期及导通的持续时间。

3）开关功率放大器

开关功率放大器（或称脉冲功率放大器）是脉宽调制速度单元的主回路。根据输出电压的极性，分为双极性工作方式和单极性工作方式两类结构；不同的开关工作方式又可组成可逆（电动机两个方向运转）开关放大电路和不可逆开关放大电路；根据大功率晶体管使用的多少和布局，又可分为 T 型和 H 型结构。

主回路的功率放大器采用脉宽调制式的开关放大器，晶体管工作在开关状态。根据功率放大器输出的电压波形，可分为单极性输出、双极性输出和有限单极性输出三种工作方式。各种不同的开关工作方式又可组成可逆式功率放大电路和不可逆式功率放大电路。

与晶闸管调速系统相比，晶体管调速系统具有频带宽、电流脉动小、电源的功率因数高及动态硬度好等特点。

7.4　交流伺服电动机及其速度控制

直流电动机具有控制简单可靠、输出转矩大、调速性能好、工作平稳可靠等特点，在 20 世纪 80 年代以前，数控机床中的伺服系统，以直流伺服电动机为主。但直流伺服电动机有许多缺点，如结构复杂、制造困难、制造成本高、电刷和换向器易磨损、换向时易产生火花、最高转速受到限制等。而交流伺服电动机没有上述缺点，由于它的结构简单且坚固、容易维护、转子的转动惯量可以设计得很小及能经受高速运转等优点，从80 年代开始引起人们的关注，近年来随着交流调速技术的飞速发展，交流伺服电动机的可变速驱动系统已发展为数字化，实现了大范围平滑调速，打破了"直流传动调速，交流传动不调速"的传统分工格局，在当代的数控机床上，交流伺服系统得到了广泛的应用。

7.4.1　交流伺服电动机的分类及特点

交流伺服电动机通常分为交流同步伺服电动机和交流异步伺服电动机两大类。

交流同步伺服电动机的转速是由供电频率所决定的，即在电源电压和频率不变时，它的转速是稳定不变的。由变频电源供电给同步电动机时，能方便地获得与频率成正比的可变速度，可以得到非常硬的机械特性及较宽的调速范围，在进给伺服系统中，越来越多地采用交流同步电动机。交流同步伺服电动机有励磁式、永磁式、磁阻式和磁滞式四种。前两种电动机的输出功率范围较宽,后两种电动机的输出功率较小。各种交流同步伺服电动机的结构均类似,都由定子和转子两个主要部分组成。但四种电动机的转子差别较大,励磁式同步伺服电动机的转子结构较复杂,其他三种同步伺服电动机的转子结构十分简单,磁阻式和磁滞式同步伺服电动机效率低,功率因数差。由于永磁式同步交流伺服电动机具有结构简单、运行可靠、效率高等特点,数控机床的进给驱动系统多采用永磁式同步交流伺服电动机。

交流异步伺服电动机也称交流感应伺服电动机,它的结构简单,质量轻,价格便宜。但它的缺点是其转速受负载的变化影响较大,所以一般不用于进给运动系统。而主轴驱动系统不像进给系统那样要求很高的性能,调速范围也不要太大,采用异步电动机完全可以满足数控机床主轴的要求,所以交流异步伺服电动机广泛应用于主轴驱动系统中。

7.4.2 交流伺服电动机的结构及工作原理

1. 交流伺服电动机的结构

数控机床中用于进给驱动的交流伺服电动机大多采用三相交流永磁同步电动机。永磁交流同步伺服电动机的结构如图 7.24 和图 7.25 所示,由定子、转子和检测元件三部分组成。电枢在定子上,定子具有齿槽,内有三相交流绕组,形状与普通交流感应电动机的定子相同。但采取了许多改进措施,如非整数节距的绕组、奇数的齿槽等,这种结构的优点是气隙磁密度较高,极数较多。电动机外形多呈多边形,且无外壳。转子由多块永久磁铁和冲片组成,磁场波形为正弦波。转子结构中还有一类是有极靴的星形转子,采用矩形磁铁或整体星形磁铁,转子磁铁磁性材料的性能直接影响伺服电动机的性能和外形尺寸。现在一般采用第三代稀土永磁合金——钕铁硼合金,它是一种最有前途的稀土永磁合金。检测元件(脉冲编码器或旋转变压器)安装在电动机上,它的作用是检测转子磁场相对于定子绕组的位置。

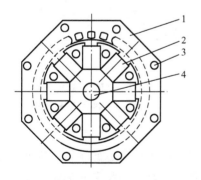

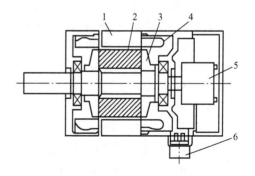

图 7.24　三相交流永磁同步电动机的横剖面图　　图 7.25　永磁交流同步伺服电动机的结构图
1—定子；2—永久磁铁；　　　　　　　　　　　　1—定子；2—转子；3—转子永久磁铁；
3—轴向通气孔；4—转轴　　　　　　　　　　　　4—定子绕组；5—检测元件；6—接线盒

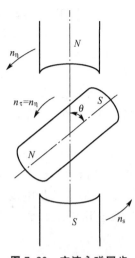

**图 7.26 交流永磁同步
电动机的工作原理**

2. 永磁交流同步伺服电动机工作原理

如图 7.26 所示，永磁式交流同步电动机由定子、转子和检测元件
作过程是当定子三相绕组通上交流电后，就产生一个旋转磁
场，这个旋转磁场以同步转速 n_s 旋转。根据磁极的同性相
斥、异性相吸的原理，定子旋转磁场与转子永久磁场磁极相
互吸引，并带动转子一起旋转，因此，转子也将以同步转速
n_s 旋转。当转子轴加上外负载转矩时，转子磁极的轴线将与定
子磁极的轴线相差一个 θ 角，若负载增大，则 θ 也随之增大。只
要外负载不超过一定限度，转子就与定子旋转磁场一起同步旋
转，即

$$n_\tau = n_s = \frac{60f}{p} \qquad (7-10)$$

式中，f 为交流电源频率(Hz)；p 为定子和转子的磁极对数；n_τ
为转子转速(r/min)；n_s 为同步转速(r/min)。

由式(7-10)可知，交流永磁同步电动机的转速由电源频率 f 和磁极对数 p 所
决定。

当负载超过一定极限后，转子不再按同步转速旋转，甚至可能不转，这就是同步电动
机的失步现象，此负载的极限称为最大同步转矩。

图 7.27 所示为交流永磁同步伺服电动机的转矩-速度特性曲线。曲线分为连续工作区
和断续工作区两部分。在连续工作区，速度和转矩的
任何组合都可连续工作。但连续工作区的划分受到
一定条件的限制，连续工作区划定的条件有两个：
一是供给电动机的电流是理想的正弦波；二是电
动机工作在某一特定温度下。在断续工作区，电
动机可间断运行，断续工作区比较大时，有利于
提高电动机的加、减速能力，尤其是在高速区。
永磁式交流同步电动机的缺点是启动困难。这是
由于转子本身的惯量、定子与转子之间的转速差
过大，使转子在启动时所受的电磁转矩的平均值
为零，因此电动机难以启动。解决的办法是在设
计时设法减小电动机的转动惯量，或在速度控制
单元中采取先低速后高速的控制方法。

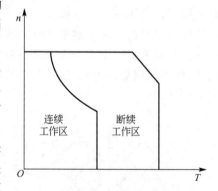

**图 7.27 交流永磁同步电动机
的转矩-速度特性曲线**

和异步电动机相比，同步电动机转子有磁极，在很低的频率下也能运行，因此，在相
同的条件下，同步电动机的调速范围比异步电动机要宽。同时，同步电动机比异步电动机
对转矩扰动具有更强的承受力，能作出更快的响应。

3. 交流主轴电动机

交流主轴电动机是基于感应电动机的结构而专门设计的。通常为了增加输出功率、缩
小电动机体积，采用定子铁心在空气中直接冷却的方法，在定子铁心上做有通风孔。因此

电动机外形多呈多边形而不是常见的圆形，没有机壳。在电动机轴尾部安装检测用的码盘。

交流主轴电动机与普通感应式伺服电动机的工作原理相同。在电动机定子的三相绕组通以三相交流电时，就会产生旋转磁场，这个磁场切割转子中的导体，导体感应电流与定子磁场相作用产生电磁转矩，从而推动转子转动，其转速 n_r 为

$$n_r = n_s(1-s) = \frac{60f}{p}(1-s) \tag{7-11}$$

式中，n_s 为同步转速(r/min)；f 为交流供电电源频率(Hz)；s 为转差率，$s = (n_s - n_r)/n_s$；p 为极对数。

与感应式伺服电动机一样，交流主轴电动机需要转速差才能产生电磁转矩，所以电动机的转速低于同步转速，转速差随外负载的增大而增大。

7.4.3 交流伺服电动机的主要特性参数

(1) 额定功率。电动机长时间连续运行所能输出的最大功率为额定功率，约为额定转矩与额定转速的乘积。

(2) 额定转矩。电动机在额定转速以下长时间工作所能输出的转矩为额定转矩。

(3) 额定转速。额定转速由额定功率和额定转矩决定。

(4) 瞬时最大转矩。即电动机所能输出的瞬时最大转矩。

(5) 最高转速。电动机的最高工作转速为最高转速。

(6) 转子惯量。电动机转子上总的转动惯量为转子惯量。

需要指出的是，在数控机床向高速化发展的今天，采用直线电动机直接驱动工作台的驱动方式已经成为当前一个重要的选择方向。直线电动机的固定部件(永久磁钢)与机床的床身相连接，运动部件(绕组)与机床的工作台相连接，其运动轨迹为直线，因此在进给伺服驱动中省去了联轴节、滚珠丝杠螺母副等传动环节，使机床运动部件的快速性、精度和刚度都得到了提高。

7.4.4 交流伺服电动机的调速方法

由式(7-11)和式(7-10)可见，要改变交流同步伺服电动机的转速可采用两种方法，其一是改变磁极对数 p，这是一种有级的调动方法，调频范围比较宽，调节线性度好。数控机床上常采用交直交变频调速。在交直交变频中，根据中间直流电路上的储能元件是大电容还是大电感，可分为电压型逆变器和电流型逆变器。

SPWM 变频器是目前应用最广、最基本的一种交直交变电压型变频器，也称为正弦波 PWM 变频器，具有输入功率因数高和输出波形好等优点，不仅适用于永磁式交流同步电动机，也适用于交流感应异步电动机，在交流调速系统中获得广泛应用。

7.5 直线电动机传动

7.5.1 概述

在常规的机床进给系统中，仍一直采用"旋转电动机＋滚珠丝杠"的传动体系。随着近年来超高速加工技术的发展，滚珠丝杠机构已不能满足高速度和高加速度的要求，直线电动机开始展示出其强大的生命力。

直线电动机是指可以直接产生直线运动的电动机，可作为进给驱动系统，如图 7.28 所示。在旋转电动机出现不久之后就出现了直线电动机的雏形，但由于受制造技术水平和应用能力的限制，一直未能在制造领域作为驱动电动机使用。大功率电子器件、新型交流变频调速技术、微型计算机数控技术和现代控制理论的发展，为直线电动机在高速数控机床中的应用提供条件。

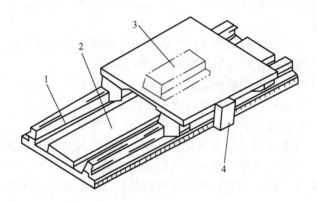

图 7.28 直线电动机的结构

1—导轨；2—次线；3—初线；4—检测系统

世界上第一台使用直线电动机驱动工作台的高速加工中心是德国 Ex - Cell - O 公司于 1993 年生产的，采用了德国 Indrament 公司开发成功的感应式直线电动机。同时，美国 Ingersoll 公司和 Ford 汽车公司合作，在 HVM800 型卧式加工中心采用了美国 Anorad 公司生产的永磁式直线电动机。日本的 FANUC 公司于 1994 年购买了 Anorad 公司的专利权，开始在亚洲市场销售直线电动机。在 1996 年 9 月芝加哥国际制造技术博览会（（IMTs'96）上，直线电动机如雨后春笋般展现在人们面前，这预示着直线电动机开辟的机床新时代已经到来。

7.5.2 直线电动机工作原理

直线电动机的工作原理与旋转电动机相比，并没有本质的区别，可以将其视为旋转电动机沿圆周方向拉开展平的产物，如图 7.29 所示。对应于旋转电动机的定子部分，称为直线电动机的初级；对应于旋转电动机的转子部分，称为直线电动机的次级。当多相交变电流通入多相对称绕组时，就会在直线电动机初级和次级之间的气隙中产生一个行波磁场，从而使初级和次级之间相对移动。当然，二者之间也存在一个垂直力，可以是吸引力，也可以是推斥力。直线电动机可以分为直流直线电动机、步进直线电动机和交流直线电动机三大类。在机床上主要使用交流直线电动机。

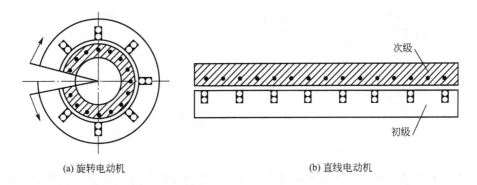

(a) 旋转电动机 (b) 直线电动机

图 7.29 旋转电动机和直线电动机

7.5.3 直线电动机的结构形式

在结构上，直线电动机可以有如图 7.30 所示的短次级和短初级两种形式。为了减少发热量和降低成本，高速机床用直线电动机一般采用图 7.30(b)所示的短初级结构。

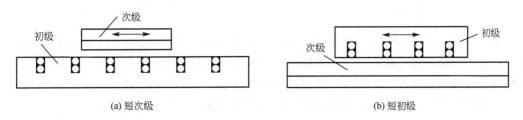

(a) 短次级 (b) 短初级

图 7.30 直线电动机的两种结构形式

7.5.4 直线电动机的特点

现在机加工对机床的加工速度和加工精度提出了越来越高的要求，传统的"旋转电动机＋滚珠丝杠"体系已很难适应这一趋势。使用直线电动机的驱动系统，具有以下特点：

(1) 电动机、电磁力直接作用于运动体(工作台)上，不用机械连接，因此没有机械滞后或齿节周期误差，精度完全取决于反馈系统的检测精度。

(2) 直线电动机上装配全数字伺服系统，可以达到极好的伺服性能。由于电动机和工作台之间无机械连接件，工作台对位置指令几乎是立即反应(电气时间常数约为 1ms)，从而使得跟随误差减至最小而达到较高的精度。并且，在任何速度下都能实现非常平稳的进给运动。

(3) 直线电动机系统在动力传动中由于没有低效率的中介传动部件而能达到高效率，可获得很好的动态刚度(动态刚度即在脉冲负荷作用下，伺服系统保持其位置的能力)。

(4) 直线电动机驱动系统由于无机械零件相互接触，因此无机械磨损，也就不需要定期维护，也不像滚珠丝杠那样有行程限制，使用多段拼接技术可以满足超长行程机床的

要求。

（5）由于直线电动机的部件（初级）已和机床的工作台合二为一，因此，和滚珠丝杠进给单元不同，直线电动机进给单元只能采用全闭环控制系统，其控制框图如图 7.31 所示。

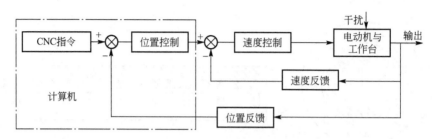

图 7.31　直线电动机进给单元控制框图

直线电动机驱动系统具有很多的优点，对于促进机床的高速化有十分重要的意义和应用价值。由于目前尚处于初级应用阶段，生产批量不大，因而成本很高。但可以预见，作为一种崭新的传动方式，直线电动机必然在机床工业中得到越来越广泛的应用，并显现巨大的生命力。

7.6　位　置　控　制

位置控制是伺服系统的重要组成部分，它是保证位置精度的环节，作为一个完整概念，位置控制包括位置控制环、速度控制环和电流控制环，具有位置控制环的系统才是真正完整意义的伺服系统，数控机床进给系统就是包括了三环控制的伺服系统。

位量控制按结构分为开环控制和闭环控制两类。按工作原理分为相位控制、幅值控制和数字控制等。开环控制用于步进电动机为执行件的系统中，其位置精度由步进电动机本身保证；相位控制和幅值控制是早期直流伺服系统中使用的将控制信号变成相位（或幅值），并进行比较的模拟控制方法，现在已经不使用。下面主要介绍闭环数字伺服系统的位置控制。

7.6.1　位置控制的基本原理

位置控制环是伺服系统的外环，它接收数控装置插补器每个插补采样周期发出的指令，同时，还接收每个位置采样周期测量反馈装置测出的实际位置值，然后与位置给定值进行比较（给定值减去反馈值）得出位置误差，该误差作为速度环的给定。实际上，根据伺服系统各环节增益（放大倍数）、倍率及其他要求，对位置环的给定、反馈和误差信号还要进行处理。

早期的位置控制，其速度环和电流环均采用模拟控制，有些系统只有位置环具有数字控制的概念，而且是采用脉冲比较方式，其位置误差数据经 D/A 转换变成模拟量后送给速度环。图 7.32 为模拟位置控制系统原理图，图中速度外的电流环没画。

现代全数字伺服系统中，不进行 D/A 转换：位量环、速度环和电流环的给定信号、反馈信号、误差信号以及增益和其他控制参数，均由系统中的微处理器进行数字处理。这

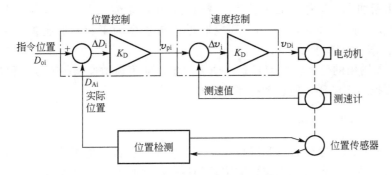

图 7.32　模拟位置控制系统原理图

样，可以使控制参数达到最优化，因而控制精度高、稳定性好。同时，对实现前馈控制、自适应控制、智能控制等现代先进控制方法都是十分有利的。

7.6.2　数字脉冲比较位置控制伺服系统

1. 数字脉冲比较位置控制系统的组成

数字脉冲比较是构成闭环和半闭环位置控制的一种常用方法。在半闭环伺服系统中，经常采用由光电脉冲编码器等组成的位置检测装置；在闭环伺服系统中，多采用光栅及其电路作为位置检测装置，通过检测装置进行位置检测和反馈，实现脉冲比较。图 7.33 所示为数字脉冲比较位置控制的半闭环伺服系统，该系统中的位置环包括光电脉冲编码器、脉冲处理电路和比较器环节等。

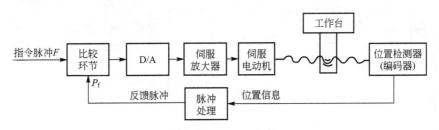

图 7.33　数字脉冲比较位置控制的半闭环伺服系统

2. 位置环的工作原理

位置环按负反馈、误差原理工作，有误差就运动，没有误差就停止。具体如下：

(1) 静止状态时，指令脉冲 $F=0$，工作台不动，则反馈脉冲 P_f 为零，经比较器比较，得误差(也称偏差)$e=F-P_f=0$，即速度环给定为零，伺服电动机不转，工作台仍处于静止状态。

(2) 指令为正向脉冲时，$F>0$，工作台在没有移动之前，反馈脉冲 P_f 仍为零，经比较器比较，得误差 $e=F-P_f>0$，则速度控制系统驱动电动机转动，工作台正向进给，随着电动机的运转，检测出的反馈脉冲信号通过采样进入比较器，按负反馈原理，误差减小。如没有滞后，一个插补周期给定和反馈脉冲应该相等，但误差一定存在且有误差就运动，当误差为零时，工作台达到指令所规定的位置。如按插补周期不断地给指令，工作台就不断地运动。误差为一个稳定值时，工作台为恒速运动；加速时，指令值由零不断增加，误差也不断加大，工作台加速运动；减速时，误差逐渐减小，工作台减速运动。

（3）指令为负向脉冲时，$F<0$，其控制过程与指令为正脉冲时类似。只是此时 $e=F-P_f<0$，工作台反向进给。

（4）比较器输出的位置偏差信号是一个数字量，对于模拟控制的速度环要进行 D/A 变换才能变为模拟给定电压，使速度控制环工作。

7.6.3 全数字控制伺服系统

随着计算机技术、电子技术和现代控制理论的发展，数控伺服系统向着交流全数字化方向发展。交流系统取代直流系统，数字控制取代模拟控制。全数字控制是用计算机软件实现数控的各种功能，完成各种参数的控制，在数控伺服系统中，主要表现在位置环、速度环和电流环的数字控制；现在，不但位置环的控制数字化，而且速度环和电流环的控制也全面数字化。数字化控制发展的关键是依靠控制理论及算法，检测传感器、电力电子器件和微处理器功能等的发展。

图 7.34 所示为全数字控制伺服系统的原理图：图中，电流环、位置环均设有数字化测量传感器；速度环的测量也是数字化测量，它是通过位置测量传感器得出测量结果的。从图中还可以看到，速度控制和电流控制是由专用 CPU（在图中"进给控制"框）完成的。位置反馈、比较等处理工作通过高速通信总线由位控 CPU 完成。其位置偏差再由通信总线传给速度环。此外，各种参数的控制及调节也是由微处理器实现的，特别是正弦脉宽调制变频器的矢量变换控制更是由内微处理器完成的。

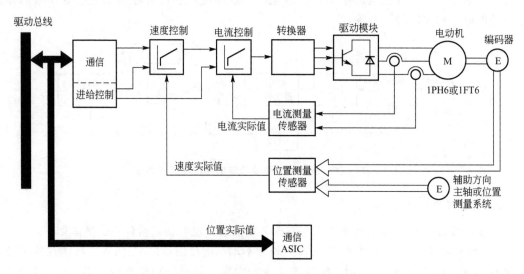

图 7.34 全数字控制伺服系统的原理图

 习 题

7-1 简述伺服系统的概念及组成，对伺服系统的基本要求是什么？

7-2 伺服系统有哪些分类方法？

7-3 说明直流进给、主轴伺服电动机的工作原理及特性曲线。

7-4　说明交流进给、主轴伺服电动机的工作原理及特性曲线。

7-5　说明直流进给运动的晶闸管速度控制原理。

7-6　说明步进电动机的工作原理。

7-7　说明直流进给运动的"脉宽调制"速度控制原理。

7-8　说明交流进给运动的速度控制原理及速度控制方法。

7-9　简述直线电动机的工作原理。

7-10　说明位置控制的基本原理。

第 **8** 章

数控机床的机械结构

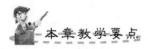本章教学要点

知识要点	掌握程度	相关知识
数控机床机械结构的组成及特点	掌握数控机床机械结构的组成及特点； 熟悉数控机床与普通机床机械结构上的区别	数控机床对机械结构的基本要求； 数控机床的布局特点
数控机床的主传动系统	掌握主传动系统的特点及传动形式； 熟悉主轴部件的结构特点及对其功能要求	加工中心主轴部件的特点； 刀具自动夹紧装置的工作原理； 主轴准停装置的工作原理
数控机床的进给传动系统	掌握进给传动系统的特点及传动形式； 掌握滚珠丝杠螺母副的结构及工作原理； 熟悉数控机床用导轨的类型及特点	静压丝杠螺母副的特点及应用； 齿轮传动消除间隙的措施
数控机床的自动换刀装置	掌握数控机床自动换刀的形式； 熟悉刀库的类型及应用	刀具的选择方式； 加工中心换刀的工作原理

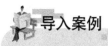 **导入案例**

并 联 机 床

　　并联机床(又称虚拟轴机床)是由机械机构学原理引用过来的，机构学里将机构分为串联机构和并联机构，串联机构的典型代表是机器人，传统机床的布局实际上也是串联机构。理论上串联机构具有工作范围大，灵活性好等特点，但精度低，刚性差，作为机床，为提高精度和刚性，不得不将床身、导轨等制造得宽大厚实，由此导致了活动范围和灵活性能的下降。为了解决上述矛盾，在 20 世纪 80 年代后，一大批学者开始致力于并联机构的研究，提出了并联机床的概念。并联机床的典型代表是 Stewart 平台结构，即由六根可伸缩杆和动平台构成，可实现较高的动态特性，但工作范围小。为解决这一问题，研究者把并联机构与串联机构结合起来，取得高动态性能和大的工作空间，其典型代表是瑞典的 NOUSE 公司的 Tricepts 机床。

　　2007 年，哈尔滨量具刃具集团有限责任公司引进瑞典 EXECON 公司的技术，在原有并联机床经验积累的基础上，以国际并联机床最新技术为平台，通过消化吸收再创新，向用户提供了满足特殊要求的世界一流水平的高档数控机床产品。哈量集团新一代并联机床(图 8.01)的研制成功，丰富了我国机床产品的种类，在一定程度上有助于解决我国复杂产品加工的难题。

图 8.01　新一代并联加工中心 LINKS－EXE700

　　该机床主要特点如下：

　　(1) 并联机构仅有 6 个关节，10 个自由度。刚性、动态性能及高速性能大幅提高。

　　(2) 该机床主轴无论处于加工范围的任何位置，其动态特性都保持高度一致，为最佳切削参数的选择提供了保证。

　　(3) 加工范围大，其范围形状近似一球冠，直径达 3m，球冠高度为 0.6m，突破了传统并联机构工作空间小的局限性。

　　(4) 建立工件坐标系方便，在有效工作空间内可实现 5～6 面及全部复合角度的位置加工，适合用于敏捷加工、需一次装夹即可完成 5～6 面的复杂异型件及复合角度孔和曲面的加工等。

　　该机床适合于航天航空领域、汽车制造领域、大型工程机械制造领域等需要实现敏捷加工、高速加工及数字化装配等场合。

　　📑 资料来源：http://www.hfgj.gov.cn/csj/csj_news.asp?id=7147, 2008

8.1 概　　述

数控机床的机械结构是完成数控加工的载体，其基本构成与普通机床很相似，但是，数控机床并不是简单地将普通机床配备上数控系统即可，数控机床的功能和性能要求更高，设计要求更严格，制造要求更精密。早期的数控机床大都是在普通机床的基础上局部改进而成，但随着数控技术及相关技术的迅速发展，为了满足制造业对生产效率、加工精度和安全环保等方面的要求，现代数控机床的机械结构与普通机床相比较，无论其各组成部分，整体布局还是外观造型都发生了很大变化，形成了数控机床独特的机械结构。特别是近年来，随着电主轴、直线电动机等新技术、新产品在数控机床上的应用，数控机床的机械结构正在发生重大的变化。

8.1.1　数控机床机械结构的组成

数控机床的机械结构主要由以下几部分组成：

1. 主传动系统

主传动系统由主轴电动机、传动件及主轴部件组成，用来实现主运动。主轴电动机主要采用变频电动机，实现主轴的无级调速。如图 8.1 所示，主轴电动机的动力通过带传动传递至主轴。

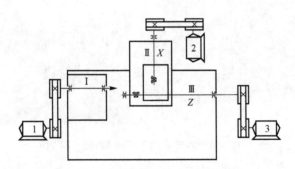

图 8.1　HM‐077 数控车床传动系统
1—主轴电动机；2，3—伺服电动机

2. 进给传动系统

进给传动系统用来实现机床的进给运动。与普通机床的进给传动系统不同，数控机床的进给传动系统采用伺服驱动，其组成部分由伺服电动机、传动件及运动执行件组成。如图 8.1 所示，机床的 Z 向和 X 向进给由两套伺服系统分别驱动，伺服电动机 3 和 2 分别通过同步带、滚珠丝杠螺母副，实现床鞍和滑板的纵向和横向运动。

3. 基础支撑件

基础支撑件是指床身、立柱、导轨、工作台等，主要用来支撑机床的主要部件，并保证它们在静止或运动中保持相对正确的位置，如图 8.2 和图 8.3 所示。

4. 辅助装置

辅助装置包括自动换刀装置、润滑系统、冷却系统、排屑装置等，如图 8.2 和图 8.3 所示。

图 8.2　CK1463 数控车床
1—床身；2—数控系统操作面板；3—防护罩；
4—主轴；5—刀架；6—排屑装置

图 8.3　数控铣床
1—刀库；2—主轴箱

8.1.2　数控机床机械结构的特点

为满足现代制造业的需求，数控机床正朝着复合化、智能化、高速高精度、柔性化及绿色化等方向发展，新的结构、功能部件不断涌现，使得其机械结构和传统的机床相比，有了明显的改进和变化，主要体现在以下几个方面：

1. 结构简单、自动化程度高

数控机床的主传动利用变频调速电动机或伺服电动机驱动主轴，并实现主轴的变速，进给系统采用伺服进给系统代替普通机床的进给系统，使得主运动和进给运动传动链变得简单、可靠，齿轮、传动轴及轴承等零部件的数量大为减少。电动机用极少的传动件连接主轴或丝杠轴，也可以直接连接主轴或丝杠轴，在使用电主轴、直线电动机的场合，甚至不需要任何传动装置，实现主运动及进给运动的零传动。

数控机床是一种高速高效高精度的自动化加工设备，根据数控系统的指令对主轴转速、进给运动的轨迹及速度以及其他辅助功能（如自动换刀、自动冷却等）进行控制，自动完成对一个工件及一批零件的加工。由于数控机床自动完成加工，为了防止切屑或切削液飞出，给操作者带来意外伤害，一般采用推拉门结构的全封闭防护装置。

2. 采用高效高精度无间隙传动装置

数控机床从布局、基础件结构设计到轴承的选择和配置，都十分注意提高它们的刚度，并且采用制造精度、传动精度高的零部件。进给运动广泛采用滚珠丝杠螺母副、滚动导轨等高效传动件以降低摩擦、减少动静摩擦系数之差，提高数控机床的灵敏度，改善摩擦特性，避免爬行现象。数控机床加工时各个坐标轴的运动都是双向的，传动件间的间隙会影响机床的定位精度及重复定位精度，因此在进给系统中传动件普遍采用消除间隙和预紧措施，以消除传动链中的反向行程死区，提高伺服性能。

3. 具有适应柔性化加工的特殊部件

"工艺复合化"和"功能集成化"是实现柔性化加工的基础。所谓"工艺复合化"，简言之就是"一次装夹、多工序加工"。"功能集成化"主要是指数控机床的自动换刀机构和自动托盘交换装置的功能集成化。随着数控机床向柔性化和无人化发展，功能集成化的水平更高地体现在工件自动定位、机内对刀、刀具破损监控、机床与工件精度检测和补偿等功能上。

4. 支撑部件刚度高、抗振性能好

为了满足数控机床高精度和高切削速度的要求，床身、立柱、导轨等部件必须具有很高的刚度，工作中应无变形和振动，有关标准规定数控机床的刚度应比类似的普通机床至少高 50% 以上。

8.2 数控机床的主传动系统

8.2.1 主传动系统的特点

主传动系统是实现主运动的传动系统，包括主轴电动机、传动件和主轴部件，是数控机床的关键部件之一，对它的精度、刚度、噪声、温升、热变形都有严格的要求。与普通机床的主传动系统相比，数控机床的主传动系统有如下特点：

（1）无级调速。数控机床的主运动广泛采用无级变速传动，用交流调速电动机或直流调速电动机驱动，能方便地实现无级变速，省去了繁杂的齿轮变速机构，有些只有二级或三级齿轮变速系统，用以扩大电动机无级调速的范围。也可采用交流伺服电动机驱动，实现 C 轴控制。

（2）调速范围宽，传动的功率大。数控机床工艺范围宽，为了满足不同工件材料及刀具等的切削工艺要求，主轴必须具有较宽的调速范围。不但能低速大进给量切削，而且能高速切削。现在数控机床主轴的调速范围一般为 100~10000r/min，有恒扭矩、恒功率调速范围之分，一般要求恒功率调速范围尽可能大，以便在尽可能低的速度下利用其全功率。为了能在整个速度范围提供切削所需要的功率和扭矩，主轴必须具有足够的驱动功率或输出扭矩，特别是满足机床强力切削时的要求。一般数控机床的主轴驱动功率在 3.7~250kW 之间。

（3）主轴部件具有较大的刚度和较高的精度。数控机床工艺范围广，加工材料和使用的刀具种类多，使得数控机床的切削负载非常复杂，负载变化大，变速范围内负载波动时，速度应稳定，因此要求主轴部件必须具有较大的刚度和较高的精度。

（4）加工中心主轴部件具有刀具的自动夹紧、松开机构和主轴准停装置。加工中心具有刀库和自动换刀装置，工件经一次装夹后，能自动更换各种刀具，在同一台机床上对工件各加工面连续进行车、铣、镗、铰、钻、攻螺纹等多种工序的加工，因此为了实现自动换刀，主轴部件中具有刀具的自动夹紧、松开机构和主轴准停装置。

（5）数控车床主轴后端装有编码器。编码器的作用是将检测到的主轴旋转脉冲信号发给数控系统，一方面可实现主轴调速的数字反馈，另一方面可以用于进给运动的控制，例如实现加工螺纹时主轴每旋转一圈，刀架 Z 向移动一个工件导程的运动关系。

8.2.2 主传动类型

数控机床主传动可以分为无级变速、分段无级变速两种传动方式。分段无级变速传动方式通常是在无级变速电动机之后串联机械有级变速，以满足数控机床要求的宽调速范围和转矩特性，如图 8.4(a)所示。无级变速传动方式电动机本身的调速就能够满足要求，不用齿轮变速，如图 8.4(b)、(c)、(d)所示。

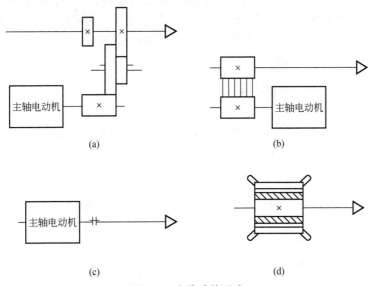

图 8.4 主传动的形式

1. 带有变速齿轮的主传动

如图 8.5 所示，在主轴电动机无级变速的基础上配以齿轮变速，它通过少数几对齿轮传动，使主传动成为分段无级变速，以便在低速时获得较大的扭矩，满足主轴对输出转矩特性的要求。这种方式在大中型数控机床采用较多，能够满足各种切削运动的转矩输出，且具有大范围的速度变化能力。齿轮变速机构的结构、原理和普通机床相同，可以通过电磁离合器、液压或气动带动滑移齿轮等方式实现。

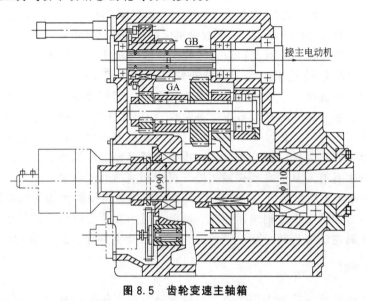

图 8.5　齿轮变速主轴箱

2. 通过带传动的主传动

采用带传动可以避免齿轮传动引起的振动与噪声，但系统的调速范围受电动机调速范围的约束。这种传动方式只能适用于低扭矩特性要求的主轴，主要用在转速较高、变速范围不大的机床上，通常采用 V 带或同步带传动。图 8.6 所示为 CK7185 型数控车床主轴箱展开图，主轴电动机通过带轮 1、2 和三联 V 带带动主轴旋转。

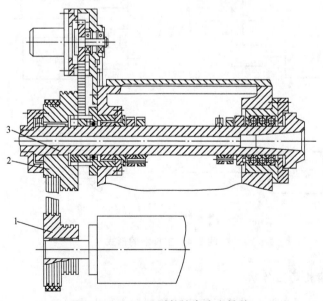

图 8.6　CK7185 型数控车床主轴箱
1、2—带轮；3—主轴

3．由调速电动机直接驱动的主传动

如图 8.7 所示，主轴电动机与主轴用联轴器同轴连接，这种方式大大简化了主传动系统的结构，有效地提高了主轴部件的刚度。主轴采用直接式可以减少功率损失，提高主轴的响应速度，减小振动，但电动机发热对主轴精度的影响较大，主轴的输出转矩、功率、恒功率调速范围决定于电动机本身，因而使用上受到一定限制。

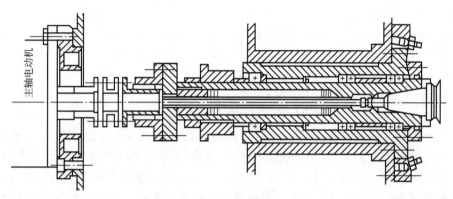

图 8.7　直接式主轴

4．内装式电主轴

电主轴是采用变频电动机与机床主轴合二为一的结构形式，即变频电动机的空心转子与机床主轴零件直接过盈套装在一起成为一体，带冷却套的定子装配在主轴单元的壳体内直接与机床连接，成为一种集成式电动机主轴。如图 8.8 所示，电主轴实质上是一个转子中空的电动机，外壳有进行强制冷却的水槽，中空套筒用于安装各种主轴。电主轴实现了变频电动机和机床主轴之间的"零传动"，是数控机床传动系统的重大改革。这样的主轴传动系统结构更简单，刚性更好，它克服了传统机床皮带或齿轮传动方式的主轴系统在高速下打滑、振动和噪声大、惯量大等缺点，可实现主轴转速的高速化，有效改善主轴高速综合性能。但是电动机内置于主轴部件后不可避免地将会有发热的问题，从而需要设计专门用于冷却电动机的冷却系统，目前高速加工机床主轴多采用这种方式。

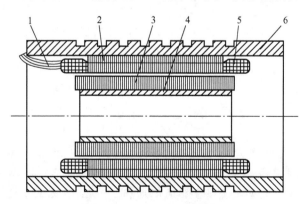

图 8.8　电主轴结构原理图

1—引出线；2—定子；3—转子；4—套筒；5—绕组；6—冷却水套

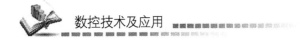

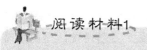

阅读材料1

电主轴的创新案例

1. Step-Tec 电主轴

瑞士 GFAC 集团旗下的 Step-Tec 公司是专业的电主轴制造厂家，在电主轴智能化领域处于领先地位，其 intelliSTEP 智能化系统可以控制和优化电主轴的工况，例如，主轴端轴向位移、温度、振动、刀具拉杆位置等，如图 8.9 所示。主轴工况诊断和振动控制 Vibroset 3D 是智能化、数字化主轴的核心，由三维振动测量 V3D 传感器、RFID工况记录和优化模块 SMD20 和工况分析软件 SDS 组成。机床用户不仅可以在屏幕上观测到主轴的工况，还可以通过 Profibus 和互联网与机床制造商保持联系，诊断机床主轴的当前的和历史的运行状态。Vibroset 3D 的原理是在电主轴壳体中前轴承附近安装了一个加速度传感器，新开发的、基于 MEMS 技术的三维加速度计可记录所有 3 个轴（X、Y、Z 轴）的加速度值，最高可达 $\pm 50\text{mm/s}^2$，从而能更有针对性地改进加工过程。所有的故障事件，特别是在碰撞时，可以再现主轴的工况，以便进行分析，找出故障的原因。它是机床主轴的"黑匣子"。通过数据接口 RS485 将黑匣子与计算机连接，借助SDS 分析软件就可以找出故障的原因。在机床使用过程中，铣削产生的振动可以加速度"g 载荷"值的形式显示。振动大小在 0～10g 范围内分为 10 级，0～3g 反映加工过程、刀具和刀夹都处于良好状态，3～7g 警示加工过程需要调整，否则将导致主轴和刀具的寿命的降低，7～10g 表示加工过程处于危险状态，如果继续工作，将造成主轴、机床、刀具或工件的损坏。该系统还可预测在当前振动级的工况下主轴部件可以工作多长时间，即主轴寿命还有多长。

在 Vibroset 3D 过程监控系统中也可由用户设定一个 g 极限值，当振动超过此值时，系统报警和自动停机。系统也可以将某一时段的振动记录下来以便进一步分析。记录的数据包括：日期、时间、g 值、g 极限、主轴转速、刀具号、进给率、数控程序块号和程序名。可记录程序块的容量为 18 000，如果取时间间隔为 2.5s，可记录加工过程状态长达 12.5h。

2. Fisher 电主轴

瑞士 Fischer 公司是著名的电主轴生产厂家，为航空工业、汽车工业和模具工业的机床配套各种电主轴系统，提供从变频器、冷却系统、润滑系统到智能监控系统优化匹配的全面解决方案。Fischer 主轴的主要特点有以下三方面：

（1）主轴轴心冷却系统。明显减少主轴的热膨胀，使电动机的输出功率增加，保持主轴的热稳定性，延长主轴的使用寿命。Fischer 主轴的整个冷却系统的设计如图 8.10所示。

（2）除采用油气润滑的滚珠轴承外，Fischer 公司还提供一种采用静压技术的Hydro-F 电主轴，利用纯水作为工作介质，同时执行支承、冷却和刀具夹紧功能。Hydro-F 静压轴承可以大幅度提高主轴的刚度和阻尼性能（比滚动轴承大 10 倍），大幅度提高了加工表面的质量并延长了主轴和刀具的寿命。

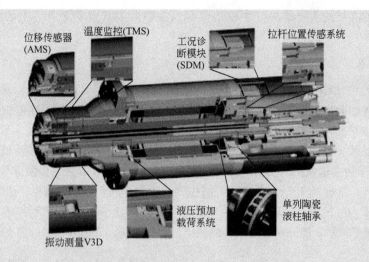

图 8.9 Step‐Tec 的智能化主轴

（3）Fischer 公司提供 SmartVision 软件和硬件，可对主轴工况进行监控和诊断，以避免主轴过早出现故障，并可事先估计主轴的剩余使用寿命，以便将主轴的性能发挥到极致。SmartVision 监控和诊断的数据包括：①主轴转速；②使用功率；③刀具更换次数；④主轴温度；⑤振动大小。

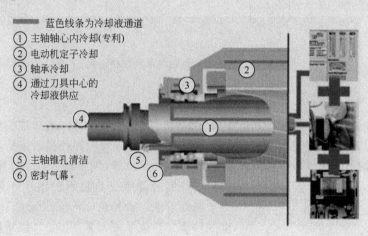

图 8.10 Fischer 主轴的冷却设计

➡ 资料来源：张曙，卫汉华，张炳生. 机床主轴部件的创新. 制造技术与机床，2011(11).

8.2.3 主轴部件

主轴部件主要包括主轴、轴承、传动件、装夹刀具或工件的附件及辅助零部件等，用来夹持刀具或工件实现切削运动。主轴部件是机床的重要部件之一，其精度、抗振性和热变形对加工质量有直接影响。因此要求主轴部件的精度要高，包括运动精度和安装刀具或夹持工件的夹具的定位精度，要求主轴部件结构刚度要好，要有较好的抗振性及热稳定性，因此数控机床主轴部件在结构上要解决好主轴的支承、主轴内刀具自动装夹、主轴的定向停止等问题。

1. 主轴轴承

主轴轴承是主轴部件的重要组成部分，它的类型、结构、配置、精度、安装、调整、润滑和冷却都直接影响主轴的工作性能。主轴部件根据不同的机床采用不同的主轴轴承，大部分数控机床的主轴部件多采用滚动轴承，重型数控机床采用液体静压轴承，高精度数控机床采用气体静压轴承，转速高达 20000～100000r/min 的主轴可采用磁悬浮轴承或陶瓷轴承。

图 8.11 所示为主轴常用滚动轴承的结构形式，图 8.11(a)所示为角接触球轴承，主要承受径向、轴向载荷。图 8.11(b)所示为双列短圆柱滚子轴承，只承受径向载荷。图 8.11(c)所示为 60°角接触双向推力球轴承，只承受轴向载荷，常与双列圆柱滚子轴承配套使用。图 8.11(d)所示为双列圆柱滚子轴承，能同时承受较大的径向、轴向载荷，常作为主轴的前支承。

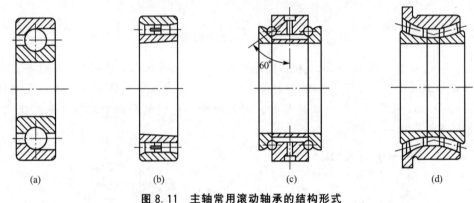

(a)	(b)	(c)	(d)

图 8.11　主轴常用滚动轴承的结构形式

2. 主轴轴承配置

合理配置轴承可以提高主轴精度，降低温升，简化支承结构。在数控机床上配置轴承时，前后轴承都应能承受径向载荷，支承间距离要选择合理，并根据机床的实际情况配置承受轴向力的轴承。滚动轴承的精度有 E 级(高级)、D 级(精密级)、C 级(特精级)、B 级(超精级)四种等级。前轴承的精度一般比后轴承高一个精度等级。数控机床前支承通常采用 B、C 级精度的轴承，后支承则常采用 C、D 级精度的轴承。

目前数控机床主轴轴承配置有三种主要形式。

如图 8.12(a)所示，数控机床前支承采用双列短圆柱滚子轴承和 60°角接触双列向心推力球轴承，后支承采用成对向心推力球轴承。这种配置普遍应用于各种数控机床，其综合刚度高，可以满足强力切削要求。

如图 8.12(b)所示，前支承采用多个高精度向心推力球轴承，这种配置具有良好的高速性能，但它的承载能力较小，适用于高速轻载和精密数控机床。

如图 8.12(c)所示，前支承采用双列圆锥滚子轴

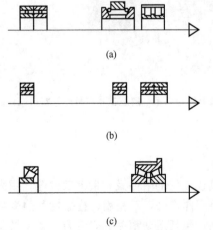

(a)
(b)
(c)

图 8.12　数控机床主轴轴承配置形式

承，后支承为单列圆锥滚子轴承，其径向和轴向刚度很高，能承受重载荷。但这种配置限制了主轴最高转速，因此适用于中等精度低速重载数控机床。

图8.13所示为TND360型车床主轴部件结构图，主轴轴承配置形式采用上述第二种，前后轴承都采用角接触球轴承，前轴承三个一组，4、5大口朝向主轴前端，3大口朝向主轴后端。前轴承的内外圈轴向由轴肩和箱体孔的台阶固定，以承受轴向载荷。后轴承1、2小口相对，只承受径向载荷，并由后压套进行预紧。前后轴承都由轴承厂配好，成套供应，装配时不需修配。

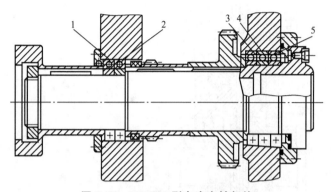

图8.13　TND360型车床主轴部件

1、2—后轴承；3～5—前轴承

数控机床主轴一般采用双支承结构，但是为了提高主轴部件刚度，前后轴承跨距较大的数控机床常采用三支承结构，辅助支承一般采用深沟球轴承。图8.14所示为一种三支承数控机床主轴部件。主轴前支承采用双列圆柱滚子轴承和60°角接触球轴承组合，承受径向载荷和轴向载荷，中间支承采用双列圆柱滚子轴承，由于该主轴较长，传动齿轮又位于中间支承的后面，故后面再加辅助支承，辅助轴承选用深沟球轴承，以减小主轴的弯曲变形，提高主轴部件的整体刚度。这种配置可以使主轴获得较大的径向和轴向刚度，满足强力切削的要求。

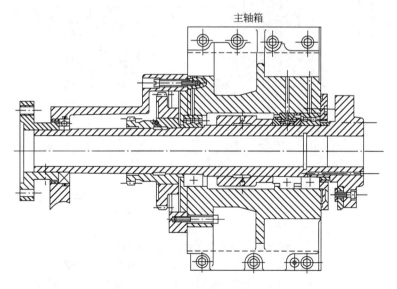

图8.14　三支承数控机床主轴部件

3. 主轴内部刀具自动夹紧机构

刀具自动夹紧机构是数控机床特别是加工中心的特有机构。图 8.15 所示是某立式加工中心的主轴部件。主运动采用电动机经带传动直接驱动主轴形式，带传动为两极塔轮带结构。主轴的前后支承均采用高精度的角接触球轴承组配使用，以承受径向载荷和轴向载荷，这种配置可以使主轴获得高的转速，同时也保证了主轴的回转精度和刚度。

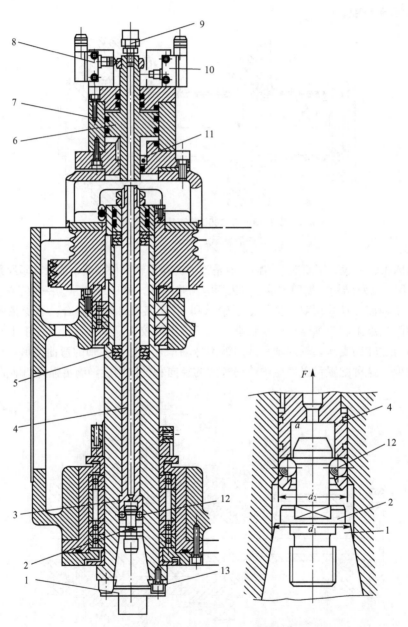

图 8.15 立式加工中心的主轴部件

1—刀具夹头；2—拉钉；3—主轴；4—拉杆；5—蝶形弹簧；6—活塞；7—液压缸；
8、10—行程开关；9—管接头；11—弹簧；12—钢球；13—端面键

刀具自动夹紧机构安装在主轴 3 内部，由拉杆 4、蝶形弹簧 5、活塞 6 及钢球 12 组成。刀具通过各种标准刀具夹头 1 安装在主轴 3 的锥孔中，在刀具夹头锥柄尾部装有拉钉 2，用于夹紧刀具。端面键 13 既用作刀具定位，又用来传递扭矩。图中所示为夹紧状态，当要松开刀具时，液压缸 7 上腔进油，活塞 6 下移，进而推动拉杆 4 向下移动，同时蝶形弹簧 5 被压缩。当钢球 12 随拉杆 4 一起下移至主轴孔径较大处 d_1 时，就松开拉钉 2，紧接着拉杆前端内孔的台肩端面碰到拉钉，把刀具顶松。此时行程开关 10 发出信号，刀具就可以被取出，与此同时，压缩空气由管接头 9 通过活塞杆和拉杆 4 中的孔吹入主轴的锥孔，把切屑及脏物清除干净，以保证刀具的装夹精度。当装入新刀具后，液压油缸上腔回油，活塞 6 在其下端弹簧 11 的弹力作用下上移，同时拉杆 4 在蝶形弹簧 5 的作用下也向上移动，此时，装在拉杆 4 前端径向孔中的四个钢球 12 进入主轴孔径较小处 d_2，钢球 12 被迫收拢卡紧在拉钉 2 的环形槽中，因而刀杆被拉杆拉紧，使刀具夹头的外锥面与主轴锥孔的内锥面相互压紧，实现了刀具在主轴上的夹紧。刀具拉紧后，行程开关 8 发出信号。刀具夹紧机构采用蝶形弹簧夹紧，液压放松，可以保证在工作中，即使突然停电，刀具也不会自行脱落。

4. 主轴准停装置

加工中心能够实现刀具的自动交换，当刀具装在主轴上时，主轴的转矩不可能仅靠锥孔和刀具锥柄之间的摩擦力来传递，为此在主轴前端设置一个端面键，当刀具装入主轴时，刀柄上的键槽与端面键对准，切削时通过端面键来传递转矩。这就要求换刀时主轴必须准确停在某个径向位置上，保证每次换刀时刀柄上的键槽对准主轴的端面键，为了满足主轴准停这一功能要求而设置的装置称为主轴准停装置。

图 8.16 所示为电气控制式主轴准停装置，在主轴 1 上安装的永久磁铁 4 与主轴一起旋转，在距离永久磁铁 4 旋转轨迹外 1～2mm 处固定有一个磁传感器 5。当机床需要停车换刀时，数控装置发出主轴停转的指令，主轴电动机 3 立即降速，在主轴以最低转速慢转很少几转，永久磁铁 4 对准磁传感器 5 时，后者发出准停信号，此信号经放大后，由定向电路控制主轴电动机准确地停止在规定的周向位置上。这种装置可以保证主轴的重复定位精度在 $\pm 1°$ 范围内。

5. 主轴的同步运行功能

数控机床的主运动和进给运动之间没有机械方面的直接联系，而在数控车床上车削螺纹时，又要求主轴转速与刀具的轴向进给运动之间保持严格的运动关系，即主轴转一转，刀具轴向进给一个螺纹的导程，因此，通常在主轴上安装脉冲编码器来检测主轴并不断发出脉冲信号送给数控装置，控制插补速度。根据插补计算结果，控制伺服系统，使进给量与主轴转速保持所需要的比例关系，从而车出所需要的螺纹。

如图 8.17 所示，脉冲编码器 4 由主轴 7 通过一对同步带轮 3、16 和同步带 2 带动，和主轴同步运转。

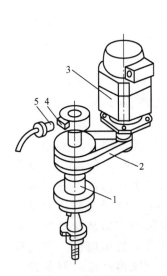

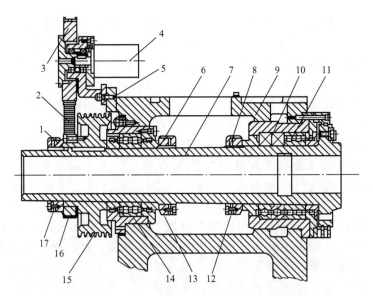

图 8.16　电气控制式
主轴准停装置
1—主轴；2—同步带；
3—主轴电动机；4—永久磁铁；
5—磁传感器

图 8.17　MJ-50 型数控车床主轴箱结构图
1、6、8—螺母；2—同步带；3、16—同步带轮；
4—脉冲编码器；5、12、13、17—螺钉；
7—主轴；9—主轴箱体；10—角接触球轴承；
11、14—滚子轴承；15—带轮

8.3　数控机床的进给传动系统

数控机床的进给运动是数字控制的直接对象，进给运动的传动精度、灵敏度和稳定性直接影响被加工工件的轮廓精度和位置精度。进给运动由伺服电动机驱动，如图 8.18 所示，伺服电动机 1 通过机械传动机构带动工作台或刀架 6 运动。数控机床实现进给运动的机械部分主要由传动机构、导向机构、执行件等组成，其中常用的传动机构有传动齿轮、同步带、丝杠螺母副、蜗杆蜗轮副和齿轮齿条副等；导向机构有滑动导轨、滚动导轨、静压导轨等；执行件有矩形工作台，回转工作台和刀架等。

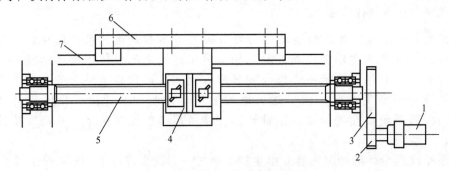

图 8.18　进给传动系统示意图
1—伺服电动机；2、3—传动齿轮；4—螺母；
5—丝杠；6—工作台或刀架；7—导轨

8.3.1 数控机床进给系统的特点

1. 传动精度和刚度高

进给传动系统的刚度主要取决于丝杠螺母副(直线运动)或蜗轮蜗杆副(回转运动)及其支承部件的刚度。刚度不足与摩擦阻力一起会导致工作台产生爬行现象以及造成反向死区,影响传动准确性。缩短传动链,合理选择丝杠尺寸以及对丝杠螺母副及支承部件等预紧是提高传动刚度的有效措施。机械间隙是进给系统降低传动精度、刚度和造成进给系统反向死区的主要原因之一,因此对传动链的各个环节,包括联轴器、齿轮副、丝杠螺母副、蜗杆蜗轮副及其支承部件等均应采用消除间隙的措施。

2. 摩擦阻力小

进给传动系统要求运动平稳,定位准确,快速响应特性好,因此,必须减小运动件的摩擦阻力和动、静摩擦系数之差。在数控机床的进给系统中普遍采用了滚珠丝杠螺母副、静压丝杠螺母副,滚动导轨、塑料导轨和静压导轨以减小摩擦阻力。

3. 运动部件惯量小

进给系统由于经常进行起动、停止、变速或反向,若机械传动装置惯量大,会增大负载并使系统动态性能变差。因此在满足强度与刚度的前提下,应尽可能减小运动执行部件的质量以及各传动元件的直径和质量,以减小惯量。

8.3.2 数控机床进给系统的基本形式

数控机床的进给运动可以分为直线运动和圆周运动两大类。实现圆周运动除少数情况使用齿轮副外,一般都采用蜗轮蜗杆副。实现直线运动主要有以下三种形式:

(1)通过丝杠螺母副,将伺服电动机的旋转运动变成工作台或刀架的直线运动。

为了减小摩擦阻力,数控机床上通常采用滚珠丝杠螺母副或静压丝杠螺母副,其中滚珠丝杠螺母副得到了广泛的应用,是目前中小型数控机床最为常见的传动形式。静压丝杠螺母副主要应用于重型数控机床的进给系统中。

(2)通过齿轮齿条副,将伺服电动机的旋转运动变成工作台或刀架的直线运动。齿轮齿条副传动用于行程较大的大型数控机床上,大型机床不宜采用丝杠传动,因为丝杠制造困难,且容易弯曲下垂,影响传动精度,同时轴向刚度与扭转刚度也难提高。如果加大丝杠直径,则转动惯量增大,伺服系统的动态特性不易保证,故常用齿轮齿条副传动。采用齿轮齿条副可以得到比较大的传动比,进行高速直线运动,刚度及机械效率也高。但其传动不够平稳,传动精度不高,而且不能自锁。

(3)直接采用直线电动机驱动。直线电动机是指可以直接产生直线运动的电动机,可作为进给驱动系统。在机床进给系统中,采用直线电动机直接驱动与旋转电动机驱动最大的区别是取消了从电动机到工作台或刀架之间的一切机械传动环节,使机床进给系统传动链的长度缩短为零。这种进给系统的"零传动"带来了旋转电动机驱动无法达到的性能指标和优点,但也带来了新的矛盾和问题。

8.3.3 电动机与滚珠丝杠之间的连接结构

电动机与滚珠丝杠之间的连接形式主要有三种,如图 8.19 所示。

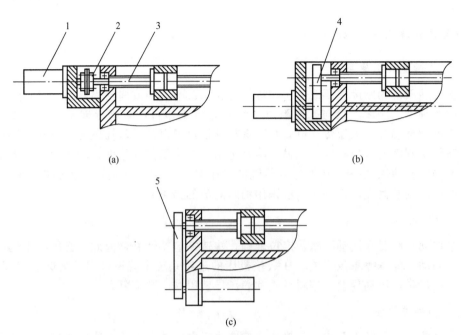

图 8.19　电动机与滚珠丝杠的连接形式
1—电动机；2—联轴器；3—丝杠；
4—齿轮；5—同步带

1. 通过联轴器连接

这是最简单的连接方式，如图 8.20 所示，通过挠性联轴器 5 将伺服电动机轴 2 和滚珠丝杠 7 连接起来。这种连接形式具有最大的扭转刚度，传动机构本身无间隙，传动精度高。一般用在输出转矩要求不高的中小型数控机床或高速加工机床上。

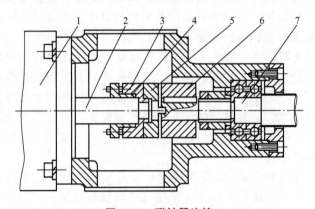

图 8.20　联轴器连接
1—伺服电动机；2—电动机轴；3、6—轴套；
4—锥环；5—联轴器；7—滚珠丝杠

2. 通过齿轮连接

如图 8.21 所示，伺服电动机 1 的运动通过变速箱 5 中的二级齿轮变速机构传到滚珠丝杠 7。采用齿轮传动机构的目的：一是将高转速低转矩的伺服电动机的输出改变为低转速大转矩的执行件的输入；二是使滚珠丝杠和工作台的转动惯量在系统中占有较小的比重。此外，对于开环系统还可以保证所要求的运动精度。但齿轮副存在齿侧间隙，使进给运动滞后于指令信号，反向时产生反向死区，直接影响加工精度，因此必须采取措施加以消除。

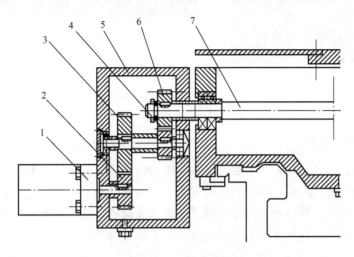

图 8.21 齿轮连接

1—伺服电动机；2、4—主动齿轮；
3、6—从动齿轮；5—变速箱；7—滚珠丝杠

3. 通过同步带连接

如图 8.22 所示，伺服电动机 5 的运动通过同步带传递给滚珠丝杠 4。同步带传动是一种新型的带传动，如图 8.23 所示，它利用带的齿形与带轮的轮齿依次啮合传递运动和动力，因而兼有带传动、齿轮传动及链传动的优点，且无相对滑动，传动比较准确，传动精度高，而且同步带的强度高、厚度小、质量轻，故可用于高速传动。同步带无需特别张紧，故作用在轴和轴承上的载荷小，传动效率也高，现已在数控机床上广泛应用。

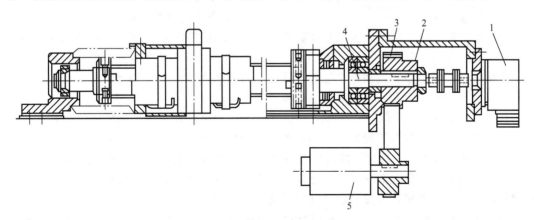

图 8.22 同步带连接

1—脉冲编码器；2—同步带轮；3—同步带；4—滚珠丝杠；5—伺服电动机

(a)　　　　　　　　　　　　　　　　　(b)

图 8.23　同步带传动

8.3.4　滚珠丝杠螺母副

滚珠丝杠螺母副是由丝杠、螺母、滚珠等零件组成的机械元件，其作用是将旋转运动转变为直线运动或将直线运动转变为旋转运动，它是传统滑动丝杠的进一步延伸发展。滚珠丝杠螺母副因优良的摩擦特性广泛应用于各种工业设备、精密仪器。作为数控机床直线驱动执行单元，滚珠丝杠螺母副在机床行业得到了广泛运用。

1. 滚珠丝杠螺母副的工作原理和特点

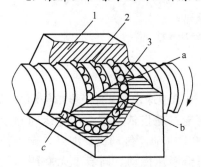

图 8.24　滚珠丝杠螺母副

1—螺母；2—滚珠；3—丝杠

滚珠丝杠螺母副是在具有螺旋槽的丝杠和螺母之间装有滚珠作为中间传动零件，以减少摩擦，其工作原理如图 8.24 所示。在丝杠 3 和螺母 1 上都加工有半圆弧形的螺旋槽，将它们对合起来就形成了螺旋滚道，在滚道内装满滚珠。当丝杠与螺母相对运动时，滚珠沿螺旋滚道向前滚动，因而迫使螺母（或丝杠）轴向移动。滚珠在丝杠上滚过数圈后通过回程引导装置（如图中螺母上的滚珠回路管道 b），逐个地又滚回到丝杠与螺母之间，构成一个闭合回路。

滚珠丝杠螺母副的特点如下：

（1）传动效率高。在滚珠丝杠螺母副中，自由滚动的滚珠将力与运动在丝杠与螺母之间传递。这一传动方式取代了传统滑动丝杠螺母副中丝杠与螺母之间直接作用的方式，以滚动摩擦代替了滑动摩擦，使滚珠丝杠螺母副的传动效率达到 90% 以上，驱动力矩减少至滑动丝杠螺母副的 1/3 左右，发热率也大幅降低。

（2）定位精度高。滚珠丝杠螺母副发热率低，温升小以及在加工过程中对丝杠采取预拉伸并预紧消除轴向间隙等措施，使丝杠副具有高的定位精度和重复定位精度。

（3）传动可逆性。滚珠丝杠螺母副没有滑动丝杠螺母副粘滞摩擦，消除了在传动过程中可能出现的爬行现象，滚珠丝杠螺母副能够实现两种传动方式——将旋转运动转化为直线运动或将直线运动转化为旋转运动并传递动力。

（4）使用寿命长。由于对丝杠滚道形状的准确性、表面硬度、材料的选择等都加以严格控制，滚珠丝杠螺母副的实际寿命远高于滑动丝杠螺母副。

（5）同步性能好。由于滚珠丝杠螺母副运转顺滑、消除轴向间隙以及制造的一致性，采用多套滚珠丝杠螺母副方案驱动同一装置或多个相同部件时，可获得很好的同步工作。

（6）制造工艺复杂，成本高，在垂直安装时不能自锁，因而需要附加制动机构，如图 8.25 所示为某数控镗床主轴箱进给丝杠螺母副制动装置。

2．滚珠丝杠副的结构形式

滚珠丝杠的螺纹滚道法向截面有单圆弧和双圆弧两种不同的形状，如图 8.26 所示。其中单圆弧加工工艺简单，双圆弧加工工艺复杂，但性能较好。

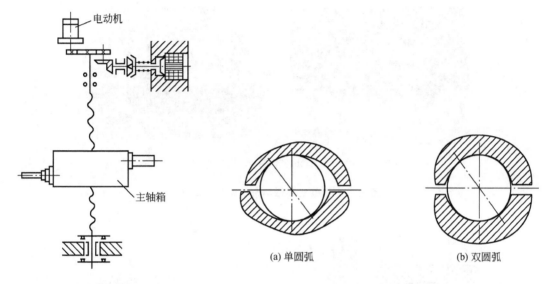

图 8.25　数控镗床主轴箱进给
　　丝杠螺母副制动装置

(a) 单圆弧　　　　(b) 双圆弧

图 8.26　螺纹截面形状

滚珠的循环方式分为外循环和内循环两大类。外循环是通过螺母外表面上的螺旋槽或插管将滚珠的螺旋滚道两端连接构成封闭的循环回路。图 8.27 所示为插管式外循环滚珠丝杠螺母副，它用弯管作为返回通道，将外接弯管的两端插入与螺母螺旋滚道相切的通孔中，形成滚珠循环通道。这种形式结构简单、工艺性好，承载能力较高，但由于管道突出于螺母体外，径向尺寸较大。滚道接缝处很难做得平滑，影响滚珠滚动平稳性，甚至发生卡珠现象，噪声较大。目前这种形式的滚珠丝杠螺母副应用最广泛，可用于重载传动系统中。

内循环是通过螺母内表面上安装的反向器接通相邻滚道构成封闭的循环回路。如图 8.28 所示，在螺母的侧孔中装有圆柱凸键式反向器，反向器上铣有 S 形回珠槽，将相邻两螺纹滚道连接起来。滚珠从螺纹滚道进入反向器，借助反向器迫使滚珠越过丝杠牙顶进入相邻滚道，实现循环。一般一个螺母上装有 2～4 个反向器，反向器沿螺母圆周等分分布。这种结构径向尺寸紧凑，刚性好，滚珠流通性好，滚珠返回通道短，所用滚珠数目少，因而摩擦损失小。但反向器加工复杂，不适于重载传动。

滚珠每一个循环回路称为列，每个滚珠循环回路内所含导程数称为圈数。内循环滚珠

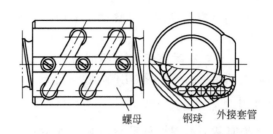

螺母　　钢球　外接套管

(a) 结构图

(b) 实物图

图 8.27　插管式外循环滚珠丝杠螺母副

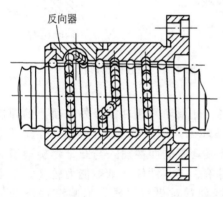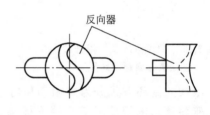

反向器

反向器

图 8.28　内循环丝杠螺母副

丝杠副的每个螺母有 2 列、3 列、4 列、5 列等几种，每列只有一圈，外循环每列有 1.5 圈、2.5 圈和 3.5 圈等几种。

3. 滚珠丝杠间隙的调整和预紧措施

滚珠丝杠的传动间隙是轴向间隙。轴向间隙通常是指丝杠和螺母无相对转动时，丝杠和螺母之间的最大轴向窜动量。为了保证反向传动精度和轴向刚度，必须消除轴向间隙。通过预紧可以消除滚珠丝杠的传动间隙并提高丝杠的轴向刚度，数控机床上常用双螺母结构预紧。双螺母结构预紧的基本原理是利用两个螺母的相对轴向位移，使两个螺母中的滚珠分别贴紧在螺旋滚道的两个相反的侧面上，以消除丝杠、螺母之间的间隙和施加预紧力。如图 8.29 所示，把左右螺母往两头撑开或向中间挤紧，这时接触角为 45°，左右螺母接触方向相反，预加载荷为 F。左右螺母装在共同的螺母套内，作为一个整体与丝杠间处于无间隙或过盈状态以提高接触刚度。用预紧方法消除间隙时应注意预紧力不宜过大，预紧力过大将增加摩擦力，使传动效率降低，缩短丝杠的使用寿命。

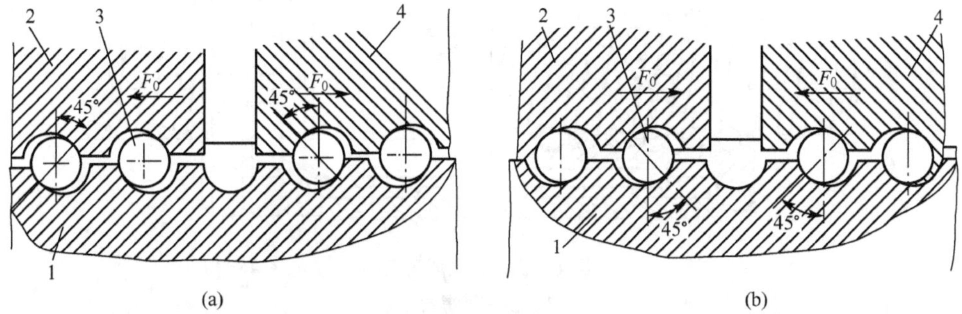

图 8.29　滚珠丝杠螺母副轴向间隙调整和预紧

1—丝杠；2—左螺母；3—滚珠；4—右螺母

常用的双螺母丝杠预紧的方法有：

1）垫片式预紧

如图 8.30 和图 8.31 所示，通过调整垫片的厚度，使一个螺母相对于另一个螺母产生轴向位移，即可以消除间隙，产生预紧力。这种预紧方法结构简单，刚性好，可由专业生产厂家根据用户要求预先调整好预紧力。

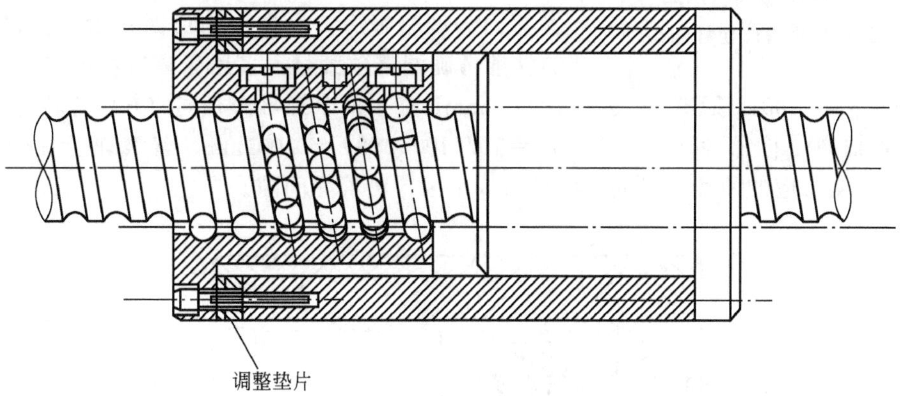

图 8.30　垫片调整法

2）螺纹式预紧

如图 8.32 和图 8.33 所示，一个螺母外端有凸缘，另一个螺母外端没有凸缘而制有螺纹，用两个圆螺母固定。两个螺母和螺母座上加工有键槽，用平键连接，使螺母在螺母座内可以轴向移动却不能相对转动。调整时，只要拧动圆螺母 1 即可消除间隙并产生预紧力，

图 8.31　FFZD 型内循环浮动式垫片预紧滚珠丝杠副

然后用螺母 2 锁紧。这种调整方法结构简单、工作可靠、调整方便，但调整位移不易精确控制，因此预紧力也不能准确控制。

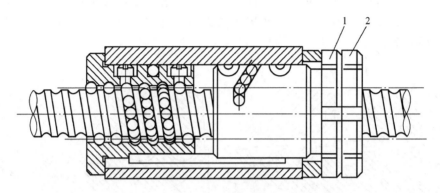

图 8.32　螺纹调整法
1、2—圆螺母

图 8.33　FFZL 型内循环浮动式螺纹预紧滚珠丝杠副

3）齿差调整法

如图 8.34 所示，在左右两个螺母的凸缘上各加工有圆柱外齿轮，分别与左右内齿圈相啮合，内齿圈紧固在螺母座的左右端面上。两螺母凸缘齿轮的齿数分别为 z_1 和 z_2，且有 $z_1-z_2=1$。调整时，先拉出内齿圈，使其与螺母上的外齿轮脱开啮合，然后根据间隙与所需预紧力大小，将螺母转过一定齿数，两个螺母便产生相对轴向位移，从而实现间隙的调整和施加预紧力。调整好后，再推入内齿圈并紧固。这种调整方法能精确调整预紧量，多用于高精度的传动。例如，设 $z_1=99$，$z_2=100$，滚珠丝杠导程 $T=100\text{mm}$，如果两个螺母向相同的方向各转过一个齿，则其相对轴向位移量为 $S=T/(z_1z_2)=10/(100\times99)\approx0.001\text{mm}$，若滚珠丝杠的间隙为 0.005mm，则相应的两螺母沿同方向转过 5 个齿即可消除间隙。

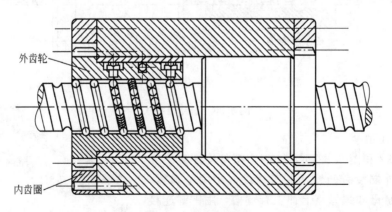

外齿轮

内齿圈

图 8.34　齿差调整法

4. 滚珠丝杠螺母副的安全使用

1) 安装

滚珠丝杠主要承受轴向载荷，径向载荷主要是卧式丝杠的自重，因此滚珠丝杠的轴向精度和刚度要求较高，合理的支承结构及正确的安装方式可以提高丝杠螺母副的传动刚度。滚珠丝杠螺母副的安装方式通常有以下几种，如图 8.35 所示。

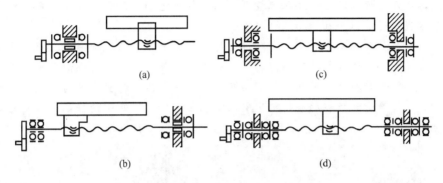

图 8.35　滚珠丝杠螺母副常用的安装方式

图 8.35(a)所示为一端采用两个向心推力球轴承固定，轴承同时承受轴向力和径向力；另一端自由。这种安装方式的承载能力小，轴向刚度低。只适用于行程小的短丝杠。

图 8.35(b)所示为一端装有两个向心推力球轴承固定，轴承同时承受轴向力和径向力；另一端装有两个向心球轴承支承，轴承只承受径向力，而且能作微量的轴向浮动，当丝杠有热变形时可以自由地向一端伸长。这种方式用于丝杠较长的情况。

图 8.35(c)所示为两端均装有推力球轴承，把推力球轴承安装在滚珠丝杠的两端，并施加预紧力，这样可以提高轴向刚度，这种安装方式对丝杠的热变形较为敏感。

图 8.35(d)所示为两端装推力轴承及向心球轴承。丝杠两端均采用双重支承并施加预紧，使丝杠具有较大的刚度。这种方式还可使丝杠的温度变形转化为推力轴承的预紧力，适用于刚度和位移精度要求较高的场合。

2) 润滑

为使滚珠丝杠螺母副能充分发挥机能，在其工作状态下，必须润滑以提高耐磨性及传动效率。常用的润滑剂有润滑脂和润滑油两类。润滑脂可采用锂基油脂，一般加在螺纹滚道和安装螺母的壳体空间内，为定期润滑，每半年对滚珠丝杠上的润滑脂更换一次，清洗丝杠上的旧润滑脂，涂上新的润滑脂。润滑油为一般机油或 90～180♯透平油或 140♯主轴油，润滑油经过壳体上的油孔注入螺母的空间内。用润滑油润滑的滚珠丝杠副，可在每次机床工作前加油一次。

3) 防护

滚珠丝杠螺母副和其他滚动摩擦的传动元件一样，应避免硬质灰尘或切屑污物进入，因此必须装有防护装置。如果滚珠丝杠螺母副在机床上外露，则应采用封闭的防护罩，如采用螺旋弹簧钢带套管、伸缩套管以及折叠式套管等。安装时将防护罩的一端连接在滚珠螺母的侧面，另一端固定在滚珠丝杠的支承座上。如果滚珠丝杠螺母副处于隐蔽的位置，则可采用密封圈防护，密封圈装在螺母的两端。

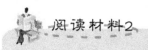

阅读材料2

液体静压丝杠驱动装置

在液体静压丝杠驱动装置（图8.36）中，螺母是通过丝杠齿面上的油膜来传动的。因此这种传动是一种无磨损的且与负载和运动速度无关的传动。将保持丝杠螺母与丝杠之间油膜厚度几乎恒定不变的液压流量调节器同伺服电动机结合使用，可用作机床工作台的驱动装置，尤其适于在精加工领域中使用。

液体静压丝杠驱动装置的螺母在改进型梯形螺纹丝杠齿面的油膜上运动（图8.37），丝杠与螺母间的相对运动是没有间隙的。而维持油膜厚度所需要的供油量则由PM调节器（步进调节器）进行控制。因此，静压油膜的厚度几乎恒定不变，且与负载大小和运动速度无关。这样螺母和丝杠的整体刚度就比滚珠丝杠传动系统平均提高了两三倍，而且做到了无间隙运动。

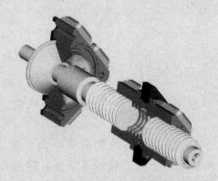

图8.36 液体静压丝杠驱动装置   图8.37 液体静压丝杠螺母结构示意图

螺母上共有8个PM步进调节器，可根据液压泵和步进调节器油池间的压力差自动供油，无需辅助能源。用户只需将过滤好的液压油倒入油箱，并保持丝杠驱动装置的规定压力即可。

液体静压丝杠的摩擦力非常小，而且与转速成正比，因此在运动换向时驱动力矩不会突然变化。这恰恰是实现高精度定位运动、轨迹运动以及微小距离运动和精确的低速运动所必需的前提条件。在遇到动载荷时，液体静压丝杠的作用就如同一个带有外置减振器的减振装置，令机床的运行非常平稳且噪声很低，滚珠丝杠传动机构中存在的振动在这里消失得无影无踪。

驱动液体静压丝杠机构所需要的液压油必须再次流回设备中。它既可经过有防尘圈的螺母和管道流回油箱，也可与液体静压导轨的液压油一起流回油箱。液体静压导轨、丝杠驱动机构和丝杠轴承可由一个液压泵提供相同压力的液压油，同时还可完成其他液压设备的润滑任务。

第一套液体静压丝杠驱动装置问世10年后，就已成为众多欧洲机床厂家高精度机床的标准配置，如凸轮轴磨床、曲轴磨床及齿轮磨床中的标准配置。

资料来源：http://drive.vogel.com.cn/paper_view.html?id=4436，2010

8.3.5　数控机床的导轨

导轨是数控机床进给系统的导向机构，对机床运动部件起支撑和导向作用，即引导运动部件沿一定轨迹运动，并承受运动部件的重力以及切削力。在导轨副中，运动的导轨称为动导轨，固定不动的导轨称为支承导轨。

按照运动轨迹，导轨可以分为直线运动导轨和圆运动导轨。

按照工作性质，导轨可以分为主运动导轨、进给运动导轨及调整导轨。

按照摩擦性质，导轨可以分为滑动导轨、滚动导轨及液体导轨。

导轨副的制造精度及精度保持性对机床加工精度有重要影响。因此，数控机床导轨必须具有较高的导向精度、高刚度、高耐磨性和良好的摩擦特性等。目前数控机床使用的导轨主要有塑料滑动导轨、滚动导轨和静压导轨。

1. 塑料滑动导轨

塑料滑动导轨具有摩擦特性好，能防止低速爬行，运动平稳，耐磨性好，吸收振动，工艺性好等特点。数控机床所采用的滑动导轨是铸铁-塑料或镶钢-塑料导轨。塑料导轨常用在导轨副中的活动导轨上，支承导轨则采用铸铁或钢质导轨。根据加工工艺不同，塑料滑动导轨可分为贴塑导轨和注塑导轨，导轨所使用的塑料常用聚四氟乙烯导轨软带和环氧树脂耐磨导轨涂层两类。

聚四氟乙烯导轨软带是以聚四氟乙烯为基体，加入铜粉、二硫化钼和石墨等填充剂混合烧结，并做成软带状，如图8.38所示。聚四氟乙烯导轨软带的特点有：

（1）耐磨性好。其动静摩擦系数基本接近，而且摩擦因素很低，能防止低速爬行使运动平稳。由于聚四氟乙烯塑料导轨软带材料中，本身具有润滑作用，对润滑的供油量要求不高，采用间歇供油即可。

（2）减振性能好。塑料的阻尼性能好，其减振消声性能对提高摩擦副的相对运动速度有很大的意义。

图8.38　塑料软带

（3）工艺性能好。可降低对粘贴塑料的金属基体的硬度和表面质量的要求，而且塑料易加工（铣、刨、磨、刮）以获得良好的导轨表面质量。

采用粘接剂将聚四氟乙烯导轨软带粘接在导轨面上，使得传统导轨的摩擦形式变为铸铁-塑料摩擦副。导轨软带一般固定在滑动导轨副的短导轨（动导轨或上导轨）上，使它与长导轨（静导轨或下导轨）配合滑动，如车床可粘贴在床鞍导轨或尾座导轨，以及镶铁导轨上。如图8.39所示，在导轨面上加工出0.5～1mm深的凹槽，通过粘接胶将塑料软带和导轨粘接，习惯上称为贴塑导轨，广泛用于中小型数控机床。

图8.40所示为某加工中心工作台的剖视图。工作台2和床身1之间采用双矩形导轨组合导向。导轨采用聚四氟乙烯塑料-铸铁导轨副，作为移动部件的工作台各导轨面上都粘有聚四氟乙烯导轨软带，在下压板5和调整镶条3上也粘有导轨软带。

环氧型耐磨导轨涂层是以环氧树脂和二硫化钼为基体，加入增塑剂，混合成液状或膏状为一组分，固化剂为另一组分的双组分塑料涂层。导轨涂层材质具有良好的加工性能，可经车、铣、刨、钻、磨削和刮削加工，具有良好的摩擦特性和耐磨性，而且其抗压强度

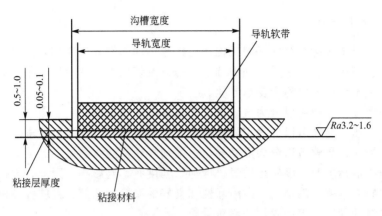

图 8.39 贴塑导轨

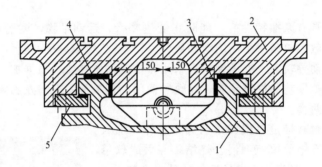

图 8.40 加工中心工作台的剖视图
1—床身；2—工作台；
3—粘有导轨软带的镶条；4—导轨软带；5—下压板

比聚四氟乙烯导轨软带要高。固化时体积不收缩，尺寸稳定，特别是可以调整好固定导轨和运动导轨间的相关位置精度后，注入涂料，可以节省加工工时，特别适合用于重型机床和不能使用导轨软带的复杂配合型面。

涂层使用工艺很简单，如图 8.41 所示，首先将导轨涂层面粗加工成粗糙表面，以保证具有良好的附着力。将涂料分层涂在滑座 1 的锯齿型表面上，涂层硬化两三天后，可以进行下一步的加工。由于这类涂层导轨采用涂刮或注入膏状塑料的方法形成，习惯上称为涂塑导轨或注塑导轨。

2. 滚动导轨

滚动导轨是指在动导轨面和支承导轨面之间放入一些滚动体，如滚珠、滚柱或滚针等，使两导轨面之间的摩擦变为滚动摩擦。滚动导轨广泛应用于数控机床，其优点是摩擦阻力小，运动轻便灵活；磨损小，能长期保持精度；动、静摩系数差别小，低速时不易出现"爬行"现象，故运动均匀平稳。但由于导轨面和滚动体是点接触或线接触，抗振性差，接触应力大，故对导轨的表面硬度要求高，对导轨的形状精度和滚动体的尺寸精度要求高。另外，滚动导轨结构复杂，成本较高，对脏物较敏感，需要有良好的防护装置。

（1）根据滚动体的不同，滚动导轨可以分为滚珠导轨、滚柱导轨和滚针导轨三种类型。

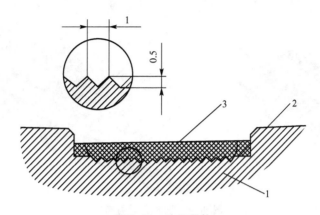

图 8.41　注塑导轨

1—滑座；2—胶条；3—注塑层

图 8.42 所示为滚珠导轨，由于滚珠和导轨面是点接触，故运动轻便，但刚度低，承载能力小。常用于运动件质量不大、切削力和颠覆力矩都较小的机床。

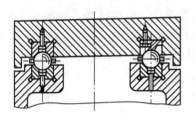

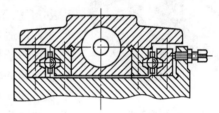

图 8.42　滚珠导轨

图 8.43 所示为滚柱导轨，由于滚柱与导轨面是线接触，故它的承载能力和刚度比滚珠导轨大，相同外廓尺寸的情况下，滚柱导轨的承载能力是滚珠导轨的 20～30 倍。但滚柱导轨对于安装的偏斜反应大，支承的轴线与导轨的平行度偏差不大时也会引起偏移和侧向滑动，这样会使导轨磨损加剧或精度降低。目前数控机床采用滚柱导轨的较多，特别是载荷较大的机床。

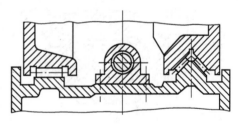

图 8.43　滚柱导轨

滚针导轨的滚针比滚柱的长径比大，其特点是径向尺寸小，结构紧凑，适合应用在导轨尺寸受限制的机床上。

（2）根据滚动体循环与否，滚动导轨可以分为循环式导轨和非循环式导轨两种类型。

非循环式导轨结构简单，一般用于短行程导轨，目前已经逐渐被循环式导轨代替。循环式导轨安装使用维护方便，已经形成系列产品，有专业厂家生产，这种导轨制造精度高，安装调整方便，有多种形式、规格可供选用，如图 8.44 所示的直线滚动导轨和图 8.45 所示的滚动导轨块。

如图 8.46 所示，直线滚动导轨由导轨条和滑块两部分组成。使用时导轨条 7 固定在床身上，滑块 5 固定在运动部件上，当滑块沿导轨条直线移动时，滚珠 1 在导轨条和滑块之间的圆弧直槽内滚动，在滑块端部滚珠又通过返向器 4 进入回珠孔 2 后再进入滚道循环

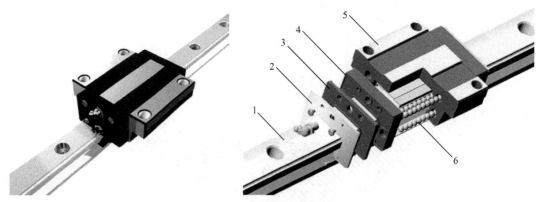

图 8.44 直线滚动导轨

1—导轨条；2—金属刮板；3—刮油片；4—端盖；5—滑块；6—滚珠

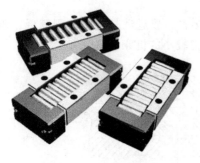

图 8.45 滚动导轨块

滚动。四组循环滚珠分别配置在导轨的各个肩部，可以承受上下左右的载荷、颠覆力矩和侧向力。

直线滚动导轨副分为四个精度等级，即 2、3、4、5 级，2 级精度最高，依次递减。导轨副的长度有多种尺寸，以适应不同行程的要求。导轨条通常选 2 根，一般每一条导轨上安装 2 个滑块，如图 8.47 所示。如果移动部件较宽，也可以装 3 根或 3 根以上的导轨条。如果移动部件较长，一条导轨上也可以装 3 个或 3 个以上的滑块。

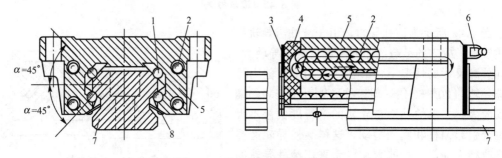

图 8.46 直线滚动导轨的组成

1—滚珠；2—回珠孔；3—密封端盖；4—返向器；

5—滑块；6—油杯；7—导轨条；8—侧密封垫

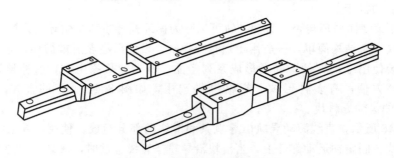

图 8.47 直线滚动导轨的配置

　　图8.48所示为滚动导轨块的结构，滚动导轨块主要由本体6、端盖2、保持架5及滚动体组成，其中滚动体为滚柱，所以承载能力和刚度都比直线滚动导轨高，但摩擦系数略大。滚动导轨块是一种独立的标准部件，将它用螺钉固定在机床的运动部件上，当部件移动时，滚柱3在支承部件的导轨面与本体6之间滚动，同时又绕本体6循环滚动。滚柱3与运动部件的导轨面不接触，故该导轨面不需淬硬磨光。支承件导轨则一般是钢淬硬导轨，支承导轨固定在床身或立柱的基体上。

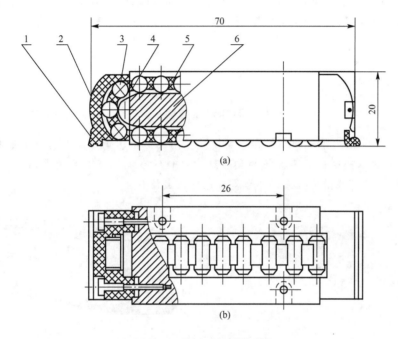

图8.48　滚动导轨块的结构
1—防护板；2—端盖；3—滚柱；
4—导向片；5—保持架；6—本体

　　导轨块本体用安装螺钉通过螺纹过孔直接安装在导轨主体、床身或工作台上，使用导轨块的数量根据导轨的长度和负载的大小来决定。图8.49是滚柱导轨块在机床上的安装实例。

图8.49　滚柱导轨块在机床上的安装实例

3. 静压导轨

　　液体静压导轨的滑动面之间开有油腔，将一定量的油通过节流器输入油腔，形成压力油膜，使运动导轨稍微浮起，工作过程中，导轨面上油腔中的油压能随着外载荷的变化自动调节，以平衡外载荷，保证导轨面间始终处于纯液体摩擦状态。由于导轨面间有一层压力油膜，承载能力大，刚度好；油膜有吸振作用，抗振性好；导轨面不相互接触，不会磨损，寿命长，而且在低速下运行也不易产生爬行。同时摩擦系数小，机械效率高。但静压导轨结构复杂，需要有一套供油系统，制造成本较高。目前，静压导轨主要应用在大型和重型数控机床上。

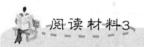 阅读材料3

液体静压导轨

　　静压导轨(图8.50和图8.51)具有高精度、高抗振性、低速不爬行、不磨损等优点。根据工况条件的不同选择静压导轨的相应结构。静压导轨有开式和闭式两类，其截面有矩形、圆形、V性等(图8.52)。在结构上也可做成滑块式。

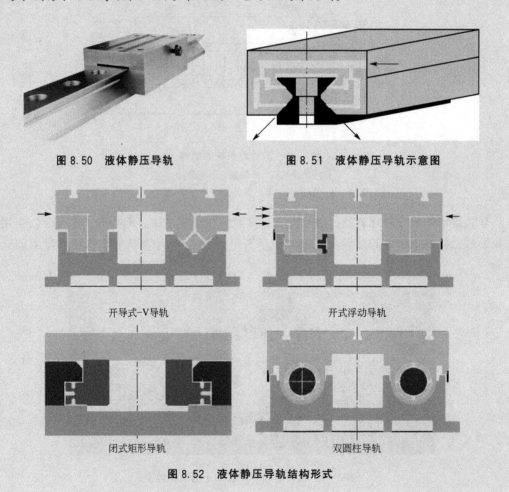

图8.50　液体静压导轨　　　　图8.51　液体静压导轨示意图

开导式-V导轨　　　　　　开式浮动导轨

闭式矩形导轨　　　　　　双圆柱导轨

图8.52　液体静压导轨结构形式

开式静压导轨可承受重力单方向载荷，用于受力方向恒定的情况，为了提高运动精度，对于矩形导轨可以将侧面的其中一条导轨做成浮动形式，起预紧作用。

闭式静压导轨可承受各个方向的载荷，用于精密数控机床。

本公司为863项目设计的薄膜节流闭式静压导轨运动精度1μm/1000mm。为重型镗铣床设计的闭式静压导轨能够承载75t，采用毛细管节流，制造成本比多头泵节流节省十几万元，且性能稳定。

驱动方式的合理选择：

对于各种导轨都可用滚珠丝杠或静压丝杠等驱动，对于用直线电动机驱动的情况比较合理的形式是使用开式浮动导轨，由于直线电动机工作时有很大的吸力，实际上在垂直方向已经形成闭式结构，精度高，结构简单。

特别注意的是在使用双圆柱导轨时，由于移动件在两个圆柱形简支梁上移动，因此当移动件运动时导轨本身的变形存在变化，运动精度受影响，特别是在使用直线电动机时强大的电磁吸力使导轨变形增大，如果不采取措施不但影响精度，而且引起相对运动件的磨损。

资料来源：上海原创精密机床主轴有限公司网站

8.3.6 齿轮传动副的消隙措施

数控机床的进给移动部件经常处于自动变向状态，反向时，如果传动链中的齿轮等传动副存在间隙，就会造成反向误差，从而影响运动精度，因此必须采取措施消除齿轮副中的间隙，以提高数控机床的进给精度。

1. 刚性调整法

这种方法结构简单，能传递较大的动力，但齿轮磨损后出现新的间隙不能自动补偿。

图 8.53 所示为偏心轴套调整法，电动机 2 通过偏心轴套 1 装在箱体上，通过转动偏心轴套就可以调节两啮合齿轮的中心距，从而消除间隙。

图 8.54 所示为采用带有锥度的齿轮调整法。一对相互啮合的齿轮都制成带有一个较小的锥度，使齿厚沿轴线方向稍有变化。通过调整垫片 3 的厚度，就能调整两个齿轮的轴向位置，从而消除齿侧间隙。

图 8.55 所示为轴向垫片调整法。一对相互啮合的齿轮，其中一个是宽齿轮，另一个由两个薄片齿轮组成，薄片齿轮 1、2 用平键和轴联接，彼此间不能相对转动。两个齿轮拼装在一起加工，加工时在它们之间垫入一定厚度的垫片，装配时，将垫片的厚度减少或增加后垫入它们之间，并用螺母拧紧。这样两个齿轮的螺旋线便错开了，其左右齿面分别与宽齿轮 4 齿槽的左右齿面贴紧，从而消除了齿侧间隙。

2. 柔性调整法

这种方法一般采用调整弹簧的拉力来消除齿侧间

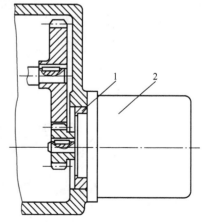

图 8.53 偏心轴套调整法
1—偏心轴套；2—电动机

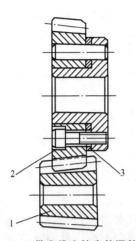 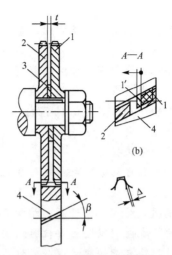

图 8.54 带有锥度的齿轮调整法   图 8.55 轴向垫片调整法

1、2—齿轮；3—垫片；   1、2—薄片齿轮；3—垫片；4—宽齿轮

隙，调整好之后出现的齿侧间隙仍可自动补偿。但是结构复杂，传动刚度低，传动平稳性较差。

图 8.56 所示为双片薄齿轮错齿调整法。在一对啮合的齿轮中，其中一个是宽齿轮，另一个是由两个相同齿数和模数的薄片齿轮 1 和 2 组成的。两个薄片齿轮套装在一起，并可作相对回转。薄片齿轮 2 端面均布 4 个螺孔，薄片齿轮 1 与之相对应的位置均布 4 个通孔，凸耳 3 贯穿其中。另外，薄片齿轮 1 的端面还有 4 个均布螺孔以安装凸耳 4。弹簧 8 一端钩在凸耳 4 上，另一端钩在调节螺钉 5 上，弹簧 8 的拉力可用螺母 7 来调节调节螺钉 5 的伸出长度，调整好后再用螺母 6 锁紧。弹簧 8 的拉力使薄片齿轮 1、2 错位，两个薄片齿轮的左右齿面分别紧贴在宽齿轮齿槽左右齿面上，从而消除间隙，并可自动补偿间隙。但正反转啮合都只有一个齿轮承载，因此承载能力受到限制。

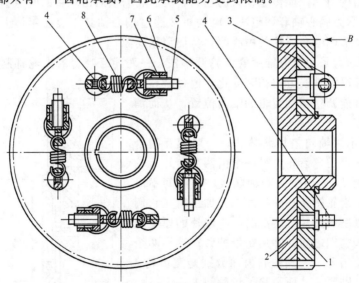

图 8.56 双片薄齿轮错齿调整法

1、2—薄片齿轮；3、4—凸耳；5—调节螺钉

6—锁紧螺母；7—螺母；8—弹簧

图 8.57 所示为轴向压簧调整法。两个薄片斜齿轮 1 和 2 用键 4 装在轴 6 上,用螺母 5 来调节压力弹簧 3 的轴向压力,使薄片斜齿轮 1 和 2 的左右齿面分别与宽斜齿轮 7 齿槽的左右齿面贴紧,从而消除了齿侧间隙。这种方法消除间隙的原理与轴向垫片调整法是一样的,但用弹簧压紧能自动补偿齿侧间隙。这种结构轴向尺寸过长,故多用于小负载、要求能自动能够补偿间隙的传动。

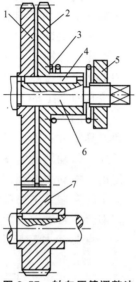

图 8.57　轴向压簧调整法

1、2—薄片斜齿轮；3—压力弹簧；4—键；5—螺母；6—轴；7—宽斜齿轮

8.4　数控机床的自动换刀装置

在数控机床上,实现刀具自动交换的装置称为自动换刀装置,它能够存放一定数量的刀具并能实现刀具的自动交换,为此自动换刀装置应满足换刀时间短、刀具重复定位精度高、刀具储存量足够、结构紧凑及安全可靠等要求。各类数控机床的自动换刀装置的结构取决于机床的类型、工艺范围、使用刀具的种类和数目。

8.4.1　数控车床回转刀架

数控车床使用的回转刀架是最简单的自动换刀装置,回转刀架上的各刀座可以安装各种不同用途的轴向或径向刀具,有四方刀架和六角刀架等多种形式。回转刀架上分别安装着四把、六把或更多的刀具,通过回转头的旋转、分度和定位,实现自动换刀。刀架的结构直接影响机床切削性能和工作效率,对回转刀架的要求是:分度准确,定位可靠,重复定位精度高、夹紧性好。同时回转刀架必须具有良好的强度和刚度,以承受粗加工的切削力。

根据回转刀架的回转轴相对于机床主轴的位置,数控车床回转刀架可分为卧式回转刀架(或称轮式转塔刀架)和立式回转刀架。图 8.58(a)所示为卧式回转刀架,其回转轴平行于机床主轴,径

(a)卧式回转刀架

(b)立式回转刀架

图 8.58　数控车床回转刀架

向和轴向均可安装刀具。图 8.58(b)所示为立式回转刀架，其回转轴垂直于机床主轴，多用于经济型数控车床。

8.4.2 车削中心自驱动力刀架

图 8.59 哈挺数控车削中心动力刀架

车削中心是一种复合加工机床，它是在数控机床的基础上增加了自驱动力刀架和 C 轴坐标控制功能，可以在一次装夹中完成车、铣、钻及攻螺纹等多种加工工序。如图 8.59 所示，自驱动力刀架上备有刀具主轴电动机，可以实现自动无级变速，通过传动机构驱动装在刀架上的刀具主轴，完成切削加工。

车削中心自驱动力刀架主要由动力源、传动装置和刀具附件三部分组成。图 8.60 所示为一种自驱动力刀架的传动装置，变速电动机 3 经锥齿轮副和同步带传动，将动力传至位于转塔回转中心的空心轴 4。空心轴 4 的左端是中央锥齿轮 5，其与刀具附件上的锥齿轮相啮合，带动刀具附件旋转。

自驱动力刀架附件有许多种，图 8.61 所示为高

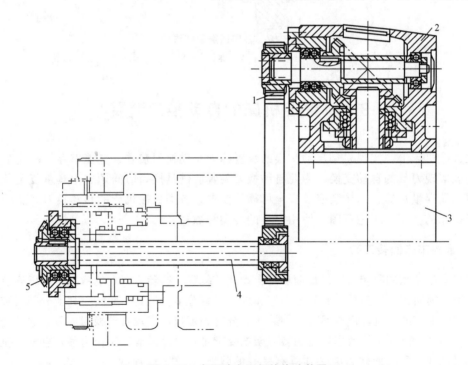

图 8.60 自驱动力刀架的传动装置
1—同步带；2—传动箱；
3—变速电动机；4—空心轴；5—中央锥齿轮

速钻孔附件。轴套的 A 部装入转塔刀架的刀具孔中。刀具主轴 3 的右端装有锥齿轮 1，与图 8.60 中的中央锥齿轮 5 相啮合获得旋转运动。主轴头部有弹簧夹头 5，拧紧外面的

套，就可以靠锥面的收紧力夹持刀具。

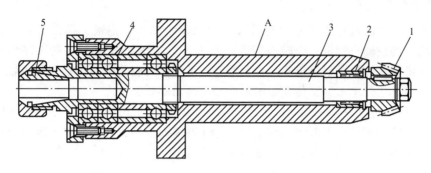

图 8.61 高速钻孔附件
1—锥齿轮；2—滚针轴承；3—刀具主轴；
4—角接触球轴承；5—弹簧夹头；A—轴套

图 8.62 所示为铣削附件，其中图 8.62(a)是中间传动装置，由锥套的 A 部装入转塔刀架的刀具孔中，锥齿轮 1 与图 8.60 的中央锥齿轮 5 啮合，使轴 2 获得旋转运动，再经锥齿轮 3 将运动传至横轴 4 和圆柱齿轮 5，圆柱齿轮 5 与图 8.62(b)中铣主轴 7 上的圆柱齿轮 6 相啮合，从而带动铣主轴 7 及安装在铣主轴上的铣刀旋转。中间传动装置可连同铣主轴一起转方向，以满足不同的加工要求。

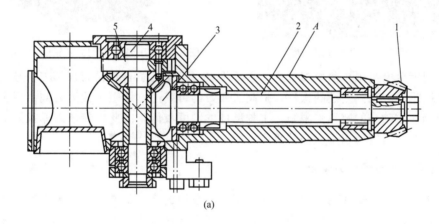

(a)

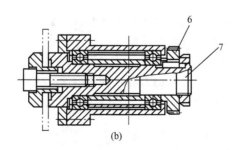

(b)

图 8.62 铣削附件
1、3—锥齿轮；2—轴；4—横轴；5、6—圆柱齿轮；7—铣主轴；A—轴套

8.4.3 转塔刀库换刀

使用旋转刀具的数控机床采用转塔头转位更换主轴头，主轴头通常有卧式和立式两种。这种机床的主轴头就是一个转塔刀库，如图 8.63 所示，根据加工的工序预先安装所用刀具，转塔依次转位，就可以实现自动换刀。工作时只有位于加工位置的主轴头才与主运动接通，而其他处于不加工位置的主轴均与主运动脱开。

图 8.64 所示为北京第一机床厂生产的 ZH5120 系列立式钻削加工中心，采用转塔刀库换刀，该机床适用于航天航空、汽车机车、仪器仪表、轻工轻纺、电子电器和机械制造等行业的中小型箱体、盖、板、壳、盘等零件的加工。

图 8.63 立式转塔刀库　　　　图 8.64 ZH5120 系列立式钻削加工中心

转塔刀库更换主轴头的换刀方式，主要优点在于省去了自动松刀、卸刀、装刀、夹紧以及刀具搬运等一系列复杂的操作，提高了换刀的可靠性，缩短了换刀时间。但由于空间位置的限制，主轴头的数目受限制，主轴部件的刚度较低。因此，转塔刀库换刀通常只是用于工序较少、精度要求不太高的机床。

8.4.4 带刀库的自动换刀装置

加工中心是能够完成两个及更多加工工序的数控机床，工件经一次装夹后，自动更换各种刀具，可以实现在同一台机床上对工件各加工面连续进行车、铣、镗、铰、钻、攻螺纹等多种工序的加工。

加工中心上的自动换刀装置由刀库和刀具交换装置组成，用于交换主轴与刀库中的刀具。刀库用来储存刀具，刀库可装在主轴箱上、工作台上或装在机床的其他部件上，也可作为单独部件安装到机床以外，并由搬运装置运送刀具。换刀时先在刀库中进行选刀，并由刀具交换装置从刀库和主轴上取出刀具，在进行交换之后，将新刀具装入主轴，把旧刀具放回刀库。加工中心的结构形式、工艺范围以及刀具的种类和数量不同，其刀库的类型及换刀方式也不一样。

1. 刀库的类型

刀库用于存放刀具，它是自动换刀装置中主要部件之一，其容量及具体结构对数控机床的设计有很大影响。根据刀库存放刀具的数量和取刀的方式，可以将刀库设计成多种形式。加工中心最常用的刀库有鼓轮式刀库和链式刀库两种。

1）鼓轮式刀库

鼓轮式刀库也称盘式刀库，它包括单鼓轮式和多鼓轮式刀库。图 8.65 所示为单鼓轮式刀库，每一个刀座可存放一把刀具。为适应机床主轴的布局，刀库的刀具轴线可以按不同的方向配置，如图 8.66(a)所示为刀具轴线与鼓轮轴线平行安装，刀具环形排列，分径向、轴向两种取刀方式，其刀座结构不同；图 8.66(b)所示为刀具轴线与鼓轮轴线垂直安装；图 8.66(c)所示为刀具轴线与鼓轮轴线成锐角安装；图 8.66(d)所示为刀具可作 90°翻转的鼓轮式刀库，采用这种结构能够简化取刀动作。单鼓轮式刀库的结构简单，取刀比较方便，但是当刀库容量大时，刀库的外径较大，转动惯量大，选刀时间长，因此这类刀库适用于刀库容量比较少的场合，刀库的容量通常为 15～30 把。图 8.67 所示为多鼓轮式刀库，虽然它们有装刀数量多、结构紧凑等特点，但选刀和取刀的动作较多，故较少应用。

(a)

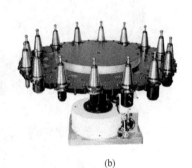
(b)

图 8.65　单鼓轮式刀库

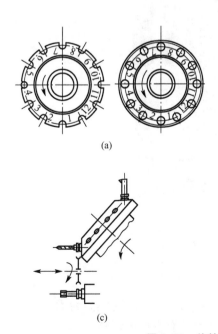
(a)

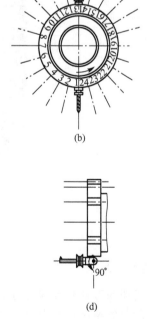
(b)

(c)　　　　　　　　　　　　　　　　(d)

图 8.66　单鼓轮式刀库的形式

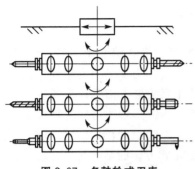

图 8.67　多鼓轮式刀库

2）链式刀库

如图 8.68 所示，在环形链条上装有许多刀座，刀座中安装各种刀具，链条由链轮驱动。链式刀库容量较大，占用空间小，通常为轴向取刀。链式刀库有单环链式刀库和多环链式刀库。当链条较长时，可以增加支撑链轮数目，使链条折叠回绕，提高空间利用率，如图 8.69 所示。链式刀库安装刀具数量在 30～120 把。

(a)

刀架

(b)

图 8.68　链式刀库

2. 换刀方式

数控机床的刀具交换方式通常分为无机械手换刀和机械手交换刀两类。刀具的交换方式和它们的具体结构对机床的生产率及工作可靠性都有直接的影响。

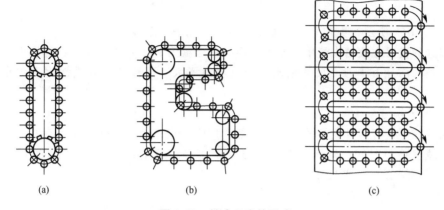

图 8.69　链式刀库的形式

1）无机械手换刀

这种换刀方式是利用刀库与机床主轴的相对运动实现刀具的交换。换刀时，必须先将用完的刀具送回刀库，然后从刀库中取出待加工的刀具，送刀和取刀两个动作不能同时进行。如图 8.70 所示的卧式加工中心，就是采用这类换刀方式。

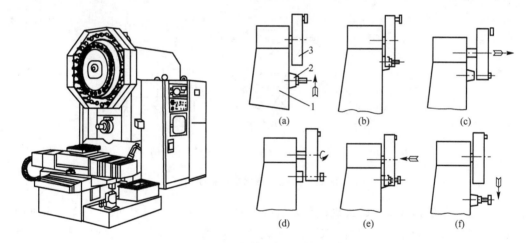

图 8.70　无机械手换刀过程示意图
1—立柱；2—主轴箱；3—刀库

该机床的刀库位于机床立柱顶部，有 30 个装刀位置，可以装 29 把刀具。主轴箱在立柱上可以沿 Y 向上下移动，换刀过程如图 8.70 所示。

如图 8.70(a)所示，当执行换刀指令时，主轴准停，主轴箱沿立柱上升。这时刀库上刀位的空挡位置正好处在交换位置，装夹刀具的卡爪打开。

如图 8.70(b)所示，主轴箱上升到换刀位置，被更换的刀具刀杆进入刀库空刀位，被刀具定位卡爪钳住，同时，主轴内刀具自动夹紧装置松开刀具。

如图 8.70(c)所示，刀库伸出，从主轴孔中将刀具拔出。

如图 8.70(d)所示，刀库转位，将已选好的刀具转到最下面的换刀位置，同时，压缩空气将主轴锥孔吹净。

如图 8.70(e)所示，刀库退回，同时将新刀插入主轴孔，主轴内刀具自动夹紧装置拉紧刀具。

如图 8.70(f)所示，主轴下降到加工位置，开始下一工步加工。

采用这种换刀方式结构简单，换刀可靠。但是换刀、取刀两个动作不能同时进行，换刀时间较长，而且由于刀库尺寸限制，刀库容量不大。这种换刀方式常用于中小型加工中心。

2）机械手换刀

采用机械手进行刀具交换的方式应用最为广泛，这是因为机械手换刀有很大的灵活性而且可以减少换刀时间。机械手的结构形式是多种多样的，因此换刀运动也有所不同。图 8.71所示为常见的几种机械手形式。

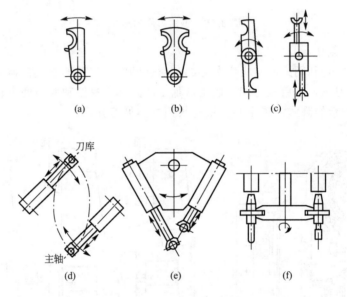

图 8.71　各种形式的机械手

其中最常用的是双臂回转式机械手，机械手的两臂上各有 1 个卡爪，两个卡爪可同时抓取刀库及主轴上的刀具，回转 180°后又同时将刀具放回刀库及装入主轴。图 8.72 所示为双臂回转式机械手换刀过程。

如图 8.72(a)所示，抓刀机械手伸出，抓住刀库上的待换刀具，刀库刀座上的锁板拉开。

如图 8.72(b)所示，机械手带着刀具绕竖直轴逆时针方向旋转 90°，与主轴轴线平行，另一个抓刀爪抓住主轴上的刀具，主轴将刀具松开。

如图 8.72(c)所示，机械手前移，将刀具从主轴孔中拔出。

如图 8.72(d)所示，机械手绕自身水平轴旋转 180°，将两把刀具交换位置。

如图 8.72(e)所示，机械手后退，将新刀具装入主轴，主轴将刀具夹紧。

如图 8.72(f)所示，抓刀爪缩回，松开主轴上的刀具。机械手绕竖直轴顺时针转 90°，将刀具放回刀库相应的刀座上，刀库刀座上的锁板合上。

最后，抓刀爪缩回，松开刀库上的刀具，恢复到原始位置。

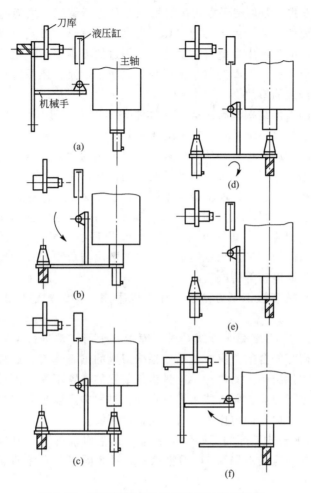

图8.72　双臂回转式机械手换刀过程示意图

3.刀具的选择方式

根据数控装置发出的换刀指令，从刀库中挑选各工序所需要的刀具转换到换刀位置的操作，称为自动选刀。自动选刀通常有顺序选择和任意选择两种方式。

1）顺序选刀方式

顺序选刀方式是按加工工艺的顺序，依次将刀具放入刀库的每一个刀座内。换刀时，刀库按顺序转动一个刀座的位置，并取出所需要的刀具，已经使用过的刀具可以放回原来的刀座内，也可以按顺序放入下一个刀座内。顺序选刀方式不需要刀具识别装置，结构简单，工作可靠，而且驱动控制也较简单，可以直接由刀库的分度来实现。但刀库中的刀具在同一工序不同工步中不能重复使用，增加刀具的数量，降低了刀具和刀库的利用率，而且更换工件时，必须重新排列刀库中刀具的顺序。

2）任意选刀方式

目前大多数加工中心都采用任意选刀方式，刀具在刀库中不必按照工件的加工顺序排列，相同的刀具可重复使用。任意选刀方式主要有刀具编码、刀座编码和软件随机选刀等方法。

（1）刀具编码方式。刀具编码方式是对每把刀具进行编码，换刀时，通过刀具识别装置在刀库中找出需要的刀具。由于每把刀具都有自己的编码，刀具可以存放于刀库的任一刀座中，刀具在不同的工序中也就可重复使用，用过的刀具也不一定放回原刀座中，这样对装刀和选刀都十分有利，刀库的容量也可相应地减小，而且还可避免由于刀具存放在刀库中的顺序差错而造成的事故。

刀具采用特殊的刀柄结构进行编码，具体结构如图 8.73 所示。在刀柄 1 后端的拉紧螺杆上套装着等间隔的编码环 4，由锁紧螺母固定。编码环按直径有大小两种，大直径的编码环表示二进制的"1"，小直径的编码环表示二进制的"0"。通过大小编码环的不同排列，可以得到一系列二进制码代表刀具的编码，通常全部为 0 的代码不用，以避免与刀座中没有刀具的状况相混淆。在刀库上设有编码识别装置 2，识别装置 2 中伸出几个触针 3，触针的数量与刀柄上的编码环数量相等，每一个触针与一个继电器相联，当编码环大直径与触针接触时，继电器通电，其数码为"1"。当编码环小直径对着触针时，彼此不接触，继电器不通电，其数码为"0"。当各继电器读出的数码与所需刀具的编码一致时，由控制装置发出信号，使刀库停转等待换刀。

除了采用上述机械接触识别方法外，还可以采用非接触式磁性识别方法或光电识别方法。

（2）刀座编码方式。刀座编码方式是对刀库中每个刀座都进行编码，刀具也编号，并将刀具放到与其号码相符合的刀座中，然后根据刀座的编码选刀。这种编码方式取消了刀柄中的编码环，使刀柄结构大为简化，刀具识别装置的位置不受刀柄尺寸的限制，可以放在较适当的位置。采用刀座编码方式，刀具在加工过程中可以重复多次使用，但是换刀时必须将用过的刀具放回原来的刀座中，否则会造成事故。

图 8.74 所示为鼓轮式刀库的刀座编码装置。刀座均布在刀库圆盘的圆周上，圆盘外侧装有与刀座编码相对应的编码块 1，刀座识别装置 2 固定在刀库的下方。刀座识别原理与刀具编码识别相同。

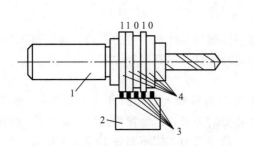

图 8.73 刀具编码方式
1—刀柄；2—识别装置；3—触针；4—编码环

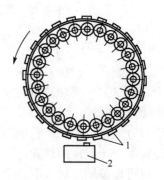

图 8.74 刀座编码方式
1—编码块；2—刀座识别装置

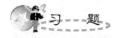 习——题

8-1 简述数控机床机械结构的组成及特点。

8-2 数控机床主传动系统有什么特点？

8-3　简述主传动的类型及特点。

8-4　加工中心主轴部件中刀具的自动夹紧机构为什么采用机械夹紧、液压放松？

8-5　主轴准停装置有什么作用？

8-6　数控机床进给传动系统的特点是什么？

8-7　滚珠丝杠螺母副双螺母结构消除轴向间隙及预紧的结构形式有哪几种？

8-8　齿轮传动消除间隙的方法有哪些？各有什么优缺点？

8-9　数控机床用导轨有哪几种？各有什么特点？

8-10　伺服电动机与丝杠的连接方式有几种？

8-11　滚珠丝杠螺母副有什么特点？

8-12　数控机床自动换刀装置的形式有哪几种？

8-13　简述数控机床常用的刀库类型及特点。

8-14　数控机床刀具的选刀方式有哪几种？

8-15　简述立式加工中心无机械手换刀的过程。

第9章
数控机床故障诊断与维修

 本章教学要点

知识要点	掌握程度	相关知识
数控机床故障的特点、分类,常见故障的排除方法;故障诊断时应遵循的原则	掌握数控机床故障的常见排除方法; 理解数控机床故障诊断时应遵循的原则	数控机床故障技术的发展
数控系统故障类型;数控系统故障排除方法	掌握数控系统常见故障类型及特点; 理解数控系统常见故障的排除方法; 了解数控系统常见故障排除举例	当前市场上常见的数控系统的简介
数控机床进给伺服系统的概念、分类及故障类型;进给伺服系统的故障排除方法和故障诊断	熟悉进给伺服系统的概念; 理解进给伺服系统的故障特点及分类方法; 了解进给伺服系统的故障排除方法	进给伺服系统常见故障排除方法及故障诊断的举例
数控机床主轴驱动系统和交流主轴驱动系统的特点、分类;主轴驱动系统维修实例	熟悉数控机床主轴驱动系统的特点、分类及常见故障排除方法;掌握交流主轴驱动系统和交流主轴驱动系统的特点、故障类型	主轴驱动系统维修实例
数控机床的主轴部件,滚珠丝杆螺母副、导轨、自动换刀装置等机械结构的特点、常见故障形式及原因;液压、气动系统的日常维护要点	熟悉数控机床机械部分的结构的组成、特点及故障诊断技术;理解滚珠丝杆螺母副、导轨、自动换刀装置等的常见故障形式及原因;了解液压、气动系统的日常维护要点	机械结构故障诊断与维修实例

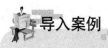 导入案例

国产金属加工机床产值继续提高

目前，国产金属加工机床产值市场占有率继续提高，达到了 70.1%；国产数控机床产值市场占有率达到 62%。在中国机械工业中，机床行业位居"工具母机"的特殊地位，其需求订单的大部分来源于机械工业的各类企业；同时，其水平也对机械工业中各行各业的升级具有特殊重要的意义。因此，机床行业的发展既取决于中国机械全行业总体发展形势，同时又影响着全行业的健康发展。

与中国机械全行业的形势相比，机床行业去年的形势变化和面临的矛盾都更为突出。来自中国机械工业联合会的数据显示，"十五"和"十一五"的 10 年中，中国机床行业实现了持续超高速发展，一直到 2011 年上半年，需求仍很旺盛，绝大多数机床企业都处于产销两旺的亢奋状态之中；但是从去年下半年开始，需求增势明显趋缓，新增订单剧烈下滑，经济效益状况逐渐趋于严峻，利润率持续下降。尽管有上半年的高速增长垫底，去年全年中国机床工业总产值增速仍由年初的近 39% 回落到年末的 32.5%；实现利润增速由年初的 57.5% 剧降至年末的 29.8%。可见，去年中国机床行业的形势变化剧烈。

数据显示，2011 年，中国机床行业的进口为 207 亿美元，而出口为 73 亿美元，进出口逆差高达 134 亿美元。可见，中国机床工具产品的需求是客观存在的，只是国内机床企业无法充分满足而已；如果能做到进出口基本平衡，中国机床工业去年就完全可以再增加 134 亿美元的销售额。去年，我国机械工业与世界公认的机械工业强国德国和日本的贸易逆差分别高达 492 亿美元和 578 亿美元；去年我国数控机床平均出口单价仅为 3.3 万美元/台，而进口单价则为 21.9 万美元/台，出口单价仅为进口的 15%；"凡此种种，都明确无误地告诉我们中国机械工业的技术水平与国际先进水平还有很大差距"。

资料来源：http://www.jc6868.com/news/Ndetail-375106.html, 2012-8-16 11：05：15

9.1 数控机床故障特点及类型

9.1.1 数控机床故障特点

1. 故障的定义及特点

故障是指设备在规定的时间内丧失完成规定功能的能力。数控机床故障是指数控机床失去了规定的功能。数控机床故障发生率随机床使用时间不同而不相同，其关系如图 9.1 所示。

从图 9.1 中可以看出，在机床的使用过程中，大致可以分为三个阶段，即初期运行期、稳定工作期和衰退期。

（1）初期运行期。新机床在出厂前虽然已经过磨合，但时间较短，而且主要是对主轴

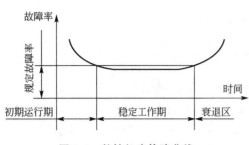

图 9.1　数控机床故障曲线

和导轨进行磨合。在安装调试后，由于机械零部件的加工表面还存在几何形状偏差，比较粗糙，部件的装配可能存在误差，所以在使用初期会产生较大的磨损，引起事故。另外部分电气元件在电气干扰中受不了初期的考验也容易发生故障。一般随着时间的增加，故障率会逐渐降低，初期运行期一般为 9～14 月，所以在机床安装后，用户最好能使机床连续运行，以使初期运行期在一年的保修期内结束。

（2）稳定工作期。机床在经历了初期运行期后，进入了稳定工作期。这时数控机床仍然会发生故障，但故障发生率较低，由于使用条件和人为的因素，偶发故障在所难免，所以在稳定期内故障诊断非常重要。在此期间，机电故障发生的概率差不多，并且大多数可以排除，这个时期为 7～10 年。

（3）衰退期。机床零部件在正常寿命之后，开始迅速磨损和老化，进入衰退期，其故障特点是故障率随运行时间的增加而升高，且故障大多数具有规律性，属于渐变性和器质性的，并且大部分可以排除。

数控机床本身的复杂性使其故障诊断具有特殊性。对同一个故障现象，既可能是机械的问题，也可能是电气的原因，或许两者兼而有知，非常复杂。这就要求必须根据实际情况进行综合考虑，才能做出正确的判断。

2. 数控机床故障诊断与维修的必要性

数控机床是集机械、液压、计算机技术、自动控制技术和机械制造技术为一体的综合性产品。在许多行业中，数控机床均处于关键岗位。任何部分的故障与失效，都会使机床停机，如果不能及时地排除故障，就会造成生产停顿，严重影响和制约生产效率，给企业造成较大的经济损失。

数控机床的故障诊断已成为目前制约数控机床发挥作用的主要因素之一，因而学习数控机床故障诊断与维修具有很重要的意义。一方面数控机床的生产厂家会加强数控机床的故障诊断与维修的力量，以提高数控机床的可靠性。另一方面，各企业（集团）工程技术人员越来越重视对数控机床故障诊断技术和方法的学习与研究，其目的就是最大限度地发挥数控机床的效能，快速振兴中国机械制造业，为进一步推动经济发展和社会进步做出新的更大的贡献。

3. 数控机床维修概述

数控机床维修必须重视有关的安全防范措施，在检查机床操作之前要熟悉机床厂家提供的操作说明书和编程说明书，并由经过技术培训的人员来进行机床的维修工作。

（1）数控机床操作安全注意事项。

① 在拆除外罩的情况下，为确保衣物不会被卷到主轴或其他运动部件中，应当站在离机床较远的地方进行开机检查。检查机床动作时，为防止机床出现误动作引起工件掉落或刀具破损飞出，发生事故，应先进行空运转，正常后再进行实物试加工。

② 打开电柜门检查时，需注意切勿触碰高压部分。

③ 在采用自动方式加工工件时要首先采用单程序段运行，并将进给速度倍率调低；或采用机床锁定功能，在不装刀具和工件的情况下运行自动循环过程，确认机床动作正确无误后，再进行加工。

④ 在机床运行之前要认真核检程序，防止自动运行操作中由于程序或数据错误引起的机床动作失控事故。

⑤ 对于同一台机床的不同操作，所适用的最佳进给速度各有不同。应当参照机床说明书来确定最合适的进给速度，使给定的进给速度适合于指定的操作。

⑥ 当采用刀具补偿功能时，要随时检查刀具补偿的方向和补偿量。

（2）更换电子元器件注意事项。

① 更换电子元器件必须做到"断电插拔"，在同时关闭 CNC 的电源和强电主电源之后进行。如果只关闭 CNC 的电源，主电源仍会继续向所维修部件(如伺服单元)供电，在这种情况下所更换的新装置可能被击穿损坏，同时操作人员也有触电的危险。

② 更换放大器至少要在切断电源 20min 后才可以进行。切断电源后，伺服放大器和主轴放大器的电压会保留一段时间，关闭电源 20min 后，残余的电压才会逐渐消失。

③ 在更换电气单元时，要确保新单元的参数及其设置与原来单元的相同，避免损坏工件或机床，造成事故。

④ 当 CNC 存储器电池电压不足时，机床操作面板和 CRT 屏幕上会显示"电池电压不足"报警，遇此情况应尽快更换电池，防止存储器的内容丢失。更换存储器备用电池时要按说明书中所述的方法，必须在 CNC 电源接通的状态下进行，同时要避免触及高压电路，并使机床处于"紧急停止"状态。

⑤ 熔丝的更换。在更换熔丝之前，必须首先找出引起熔丝熔断的根本原因，待确认其原因消除之后才可以更换新的熔丝。只有接受过正规安全维护培训的合格人员，才有资格从事这项工作。

（3）数控机床维修主要内容。

① 机床本体的机械维修。机床本体的机械维修是指对数控机床机械部件的维修，如主轴箱的冷却和润滑，齿轮副、导轨副、滚珠丝杠螺母副的间隙调整和润滑，轴承的预紧，液压和气动装置的压力、流量的调整等。此维修对保证数控机床的精度具有十分重要的意义。

② 电气控制系统的维修。电气控制系统的维修主要包括数控系统、伺服驱动电路、位置反馈电路、电源及保护电路、开、关信号连接电路等部分的维修。

数控系统属于计算机产品，其硬件结构是将电子元器件焊(贴)到印制电路板上，再由多块板、卡借助插接件连接外设成为系统级最终产品。伺服驱动电路主要指坐标轴进给驱动和主轴驱动的连接电路，数控机床从电气角度看，最明显的特征就是将相应的主运动和进给运动改由主轴电动机和伺服电动机来执行完成，而各电动机必须配备相应的驱动装置及电源。位置反馈电路主要指数控系统与位置检测装置之间的连接电路。数控机床最终是以位置控制为目的的，所以位置检测装置的维护质量将直接影响到机床的运动精度和定位精度。电源及保护电路主要指数控机床强电线路中的电源控制电路，通常由电源变压器、控制变压器、各种断路器、保护开关、接触器、熔断器等连接构成，为交流电动机(如液压泵电动机、冷却泵电动机、润滑泵电动机等)、电磁铁、离合器和电磁阀等执行元件进行供电和控制保护。开、关信号是指数控系统与机床实时状态之间的输入/输出控制信号，通常采用二进制数据位的"1"或"0"分别表示"通"或"断"；如机床各部位的操作按钮、限位开关、继电器、电磁阀等机床电器开关的状态，这些开、关信号作为可编程控制器的输入和输出量，数控系统通过对可编程控制器的I/O接口的状态进行检测，就可初步判断发生故障的范围和原因，并可通过PLC对相应开、关量进行处理，从而实现对主轴、进给、换刀、润滑、冷却、液压和气动等系统的开、关量控制。

综上所述，数控机床机械维修与电气控制系统的维修相比较，电气系统的故障诊断及维护内容较多、涉及面广、故障率高，是数控机床维修的重点。另有资料表明：由操作、保养和调整不当产生的故障占数控机床全部故障的57%，伺服系统、电源及电气控制部分的故障占数控机床全部故障的37.5%，而数控系统的故障仅占数控机床全部故障的5.5%。

9.1.2 数控机床故障类型

数控机床是一种复杂的机电一体化设备，其故障发生的原因一般都比较复杂，这给故障诊断和排除带来不少困难。为了便于故障分析和处理，本节按故障发生的部位、故障性质及故障原因等对常见故障作如下分类。

1. 按照故障发生的部件分类

(1)机床本体故障。机床本体部分主要包括机械、液压、冷却、润滑、气动与防护等装置。机床本体故障指因机械安装、调试及使用不当等原因而引起的机械传动故障。该类故障通常表现为噪声大、加工精度差、运行阻力大。例如，传动链的挠性联轴器松动，丝杠与轴承缺油，导轨调整不当及润滑不良等原因均可造成以上故障。

另外机床各部位标明的注油点(注油孔)须按规定定时、定量加注润滑油(脂)，以保证各传动链正常运行；液压、润滑与气动系统的管路阻塞或密封不良也会导致机床发生故障，不能正常工作。

(2)电气故障。电气故障分弱电故障与强电故障。

数控机床弱电部分故障主要指CNC装置、PLC控制器、CRT显示器以及伺服单元、输入/输出装置等电子电路的故障，这部分又有硬件故障与软件故障之分。硬件故障主要是指上述各装置的印制电路板上的集成电路芯片、分立元件、插接件以及外部连接组件等发生的故降。常见的软件故障有加工程序出错、系统程序和参数的改变或丢失、计算机的运算出错等，这部分故障一般较难排除，对维修人员的技术要求较高。

强电故障是指继电器、接触器、开关、熔断器、电源变压器、电磁铁、行程开关等元器件及其所组成的电路发生的故障。这一部分的故障十分常见，必须引起足够的重视。

2. 按机床发生故障的性质分类

(1)系统性故障。系统性故障通常指只要满足一定的条件或超过某一设定值，数控机床必然会发生的故障。这一类故障现象在机床使用过程中极为常见。例如，数控机床在加工中因切削用量过大达到某一限值时，必然会发生过载或超温报警，导致数控系统迅速停机；液压系统的压力值随着液压回路过滤器的阻塞而降到设定参数以下时，必然会发生液压系统故障报警，使数控机床断电停机；润滑、冷却或液压等系统由于管路泄漏引起游标下降到某一限值，必然会发生液位报警，使数控机床停机等均属于此类故障。

(2)随机性故障。随机性故障通常指数控机床在同样的条件下工作时，偶然发生的一次或两次的故障，又称为偶发性故障。例如，印制电路板上的元器件松动变形或焊点虚脱，继电器触点、各类开关触头因污染锈蚀引起接触不良，以及直流电刷接触不良等所造成的接触不可靠等。工作环境温度过高或过低，湿度过大，电源波动与机械振动、有害粉尘与气体污染等原因均可引发此类偶然性故障。

由于此类故障在条件相同的状态下偶然发生一两次，因此，随机性故障的原因分析与故障诊断较其他故障困难得多。一般而言，这类故障的发生往往与安装质量、组件排列、参数设定、元器件品质、操作失误与维护不当，以及工作环境影响等因素有关。因此，加强数控系统的维护检查，确保电柜门的密封，严防工业粉尘及有害气体的侵袭等，均可避免此类故障的发生。

3. 按故障发生的原因分类

(1) 数控机床自身故障。这类故障是由数控机床自身的原因引起的，数控机床所发生的绝大多数故障均属此类故障，与外部使用环境条件无关。

(2) 数控机床外部故障。这类故障是由外部原因造成的，例如，数控机床的供电电压过低，电压波动过大；环境温度过高；有害气体、潮气、粉尘侵入数控系统；外来干扰如电焊机所产生的电火花干扰等均有可能使数控机床发生故障。还有人为因素所造成的故障，如操作不当，手动进给过快造成超程报警，自动切削进给过快造成过载报警。又如由于操作人员未按时按量给机床机械传动系统加注润滑油，易造成传动噪声或导轨摩擦系数过大而使工作台进给超载。

4. 按发生故障时有无报警显示分类

(1) 有报警显示的故障。这类故障又可分为硬件报警显示与软件报警显示两种。

① 硬件报警显示的故障。硬件报警显示指各单元装置上的警示灯的指示。在数控系统中有许多用来指示故障部位的警示灯，如控制操作面板、位置控制印制电路板、伺服控制单元、主轴单元、电源单元等部位以及光电阅读机、穿孔机等外设装置上常设有这类警示灯。一旦数控系统出现故障，借助相应部位上的警示灯可大致分析判断出故障发生的部位与性质，这无疑给故障分析、诊断带来极大方便。因此，维修人员在日常维护和排除故障时应认真检查这些警示灯的状态是否正常。

② 软件报警显示的故障。软件报警显示通常是指显示屏上显示出来的报警号和报警信息。由于数控系统具有自诊断功能，因此它一旦检测到故障，即按故障的级别进行处理，同时在 CRT 上以报警号的形式显示该故障信息。这类报警显示常见的有存储器警示、过热警示、伺服系统警示、轴超程警示、程序出错警示、主轴警示、过载警示以及短路警示等。通常软件报警类型少则几十种，多则上千种，这无疑为故障判断和排除提供了极大的帮助。

上述软件报警包括来自 NC 的报警和来自 PLC 的报警。NC 报警为数控部分的故障报警，可通过所显示的报警号，对照维修手册中有关 NC 故障报警及说明来确定产生该故障的原因。PLC 的报警大多数属于机床侧的故障报警，可通过所显示的报警号，对照维修手册中有关 PLC 故障报警信息、PLC 接口说明以及 PLC 程序等内容检查 PLC 有关接口和内部继电器状态，确定产生故障的原因。

(2) 无报警显示的故障。这类故障发生时无任何硬件或软件的报警显示，因此故障诊断难度较大。例如在数控机床通电后，在手动方式或自动方式运行时，X 轴出现爬行现象，且无任何报警显示；又如机床在自动方式运行时突然停止，而 CRT 上无任何报警显示等。一些早期的数控系统由于自诊断功能不强，出现无报警显示的故障的情况会更多一些。

对于无报警显示故障，通常要具体情况具体分析，要根据故障发生的前后变化状态进行分析判断。例如：X 轴在运行时出现爬行现象，首先判断是数控部分故障还是伺服部分故障。具体做法是：在手摇脉冲进给方式中，可均匀地旋转手摇脉冲发生器，同时分别观察、比较 CRT 上 Y 轴、Z 轴与 X 轴进给数字的变化速率。通常，如果数控部分正常，则三个轴的变化速率应基本相同，从而可确定 X 轴的爬行故障是伺服部分还是机械传动所造成的。

除上述常见故障分类外，还可按故障发生时有无破坏性分为破坏性故障和非破坏性故障；按故障发生的部位分为数控装置故障，进给伺服系统故障，主轴系统故障，刀架、刀库、工作台故障等。

9.1.3　数控机床故障诊断的一般步骤和原则

1. 数控机床故障排除的一般步骤

数控系统的型号颇多，所产生的故障原因往往比较复杂，下面介绍故障排除的一般步骤。

(1) 确认故障现象，调查故障现场，充分掌握故障信息。当数控机床发生故障时，维护维修人员对故障的确认是很有必要的，维护维修人员首先要查看故障记录，向操作人员询问故障出现的全过程；其次，在确认通电对数控系统无危险的情况下，再通电亲自观察。特别要注意主要故障信息，包括数控系统有何异常、CRT 显示的报警内容是什么以及以前是否发生过类似故障等，不要急于动手，盲目处理。

(2) 列出故障部位疑点，分析故障原因，制订排除故障的方案。在充分调查现场、掌握第一手材料的基础上，把故障问题正确地罗列出来，为后续工作做准备。

由于数控机床本身的复杂性，其故障原因更是多种多样，在分析故障时，维修人员思路一定要开阔，要将有可能引起故障的原因以及每一种解决的方法全部列出来，进行综合判断，制订出故障排除的方案，达到快速确诊和高效率排除故障的目的。不应仅局限于发生故障的部位。

(3) 通过检测，定位故障部位，排除故障。根据预测的故障原因和预先确定的排除方案，逐级定位故障部位，最终找出发生故障的真正部位。在遵循故障排除原则的基础上，采用合理的方法，根据故障部位及发生故障的准确原因，高效、高质量地修复数控机床，尽快让数控机床投入生产。

(4) 解决故障后资料的整理。故障排除后，应迅速恢复机床现场，并做好相关资料的整理工作，这样一方面可以提高自己的业务水平，另一方面可以方便机床的后续维护和维修。

2. 故障排除应遵循的原则

在检测故障的过程中，维修人员一方面要充分调查故障现场，充分掌握故障信息，另一方面，要查看故障记录单，向操作者询问出现故障的全过程，详细了解曾发生过什么现象，采取过什么措施等。除了充分利用数控系统的自诊断功能，灵活应用数控系统故障诊断的一些行之有效的方法外，还应遵循以下几项原则。

（1）先静后动。碰到机床故障后，维修人员不可盲目动手，应先静下心来询问机床操作人员故障发生的过程及状态，阅读机床说明书、图样资料后，方可动手查找和处理故障。如果上来就大拆大卸的话，则可能使现场破坏导致误判，或者引入新的故障或造成更严重的后果。

（2）先外部后内部。先外部后内部原则即当数控机床发生故障后，维修人员应先采用望、闻、听、问等方法，由外向内逐一进行检查。比如在数控机床中，外部的行程开关、按钮开关、液压气动元件的连接部位，印制电路板插头座、边缘插接件与外部或相互之间的连接部位，电控柜插座或端子板这些机电设备之间的连接部位，因其接触不良造成信号传递失真会造成数控机床发生故障。

数控机床是机械、液压、电气等一体化的机床，故其故障必然从机械、液压、电气这三个方面综合反映出来。在检修数控机床时，要求维修人员遵循"先外部后内部"的原则，此外，由于在工业环境中，温度、湿度变化较大，油污或粉尘对元件及电路板的污染，机械的振动等，都会对信号传送通道的插接件部位产生严重影响。在检修中要重视这些因素，首先检查这些部位就可以迅速排除较多的故障。另外，尽量避免随意启封、拆卸。不适当的大拆大卸，往往会扩大故障，使数控机床丧失精度、降低性能。

（3）先机械后电气。由于数控机床是一种自动化程度高、技术较复杂的先进机械加工设备，一般来讲，机械故障较易察觉，而数控系统故障的诊断难度则要大些。"先机械后电气"的原则就是指在数控机床的检修中，首先检查机械部分是否正常，行程开关是否灵活，气动液压部分是否正常等。从经验来看，很大部分数控机床的故障是由机械运作失灵引起的。所以，在故障诊断之前应先逐一排除机械性的故障，这样往往可以达到事半功倍的效果。

（4）先公用后专用。公用性的问题往往会影响到全局，而专用性的问题只影响局部。如数控机床的几个进给轴都不能运动时，应先检查各轴公用的 CNC、PLC、电源、液压等部分，并排除故障，然后再设法解决某轴的局部问题。又如电网或主电源故障是全局性的，因此一般应首先检查电源部分，看看熔丝是否正常，直流电压输出是否正常等。总之，只有先解决影响面大的主要矛盾，局部的、次要的矛盾才有可能迎刃而解。

在排除某一故障时，要先考虑最常见的可能原因，然后再分析很少发生的特殊原因。例如，当数控车床 Z 轴回零不准时，常常是由降速挡块位置变动而造成的。一旦出现这一故障，应先检查该挡块的位置；在排除这一故障常见的可能性之后，再检查脉冲编码器、位置控制等其他环节。

（5）先简单后复杂。当出现多种故障相互交织掩盖、一时无从下手时，应先解决容易的问题，后解决难度较大的问题。常常在解决简单故障的过程中，难度大的问题也可能变得容易，或者在排除简易故障时受到启发，对复杂故障的认识更为清晰，从而也就有了解决的办法。

总之，在数控机床出现故障后，要视故障的难易程度，以及故障是否属于常见性故障，合理采用不同的分析问题和解决问题的方法。

9.1.4 数控机床故障诊断的常用方法

当数控机床出现报警、发生故障时，维修人员不要急于动手处理，而应多观察。维修前应遵循下述两条原则：一是充分调查故障现场，充分掌握故障信息，这是维修人员取得第一手材料的一个重要手段；二是认真分析故障的起因，确定检查的方法与步骤。目前所使用的各种数控系统，虽有多种报警指示灯或自诊断程序，但智能化的程度还不是很高，不可能自动诊断出发生故障的确切部位。因此，在分析故障的起因时，一定要开阔思路。分析故障时，无论是 CNC 系统、数控机床强电部分，还是机械系统、液（气）压系统等部分，只要有可能引起该故障的原因，都要尽可能全面地列出来，进行综合判断和筛选，然后进行必要的试验，达到确诊和最终排除故障的目的。

对于数控机床发生的大多数故障，总体上来说可采用下述几种方法来进行故障诊断和排除。

1. 常规检查法

常规检查指依靠人的感觉器官并借助于一些简单的仪器来寻找机床故障的原因。这种方法是应先采取问、看、听、触、嗅等方法，由外向内逐一进行检查，在维修中经常用到。具体可从以下几方面入手。

（1）问：向操作者了解机床开机是否正常，比较故障前后工件的精度和传动系统、走刀系统是否正常，出力是否均匀，吃刀量和走刀量是否减少，润滑油牌号、用量是否合适，机床何时进行过保养检修等内容。

（2）看：仔细检查有无熔丝烧断、元器件烧伤、开裂现象，有无断路现象，以此判断板内有无过电流、过电压、短路问题。看转速，观察主传动速度快慢的变化，主传动齿轮、飞轮是否跳、摆，传动轴是否弯曲、晃动等。

利用人体的视觉功能可观察到设备内部器件或外部连接的状态变化。如电气方面可观察线路元器件的连接是否松动，断线或铜箔断裂，继电器、接触器与各类开关的触点是否烧蚀或压力失常，发热元器件的表面是否过热变色，电解电容的表面是否膨胀变形，保护器件是否脱扣，耐压元器件是否有明显的电击点以及电刷接触表面与接触压力是否正常等。

（3）听：利用人的听觉可探到数控机床因故障而产生的各种异常声音，如电气部分常见的异常声响有：因为铁心松动、锈蚀等原因引起的电源变压器、阻抗变换器与电抗器等铁片振动的吱吱声；继电器、接触器等的触点接触不良、线圈欠电压运行、磁回路间隙过大、动静铁心等原因引起的电磁嗡嗡声，元器件因为过电流或过电压运行失常引起的击穿爆裂声。机械故障方面的异常声响如摩擦声、振动声与撞击声等。

（4）触：在检查数控系统时，用绝缘物（一般为带橡皮头的小锤）轻轻敲打可疑部位（即认为虚焊或接触不良的插件板、组件、元器件等）。如果确实是因虚焊或接触不良而引起的故障，则该故障会重现，有些故障会在敲击后消失，则也可以认为敲击处或敲击作用力波及的范围为故障部位。同样，用手捏压组件、元器件时，如故障消失或故障出现，可以认为捏压处或捏压作用力波及范围为故障部位。

这种方法常用于检查因虚焊、虚按、碰线、多余物卡触点等原因引起的时好时坏的故障。在敲捏过程中，要注意随时观察机床工作状况。在敲捏组件、元器件时，应一个人专门敲捏，另外的人负责观察故障是否消失或故障复现。检查时，敲捏的力度要适当，并且应由弱到强，防止引入新的故障。

（5）嗅：主要针对因剧烈摩擦，电器元件破损短路，引起附着的油脂或其他物质发生氧化蒸发或燃烧而产生的特殊气味，用此法往往可以迅速判断故障的类型和故障部位，这种检查方法很简单，但非常必要。

在现场维修中，利用人的嗅觉功能和触觉功能可检查因过流、过载或超温引起的故障并可通过改变参数设置或 PLC 程序来解决。

2. 替换法

替换法又称交换法或部件替换法，就是在大致确认了故障范围，并确认外部条件完全相符的情况下，利用与装置上同样的元器件来替换有疑点部分的方法。该方法主要优点是简单和方便，能快速将故障范围缩小到相应的部件上。随着现代数控技术的发展，现代数控系统大都采用了模块化设计，使用的集成电路的集成规模越来越大，技术也越来越复杂。按照常规的方法，很难将故障定位在一个很小的区域，在这种情况下，替换法成为在维修过程中最常用的故障判别方法之一，数控机床的进给模块、检测装置备有多套，当出现进给故障时，可采用模块互换的方法。

替换法是电器修理中常用的一种方法，在查找故障的过程中，如果对某部分有怀疑，只要有相同的替换件，换上后故障范围大都能分辨出来，所以，这种方法在电气维修中经常被采用。但是，如果使用不当，也会带来许多麻烦，造成人为的故障。在使用交换部件法时要注意以下几个方面。

(1) 在备件交换之前，应仔细检查、确认部件的外部工作条件。

(2) 有些电路板，交换时要相应改变参数设置值。

(3) 有的电路板上有跳线及桥接调整电阻、电容，应调整到与原板相同时方可交换。

(4) 模块的输入、输出必须相同，备件(或交换板)应完好。

此外，在交换 CNC 系统的存储器或 CPU 板时，通常还要对数控系统进行某些特定的操作，如存储器的初始化操作等，并重新设定各种参数，否则数控系统不能正常工作。这些操作步骤应严格按照数控系统的操作说明书、维修说明书进行。

3. 拔出插入法

拔出插入法是通过将相关的接头、插卡或插拔件拔出后再插入，确定拔出插入的连接件是否为故障部位，该方法对插接件接触不良而引起的故障诊断很有效。

在应用拔出插入法时，需要特别注意的是，在插件板或组件拔出再插入的过程中，改变状态的部位可能不只是连接接口，还可能是内部的焊点虚焊恢复接触状态、内部的短路点恢复正常等可能性。因此，不能因为拔出插入后故障消失，就肯定是接口的接触不良。

4. 原理分析比较法

所谓原理分析比较法，是指通过追踪与故障相关联的信号，从中找到故障单元，根据 CNC 系统原理图，从前往后或从后往前地检查有关信号的有无、性质、大小及不同运行方式的状态，并与正常情况相比较，看有什么差异或是否符合逻辑关系。对于"串联"线路，当发生故障时，可依次找到故障单元位置，对于两个相同的线路，可以对它们进行部分的交换试验，这种方法类似于把一个电动机从其电源上拆下，接到另一个电源上去试验电动机。

原理分析比较法是排除故障的最基本方法之一。当其他检查方法难以奏效时，可从电路的基本原理出发，一步一步进行检查，最终查出故障原因。

5. 功能测试法

所谓功能测试法,是指通过功能测试程序,检查机床的实际动作来判别故障的一种方法。可以对数控系统的功能如直线定位、圆弧插补、螺纹切削、固定循环、用户宏程序等功能进行测试,也可用手工编程方法编制一个功能测试程序,并通过运行测试程序来检查机床执行这些功能的准确性和可靠性,进而判断出故障发生的原因。

这种方法常常应用于以下场合。

(1) 机床加工造成废品而一时无法确定是编程、操作不当还是数控系统故障。

(2) 数控系统出现随机性故障,一时难以区别是外来干扰,还是数控系统稳定性不好的情况。如不能可靠执行各加工指令,可连续循环执行功能测试程序来诊断系统的稳定性。

(3) 闲置时间较长的数控机床再投入使用时,或对数控机床进行定期检修时。

6. 系统自诊断法

系统自诊断法即充分利用数控系统的自诊断功能,根据 CRT 上显示的报警信息及各模块上的发光二极管等器件的指示,可判断出故障的大致起因。进一步利用数控系统的自诊断功能,还能显示数控系统与各部分之间的接口信号状态,找出故障的大致部位。它是故障诊断过程中最常用、有效的方法之一。

数控机床是机、电、液(气)、光等应用技术的结合,在诊断中应紧紧抓住微电子系统与机、液(气)、光等装置的结合点,了解此处信号的特征对故障诊断大有帮助,可以很快地初步判断故障发生的区段。以上是常用的故障诊断方法,除此外还有测量比较法、参数检查法、隔离法、电源拉偏法、升降温法等,这些检查方法各有特点,维修人员可以根据不同的故障现象加以灵活应用,逐步缩小故障范围,最终排除故障。

7. 隔离法

某些故障,如轴抖动、爬行,一时难以判断故障是数控部分还是伺服系统或机械部分造成的,可采用隔离法将机、电系统分离,数控与伺服分离,可迅速找到故障原因。

8. 测量法

利用万用表、钳形电流表、相序表、示波器、频谱分析仪、振动检测仪等检测仪器,对故障疑点进行电流、电压和波形等特征物理量的测量并将测量值与正常值进行比较,分析故障所处位置。

9. 敲击法

数控系统是由各种印制电路板和插接件组成,其电路板上有若干焊接点,任何虚焊、脱焊都可能造成故障。用绝缘棒轻轻敲击电路板有疑点的部位,若系统发生故障,则敲击的位置即可能是故障部位。

10. 升降温法

维修人员将元器件温度升高或降低(根据元件温度参数),加速一些温度特性较差的元器件,使之产生"病症"或使"病症"消除来确定故障原因。

11. 参数检查法

数控系统的参数是经过一系列试验、调整获得的重要数据,一般存放在 RAM 中,当机床发现故障时应及时检查、核对系统参数，因为系统参数的变化会直接影响到机床的性能，甚至导致机床不能正常工作。

以上是常用的故障诊断方法，这些检查方法各有特点，维修人员可以根据不同的故障现象加以灵活应用，逐步缩小故障范围，最终排除故障。

9.1.5 数控机床故障诊断技术的发展

1. 远程诊断技术

远程诊断也称为通信诊断或"海外诊断"。德国的西门子公司在 CNC 系统诊断中采用了这种诊断功能。用户只需把 CNC 系统中专用"通信接口"连接到普通电话线上，在西门子公司维修中心的专用通信诊断计算机的"数据接口"也连接到网络上，然后由计算机向 CNC 系统发送诊断程序，并将测试数据输回到计算机，进行分析并得出诊断结论。随后，再将诊断结论和处理方法通知用户。通信诊断系统除用于故障发生后的诊断外，还可为用户作定期的预防性诊断，维修人员不必到现场，只需按预定的时间对机床做一系列试运行检查，在维修中心分析数据，以诊断出数控机床可能存在的故障隐患。但这类 CNC 系统必须具备远距离诊断接口及联网功能。

2. 自修复技术

所谓自修复技术就是在系统内设置备用模块，在 CNC 系统的软件中装有自修复程序，当该软件在运行时，一旦发现某个模块有故障时，系统一方面将故障信息显示在 CRT 上，同时自动寻找是否有备用模块。如有备用模块则系统能自动使故障模块脱机而接通备用模块，从而使系统较快地进入正常工作状态。此技术非常适用于无人管理的自动化工厂或是不允许长时间停止工作的重要场合。

自修复技术需要将备用板插到机器中备用插槽上，从理论上讲，备用模块的品种越多越好，但这会增加系统成本。所以，往往系统只配一些重要的或易出故障的备用板。另外，要求备用板与系统的其他部分通信联系应与替代的模板相同。因此，本方案只适用于总线结构的 CNC 系统。

3. 专家系统

专家系统是人工智能的一个分支，以其智能化程序高和实时性强而得到广泛应用。实际上是建立在专家数据库的基础上，当设备出现故障时，维修人员通过调用专家数据库系统，经过推理获得结论，进而完成对故障的诊断。20 世纪 80 年代初，专家系统才开始应用于故障诊断领域，故障诊断专家系统与传统诊断技术相比具有如下特点：①通过对各种诊断的经验性专门知识形式化描述，可以使这些知识突破专家个人的局限性而广为传播；②克服人类诊断专家供不应求的矛盾；③故障诊断专家系统可以结合其他诊断方法，综合利用各类专家的知识、经验，实现在线监测故障、离线诊断与分离故障；④故障诊断专家系统具有人-机联合诊断功能，可充分发挥人的主观能动性。专家系统具有知识获取和自学习功能，能在使用过程中日趋完善。

4. 神经网络诊断

由于神经网络(ANN)具有联想、容错、自适应、自学习和处理复杂多模式等特点，近年来开展了诸多研究和应用。这种方法将被诊断的系统的症状作为网络的输入，将所要求得到的故障原因作为网络的输出，并且神经网络将经过学习所得到的知识以分布的方式隐式地存储在网络上，每个输出神经元对应着一个故障原因。目前常用的几种算法有：误差反向传播(BP)算法、双向联想记忆(BAM)模型和模糊认识映射(FCM)等。

5. 模糊诊断系统

模糊诊断系统用来描述和研究模糊事件，通过引入隶属函数和模糊规则，进行模糊推理，就可以实现模糊诊断智能化。目前，模糊理论已经在数控机床故障诊断中有所应用。

6. 通信诊断技术

通信诊断又称远距离诊断，它通常借助网络通信手段将用户的数控装置的专用接口与生产厂商维修部门的故障诊断计算机相连接，实现通信诊断。技术人员通过故障诊断计算机向用户发送诊断程序，并指导用户配合诊断程序进行相关的测试工作，同时接收测试数据。在故障诊断计算机上建立被诊断数控机床的模型，对测试数据进行分析以确定故障发生的原因，再将故障诊断的结论和处理方法通知用户。

7. 计算机仿真与检测技术

MATLAB是一种功能强大的综合性的实时工程计算软件，广泛应用于各个工程领域，特别是其所附带的30多种面向不同领域的工具箱，使得它在若干领域中成为辅助设计、分析、算法研究及应用开发的基本工具和首选平台。

例如，利用神经网络工具箱神经网络相关设计、分析和计算；利用小波分析工具箱实现小波理论分析；利用 Simulink 仿真工具箱实现控制系统的设计与仿真；利用 GUI 实现图形用户界面即人机界面的设计等。因此，将 MATLAB 用于实现数控机床故障诊断、设计与仿真是方便可行的。

虚拟仪器检测：基于计算机技术的虚拟仪器(Virtual Instrument)技术改变了传统的测控仪器的概念，已经成为检测仪器发展的方向。LabVIEW 是一种图形化编程系统，它与数据采集板(DAQ)组成了虚拟仪器平台，可以利用这个平台设计出许多功能的检测仪器用于数控机床的故障诊断。

9.2　数控系统故障诊断与维修

数控机床根据功能和性能的要求配置不同的数控系统，系统不同，其性能及故障的维修方法也有差别。目前市场上所使用的数控系统种类繁多，维修时应根据机床与系统的实际情况进行处理，机床维修者必须熟悉各种系统的控制要求，还必须根据数控机床系统的实际情况灵活处理。

因此，要做好数控系统的调试与维护，需要完成以下任务：

① 数控系统具有什么功能？不同的系统在功能上有何区别？

② 数控系统各个硬件接口之间的连接关系，系统的各个接口的含义和用途是什么？

③ 数控机床的系统参数都有哪些类型？机床的系统参数怎么设定？

④ 数控系统需要备份哪些参数？如何对数据进行备份和恢复？

⑤ 数控系统常见的故障有哪些类型？如何处理？

9.2.1　常见的数控系统简介

1. FANUC 数控系统

1）FANUC 数控系统的主要类型

（1）高可靠性的 Power Mate 0 系列。用于控制 2 轴的小型车床，取代步进电动机的伺服系统；可配画面清晰、操作方便、中文显示的 CRT/MDI，也可配性能/价格比高的 DPL/MDI。

（2）普及型 CNC 0 - D 系列。0 - TD 用于车床，0 - MD 用于铣床及小型加工中心，0 - GCD用于圆柱磨床，0 - GSD 用于平面磨床，0 - PD 用于冲床。

（3）全功能型。0 - TC 用于通用车床、自动车床，0 - MC 用于铣床、钻床、加工中心，0 - GCC 用于内、外圆磨床，0 - GSC 用于平面磨床，0 - TTC 用于双刀架 4 轴车床。

（4）高性能/价格比的 0i 系列。0i - MB/MA 用于加工中心和铣床，4 轴 4 联动；0i - TB/TA用于车床，4 轴 2 联动；0i - mate MA 用于铣床，3 轴 3 联动；0i - mateTA 用于车床，2 轴 2 联动。

（5）具有网络功能的超小型、超薄型 CNC 16i/18i/21i 系列。控制单元与 LCD 集成于一体，具有网络功能，超高速串行数据通信。其中 FS16i - MB 的插补、位置检测和伺服控制以纳米为单位。16i 最大可控 8 轴，6 轴联动；18i 最大可控 6 轴，4 轴联动；21i 最大可控 4 轴，4 轴联动。

2）FANUC 数控系统的功能与特点

FANUC 数控系统以其高质量、低成本、高性能、较全的功能以及能适用于各种机床和生产机械等特点，市场占有率远远超过其他的数控系统。其特点主要体现在以下几个方面。

（1）结构上长期采用大板结构，但在新的产品中已采用模块化结构。各个控制板高度集成，使其可靠性有很大提高，而且便于维修、更换。同时采用专用 LSI，以提高集成度、可靠性，减小体积和降低成本。

（2）不断采用新工艺、新技术。如表面安装技术 SMT、多层印制电路板、光导纤维电缆等。同时具有很强的抵抗恶劣环境影响的能力。

（3）有较完善的保护措施。FANUC 对自身的系统采用比较好的保护电路。

（4）FANUC 系统所配置的系统软件具有比较齐全的基本功能和选项功能。装置上可配多种控制软件，适用于多种机床。

（5）CNC 装置体积小，采用面板装配式、内装式 PMC（可编程机床控制器），提供大量丰富的 PMC 信号和 PMC 功能指令，便于用户编制机床 PMC 控制程序，而且增加了编程的灵活性。

（6）具有很强的 DNC 功能，系统提供串行 RS232C 传输接口，使 PC 和机床之间的数据传输能够可靠地完成，从而实现高速的 DNC 操作。

（7）在插补、加减速、补偿、自动编程、图形显示、通信、控制和诊断方面不断增加新的功能：插补功能除直线、圆弧、螺旋线插补外，还有假想轴插补、极坐标插补、圆锥面插补、指数函数插补、样条插补等。补偿功能除螺距误差补偿、丝杠反向间隙补偿之外，还有坡度补偿、线性度补偿以及各新的刀具补偿功能。

(8) CNC 装置面向用户开放的功能。以用户特订宏程序、MMC 等功能来实现。

(9) 支持多种语言显示。如日、英、德、中、意、法、荷、瑞典、挪威、丹麦语等。

(10) 现已形成多种版本。FANUC 系统早期有 3 系列系统及 6 系列系统，现有 0 系列，10/11/12 系列，15、16、18、21 系列等，而应用最广的是 FANUC 0 系列系统。

2. SINUMERIK 数控系统

1) SINUMERIK 数控系统的主要类型

SINUMERIK 数控系统的产品类型主要有 SINUMERIK3/8/810/820/860/880/806/系列，目前主要以采用 802/840D 系列为主。

SINUMERIK8025/8020 系列是 SINUMERIK 公司专为简易数控机床开发的经济型数控系统，可控 3 个进给轴和 1 个主轴。两种系统的区别是：8025/5e/Sbase line 系列采用步进电动机驱动，8020/Ce/Chase line 系列采用数字式交流伺服驱动系统。

SINUMERIK802D 控制 4 个数字进给轴和 1 个主轴、PLC、I/O 模块，具有形式循环编程、车削、铣削/钻削工艺循环、旋转和缩放等功能，为复杂加工任务提供智能控制。

SINUMERIK810D 用于数字闭环驱动控制，最多可控 6 轴(其中包括 1 个主轴和 1 个辅助主轴)，紧凑型可编程输入/输出。

SINUMERIK840D 全数字模块化数控设计，用于复杂机床、模块化旋转加工机床和传送机，最大可控 31 个坐标轴。

2) SINUMERIK 数控系统的功能和特点

以 SINUMERIK840D 数控系统为例，其主要功能与特点可以归纳为以下几点。

(1) 控制类型。采用 32 位微处理器实现 CNC 控制，可用于如车床、钻床、铣床、磨床等系列机床，可完成 CNC 连续轨迹控制及内部集成式 PLC 控制，具有全数字化的 SIMODRIVE 611 数字驱动模块，最多可控制 31 个进给轴和主轴。其插补功能有样条插补、三阶多项式插补、控制值互连和曲线表插补。此外，它还具备进给轴和主轴同步操作的功能。

(2) 操作方式。主要有 AUTOMATIC(自动)、JOG(手动)、TEACHIN(交互式程序编制)和 MDA(手动过程数据输入)四种。

(3) 补偿功能。840D 可根据用户程序进行轮廓的冲突检测、刀具半径补偿、刀具长度补偿、螺距误差补偿和测量系统误差补偿、反向间隙补偿、过象限误差补偿等。

(4) 安全保护功能。数控系统可通过预先设置软极限开关的方法，进行工作区域的限制。当超程时可以触发程序进行减速，对主轴的运行还可以进行监控。

(5) NC 编程。840D 系统具有高级语言编程特色的程序编辑器，可进行公制、英制尺寸或混合尺寸的编程，程序编制与加工可同时进行，系统具备 1.5MB 的用户内存，用于零件程序、刀具偏置和补偿等数据的存储。

(6) PLC 编程功能。840D 的 PLC 完全以标准的 SIMATIC S7 模块为基础，PLC 程序和数据内存可扩展到 288K B，I/O 模块可扩展到 2048 个输入/输出点，PLC 程序可以极高的采样速率监视数字输入，向数控机床发送运动、停止、启动等命令。

(7) 操作部分硬件。840D 提供有标准的 PC 软件、硬盘和奔腾处理器，用户可在 Windows 98/2000 下开发自定义的界面。此外，两个通用接口 RS-232 可使主机与外部设备进行通信，用户还可通过磁盘驱动器接口和打印机并行接口完成程序存储、读入及打印工作。

（8）显示功能。840D 提供了多语种的显示功能，用户只需按一下按钮，即可将用户界面从一种语言转换为另一种语言。系统提供的语言有中文、英语、德语等。显示屏上可显示程序块、电动机轴位置、操作状态等信息。

（9）数据通信。840D 系统配有 RS‑2320/TTY 通用接口，加工过程中可同时通过通用接口进行数据输入/输出。此外，用 PCIN 软件可以进行串行数据通信，通过 RS‑232 接口可方便地使 840D 与西门子编程器或普通的 PC 连接起来，进行加工程序、PLC 程序、加工参数等各种信息的双向通信。

3. 华中数控系统

1）华中数控系统的发展

华中数控系统有限公司成立于 1995 年，由华中科技大学（原华中理工大学）、国家科技部、湖北省武汉市科委、武汉市东湖高新技术开发区、香港大同工业设备有限公司等政府部门和企业共同投资组建。

1993—2000 年，以时任校长周济院士为首的科研团队，走创新的技术路线，成功开发出华中系列高性能数控系统，实现了科技成果转化为高科技产品的重大变化。

2000 年起，华中科技大学一批高学历的年轻人毅然"下海"，将华中数控从一个小作坊式公司建设成中国最大的中高档数控生产基地，实现了从产品化向产业化的关键转变。

2）华中数控系统的主要类型

华中数控系统有三大系列：世纪星系列、小博士系列、华中丁型系列。而华中丁型系列为高档高性能数控装置，为满足市场要求，开发了世纪星系列、小博士系列高性能经济型数控装置。世纪星系列采用通用原装进口嵌入式工业 PC、彩色 LCD 液晶显示器、内置式 PLC，可与多种伺服驱动单元配套使用；小博士系列为外配通用 PC 的经济型数控装置，具有开放性好、结构紧凑、集成度高、可靠性好、性价比高、操作维护方便的特点。

3）华中数控系统的特点

华中数控系统的特点主要可以概括为以下几个方面。

（1）以通用工控机为核心的开放式体系结构。系统采用基于通用 32 位工业控制机和 DOS 平台的开放式体系结构，可充分利用 PC 的软硬件资源，二次开发容易，易于系统维护和更新换代，可靠性好。

（2）独创的曲面直接插补算法和先进的数控软件技术。处于国际领先水平的曲面直接插补技术将目前 CNC 上的简单直线和圆弧插补功能提高到曲面轮廓的直接控制，可实现高速、高效和高精度的复杂曲面加工。其采用汉字用户界面，提供完善的在线帮助功能，具有三维仿真校验和加工过程图形动态跟踪功能，图形显示形象直观。

（3）系统配套能力强。公司具备了全套数控系统配套能力。系统可选配本公司生产的交流永磁同步伺服驱动与伺服电动机、步进电动机驱动单元与电动机、三相正弦波混合式驱动器与步进电动机和国内外各类模拟式、数字式伺服驱动单元。

9.2.2 数控系统常见故障诊断及维修

数控系统的故障是多方面的，它与系统的各组成单元及外部设备都有必然的联系，数控装置是整个数控机床的核心，数控机床的所有故障与报警都会由数控装置通过 CRT 或其他显示设备显示出来，如接口的故障、系统参数的故障、主轴与进给轴的报警等。

数控系统的常见故障归纳起来有电源类故障、显示类故障、软件类故障、回参考点类故障、参数类故障、急停类故障、操作类故障、PLC类故障等。本章介绍相应部分的工作原理、常见故障现象、故障处理方法，通过大量的实际案例说明处理故障的思路和方法。

1. 数控系统电源类故障诊断与分析

电源是电路的能源供应部分，电源不正常，电路板的工作必然异常，而且，电源部分故障率较高，修理时应足够重视。在用外观法检查数控机床后，可先对其电源部分进行检查。

电路板的工作电源，有的是由外部电源系统供给；有的由板上本身的稳压电路产生。电源检查包括输出电压稳定性检查和输出纹波检查。用示波器交流输入挡可检查纹波幅值，输出纹波过大，会引起系统不稳定，纹波大一般是由集成稳压器损坏或滤波电容不良引起的。

数控系统中对各电路板供电的系统电源大多数采用开关型稳压电源。这类电源种类繁多，故障率也较高，但大部分都是分立元件，用万用表、示波器即可进行检查。维修开关电源时，最好在电源输入端接一只隔离变压器，以防触电。

常见的电源类故障及排除方法有以下几种：

（1）系统上电后有反应，但电源不接通。这种故障现象有电源指示灯亮系统无反应和电源指示灯不亮两种情况。电源指示灯不亮的原因主要有没有提供外部电源，电源电压过低、缺相或外部形成了短路，电源的保护装置跳闸或熔断形成了电源开路，系统上电按钮接触不良或脱落，电源模块不良、元器件的损坏引起的故障等。可通过检查外部电源，更换熔断器、更换按钮、更换元器件或电源模块等措施来排除故障。

（2）强电部分接通后马上跳闸。这种故障现象的原因主要有机床上使用了较大功率的变频器或伺服驱动，并且在变频器或伺服驱动的电源进线前没有使用隔离变压器或电感器，变频器或伺服驱动在上强电时电流有较大的波动，超过了空气开关的限定电流引起跳闸等。可通过更换空气开关，或重新选择使用电流，外接电抗，逐步检查电源上强电所需要的各种条件等措施来排除故障。

（3）系统在工作过程中突然断电。主要原因有切削力太大引起机床过载，空气开关容量过小跳闸，机床出现漏电等。可通过调整切削参数，更换空气开关检查线路等措施来排除故障。

2. 系统显示类故障诊断与维修

数控系统不能正常显示的原因很多，当系统的软件出错时，在多数情况下会导致系统显示的混乱、不正常或无法显示。电源出现故障、系统主板出现故障也都有可能导致系统的不正常显示。显示系统本身的故障是造成系统显示不正常的主要原因。因此，系统在不能正常显示的时候，首先要分清造成系统不能正常显示的主要原因，不能简单地认为系统不能正常显示就是显示系统的故障。

数控系统不正常显示，可以分为完全无显示和显示不正常两种情况。当系统电源、系统的其他部分工作正常，系统无显示时，大多数的情况下是由硬件原因引起的；而显示混乱或显示不正常，一般来说是由系统软件引起的。当然，系统不同，引起的原因也不同，要根据实际情况进行分析。

常见的系统显示类故障及排除方法有以下几种：

（1）运行或操作中出现死机。这种故障现象的原因主要有参数设置不当，系统文件被破坏，元器件损坏及电源功率不够等。可通过正确设置参数，更换元器件、检查电源负载能力、重新安装系统软件等措施来排除故障。

(2) 系统上电后，NC 电源指示灯亮，但是屏幕无显示或黑屏。这种故障现象的原因主要有显示模块损坏，模块电源不良，显示屏电压过高及显示屏亮度太暗等。可通过更换模块、更换显示屏、调整显示屏亮度及修复电源等措施来排除故障。

(3) 系统上电后花屏或乱码。主要原因有系统文件被破坏、内存不足、外部干扰等。可通过重装系统或修复系统文件，增加防干扰措施来预防。

(4) 主轴实际转速与所发指令不符。主要原因有主轴编码器每转脉冲数设置错误，速度控制信导线连接错误，PLC 程序错误等。可通过正确设置主轴编码器的每转脉冲数，改写 PLC 程序，重新调试，重新焊接电缆来预防。

(5) 数控系统上电后，屏幕显示暗淡，但是可正常操作，系统运行正常。主要原因有数控系统显示屏亮度调节过暗，显示屏亮度灯管的坏，显示控制板出现故障等。可通过正确调节显示屏亮度，更换显示屏亮度灯管，重新调试，更换显示控制板来排除故障。

3. 急停报警类故障与维修

在数控系统的操作面板和手持单元上均设有急停按钮，用于数控系统或数控机床出现紧急情况时，需要使数控机床立即停止运动或切断动力装置（如伺服驱动器等）的主电源。当数控系统出现自动报警信息后，需按下急停按钮。待查看报警信息并排除故障后，再松开急停按钮，使数控系统复位并恢复正常。该急停按钮及相关电路所控制的中间继电器的一个常开触点应该接入数控装置的开关量输入接口。

急停回路是为了保证机床的安全运行而设计的，所以整个系统的各个部分出现故障均有可能引起急停。

常见的系统急停类故障及排除方法有以下几种：

(1) 机床一直处于急停状态，不能复位。这种故障现象的原因主要有参数设置不当，电气方面故障，PLC 控制的系统复位条件没有满足等。可通过正确设置参数，严格检查电源线路、检查系统复位的条件是否具备等措施来排除故障。

(2) 数控系统在自动运行过程中，跟踪误差过大报警引起的急停故障。这种故障现象的原因主要有负载过大或者夹具造成的摩擦力或阻力过大，从而造成伺服电动机上的扭矩过大、使电动机造成了丢步，造成跟踪误差过大，编码器的反馈出现问题，伺服驱动器损坏，进给伺服驱动系统强电电压不稳或者是电源缺相等。可通过减小负载，改变切削条件或装夹条件，检查编码器接线是否正确，接口是否松动或者用示波器检查编码反馈回来的脉冲是否正常，更换伺服驱动器，改善供电电压等措施来排除故障。

(3) 伺服单元报警引起的急停故障。主要原因有过载、过流、欠压、反馈断线等。可通过查找伺服驱动器报警的原因，排除伺服部分的故障来预排除故障。

4. 回参考点、编码器类故障诊断与维修

按机床检测元件检测原点信号方式的不同，返回机床参考点的方法有两种，即栅点法和磁开关法。栅点法的特点是如果接近原点速度小于某特定值，则伺服电动机总是停止于同一点，也就是说，在进行回原点操作后，机床原点的保持性好。磁开关法的特点是软件及硬件简单，但原点位置随着伺服电动机速度的变化而成比例地漂移，即原点不确定，目前，大多数机床采用栅点法。

当数控机床回参考点出现故障时，先检查原点减速挡块是否松动，减速开关固定是否牢靠或被损坏。用百分表或激光干涉仪进行测量，确定机械相对位置是否漂移，检查减速挡块的长度，安装的位置是否合理；检查回原点的起始位置、原点位置和减速开关的位置三者之间的关系；确定回原点的模式是否正确；确定回原点所采用的反馈元器件的类型；检查有关回原点的参数设置是否正确；确认系统是全闭环还是半闭环的控制；用示波器检查脉冲编码器或光栅尺的零点脉冲是否出现了问题；检查 PLC 的回零信号的输入点是否正确等。

5. 参数设定错误引起的故障

数控机床的参数按照所具有的性质又可以分为普通型参数和秘密级参数。普通型参数是数控厂家在各类公开发行的资料中公开的参数，对参数都有详细的说明及规定，有些允许用户进行更改调试。秘密级参数是数控厂家在公开发行的资料中不公开的参数，或者是系统文件中进行隐藏的参数，此类参数只有数控厂家能进行更改与调试，用户没有更改的权限。

数控机床在出厂前已将所用的系统参数进行了调试优化，但有的数控系统还有一部分参数需要到用户那里去调试。如果参数设置不对或者没有调试好，就有可能引起各种各样的故障现象，直接影响到机床的正常工作和性能的充分发挥。在数控机床维修的过程中，有时也利用参数来调试机床的某些功能，而且有些参数需要根据机床的运动状态来进行调整。有的系统参数很多，维修人员逐一查找不现实，因此应针对性地去查找故障。

1）数控系统参数丢失

（1）数控系统的后备电池失效。后备电池的失效将导致全部参数的丢失。数控机床长时间停用最容易出现后备电池失效的现象。机床长时间停用时应定期为机床通电，使机床空运行一段时间，这样不但有利于后备电池的使用时间延长，及时发现后备电池是否无效，还可以延长整个数控系统，包括机械部分的使用寿命。

（2）操作者的误操作使参数丢失或者受到破坏。这种现象在初次接触数控机床的操作者中经常遇到。由于误操作，有的将全部参数进行清除，有的将个别参数更改，有的将系统中处理参数的一些文件不小心进行了删除，从而造成了系统参数的丢失。

2）参数设定错误引起的部分故障现象

（1）系统不能正常启动；

（2）数控机床不能正常运行；

（3）数控机床运行时经常报跟踪误差；

（4）数控机床轴运动方向或回零方向反；

（5）运行程序不正常；

（6）螺纹加工不能进行；

（7）系统显示不正常；

（8）死机。

参数是整个数控系统中很重要的一部分，如果参数出现了问题可以引起各种各样的问题，所以在维修调试的时候一定要注意检查参数；首先排除因为参数设置不合理而引起的故障，再从别的位置查找问题的根源。

9.2.3 数控系统的日常维护

1. 机床电气柜的散热通风

通常安装在电气柜门上的热交换器或轴流风扇能对电气柜的内外进行空气循环,促使电气柜内的发热装置或元器件,如驱动装置等进行散热。应定期检查电气柜上的热交换器或轴流风扇的工作状况,以及风道是否堵塞,否则会引起柜内温度过高,使系统不能正常运行,甚至引起过热报警。

2. 尽量少开电气柜门

加工车间飘浮的灰尘、油雾和金属粉末落在电气柜上容易造成元器件间绝缘电阻值下降,从而出现故障。因此,除了定期维护和维修外,平时应尽量少开电气柜门。

3. 定期维护纸带阅读机

纸带阅读机是数控系统信息输入的一个重要部件。CNC 系统的参数、零件程序等数据都可通过它输入到系统的寄存器中。如果其读带部分有污染物,会使读入的纸带信息出现错误。为此,要定期对光电头、纸带压板等部件进行清洁。纸带阅读机也是数控系统内唯一的运动部件,为使其传动机构运行顺利,必须对主动轮滚轴、导向轮滚轴和压紧轮滚轴等定期进行清洁和加注润滑剂。

4. 定期更换支持电池

数控系统存储参数用的存储器采用 CMOS 器件,其存储的内容在数控系统断电期间靠支持电池供电保存。在一般情况下,即使电池尚未消耗完,也应每年更换一次,以确保系统能正常工作。电池的更换应在 CNC 系统通电状态下进行。

5. 备用印制电路板的定期通电

对于已经购置的备用印制电路板,应定期装到 CNC 系统中通电运行。实践证明印制电路板长期不用易出故障。

6. 数控系统长期不用时的保养

数控系统处于长期闲置的情况下,要经常给系统通电,在机床锁住不动的情况下,让系统空运行。系统通电可利用电器元件本身的发热来驱散电气柜内的潮气,保证电器元件性能的稳定可靠。实践证明,在空气湿度较大的地区,经常通电是降低故障的一个有效措施。

9.2.4 维修实例

例 1. 某数控车床数控刀架换刀突然出现故障,系统无法自动运行,在手动换刀时,总要过一段时间才能再次换刀。

分析及处理:对刀补等参数进行检查,发现一个手册上没有说明的参数 P20 变为了"20",经查阅有关资料,发现 P20 是刀架换刀时间参数,将其清零,故障排除。

参数丢失或变化,发生混乱,使机床无法正常工作。此时,可通过核对、修正参数,将故障排除。

例 2. 某数控铣床的控制系统为 FANUC 0M,在进行回零操作(返回参考点)时,机床正方向移动很小一段距离就产生正向超程报警，按复位按钮不能消除。停电后再送电，机床准备正常，但进行回零操作还是报警。

分析及处理：从现象上看是通电后机床所处的位置就是机床零点，再向正向移动就产生软限位保护，所以只能向负方向运动。该现象是由 CNC 软限位参数失控造成的，只要修改 CNC 参数即可。

例 3. 一台 FANUC 0MC 立式加工中心，由于绝对位置编码器电池失效，导致 X、Y、Z 轴丢失参考点，必须重新设置参考点。

分析及处理：将 PWE "0" 改为 "1"，更改参数 NO.76.1 = 1，NO.22 改为 00000000，此时 CRT 显示 "300" 报警，即 X，Y，Z 轴必须手动返回参考点。然后关机，再开机，利用手轮将 X，Y 轴移至参考点位置，改变参数 NO.22 为 00000011，则表示 X、Y 轴已建立了参考点，将 Z 轴移至参考点附近，在主轴上安装一刀柄，然后手动机械手臂，使其完全夹紧刀柄。此时将参数 NO.22 改为 00000111，即 Z 轴建立参考点，将 NO76.1 设为 "00"，PWE 改为 "0"。最后关机，再开机，用 G28 XO YO ZO 核对机械参考点。

例 4. 手动 X 轴至参考点附近（近似刀具切削位置）时，出现黑屏，重开机，出现 433 超差报警（参数设置有误）。

分析及处理：经检查，检测单位设置位 P8300♯0 由 "1" 变成了 "0"。考虑到刚进行了重新设置，断定参数的变异与屏幕突然掉电有关，即与电源单元有关。FANUC 电源单元中 +24V 为屏幕电源，+5V、−5V 为各控制板集成电路电源，+24V 为外部输入信号电源。打开防护板，露出 X 轴参考点减速检测接近开关，+24V 线的插接头处几乎脱开，线绝缘外皮磨损，有明显搭过的痕迹。当机床移动时若偶然碰地，必引起电源畸变，从而干扰主板和插在主板上的存储板。同时，+24V 屏幕电源也被切断，致使机床黑屏。

进一步检查发现机床所用 AC200V 电源 R1、S1、T1、N 接线端子均绝缘不良，有失效可能。它们产生的干扰将更为严重。将 FANUC 电源单元接入电源，接好、固定好开关线，更换接线端子，一切正常。至此，该机床多次反复出现的 930、910 报警及参数变异的真正原因是突发的电源干扰对主板、存储板造成的影响。

此次故障证明系统故障发生后应根据具体情况进行综合分析，不必急于怀疑主板或 MEM 存储板损坏，先从控制参数和干扰等方面入手，逐步排除可能因素并找出真正原因。

例 5. 某机床在每次回零时的实际位置都不一样，漂移一个栅点或者是一个螺距的位置，并且是时好时坏。

故障分析：如果每次漂移只限于一个栅点或一个螺距，这种情况有可能是因为减速开关与减速挡块安装不合理，机床轴开始减速时的位置距离光栅尺或脉冲编码器的零点太近；由于机床的加减速或惯量不同，机床轴在运行时过冲的距离不同，从而使机床轴所找的零点位置发生了变化。

解决办法：

（1）改变减速开关与减速挡块的相对位置，使机床轴开始减速的位置大概处在一个栅距或一个螺距的中间位置；

（2）设置机床零点的偏移量，并适当减小机床的回零速度或机床的快移速度的加减速时间常数。

例 6. 一机床在回零时有减速过程，但是找不到零点。

故障分析：机床轴回零时有减速过程，说明减速信号已经到达系统，证明减速开关及其相关电气没有问题，问题可能出在编码器上，用示波器测量编码器的波形，的确找不到零脉冲，可以确定是编码器出现问题。

解决办法：将编码器拆开，观察里面是否有灰尘或者油污，再将编码器擦拭干净；用示波器测量，如发现零脉冲，则问题解决，否则要更换编码器或者进行修理。

例 7. 某机床在回零时，Y 轴回零不成功，报超程错误。

故障分析：首先观察轴回零的状态，选择回零方式，让 X 轴先回零，结果能够正确回零，再选择 Y 轴回零，观察到 Y 轴在回零的时候，压到减速开关后 Y 轴并不发生减速动作，而是越过减速开关，直至压到限位开关，机床超程；直接将限位开关按下后，观察机床 PLC 的输入状态，发现 Y 轴的减速信号并没有到达系统，可以初步判断有可能是机床的减速开关或者是 Y 轴的回零输入线路出现了问题，用万用表进行逐步测量，最终确定为减速开关的焊接点出现了脱落。将脱落的线头焊好后，故障即排除。

例 8. 一台普通的数控铣床，开机回零，X 轴正常，Y 轴回零不成功。

故障分析：机床轴回零时有减速过程，说明减速信号已经到达系统，证明减速开关及其相关电气装置没有问题，问题可能出在编码器上；用示波器测量编码器的波形，但是零脉冲正常，可以确定编码器没有出现问题，问题可能出现在接收零脉冲反馈信号的线路板上。

解决办法：更换线路板。有的系统可能每个轴的检测线路板是分开的，可以将 X、Y 轴线路板进行互换，确认问题的所在，然后再更换线路板；有的系统可能把检测线路板与NC 板集成了一块，则可以直接更换整个线路板。

例 9. 一数控系统，工作后经常死机，停电后常丢失机床参数和程序。

故障分析：经分析和诊断，出现该故障的原因一般有如下几点：电池接触不良；系统存储器出错；软件本身不稳定。根据以上分析，逐条进行检查：先用万用表直接测量系统断电存储用电池，发现电池没有问题；测量主板上的电池电压，发现时有时无，进一步检查发现当用手接着主板一侧测量时电压正确，松开手时电压不正确，因此初步诊断为接触不良；拆下该主板，仔细检查发现该主板已经弯曲变形，校正后重新试验，故障排除。

例 10. 一台数控车床配 FANUC 0 - TD 系统，在调试中时常出现 CRT 闪烁、发亮，没有字符出现的现象。

故障分析：经检查发现造成故障的原因主要有：CRT 亮度与灰度旋钮在运输过程中受到振动；系统在出厂时没有经过初始化调整；系统的主板和存储板有质量问题。

解决办法：首先调整 CRT 的亮度和灰度旋钮，如果没有反应，将数控系统进行初始化一次，同时按【RST】键和【DEL】键进行数控系统启动；如果 CRT 仍没有正常显示，则需要更换数控系统的主板或存储板。

9.3 数控机床进给伺服系统故障诊断与维修

9.3.1 进给伺服系统的构成及种类

进给伺服系统由各坐标轴的进给驱动装置、位置检测装置及机床进给传动链等组成。进给伺服系统的任务是完成各坐标轴的位置控制。数控系统根据输入的程序指令及数据，经插补运算后得到位置控制指令，同时，位置检测装置将实际位置监测信号反馈给数控系统，构成全闭环或半闭环的位置反馈控制。经位置比较后，数控系统输出速度控制指令至各坐标轴的驱动装置，经速度控制单元驱动伺服电动机带动滚珠丝杠传动实现进给运动。伺服电动机上的测速装置将转速信号与速度控制指令比较，构成速度反馈控制。因此，进给伺服系统实际上是外环为位置环、内环为速度环的控制系统。对进给伺服系统的维护及故障诊断将落实到位置环和速度环上。组成这两个环的具体装置有：用于位置检测的有光栅、光电编码器、感应同步器、旋转变压器和磁栅等；用于转速检测的有测速发电机或光电编码器等。进给伺服系统由直流或交流驱动装置及直流伺服电动机或交流伺服电动机组成。

按进给伺服系统使用的伺服类型，半闭环、闭环数控机床常用的进给伺服系统可以分为直流进给伺服系统和交流进给伺服系统两大类。在 20 世纪 70 年代至 80 年代的数控机床上，一般均采用直流进给伺服系统；从 80 年代中后期起，数控机床上多采用交流进给伺服系统。下面将分别对交流进给伺服系统、直流进给伺服系统的维护与维修的相关知识进行阐述。

9.3.2 进给伺服系统各类故障的表现形式

当进给伺服系统出现故障时，通常有以下三种表现形式：

(1) 在 CRT 或操作面板上显示报警内容和报警信息，这是利用软件的诊断程序来实现的。

(2) 利用进给伺服驱动单元上的硬件(如报警灯或数码管指示，熔丝熔断等)显示报警驱动单元的故障信息。

(3) 进给运动不正常，但无任何报警信息。

其中前两类都可根据生产厂家或公司提供的产品维修说明书中有关"各种报警信息产生的可能原因"的提示进行分析判断，一般都能确诊故障原因、部位。

对于第 3 类故障则需要进行综合分析。这类故障往往是以机床工作不正常的形式出现的，如机床失控、机床振动及工件加工质量太差等。

虽然由于伺服系统生产厂家的不同，进给伺服系统的故障诊断在具体做法上可能有所区别，但其基本检查方法与诊断原理却是一致的。诊断伺服系统的故障一般可利用状态指示灯诊断法、数控系统报警显示诊断法、系统诊断信号检查法、原理分析法等。

9.3.3 进给伺服系统常见故障形式

1. 机床振动

机床振动指机床在启动或停止时的振荡、运动时的爬行、正常加工过程中的运动不稳等，可能是机械传动系统的原因，也可能是进给伺服系统的调整与设定不当等。

分析机床振动周期是否与进给速度有关。如与进给速度有关，振动一般与该轴的速度环增益太高或速度反馈故障有关；若与进给速度无关，振动一般与位置环增益太高或位置反馈故障有关；如振动在加减速过程中产生，往往是系统加减速时间设定所致。

2. 超程

超程是机床厂家为机床设定的保护措施，一般有硬件超程、急停保护和软件超程三种，不同机床所采用的措施会有所区别。硬件超程是为防止在回零之前手动误操作而设置的，急停是最后一道防线，当硬件超程限位保护失效时它会起到保护作用，软件限位在建立机床坐标系后(机床回零后)生效，软件限位设置在硬件限位之内。超程的具体恢复方法，不同的系统有所区别，根据机床说明书即可排除。

3. 过载

当进给运动的负载过大、频繁正反向运动以及进给传动润滑状态和过载检测电路不良时，都会引起过载报警。一般会在 CRT 上显示伺服电动机过载、过热或过电流的报警，或在电气柜的进给驱动单元上，用指示灯或数码管提示驱动单元过载、过流信息。

4. 窜动

当进给时出现窜动现象，一般表现为测速信号不稳定，如调速装置、测速反馈信号干扰等；速度控制信号不稳定或受到干扰；接线端子接触不良，如螺钉松动等。当窜动发生在由正向运动向反向运动转换的瞬间时，一般是进给传动链的反向间隙或伺服系统增益过大所致。

5. 爬行

爬行发生在启动加速段或低速进给时，一般是由于进给传动链的润滑状态不良、伺服系统增益过低以及外加负载过大等因素所致。尤其要注意的是，伺服电动机和滚珠丝杠连接用的联轴器，如连接松动或联轴器本身有缺陷（如裂纹）等，将造成滚珠丝杠转动和伺服电动机的转动不同步，从而使进给运动忽快忽慢，产生爬行现象。

6. 伺服电动机不转

数控系统至进给单元除了速度控制信号外，还有使能控制信号，使能信号是进给动作的前提，可参考具体系统的信号连接说明。检查使能信号是否接通，通过 PLC 梯形图，分析轴使能的条件；检查数控系统是否发出速度控制信号；对带有电磁制动的伺服电动机应检查电磁制动是否释放；检查进给单元故障；检查伺服电动机故障。

7. 位置误差

当伺服运动超过允许的误差范围时，数控系统就会产生位置误差过大报警，包括跟随误差、轮廓误差和定位误差等。主要原因：系统设定的允差范围过小；伺服系统增益设置不当；位置检测装置有污染；进给传动链累积误差过大；主轴箱垂直运动时平衡装置不稳。

8. 漂移

当指令为零时，坐标轴仍在移动，从而造成误差，可通过漂移补偿或驱动单元上的零速调整来消除。

9. 回基准点故障

基准点是机床在停止加工或交换刀具时，机床坐标轴移动到一个预先指定的准确位置。机床返回基准点是数控机床启动后首先必须进行的操作，然后机床才能转入正常工作。机床不能正确返回基准点是数控机床常见的故障之一。机床返回基准点的方式随机床所配用的数控系统不同而异，但多数采用栅格方式(用脉冲编码器作位置检测元件的机床)

或磁性接近开关方式。下面介绍几种机床在返回基准点时的故障。

机床不能返回基准点，一般有四种情况：

(1) 偏离基准点一个栅格距离。造成这种故障的原因有三种：

① 减速挡块位置不正确；减速挡块的长度太短；基准点用的接近开关的位置不当。该故障一般在机床大修后发生，可通过重新调整挡块位置来解决。

② 偏离基准点任意位置，即偏离一个随机值。这种故障与下列因素有关：外界干扰，如电缆屏蔽层接地不良，脉冲编码器的信号线与强电电缆靠得太近；脉冲编码器用的电源电压太低(低于 4.75V)或有故障；数控系统主控板的位置控制部分不良；进给轴与伺服电动机之间的联轴器松动。

③ 微小偏移。其原因有两个：电缆连接器接触不良或电缆损坏主板不良。

(2) 机床在返回基准点时发出超程报警。这种故障有三种情况：

① 无减速动作。无论是发生软件超程还是硬件超程，都不减速，一直移动到触及限位开关而停机。可能是返回基准点减速开关失效，开关触头压下后，不能复位，或减速挡块处的减速信号线松动，返回基准点脉冲不起作用，致使减速信号没有输入到数控系统。

② 返回基准点过程中有减速，但以切断速度移动(或改变方向移动)到触及限位开关而停机。可能原因有：减速后，返回基准点标记指定的基准脉冲不出现。其中，一种可能是光栅在退回基准点操作中没有发出退回基准点脉冲信号，或退回基准点标记失效，或由基准点标记选择的返回基准点脉冲信号在传送或处理过程中丢失；或测量系统硬件故障，对返回基准点脉冲信号无识别和处理能力。另一种可能是减速开关与返回基准点标记位置错位，减速开关复位后，才出现基准点标记。

③ 返回基准点过程有减速，且有返回基准点标记指定的返回基准脉冲出现后的制动到零点时的过程，但来到基准点就触及限位开关而停机，该故障原因可能是返回基准点的脉冲被超越后，坐标轴未移动到指定距离就触及限位开关。

(3) 机床在返回基准点过程中，数控系统突然变成"NOT READY"状态，却无任何报警显示。出现这种故障也多为返回基准点用的减速开关失灵。

(4) 机床在返回基准点过程中，发出"未返回基准点"报警，其原因可能是改变了设定参数所致。

9.3.4 进给伺服系统常见故障维修方法及故障诊断

1. 故障的维修方法

(1) 模块交换法。由于伺服系统的各个环节都采用模块化，不同轴的模块有的具有互换性，所以可采用模块交换法来进行一些故障的判断，但要注意遵从以下要求：模块的插拔是否会造成系统参数丢失，保证采取相应措施；各轴模块的设定可能有所区别，更换后应保证设定与以前一致；遵从先易后难的原则，先更换环节中较易更换的模块，确认不是这些模块的问题后再检查难以更换的模块。通过这种方法，比较容易确定故障的部位。

(2) 外界参考电压法。当某轴进给发生故障时，为了确定是否为驱动单元和电动机故障，可以脱开位置环，检查速度环。如 SIMODRIVE 611A 进给驱动模块，首先断开指令电压输入，即 x331 的 56、14 端子，接一个由 9V 电池和电位器组成的调压电路作为指令输入；再短接使能信号，即 X331 的 9.65 端子。接通机床电源，启动数控系统，再短接 IR 模块 X141 的 63(脉冲使能)9(+24V)端子及 X141 的 64(驱动使能)和 9(+24V)端子。

只有满足三个使能条件，电动机才能工作。脉冲使能 63 端子无效时，驱动装置立即禁止所有轴运行，伺服电动机无制动地自然停止；驱动器使能以端子无效时，驱动装置立即置所有进给轴的速度设定值为零，伺服电动机进入制动状态，200ms 后电动机停转；轴使能 65 端子无效时，对应轴的速度设定值为零，伺服电动机进入制动状态。200ms 后电动机停转。正常情况下伺服电动机在外加参考电压的控制下转动，调节电位改变指令电压，可控制电动机的转速，参考电压的正负决定电动机的旋转方向。这时可判断驱动器和伺服电动机是否正常，以判断故障是在位置环还是在速度环。

2. 进给系统的故障诊断

不同厂家、不同系统的伺服系统的结构及信号连接有很大差别。前面介绍了 FANUC 及 SIEMENS 两种伺服系统的结构和连接以及故障诊断。总的来说对于伺服系统的故障诊断，应以区分内因和外因为前提。所谓外因指的是伺服系统启动的条件是否满足，例如供给伺服系统的电源是否正常，供给伺服系统的控制信号是否出现，伺服系统的参数设置是否正确；内因指的是确认伺服驱动装置故障，在满足正常供电及驱动条件下，伺服系统能不能正常驱动伺服电动机的运动。

对于外因，我们必须清楚系统正常工作所应满足的条件、控制信号的时序关系等，如 FANUC 系统的 PRDY(位置准备信号)、VRDY(速度控制信号)、ENBY(使能控制信号)；SIMODRIVE 611A 的驱动器使能、脉冲使能、驱动使能、控制指令信号等。随着数字化、集成化程度的进一步提高，用户对元件级维修将越来越难，我们应把学习的重点放在调整和诊断技术上来。

由于伺服系统大都具有模块化结构，所以可采用模块更换法来进行故障诊断。当怀疑到某一个轴的进给模块，准备进行更换时，必须清楚相互更换的模块型号是否一致，这可在模块上或机床配置上查到；相互交换的模块的设定是否一致，检查设定开关，做好记录；在拆下连接模块的插头、电线时，确认标记是否清晰，否则应重做标记，以防出现接线错误。

9.3.5 进给伺服系统维修实例

例 1. 一台配备某系统的加工中心，进给加工过程中发现 X 轴振动。

故障分析：加工过程中坐标轴出现振动、爬行与多种原因有关，可能是机械传动系统的故障，也可能是伺服进给系统的调整与设定不当等。

为了判定故障原因，将机床操作方式置于手动方式，用手摇脉冲发生器控制 X 轴进给，发现 X 轴仍有振动现象。在此方式下，通过较长时间的移动后，X 轴速度单元上 OVC 报警灯亮，证明 X 轴伺服驱动器发生了过电流报警，根据以上现象，分析可能的原因如下：

① 负载过重；
② 机械传动系统不良；
③ 位置环增益过高；
④ 伺服不良等。

维修时通过互换法确认故障原因出在直流伺服系统。卸下 X 轴，经检查发现 6 个电刷中有两个的弹簧已经烧断，造成了电枢电流不平衡，使输出转矩不平衡。另外，发现轴承也有损坏，因而引起 X 轴的振动与过电流。更换轴承与电刷后，机床恢复正常。

例 2. 配备某系统的加工中心，在长期使用后，手动操作 Z 轴时有振动和异常响声，并出现"移动过程中 Z 轴误差过大"报警。

故障分析：为了分清故障部位，考虑到机床伺服系统为半闭环结构，脱开与丝杠的连接，再次开机试验，发现伺服驱动系统工作正常，从而判定故障原因在机床机械部分。

利用手动方式转动机床 Z 轴，发现丝杠转动困难，丝杠的轴承发热。经仔细检查，发现 Z 轴导轨无润滑，造成 Z 轴摩擦阻力过大；重新修理 Z 轴润滑系统后，机床恢复正常。

例 3. 一台配备 FANUC 系统的加工中心，在长期使用后，只要工作台移动到行程的中间段，X 轴即出现缓慢的正、反向摆动。

故障分析：加工中心在其他位置时工作均正常，因此系统参数、伺服驱动器和机械部分应无问题。考虑到加工中心已经过长期使用，加工中心机械部分与伺服驱动系统之间的配合可能会发生部分改变，一旦匹配不良，就可能引起伺服系统的局部振动。根据 FANUC 伺服驱动系统的调整与设定说明，维修时通过改变 X 轴伺服单元上的 S6、S7、S11、S13 等设定端的设定消除加工中心的振动。

例 4. 一台配备某系统的进口立式加工中心，在加工过程中发现某轴不能正常移动。

故障分析：通过机床电气原理图分析，该机床采用的是 HSV－16 型交流伺服系统。现场分析、观察机床动作，发现运行程序后，其输出的速度信号和位置控制信号均正常。再观察 PLC 状态，发现伺服允许信号没有输入。依次排查，按"刀库给定值转换/定位控制"板原理图逐级测量，最终发现该板上的模拟开关(型号 DG201)已损坏，更换同型号备件后，机床恢复正常工作

例 5. 配备某系统的数控车床，在工作过程中，发现加工工件的 X 向尺寸出现无规律的变化。

故障分析：数控机床的加工尺寸不稳定通常与机械传动系统的安装、连接与精度，以及伺服进给系统的设定与调整有关。在本机床上利用百分表仔细测量 X 轴的定位精度，发现丝杠每移动一个螺距，X 向的实际尺寸总是要增加几十微米，而且此误差不断积累。

根据以上现象分析，故障原因似乎与系统的"齿轮比"、参数计数器容量、编码器脉冲数等参数的设定有关，但经检查，以上参数的设定均正确无误，排除了参数设定不当引起故障的原因。

为了进一步判定故障部位，维修时拆下 X 轴伺服，并在轴端通过画线做标记，利用手动增量进给方式移动 X 轴，发现 X 轴每次增量移动一个螺距时，轴转动均大于 360°。同时，在以上检测过程中发现伺服每次转动到某一固定的角度上时，均出现"突跳"现象，且在无"突跳"区域，运动距离与轴转过的角度基本相符(无法精确测量，依靠观察确定)。

根据以上检查可以判定故障是由于 X 轴的位置监测系统不良引起的。考虑到"突跳"仅在某一固定的角度产生，且在无"突跳"区域，运动距离与轴转过的角度基本相符。因此，可以进一步确认故障与测量系统的电缆连接、系统的接口电路无关，与编码器本身的不良有关。

通过更换编码器试验，确认故障是由于编码器不良引起的。更换编码器后，机床恢复

正常。

例 6. 配备某系统的数控车床在运行过程中，被加工零件的 Z 轴尺寸逐渐变小，而且每次的变化量与机床的切削力有关，当切削力增加时，变化量也会随之变大。

故障分析：根据故障现象分析，产生故障的原因应在伺服电动机与滚珠丝杠之间的机械连接上。由于本机床采用的是联轴器直接连接的结构形式；当伺服电动机与滚珠丝杠之间的弹性联轴器未能锁紧时，丝杠与伺服电动机之间将产生相对滑移，造成 Z 轴进给尺寸逐渐变小。

解决联轴器不能正常锁紧的方法是压紧锥形套，增加摩擦力。如果联轴器与丝杠之间配合不良，依靠联轴器本身的锁紧螺钉无法保证锁紧时，通常的解决方法是将每组锥形弹性套中的其中一个开一条 0.5mm 左右的缝，以增加锥形弹性套的收缩量，这样可以解决联轴器与丝杠之间配合不良引起的松动问题。

例 7. 某数控车床，用户在加工过程中发现 X、Z 轴的实际移动尺寸与理论值不符。

故障分析：由于机床 X、Z 轴工作正常，故障仅是移动的实际值与理论值不符，因此可以判定机床系统、驱动器等部件均无故障，引起问题的原因在于机械传动系统参数与控制系统的参数匹配不当。

机械传动系统与控制系统匹配的参数在不同的系统中有所不同，通常有电子齿轮比、指令倍乘系数、检测倍乘系数、编码器脉冲数、丝杠螺距等。以上参数必须统一设定，才能保证系统的指令值与实际移动值相符。

在本机床中，通过检查系统设定参数，发现 X、Z 轴伺服的编码器脉冲数与系统设定不一致。在机床上，X、Z 轴的型号相同，但内装式编码器分别为 2000 脉冲/转与 2500 脉冲/转，而系统的设定值正好与此相反。

据了解，故障原因是用户在进行机床大修时，曾经拆下 X 轴、Z 轴伺服进行清理，但安装时未注意到编码器的区别。对 X、Z 轴进行交换后，机床恢复正常工作。

9.4 主轴驱动系统故障诊断与维修

数控机床的主轴驱动系统是数控系统中完成主运动的动力装置部分。主轴驱动系统通过传动机构转变成主轴上安装的刀具或工件的切削力矩，配合进给运动加工出理想的零件。主轴的精度对零件的加工精度有较大的影响。它的性能直接决定了加工工件的表面质量，因此，在数控机床中对主轴驱动系统进行合理的维护维修具有很重要的现实意义。

9.4.1 数控机床对主轴驱动系统的要求

数控机床的主轴驱动系统和进给驱动系统相比有较大的差别。数控机床通常通过主轴的回转与进给轴的进给实现刀具与工件的快速相对切削运动，其工作运动通常是旋转运动，不需要丝杠或其他直线运动装置做往复运动。随着刀具技术、生产技术、加工工艺以及生产效率的不断发展，现代数控机床对主轴传动提出了以下更高的要求。

1. 调速范围宽并实现无级调速

这是为了保证加工时选用合适的切削用量，以获得最佳的生产率、加工精度和表面质量。特别是具有自动换刀功能的数控加工中心，为适应各种刀具、工序和各种材料的加工要求，对主轴的调速范围要求更高，要求主轴能在较宽的转速范围内自动实现无级调速。

主轴驱动变速目前主要有三种形式：一是带有变速齿轮传动方式，可实现分段无级调速，扩大输出转矩，满足强力切削要求的转矩；二是通过带传动方式，可避免齿轮传动时引起的振动与噪声，适用于低转矩特性要求的小型机床；三是由调速电动机直接驱动的传动方式，主轴传动部件结构简单、紧凑，这种方式主轴输入的转矩小。

2. 恒功率范围宽

主轴在全速范围内均能提供切削所需功率，并尽可能在全速范围内提供主轴电动机的最大功率。由于主轴电动机与驱动装置的限制，主轴在低速段均为恒转矩输出。为满足数控机床低速、强力切削的需要，常采用分段无级变速的方法（即在低速段采用机械减速装置），以扩大输出转矩。

3. 具有较高的精度与刚度，传动平稳，噪声低

数控机床加工精度的提高与主轴系统的精度密切相关。为了提高传动件的制造精度与刚度，可采用对传动齿轮的齿面采用高频感应加热淬火工艺以增加耐磨性，一般采用斜齿轮传动，增加传动平稳性，带传动一般采用同步带。在结构允许的条件下，应适当增加齿轮宽度，提高齿轮的重叠系数。可采用侧面定心的花键以降低噪声。

4. 具有位置控制能力

为满足加工中心自动换刀、刚性攻螺纹、螺纹切削以及车削中心的某些加工工艺的需要，主轴驱动系统具有进给功能（C轴功能）和定向功能（准停功能）。

5. 良好的抗振性和热稳定性

数控机床加工时，可能由持续切削、加工余量不均匀、运动部件不平衡以及切削过程中的自振等引起冲击力和交变力，使主轴产生振动，影响加工精度和表面粗糙度，严重时甚至可能损坏刀具和主轴系统中的零件，使其无法工作。主轴系统的发热使其中的零部件产生热变形，降低传动效率，影响零部件之间的相对位置精度和运动精度，从而造成加工误差。因此，主轴组件要有较高的固有频率，较好的动平衡，以达到良好的抗振性和热稳定性。

9.4.2 主轴驱动系统的分类

主轴驱动系统包括主轴驱动器和主轴电动机。主轴驱动系统分为直流主轴驱动系统和交流主轴驱动系统，目前数控机床的主轴驱动多采用交流主轴驱动系统，即交流主轴电动机配备变频器（或主轴伺服驱动器控制）的方式。

由于直流电动机具有良好的调速性能，输出力矩大，过载能力强，精度高，控制原理简单，易于调整。直流主轴驱动系统在20世纪70年代初至80年代中期广泛应用在数控机床上。随着微电子技术的迅速发展，加之交流伺服电动机材料、结构及控制理论的进展，20世纪80年代初期推出的交流主轴驱动系统，标志着新一代驱动系统的开始。由于交流主轴驱动系统保持了直流主轴驱动系统的优越性，而且交流电动机无需维护，便于制造，不受恶劣环境影响，开始广泛应用于数控机床上。从20世纪90年代开始，交流主轴伺服驱动系统已走向数字化，驱动系统中的电流环、速度环的反馈控制已全部数字化，系统的控制模型和动态补偿均由高速微处理器实时处理，增强了系统自诊断能力，提高了系统的快速性和精度，所以目前交流主轴驱动系统正在逐步取代直流主轴驱动系统。

9.4.3 直流主轴驱动系统故障诊断与维修

直流主轴电动机驱动器有可控硅调速和脉宽调制调速两种形式。由于脉宽调制调速具有很好的调速性能，因而在对静动态性能要求较高的数控机床进给驱动装置上曾被广泛使用。而三相全控可控硅调速装置则适用于大功率应用场合。

1. 直流主轴驱动系统的特点

(1) 调速范围宽。采用直流主轴驱动系统的数控机床通常只设置高、低两级速度的机械变速机构，就能得到全部的主轴变换速度，实现无级变速，因此，它具有较宽的调速范围。

(2) 环境适应能力强。直流主轴通常采用全封闭的结构形式，可以在有尘埃和切削液飞溅的工业环境中使用。

(3) 散热性能好。主轴电动机通常采用特殊的热管冷却系统，能将转子产生的热量迅速向外界发散。此外，为了使发热最小，定子往往采用独特附加磁极，以减小损耗，提高效率。

(4) 定位时间短。纯电气主轴定向准停控制功能。这无需机械定位装置，进一步缩短了定位时间，提高生产效率。

(5) 主轴控制性能好。为了便于与数控系统的配合，主轴伺服器一般都带有 D-A 转换器、"位能"信号输入、"准备好"信号输出、转速/转矩显示输出等信号接口。

2. 直流主轴驱动系统使用注意事项和日常维护

1) 安装注意事项

(1) 主轴伺服系统对安装有较高的要求，这些要求是保证驱动器正常工作的前提条件，在维修时必须引起注意。

(2) 安装驱动器的电柜必须密封。为了防止电柜内温度过高，电柜设计时应将温升控制在15℃以下。电柜的外部空气引入口应设置过滤器，防止从排气口浸入尘埃或烟雾；电缆出入口、柜门等部分应进行密封，冷却电扇不要直接吹向驱动器，以免附着粉尘。

(3) 维修完成后，进行重新安装时，要遵循下列原则：

① 安装面要平，且有足够的刚性；

② 应保证冷却进风口的进风要充分，安装位置要尽可能使冷却部分检修容易；

③ 为方便电刷定期维修及更换，安装位置应尽可能使驱动器检修容易；

④ 应安装在切削液和油不能直接溅到的位置上；

⑤ 应安装在灰尘少、湿度不高的场所，环境温度应在40℃以下。

2) 使用检查

(1) 启动前的检查：

① 伺服单元和电动机的信号线、动力线等的连接是否正常，是否松动以及绝缘是否良好；

② 强电柜和电动机是否可靠接地；

③ 电动机的电刷的安装是否牢固，电动机安装螺栓是否完全拧紧。

(2) 使用时的检查：

① 速度指令与转速是否一致，负载指示是否正常；

② 是否有异常声音和异常振动；

③ 是否有轴承温度急剧上升等不正常现象；

④ 电刷上是否有显著的火花痕迹。

3）日常维护

对于工作正常的主轴驱动系统，应进行如下维护工作：

(1) 电柜的空气过滤器每月应清扫一次；

(2) 电柜及驱动器的冷却风扇应定期检查；

(3) 每天注意主轴的旋转速度、异常振动、异常声音、通风状态、轴承温度、外表温度和异常臭；每月对电刷、换向器进行检查；每半年对测速发电机、轴承、热管冷却部分、绝缘电阻进行检测。

3. 直流主轴驱动系统常见故障诊断及排除

尽管直流主轴驱动系统在目前已应用不多，逐步被交流主轴驱动系统取代，但当前实际中仍然有很多直流主轴驱动系统在实验，在此也总结它的故障特点。

主轴伺服系统主要完成切削加工时对主轴旋转速度的控制，现在有些系统还具有 C 轴功能，即对主轴的旋转运动进行位置控制，它可完成主轴任意角度的停止以及与 Z 轴联动完成刚性攻螺纹等功能，这类主轴内部装有脉冲编码器作为主轴位置反馈装置。

主轴伺服系统分为直流主轴伺服系统和交流主轴伺服系统。由于直流主轴电动机为他励直流电动机，所以直流主轴控制系统要为电动机提供励磁电压和电枢电压，在恒转矩区，励磁电压恒定，通过增大电枢的电压来提高电动机速度，在恒功率区，保持电枢电压恒定，通过减小励磁电压来提高电动机转速。目前数控机床的主轴驱动多采用交流电动机配变频控制的方式，即通过改变电动机的工作频率来改变电动机的转速。

主轴伺服系统发生故障时，通常有三种表现形式：一是在 CRT 或操作面板上显示报警内容或报警信息；二是在主轴驱动装置上用报警灯或数码管显示主轴驱动装置的故障；三是主轴工作不正常但无任何报警信息。对于报警提示，可根据系统说明书查找可能的原因。常见的主轴单元的故障有：

(1) 主轴不转。可能的原因是机械故障，如机械负载过大；主轴系统外部信号未满足，如主轴使能信号、主轴指令信号。可通过电路图和梯形图检查与这些信号有关的接口和连接，或检查主轴单元、主轴电动机的故障。

(2) 电动机转速异常或转速不稳定。可能的原因是速度指令不正常，测速反馈不稳定或故障，过负载，主轴单元或电动机故障。

(3) 外界干扰。由于受电磁干扰，屏蔽或接地不良，主轴转速指令或反馈信号受到干扰，使主轴驱动出现随机或无规律的波动。判断的方法是：当主轴转速为零时，主轴仍会往复转动，调整零速平衡和漂移补偿也不能消除。

(4) 主轴转速与进给不匹配。当进行螺纹切削或每转进给指令切削时，会出现停止进给后主轴仍继续运转的故障。要执行每转进给指令，主轴必须有每转一个脉冲的反馈信号。一般情况下，主轴编码器有问题可用以下方法来确定：CRT 画面上有报警指示；通过 CRT 调用机床数据或 I/O 状态，观察编码器的信号状态；用每分钟进给指令代替每转进给指令来执行程序，观察故障是否消失。

（5）主轴异常噪声或振动。首先区别异常噪声的来源是机械部分还是电气驱动部分。在加减速过程中发生的，一般由驱动装置造成，如交流驱动装置中的再生回路故障；在恒转速时产生的，可通过观察主轴电动机在自由停车过程中是否有噪声和振动来区分，如存在，则主轴机械部分有问题。另外可检查主轴振动周期是否与转速有关，如无关，一般是主轴驱动装置未调整好；如有关，则应检查主轴机械部分是否良好，测速装置是否良好。

（6）主轴定位抖动。主轴准停用于刀具交换、精镗退刀及齿轮变挡。主轴准停有三种实现形式：

① 机械准停控制，由带 V 形槽的定位盘和定位用的液压缸配合动作。

② 磁性传感器的电气准停控制。发磁体装在主轴的后端，磁传感器装在主轴箱上，其安装位置决定了主轴准停点，发磁体和磁传感器之间的间隙为(1.5 ± 0.5)mm。

③ 编码器型的准停控制。通过主轴电动机内置或在主轴上直接安装一个光电编码器来实现准停控制，准停角可任意设定。

上述控制要经过减速过程，如减速或增益等参数设置不当，均可引起定位抖动。另外，定位开关、发磁体及磁传感器的故障或设置不当也可能引起定位抖动。

9.4.4 交流主轴驱动系统的特点和故障诊断

随着交流调速技术的发展，目前数控机床的主轴驱动多采用交流主轴电动机配变频器控制的方式。变频器的控制方式从最初的电压空间矢量控制（磁通轨迹法）到矢量控制（磁场定向控制），发展至今为直接转矩控制，从而能方便地实现无速度传感器化；脉宽调制（PWM）技术从正弦 PWM 发展至优化 PWM 技术和随机 PWM 技术，以实现电流谐波畸变小、电压利用率最高、效率最优、转矩脉冲最小及噪声强度大幅度削弱的目标。

1. 交流主轴驱动系统的特点

交流主轴驱动系统也有模拟式和数字式两种类型，与直流主轴驱动系统相比，交流主轴驱动系统具有如下特点。

（1）由于驱动系统采用微处理器和现代控制理论进行控制，因此其运行平稳、振动和吸声小。

（2）驱动系统一般都具有再生制动功能，在制动时，既可将能量反馈回电网，起到节能的效果，又可以加快启/制动速度。

（3）特别是对于全数字式主轴驱动系统，可直接使用 CNC 的数字量输出信号控制驱动器，不需要经过 D/A 转换，转速控制精度得到了提高。

（4）与数字式交流伺服驱动一样，在数字式主轴驱动系统中，还可采用参数设定方法对系统进行静态调整与动态优化，系统设定灵活、调整准确。

（5）由于交流主轴无换向器，主轴通常不需要进行维修。

（6）主轴转速的提高不受换向器的限制，其最高转速通常比直流主轴的更高，可达到每分钟数万转。

2. 交流主轴驱动系统的维护

（1）日常检查。通电和运行时不取掉外盖，从外部目检变频器的运行，确认没有异常情况，通常检查以下几个方面。

① 运行性能符合标准规范。

② 周围环境符合标准规范。

③ 键盘面板显示正常。

④ 没有异常的噪声、振动和气味。

⑤ 没有过热或变色等异常情况。

（2）定期检查。定期检查时，应注意以下事项：

① 维护检查时，务必先切断输入变频器（R、S、T）的电源。

② 确定变频器电源切断，显示消失后，等到内部高压指示灯熄灭后方可实施维护、检查。

③ 在检查过程中，绝对不可以将内部电源及线材、排线拔起及误配，否则会造成变频器不工作或损坏。

④ 安装时，螺钉等配件不可置留在变频器内部，以免造成电路板短路现象。

⑤ 安装后保持变频器的干净，避免尘埃、油雾、湿气侵入。

3. 交流伺服主轴驱动系统常见故障及维修

交流主轴驱动系统按信号形式可分为交流模拟型主轴驱动单元和交流数字型主轴驱动单元。交流主轴驱动除了有直流主轴驱动同样的过热、过载、转速不正常报警或故障外，还有另外的故障条目，总结如下。

（1）主轴不能转动，且无任何报警显示。引起此故障的原因主要有：机械负载过大，主轴与电动机连接皮带过松，主轴中的拉杆未拉紧夹持刀具的拉钉（在车床上就是卡盘未夹紧工件），系统处于急停状态，机械准备好信号断路，主轴动力线断线，电源缺相，正反转信号同时输入，没有速度控制信号输出等。可通过尽量减轻机械负载，调整皮带，排查机械准备好信号电路，松开急停，确保电源输入正常等措施来排除故障。

（2）主轴速度指令无效，转速仅有 $1 \sim 2r/min$。故障的原因主要有：CNC模拟量输出（D/A）转换电路故障，CNC速度输出模拟量与驱动器连接不良或断线，主轴驱动器参数设定不当，反馈线连接不正常，反馈信号不正常，动力线连接错误等。可通过确保连线对应，更换相应电路板，更换指令发送口或更换数控装置，依照参数说明书，正确设置参数，确保反馈连线正常等措施来排除故障。

（3）速度偏差过大，指主轴电动机的实际速度与指令速度的误差值超过允许值，一般是启动时电动机没有转动或速度上不去。故障的原因主要有：反馈装置故障，动力电压不正常，机床切削负荷太重，切削条件恶劣，机械传动系统不良，反馈信号不正常，动力线连接错误，电流调节器控制板故障等。可通过确保连线对应，改善机械传动系统条件，动力线连接正确，动力电压正常，调整切削参数，正确设置参数，确保反馈连线正常等措施来排除故障。

（4）过载报警。切削用量过大，机械卡住，频繁正、反转等均可引起过载报警。可通过调整切削参数，改善切削条件减轻负载，减少正、反转次数，更换热控开关等措施来排除故障。

（5）主轴振动或噪声过大，首先要区别异常噪声及振动发生在主轴机械部分还是在电气驱动部分。检查方法详述如下。

① 若在减速过程中发生，一般是由驱动装置造成的，如交流驱动中的再生回路故障。

② 若在恒转速时产生，可通过观察主轴在停车过程中是否有噪声和振动来区别，如存在，则主轴机械部分有问题。

③ 检查振动周期是否与转速有关，如无关，一般是主轴驱动装置未调整好；如有关系，应检查主轴机械部分是否良好，测速装置是否正常。

（6）外界干扰下主轴转速出现随机和无规律性的波动。故障的原因主要有：屏蔽和接地措施不良，反馈信号不正常，主轴转速指令信号受到干扰等。可通过处理好接地，做好屏蔽处理，加抗干扰的磁环等措施来排除故障。

（7）主轴在加/减速时工作不正常。故障的原因主要有：电动机加/减速电流预先设定、调整不当，加/减速回路时间常数设定不当，电动机负载间的惯量不匹配，反馈信号不正常，机械传动系统故障等。可通过正确设置参数，如果反馈装置损坏，则更换反馈装置；如果反馈回路故障（如接线错误），则排查相应故障；重新校核负载，检查机械传动系统等措施来排除故障。

（8）主轴不能正常工作。故障的原因主要有：松紧刀检测不到位，主轴齿轮挡位未到达，切削过载，刀库机械手不在规定位置，主轴电动机模块出错，主机机械部分损坏等。可通过利用系统诊断画面中可观测 PLC 的 I/O 状态，查看松紧刀位信号是否到位，机械手或刀库到位信号，主轴挡位是否到达，用交换法检测相应模块，检查拉刀机构，维修机械部分，检查机械传动系统等措施来排除故障。

9.4.5 主轴驱动系统维修实例

例 1. 直流电动机换向器故障。

故障现象：某加工中心直流主轴在运转时抖动、噪声大。

故障分析与处理：检查主轴电动机、主轴箱和主轴驱动装置均正常。测量测速发电机的反馈信号，有不该出现的脉冲信号，进一步检查测速发电机，发现换向器被炭粉堵塞，绕组短路，使得测速反馈信号出现规律性脉冲，速度调节系统不稳定，从而造成主轴电动机抖动和噪声大。清除炭粉后，故障排除。

例 2. 某立式加工中心，配套 SIEMENS 6SC6502 主轴驱动器，在调试时，出现主轴定位点不稳定的故障。

故障分析与处理：维修时通过多次定位进行反复试验，发现存在如下现象：①机床关机后，再次开机执行主轴定位，定位位置与关机前不同；②每次关机后，重新定位，其定位点都不同，且主轴可以在任意位置定位；③在完成定位后，只要不开机，以后每次定位总是保持在该位置不变。故障的原因可能有：编码器固定不良；编码器不良；编码器连接错误等。

根据以上可能的原因，逐一检查，发现该编码器的引出线接反，重新连接后，故障排除。

例 3. 某立式加工中心，配置 SIEMENS 6SC6502 主轴驱动器，在调试时，出现主轴驱动器 F15 报警。

故障分析与处理：查维修手册可知 SIEMENS 6SC6502 系列主轴驱动器出现 F15 报警

的含义是"驱动器过热报警",可能有以下几方面原因:①驱动器过载(与驱动器匹配不正确);②环境温度太高;③热敏电阻故障;④风扇故障;⑤断路器故障。由于本故障在开机时即出现,可以排除驱动器过载、环境温度太高等原因;检查断路器位置正确,风扇已经正常旋转,因此故障原因与热敏电阻本身或其连接有关。进一步拆开驱动器检查,发现电缆插接不良,重新插接后,故障排除,主轴工作正常。

例 4. 某数控车床,在加工过程中,发现在端面加工时表面出现周期性波纹。

故障分析与处理:数控车床端面加工时,表面出现波纹的原因很多,如刀具、丝杠、主轴等部件的安装不良、机床的精度不足等都可能产生以上问题。根据该机床周期性出现上述问题,且有一定规律初步判断故障原因与主轴的位置监测系统有关,但仔细检查机床主轴各部分,未发现任何不良状况。检查该机床的机械传动装置,发现 X 轴的编码器安装位置与丝杠不同心,重新安装、调整编码器后,机床恢复正常。

例 5. 某数控车床,在用 G32 指令车螺纹时,出现起始段螺纹"乱牙"的故障。

故障分析与处理:根据相关知识可知加工螺纹"乱牙"是由于数控车床主轴与 Z 轴进给不能实现同步引起的。进一步了解可知该机床采用变频器作为主轴调速装置,主轴速度为开环控制;由此判断故障原因可能是主轴在不同的负载下,启动时间不同,且启动时主轴速度不稳,转速也有相应的变化,导致了主轴与 Z 轴进给不能实现同步。在螺纹加工指令(G32)前增加延时指令,保证在主轴速度稳定后,再开始螺纹的加工,螺纹加工正常,故障排除。

例 6. 某加工中心,主轴在运转时抖动,主轴箱噪声增大,影响加工质量。

故障分析与处理:经查,主轴箱和直流主轴电动机正常,为此怀疑主轴电动机的控制系统有问题。经测试,速度指令信号正常,而速度反馈信号出现不应有的脉冲信号,由此判断速度检测元件即测速发电机有问题。经检查,测速发电机电刷完好,但换向器被碳粉堵塞,使一绕组短路,导致速度调节系统不平稳,从而造成电动机轴的抖动。彻底消除炭粉,清洗换向器后,故障排除。

例 7. 某数控车床,在加工过程中,主轴不能按指令要求进行正常的准停,主轴一直保持慢速转动,准停不能完成。

故障分析与处理:考虑到主轴正常旋转时动作正常,故障只是在进行主轴"准停"时发生,初步判定主轴驱动器工作正常。对照机床与系统维修说明书中的故障诊断流程,检查了 PLC 梯形图中各信号的状态,发现主轴在旋转时,主轴"准停"检测磁性传感器信号始终为"0",因此初步确定故障原因与此有关。检查该磁性传感器,发现信号动作正常,但在实际发信挡铁靠近时,检测传感器信号始终为"0",重新调整磁性传感器的检测距离后,故障排除,恢复正常。

例 8. 某 CK6140 车床运行速度为 1200r/min 时,主轴噪声变大。

故障分析与处理:该车床采用的是齿轮变速传动。一般来讲主轴产生噪声的噪声源主要有齿轮在啮合时的冲击和摩擦产生的噪声;主轴润滑油箱的油不到位产生的噪声;主轴轴承不良引起的噪声。将主轴箱上盖的固定螺钉松开,卸下上盖,发现油箱的油在正常水平。检查该挡位的齿轮及变速用的拨叉,查看齿轮有没有毛刺及啮合硬点,结果正常,拨叉上的铜块没有摩擦痕迹,且移动灵活。在排除以上故障后,卸下带轮及卡盘,松开前后锁紧螺母,卸下主轴,检查主轴轴承,发现轴承的外环滚道表面上有一个细小的凹坑碰伤,更换轴承,重新安装好后,用声级计检测,主轴噪声降到 73.5dB,故障排除。

9.5 数控机床机械装置故障诊断与维修

数控机床的性能比普通机床有了根本性的提高，所以在机械结构上也发生了重大变化。熟悉数控机床机械系统故障的诊断与排除方法，对数控机床的故障诊断与维护有重要的意义。

9.5.1 数控机床机械结构概述

1. 数控机床机械结构的基本组成

数控机床机械结构主要由基础件，主传动系统，进给传动系统，刀库、刀架及自动换刀装置及辅助装置等组成。其中机床基础件又称为机床大件，通常是指床身、立柱、横梁、滑座和工作台等。它们是整台机床的基础和框架，其功能是支承机床本体的其他零部件，并保证这些零部件在工作时固定在基础件上，或者在它的导轨上运动。

2. 数控机床机械结构的特点

1）高刚度

因为数控机床要在高速和重载下工作，所以机床的床身、主轴、立柱、工作台和刀架等主要部件，均需具有很高的刚度，工作中应无变形或振动。例如，床身应合理布置加强肋，能承受重载与重切削力；工作台与滑板应具有足够的刚度，能承受工件重量使工作平稳；主轴在高速下运转，应能承受大的径向扭矩和轴向推力；立柱在床身上移动，应平稳且能承受大的切削力；刀架在切削加工中应平稳无振动等。

2）高灵敏性

数控机床工作时，要求精度比通用机床高，因而运动部件应具有高灵敏度。导轨部件通常用贴塑导轨、静压导轨和滚动导轨等，以减少摩擦力，在低速运动时无爬行现象。

3）高抗振性

数控机床的运动部件，除了应具有高刚度、高灵敏度外，还应具有高抗振性，在高速重载下应无振动，以保证加工工件的高精度和高表面质量。

4）热稳定性好

机床的导轨、主轴、工作台、刀架等运动部件，在运动中常易产生热量，为保证部件的运动精度，要求各运动部件的发热量少，以防止产生热变形。

5）高精度保持性

为了保证数控机床长期具有稳定的加工精度，要求数控机床具有高的精度保持性。

6）高可靠性

数控机床在自动或半自动条件下工作，尤其是在柔性制造系统中的数控机床，在 24h 运转中无人看管，因此要求机床具有高的可靠性。

7）高性能刀具

数控机床要能充分发挥效能，实现高精度、高效率、高自动化，除了机床本身应满足上述要求外，刀具也必须先进，应有高的硬度、耐用度、耐高温等。

数控机床在运行过程中，机械零部件受到冲击、磨损、高温、腐蚀等多种工作应力的作用，运行状态不断变化，一旦发生故障，往往会导致不良后果。因此，必须在机床运行过程中或不拆卸全部设备的情况下，对机床的运行状态进行定量测定，判断机床的异常及故障的部位和原因，并预测机床未来的状态，从而大大提高机床运行的可靠性，进一步提高机床的利用率。

3．数控机床机械故障诊断的任务

（1）诊断引起机械系统劣化或故障的主要原因。

（2）掌握机械系统劣化或故障的程度及故障的部位。

（3）了解机械系统的性能、强度和效率。

（4）预测机械系统的可靠性及使用寿命。

4．常用数控机床机械故障诊断技术

数控机床机械系统故障诊断包括对数控机床运行状态的监视、识别和预测三个方面。通过对数控机床机械装置的某些特征参数，如振动、温度、噪声、油液光谱等进行测定分析，将测定值与规定的正常值进行比较，可以判断机械系统装置的工作状态是否正常。常用的数控机床机械系统故障诊断技术，可分为简易诊断技术和精密诊断技术两类。

1）简易诊断技术

简易诊断技术也称为机械检测技术，现场维修人员使用一般的检查工具，或通过感觉器官的听、摸、看、问、嗅等，对机床的运行状态进行故障检测与诊断。简易诊断技术能快速查找故障区域，测定劣化部位，选择有疑难问题的故障再进行精密诊断。

2）精密诊断技术

精密诊断技术针对简易诊断中提出的疑难故障，由专职人员利用先进测试手段进行精密的定量检测分析，查找出故障原因、故障位置并采集有关数据，然后确定应当采取的最佳维修方案。

通常情况下，一般都采用简易诊断技术来诊断机床的状态，只有对那些在简易诊断中提出疑难故障的机床，才需要进行精密诊断，配合使用这两种诊断技术，才是最为经济有效的。

9.5.2 数控机床典型机械部件的故障诊断与处理方法

1．主轴部件的故障诊断与维修

1）主轴部件的组成

主轴部件是机床的关键部件，包括主轴的支承和安装在主轴上的传动零件等，主轴部件的结构及工作性能直接影响零件的加工精度、加工质量和刀具的寿命等。机床的主轴部件应能满足下述几个方面的要求：高的回转精度、高刚度、高抗振性、热稳定性好、高的耐磨性和良好的精度保持性等。对于自动换刀数控机床，还必须有刀具的自动夹紧装置、主轴准停装置和主轴孔的清理装置等结构，以实现刀具在主轴上的自动装卸与夹持。

2）数控机床主轴部件的典型结构

典型数控机床主轴部件如图 9.2 所示。

轴端部的结构是标准化的，采用 7∶24 的锥孔，用于装夹刀具或刀杆。主轴端部还有

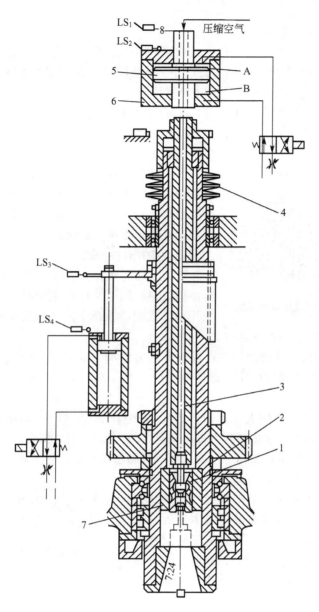

图 9.2 典型数控机床主轴部件

LS$_1$—发卡紧刀具信号限位开关；LS$_2$—发松开刀具信号限位开关；LS$_3$、LS$_4$—Z 轴行程限位开关；
A—活塞；B—汽缸；1—卡爪；2—弹簧；3—拉杆；4—碟形弹簧；5—活塞；6—油缸；7—套筒

一端面键，用于传递转矩和刀具定位。主轴是空心的，用以安装自动换刀需要的夹紧
装置。

3）数控机床主轴支承方式

前后轴承类型和配置的选择取决于数控机床加工对主轴部件精度、刚度和转速的要
求。主轴轴承一般由 2 个或 3 个角接触球轴承组成，或用角接触轴承与圆柱滚子轴承组
合，这种轴承经过预紧后可得到较高的刚度。常用主轴轴承的配置形式主要有 3 种，参见

图 8.12。

4）数控机床主轴的定位

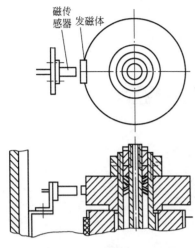

磁传感器　发磁体

图 9.3　磁性传感器主轴准停装置

数控机床多采用电气方式定位。一般有以下两种方式，一种是用磁性传感器检测定位，这种方法如图 9.3 所示，在主轴上安装一个发磁体与主轴一起旋转，在距离发磁体旋转外轨迹 1～2mm 处固定一个磁传感器，它经过放大器并与主轴控制单元相连接，当主轴需要定向时，便可停止在调整好的位置上。

另一种是用位置编码器检测定位，这种方法是通过主轴电动机内置的位置编码器或在机床主轴箱上安装一个与主轴 1∶1 同步旋转的位置编码器来实现准停控制，准停角度可任意设定。

5）主轴部件的维护

（1）主轴润滑。为了保证主轴有良好的润滑，减少摩擦发热，同时又能把主轴组件的热量带走，通常采用循环式润滑系统。用液压泵供油强力润滑，在油箱中使用油温控制器控制油液温度。

① 油气润滑方式。这种润滑方式近似于油雾润滑方式，所不同的是，油气润滑是定时定量地把油雾送进轴承空隙中，这样既实现润滑，又不致因油雾太多而污染周围空气，后者则是连续供给油雾。

② 喷注润滑方式。将较大流量的恒温油（每个轴承 3～4L/min）喷注到主轴轴承，以达到润滑、冷却的目的。这里要特别指出的是，较大流量喷注的油，不是自然回流，而是用排油泵强制排油，同时，采用专用高精度大容量恒温油箱，把油温变动控制在 ±50℃。

（2）主轴密封。在密封件中，被密封的介质往往是以穿漏、渗透或扩散的形式越界泄漏到密封连接处的另外一侧。造成泄漏的基本原因是流体从密封面上的间隙中溢出，或是由于密封部件内外两侧介质的压力差或浓度差，致使流体向压力或浓度低的一侧流动。图 9.4 为某卧式加工中心主轴前支承的密封结构示意图。

卧式加工中心主轴前支承处采用的是双层小间隙密封装置。在主轴前端加工两组锯齿形护油槽，在法兰盘 4 和 5 上开沟槽及泄漏孔，当喷入轴承 2 内的油液流出后被法兰盘 4 内壁挡住，并经其下部的泄油孔 9 和套筒 3 上的回油斜孔 8 流回油箱，少量油液沿主轴 6 流出时，主轴护油槽在离心力的作用下被甩至法兰盘 4 的沟槽内，经回油斜孔 8 重新流回油箱，达到了防止润滑介质泄漏的目的。

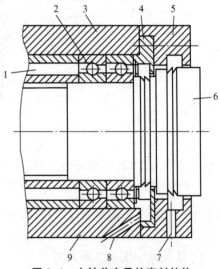

图 9.4　主轴前支承的密封结构

1—进油口；2—轴承；3—套筒；4、5—法兰盘；6—主轴；7—泄漏孔；8—回油斜孔；9—泄油孔当外部切削液、切屑及灰尘等沿主轴6与法兰盘5之间的间隙进入时，经法兰盘5的沟槽由泄漏孔7排出，少量的切削液、切屑及灰尘进入主轴前锯齿沟槽，在主轴6高速旋转的离心力作用下仍被甩至法兰盘5的沟槽内由泄漏孔7排出，达到了主轴端部密封的目的。

这种主轴前端密封结构也适合于普通卧式车床的主轴前端密封。在油脂润滑状态下使用该密封结构时，取消了法兰盘泄油孔及回油斜孔，并且有关配合间隙适当放大，经正确加工及装配后同样可达到较为理想的密封效果。

（3）工件或刀具自动松夹机构。工件或刀具自动松夹机构用碟形弹簧通过拉杆及夹头拉住刀柄的尾部，使刀具锥柄和主轴锥孔紧密配合，夹紧力达10000N以上。松刀时通过液压缸活塞推动拉杆来压紧碟形弹簧，使夹头涨开，夹头与刀柄上的拉钉脱离，刀具即可拔出进行新、旧刀具的交换。新刀装入后，液压缸活塞后移，新刀具又被碟形弹簧拉紧。在活塞拉动拉杆松开刀柄的过程中，压缩空气由喷气头经过活塞中心孔和拉杆中的孔吹出，将锥孔清理干净，以防止主轴锥孔中掉入切屑和灰尘，把主轴锥孔表面和刀杆的锥面划伤，同时保证刀具的正确位置。主轴锥孔的清洁十分重要。

6）主轴部件的常见故障现象及排除方法

（1）切削振动大。可能的原因有超载、轴承预紧力不够，机械连接松动等，可通过检查机械连接，对松动件紧固，减小切削力和调整轴承间隙等来排除故障。

（2）主轴箱噪声大。可能的原因有机械连接松动、传动部件平衡不良、轴承损坏、传动齿轮精度差和齿轮啮合不匀等，可通过检查机械连接，对松动件紧固，更换轴承、齿轮以及调整间隙等措施来排除故障。

（3）加工精度达不到要求。可能的原因有机床在加工过程中受到冲击，安装精度低或有变化等，可通过检查对机床精度有影响的各部位，重新调整精度或修复等措施来排除故障。

2. 滚珠丝杠螺母副故障诊断与维修

1）滚珠丝杠螺母副的结构

滚珠丝杠螺母副是将进给电动机的旋转运动，转化为刀架或工作台的直线运动的机构，其结构原理如图8.24所示。

2）滚珠丝杠螺母副的维护

（1）轴向间隙的调整。滚珠丝杠副的轴向间隙有两个方面：第一是负载时滚珠与滚道型面接触的弹性变形所引起的螺母相对丝杠位移量；第二是丝杠与螺母的几何间隙。丝杠与螺母的轴向间隙是传动中的反向运动死区，它使丝杠在反向转动时螺母产生运动滞后，直接影响进给运动的传动精度。其结构形式有三种，参见图8.30、图8.32和图8.34。

（2）支承轴承的定期检查。应定期检查丝杠支承轴承与床身的连接是否有松动，以及支承轴承是否损坏等。如有以上问题，要及时紧固松动部位并更换支承轴承。

（3）滚珠丝杠螺母副的润滑。在滚珠丝杠螺母副里加润滑剂可提高其耐磨性和传动效率。润滑剂可分为润滑油和润滑脂两大类。润滑油一般为全损耗系统用油，润滑脂可采用锂基润滑脂。润滑脂一般加在螺纹滚道和安装螺母的壳体空间内，而润滑油则经过在壳体上的油孔注入螺母的空间内。每半年对滚珠丝杠上的润滑脂更换一次，清洗丝杠上的旧润滑脂，涂上新的润滑脂。用润滑油润滑的滚珠丝杠副，可在每次机床工作前加油一次。

(4) 滚珠丝杠螺母副的保护。滚珠丝杠螺母副和其他滚动摩擦的传动元件一样，只要避免磨料微粒及化学活性物质进入就可以认为这些元件几乎是在不产生磨损的情况下工作的。但如在滚道上落入了脏物或使用肮脏的润滑油，不仅会妨碍滚珠的正常运转，而且使磨损急剧增加。对于制造误差和预紧变形量以微米计的滚珠丝杠传动副来说，这种磨损就特别敏感。因此有效地防护密封和保持润滑油的清洁就显得十分必要。

3) 滚珠丝杠螺母副的常见故障现象及排除方法

(1) 滚珠丝杠螺母副噪声大。可能的原因有丝杠支承轴承的压盖压合情况不好或支承轴承可能破损，电动机与丝杠联轴器松动，丝杠润滑不良，滚珠丝杠螺母副滚珠有破损等，可通过更换轴承，更换滚珠，调整轴承压盖，加强润滑等措施来消除故障。

(2) 滚珠丝杠传动不灵活。可能的原因有轴向预加载荷太大，丝杠与导轨不平行，螺母轴线与导轨不平行，丝杠弯曲变形，丝杠螺母润滑状况不良等，可通过调整轴向间隙和预加载荷，调整丝杠支座的位置，加强润滑等措施来消除故障。

3. 导轨副的维护

机床导轨是机床基本结构要素之一，机床的加工精度和使用寿命很大程度上取决于机床导轨的质量。数控机床对导轨的要求更高，如高抗振性、高刚度、热稳定性好、高灵敏度、耐磨性高、精度保持性好等。应从以下几方面进行维护。

1) 导轨副间隙调整

调整导轨副间隙是导轨副维护中很重要的一项工作。间隙过小，则摩擦阻力大，导轨磨损加剧；间隙过大，则运动失去准确性和平稳性，失去导向精度。

间隙调整的方法有三种。

(1) 压板调整间隙。矩形导轨上常用的压板装置形式有：修复刮研式、镶条式、垫片式，如图9.5所示。压板用螺钉固定在动导轨上，常用钳工配合刮研及选用调整垫片、平镶条等机构，使导轨面与支承面之间的间隙均匀，达到规定的接触点数。图9.5(a)所示的压板结构，如间隙过大，应修磨或刮研 B 面；间隙过小或压板与导轨压得太紧，则可刮研或修磨 A 面。图9.5(b)所示为采用镶条式调整间隙，图9.5(c)所示为采用垫片式调整间隙。

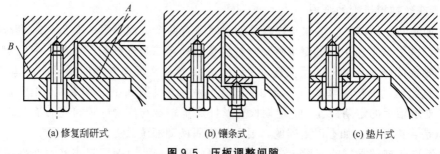

(a) 修复刮研式　　(b) 镶条式　　(c) 垫片式

图9.5　压板调整间隙

(2) 镶条调整间隙。常用的镶条有两种，即等厚度镶条和斜镶条。等厚度镶条如图9.6(a)所示，它是一种全长厚度相等、横截面为平行四边形(用于燕尾形导轨)或矩形的平镶条，通过侧面的螺钉调节和螺母锁紧，以其横向位移来调整间隙。由于压紧力作用点因素的影响，在螺钉的着力点有挠曲。图 9.6(b)所示为一种全长厚度变化的斜镶条及三种用于斜镶条的调节螺钉，通过斜镶条的纵向位移来调整间隙。斜镶条在全长上支承，其斜度为 1∶40 或 1∶100，由于楔形的增压作用会产生过大的横向压力，因此调整时应细心。

（3）压板镶条调整间隙。压板镶条如图 9.7 所示，T 形压板用螺钉固定在运动部件上，运动部件内侧和 T 形压板之间放置斜镶条，镶条不是在纵向有斜度，而是在高度方面做成倾斜。调整时，借助压板上几个推拉螺钉，使镶条上下移动，从而调整间隙。三角形导轨的上滑动面能自动补偿，下滑动面的间隙调整和矩形导轨的下压板调整底面间隙的方法相同。圆形导轨的间隙不能调整。

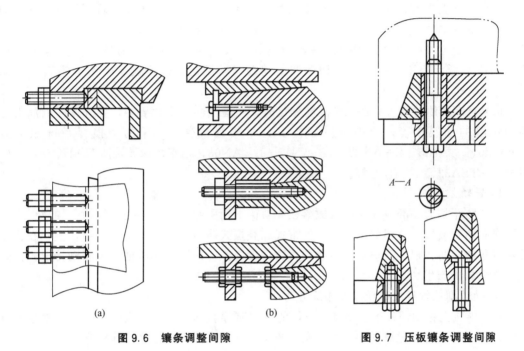

图 9.6　镶条调整间隙　　　　图 9.7　压板镶条调整间隙

2）滚动导轨的预紧

图 9.8 列举了四种滚动导轨的结构。为了提高滚动导轨的刚度，应对滚动导轨预紧。

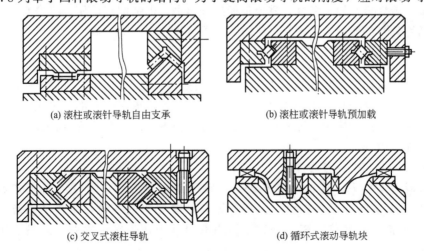

(a) 滚柱或滚针导轨自由支承　　　(b) 滚柱或滚针导轨预加载

(c) 交叉式滚柱导轨　　　(d) 循环式滚动导轨块

图 9.8　滚动导轨的预紧

预紧可提高接触刚度和消除间隙。在立式滚动导轨上，预紧可防止滚动体脱落和歪斜。图 9.8(b)、(c)、(d)是具有预紧接结构的滚动导轨。常见的预紧方法有两种。

(1) 采用过盈配合。预加载荷大于外载荷，预紧力产生过盈量为 $2\sim3\mu m$，过大会使牵引力增加。若运动部件较重，其重力可起预加载荷作用，若刚度满足要求，可不施预加载荷。

(2) 调整法。通过调整螺钉、斜块或偏心轮进行预紧。如图 9.8(b)、(c)、(d)就是采用调整法预紧滚动导轨。

3) 导轨的润滑

在导轨面上进行合理的润滑，可降低摩擦系数，减少磨损，防止导轨面锈蚀。常用的润滑剂有润滑油和润滑脂，前者用于滑动导轨，而滚动导轨两种都用。

(1) 润滑方法。导轨最简单的润滑方式是人工定期加油或用油杯供油。这种方法简单、成本低，但不可靠，一般用于调节辅助导轨及运动速度低、工作不频繁的滚动导轨。

(2) 对润滑油的要求。在工作温度变化时，润滑油黏度变化要小，要有良好的润滑性能和足够的油膜刚度，油中杂质尽量少且不侵蚀机件。常用的全损耗系统用油有 L–AN10、L–AN15、L–AN32、L–AN42、L–AN68，精密机床导轨油 L–HG68，汽轮机油 L–TSA32、L–TS46 等。

4) 导轨的防护

为了防止切屑、磨粒或切削液散落在导轨面上而引起磨损、擦伤和锈蚀，导轨面上应有可靠的防护装置。常用的刮板式、卷帘式和叠层式防护罩，大多用于长导轨上。在机床使用过程中应防止损坏防护罩，对叠层式防护罩应经常用刷子蘸机油清理移动接缝，以避免碰壳现象的产生。

5) 导轨副的常见故障现象及排除方法

(1) 导轨上移动部件运动不良。可能的原因有导轨面或导轨压板研伤，导轨镶条与导轨间隙太小等，可通过修磨导轨面，调整镶条与导轨间隙等措施来消除故障。

(2) 导轨研伤。可能的原因有导轨局部单位面积负荷过大，导轨局部磨损严重，导轨润滑不良，导轨副研磨质量不符合要求，导轨里面落入脏物等，可通过定期进行床身导轨的水平调整，或者修复导轨精度，避免负荷过分集中，保证润滑油压，改善摩擦状况，提高导轨副研磨修复的质量，保护好机床防护装置等措施来消除故障。

4. 自动换刀装置

数控机床上自动换刀装置使工件装夹一次后能进行多工序加工，可避免多次定位带来的误差和减少因多次安装造成的非故障停机时间，有效地提高生产率和机床利用率。刀库与自动换刀装置已成为影响数控机床或加工中心工作效率的一个很重要的部分。

1) 自动换刀方式

自动换刀的方式大致有两种。

(1) 回转刀架换刀。这种换刀方式中回转刀架也是刀库，常用在转塔式数控镗铣床等刀具需要能旋转的工作场合中。在换刀时，首先要使主轴与主传动系统脱开，然后刀具连同主轴一起转位，在下一工序需用的刀具到达工作位置后，刀具主轴与主传动系统接通。

（2）刀库换刀。这种换刀方式的主要特征是机床带有独立的刀库，是目前加工中心使用最多的一种换刀方式。

刀库换刀按照换刀过程有无机械手参与分成有机械手换刀和无机械手换刀两种情况。在有机械手换刀的过程中，使用一个机械手将加工用毕的刀具从主轴中拔出，与此同时，另一个机械手将在刀库中待命的刀具中从换刀位置拔出，然后两者交换位置，完成换刀过程。无机械手换刀时，刀库中刀具存放方向与主轴平行，刀具放在主轴箱可到达的位置。

2）刀库和换刀机械手的维护

（1）严禁把超重、超长的刀具装入刀库，防止在机械手换刀时掉刀或刀具与工件、夹具等发生碰撞。

（2）用顺序选刀方式选刀时，必须注意刀具在刀库中放置的顺序要正确。其他选刀方式时要注意所换刀具号是否与所需刀具一致，防止换错刀具导致事故发生。

（3）用手动方式往刀库上装刀时，要确保安装到位、装夹可靠。检查刀座上的锁紧装置是否可靠。

（4）经常检查刀库的回零位置是否正确，机床主轴回换刀点位置是否到位，并及时调整。

（5）要注意保持刀具刀柄和刀套的清洁。

（6）开机时，应先使刀库和机械手空运行，检查各部分工作是否正常，特别是各行程开关和电磁阀能否正常动作。检查机械手液压系统的压力是否正常，刀具在机械手上锁紧是否可靠，发现不正常及时处理。

3）刀库和换刀机械手的常见故障及排除方法

（1）刀架的故障形式及原因。

① 刀架不能转动。原因可能有：联结电动机与蜗杆轴的联轴器松动；机械连接过紧；电路故障。

② 刀架转动不到位。原因可能有：电动机转动故障，电动机相位接反；传动机构误差。磁钢与霍尔元件高度位置不一致。

（2）刀库和换刀机械手的常见故障及原因。

① 刀库的常见故障及原因有：

a. 刀库不能转动。原因可能有：联结电动机与蜗杆轴的联轴器松动；机械连接过紧；刀库预紧力过大等。

b. 刀库转不到位。原因可能有：电动机转动故障；传动机构误差等。

c. 刀套不能夹紧刀具。原因可能是：刀套上的调整螺钉松动；弹簧太松，造成卡紧力不足；刀具超重等。

d. 刀套上下不到位。原因可能有：装置调整不当或加工过大而造成拨叉位置不当，限位开关安装不正确或调整不当而造成反馈信号错误等。

② 换刀机械手的主要故障及原因有：

a. 刀具夹不紧掉刀，可能原因有：卡紧爪弹簧压力过小了；弹簧后面的螺母松动；刀具超重；机械手卡紧锁不起作用；气压不足，或刀具卡紧气压漏气等。

b. 刀具夹紧后松不开，可能原因有：松锁的弹簧压合过紧，卡爪缩不回；应调松螺母，使最大载荷不超过额定数值等。

c. 刀具交换时掉刀，可能原因有：换刀时主轴箱没有回到换刀点；换刀点漂移；机械手抓刀时没有到位等。

5. 液压和气动系统

液压、气动系统是现代数控机床的重要组成部分，各种液压、气动元器件在机床工作过程中的状态直接影响着机床的工作状态。对液压、气动部件的故障诊断及维护、维修已成为数控机床故障诊断中的一个很重要的部分。

1) 液压系统

(1) 液压系统的组成。数控机床上液压系统的主要驱动对象有液压卡盘、静压导轨、液压拨叉变速液压缸、主轴箱的液压平衡、液压驱动机械手和主轴上的松刀液压缸等。

① 能源部分。包括泵装置和蓄能器，它们能够输出压力油，把原动机的机械能转变为液体的压力能并储存起来。

② 执行机构部分。包括液压油缸、液动机等，它们用来带动运动部件，将液体压力能转变成使工作部件运动的机械能。

③ 控制部分。包括各种液压阀，用于控制流体的压力、流量和流动方向，从而控制执行部件的作用力、运动速度和运动方向，也可以用来卸载，实现过载保护等。

④ 辅助部分。辅件是系统中除上述三部分以外的所有其他元件，如油箱、压力表、滤油器、管路、管接头、加热器和冷却器等。图9.9所示为常用的液压系统原理。

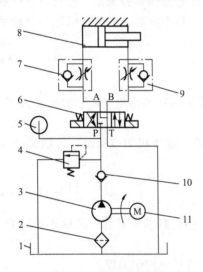

图 9.9 液压系统原理

1—油箱；2—过滤器；3—液压泵；4—溢油阀；5—压力表；6—三位四通电磁阀；7、9—单向节流阀；8—液压驱动部件；10—单向阀；11—电动机

(2) 液压系统的维护。

① 控制油液污染，保持油液清洁。这是确保液压系统正常工作的重要措施。据统计，液压系统的故障有80%是由于油液污染引发的，油液污染还加速了液压元件的磨损。

② 控制液压系统油液的温升。一台机床的液压系统，若油温变化范围大，其后果是影响液压泵的吸油能力及容积效率；系统工作不正常，压力、速度不稳定，动作不可靠；液压元件内外泄漏增加；加速油液的氧化变质。

③ 控制液压系统的泄漏。泄漏和吸空是液压系统常见的故障。要控制泄漏，首先要提高液压元件零部件的加工质量和元件的装配质量以及管道系统的安装质量，其次要提高密封件的质量，并注意密封件的安装使用与定期更换，最后是加强日常维护。

④ 防止液压系统振动与噪声。振动影响液压件的性能，使螺钉松动、管接头松脱，从而引起漏油。因此要防止和排除振动现象。

⑤ 严格执行日常检查制度。液压系统故障存在着隐蔽性、可变性和难于判断性。因此应对液压系统的工作状态进行检查，把可能产生的故障现象记录在日常检修卡上，并将故障排除在萌芽状态，减少故障的发生。

⑥ 严格执行定期紧固、清洗、过滤和更换制度。液压设备在工作过程中，由于冲击振动、磨损和污染等因素，使管件松动，金属件和密封件磨损，因此必须对液压件及油箱

等，实行定期清洗和维修，对油液、密封件执行定期更换制度。

2) 气动系统

(1) 气动系统原理。气动系统在数控机床中主要用于对工件、刀具定位面（如主轴锥孔）和交换工作台的自动吹屑，清理定位基准面，安全防护门的开关以及刀具、工件的夹紧、放松等。气动装置具有气源容易获得，不必单独配置动力源，装置结构简单，工作介质不污染环境，工作速度快和动作频率高，过载时比较安全、不易发生过载损坏机件等特点。图9.10所示为常用的气动系统原理图。

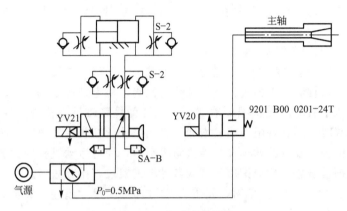

图9.10　气动系统原理

(2) 气动系统的维护。

① 保证压缩空气的洁净度。压缩空气中通常都含有水分、油分和粉尘等杂质。水分会使管道、阀和气缸腐蚀；油分会使橡胶、塑料和密封材料变质；粉尘造成阀体动作失灵。

② 保证空气中含有适量的润滑油。大多数气动执行元件和控制元件都要求适度的润滑。润滑不良会引起摩擦阻力增大造成气缸推力不足、密封材料磨损造成空气泄漏及生锈造成元件损伤及动作失灵等故障。

③ 保证气动系统的密封性。漏气不仅增加了能量的消耗，也会导致供气压力的下降，甚至造成气动元件工作失常。

④ 保证气动元件中运动零件的灵敏性。从空气压缩机排出的压缩空气，包含有粒度很小的压缩机油微粒，在高温下，这些油粒会迅速氧化，使油粒颜色变深，粘性增大，并逐步由液态固化成油泥，当它们附着在阀芯上时，会降低阀芯的灵敏度，甚至出现动作失灵。

⑤ 保证气动装置具有合适的工作压力和运动速度。调节工作压力时，压力表应当工作可靠，读数准确。减压阀与节流阀调节后，必须紧固调压阀盖或锁紧螺母，防止松动。

(3) 气动系统的常见故障及其诊断维修。

① 执行元件的故障。对于数控机床而言，较常用的执行元件是气缸，气缸的种类很多，但其故障形式却有着一定的共性。主要是气缸的泄漏；输出力不足，动作不平稳；缓冲效果不好以及外载造成的气缸损伤等。

产生上述故障的原因有以下几类：密封圈损坏、润滑不良、活塞杆偏心或有损伤；缸筒内表面有锈蚀或缺陷，进入了冷凝水杂质，活塞或活塞杆卡住；缓冲部分密封圈损坏或性能差，调节螺钉损坏，气缸速度太快；由偏心负载或冲击负载等引起的活塞杆折断等。

② 控制元件的故障。数控机床所用气动系统中控制元件的种类较多，主要是各种阀类，如压力控制阀、流量控制阀和方向控制阀等。这些元件在气动控制系统中起着信号转换、放大、逻辑程序控制作用以及压缩空气的压力、流量和流动方向的控制作用，对它们可能出现的故障进行诊断及有效的排除是保证数控机床气动系统能正常工作的前提。

9.5.3 机械结构故障诊断与维修实例

例 1. 某加工中心运行时，X 轴在接近行程终端过程时产生明显的机械振动，CNC 无报警。

故障分析与处理：因故障发生时 CNC 无报警，且在 X 轴其他区域运动无振动，初步判断故障是由于机械传动系统不良引起的。为了进一步确认，维修时拆下伺服电动机与滚珠丝杠之间的弹性联轴器，单独进行电气系统的检查。检查结果表明，电动机运转时无振动现象，从而确认了故障出在机械传动部分。脱开弹性联轴器，检查发现 X 轴方向工作台在接近行程终端时，感觉到阻力明显增加，表明滚珠丝杠或者导轨的安装与调整存在问题。拆下工作台检查，发现滚珠丝杠与导轨间不平行，使得运动过程中的负载发生急剧变化，产生了机械振动现象。检修滚珠丝杠或者导轨的安装，排除故障。

例 2. 某加工中心在加工整圆时，发生 X 轴方向加工尺寸超差，显示屏及伺服驱动器没有任何报警或异常。

故障分析与处理：该加工中心采用国产数控系统，伺服电动机通过联轴器与丝杠直联，根据故障分析，原因可能是由于数控机床的机械部分未调整好而造成轴的定位精度不好，或者数控机床的丝杠间隙补偿不当，从而导致每当数控机床在过象限时就产生圆度误差。进行重新校平调整，检查该机床的参数，发现该机床 X 轴的间隙补偿为零，用百分表测量 X 轴的反向间隙，实际测量值超过 0.003mm，对该机床的 X 轴进行了调整，并利用系统的软件补偿功能消除了 X 轴的间隙，再次加工整圆进行检验后，故障消除。

例 3. 某加工中心在加工零件时，在 Y 轴方向接近行程终端处的位置精度明显超差。

故障分析与处理：机床出现定位精度不良的故障。经检查确认，Y 轴方向接近行程终端处的"反向间隙"明显增大，是导致机床定位精度不合格的根本原因。拆下工作台检查，发现 Y 轴导轨平行度严重超差，它不仅使得运动过程中的阻力明显增加，而且还引起了滚珠丝杠弹性变形，最终反映出传动系统的"反向间隙"明显增大，机床定位精度不合格。修理 Y 轴导轨平行度，重新安装后故障排除。

例 4. CK6140 数控机床换刀时 3 号刀位转不到位。

故障分析与处理：一般有两种原因，第一种是电动机相位接反，但调整电动机相位线后故障不能排除。第二种是磁钢与霍尔元件高度位置不一致。拆开刀架上盖，发现 3 号磁钢与霍尔元件高度位置相差距离较大，调整 3 号磁钢与霍尔元件高度使其与其他刀号位基本一致，重新启动系统，故障排除。

例 5. 某经济型数控车床数控系统电动刀架定位不准。

故障分析与处理：该机床为普通机床经过 JN 系列机床数控系统改造的经济型数控车床。其刀架为常州市武进机床数控设备厂为 JN 系列数控系统配套生产的 LD4-Ⅰ型电动刀架。检查电动刀架的情况如下：电动刀架旋转后不能正常定位，且选择刀号出错，怀疑是电动刀架的定位检测元件——霍尔元件损坏。拆开电动刀架的端盖检查霍尔元件，发现该元件的电路板是松动的。实际中该电路板应由刀架轴上的锁紧螺母锁紧，在刀架旋转的过程中实现准确定位。重新将松动的电路板按刀号调整好，使 4 个霍尔元件与感应元件一一对应，然后锁紧螺母，故障排除。

例 6. 某 VMC－65A 型加工中心使用半年后出现主轴拉刀松动，无任何报警信息。

故障分析与处理：主轴拉不紧刀的原因可能有：①主轴拉刀碟簧变形或损坏；②拉刀液压缸动作不到位；③拉钉与刀柄夹头间的螺纹连接松动。经检查，发现拉钉与刀柄夹头的螺纹连接松动，刀柄夹头随刀具的插拔发生旋转，后退了约 1.5mm。该台机床的拉钉与刀柄夹头间无任何连接防松的锁紧措施。在插拔刀具时，若刀具中心与主轴锥孔中心稍有偏差，刀柄夹头与刀柄间就会存在一个偏心摩擦。刀柄夹头在这种摩擦和冲击的共同作用下，时间一长螺纹松动退丝，出现主轴拉不住刀的现象。将主轴拉钉和刀柄夹头的螺纹连接用锁紧螺母锁紧后，故障排除。

例 7. 某 TH5840 立式加工中心换刀时，主轴松刀动作缓慢。

故意分析与处理：根据该加工中心换刀机构气动控制原理图进行分析，主轴松刀动作缓慢的原因有：气动系统压力太低或流量不足，机床主轴拉刀系统有故障。主轴松刀气缸有故障。根据分析，首先检查气动系统的压力，压力表显示气压为 0.6MPa，压力正常；手动控制主轴松刀，发现系统压力下降明显，气缸的活塞杆缓慢伸出，故判定气缸内部漏气。拆下气缸，打开端盖，压出活塞和活塞环，发现密封环破损，气缸内壁拉毛。更换新的气缸后，故障排除。

例 8. 某 ZJK7532 铣钻床加工过程中出现漏油。

故障分析与处理：该铣钻床为手动换挡变速，通过主轴箱盖上方的注油孔加入冷却润滑油。在加工时只要速度达到 400r/min，油就会顺着主轴流下来，观察油箱油标，油标显示油在上限位置。拆开主轴箱上盖，发现冷却油已注满了主轴箱，游标也被油浸没。由此判断可能是油加得过多。放掉多余的油后主轴运转时漏油问题解决。

例 9. 某 XK713 铣床加工过程中 X 轴出现跟踪误差过大报警。

故障分析与处理：该机床采用闭环控制系统，伺服电动机与丝杠采用直联的连接方式。在检查系统控制参数无误后，拆开电动机防护罩，在电动机伺服带电的情况下，用手拧动丝杠，发现丝杠与电动机有相对位移，可以判断是由电动机与丝杠连接的胀紧套松动所致。紧固紧定螺钉后，故障排除。

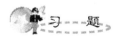 习 题

9-1 数控机床运行中主轴发热的可能原因是什么？如何排除？

9-2 数控机床运行中主轴噪声的可能原因是什么？如何排除？

9-3 滚珠丝杠副常见的故障有哪些？如何排除？

9-4 数控机床滑动导轨副的间隙过大或过小可能引起哪些故障？

9-5 数控机床液压系统的日常维护应注意哪些方面？

9-6 数控机床气动系统维护的要点是什么？

参 考 文 献

[1] 罗良玲，刘旭波，等. 数控技术及应用 [M]. 北京：清华大学出版社，2005.

[2] 张福润，严育才，等. 数控技术 [M]. 北京：清华大学出版社，2009.

[3] 马宏伟. 数控技术 [M]. 北京：电子工业出版社，2010.

[4] 杨贺来. 数控机床 [M]. 北京：清华大学出版社，北京交通大学出版社，2009.

[5] 王爱玲. 数控机床结构及应用 [M]. 北京：机械工业出版社，2006.

[6] 顾京. 现代机床设备 [M]. 北京：化学工业出版社，2009.

[7] 董玉红. 数控技术 [M]. 北京：高等教育出版社，2004.

[8] 张耀满. 数控机床结构 [M]. 沈阳：东北大学出版社，2007.

[9] 朱晓春. 数控技术 [M]. 2 版. 北京：机械工业出版社，2009.

[10] 苗晓鹏. 数控机床 [M]. 重庆：西南师范大学出版社，2008.

[11] 闫占辉，刘宏伟，等. 机床数控技术 [M]. 武汉：华中科技大学出版社，2008.

[12] 魏杰. 数控机床结构 [M]. 北京：化学工业出版社，2011.

[13] 李宏胜. 机床数控技术及应用 [M]. 北京：高等教育出版社，2008.

[14] 蔡厚道，吴帏. 数控机床构造 [M]. 北京：北京理工大学出版社，2009.

[15] 杜国臣，王士军. 机床数控技术 [M]. 北京：北京大学出版社，2006.

[16] 罗春华，刘海明. 数控加工工艺简明教程 [M]. 北京：北京理工大学出版社. 2007.

[17] 王爱玲. 数控机床加工工艺 [M]. 北京：机械工业出版社. 2006.

[18] 周晓宏. 数控机床加工工艺与设备 [M]. 北京：机械工业出版社. 2008.

[19] 陈蔚芳，王宏涛. 机床数控技术及应用 [M]. 北京：科学出版社. 2005.

[20] 龚中华. 数控技术 [M]. 北京：机械工业出版社. 2004.

[21] 张建刚，胡大泽. 数控技术 [M]. 武汉：华中科技大学出版社. 2000.

[22] 刘启中，蔡德福. 现代数控技术及应用 [M]. 北京：机械工业出版社. 2000.

[23] 周文玉，杜国臣，赵先仲，等. 数控加工技术 [M]. 北京：高等教育出版社，2010.

[24] 赵玉刚，宋现春. 数控技术 [M]. 北京：机械工业出版社. 2011.

[25] 吴祖育，秦鹏飞. 数控机床 [M]. 3 版. 上海：上海科学技术出版社. 2000.

[26] 林其骏. 数控技术及应用 [M]. 北京：机械工业出版社. 2001.

[27] 李郝林，方健. 机床数控技术 [M]. 北京：机械工业出版社. 2004.

[28] 周济，周艳红. 数控加工技术 [M]. 北京：国防工业出版社. 2002.

[29] 胡占齐，杨莉. 机床数控技术 [M]. 北京：机械工业出版社. 2002.

北京大学出版社教材书目

欢迎访问教学服务网站 www.pup6.com，免费查阅已出版教材的电子书(PDF 版)、电子课件和相关教学资源。

◆ 欢迎征订投稿。联系方式：010-62750667，童编辑，13426433315@163.com，pup_6@163.com，欢迎联系。

序号	书 名	标准书号	主 编	定价	出版日期
1	机械设计	978-7-5038-4448-5	郑 江，许 瑛	33	2007.8
2	机械设计(第2版)	978-7-301-28560-2	吕 宏 王 慧	47	2018.8
3	机械设计	978-7-301-17599-6	门艳忠	40	2010.8
4	机械设计	978-7-301-21139-7	王贤民，霍仕武	49	2014.1
5	机械设计	978-7-301-21742-9	师素娟，张秀花	48	2012.12
6	机械原理	978-7-301-11488-9	常治斌，张京辉	29	2008.6
7	机械原理	978-7-301-15425-0	王跃进	26	2013.9
8	机械原理	978-7-301-19088-3	郭宏亮，孙志宏	36	2011.6
9	机械原理	978-7-301-19429-4	杨松华	34	2011.8
10	机械设计基础	978-7-5038-4444-2	曲玉峰，关晓平	27	2008.1
11	机械设计基础	978-7-301-22011-5	苗淑杰，刘喜平	49	2015.8
12	机械设计基础	978-7-301-22957-6	朱 玉	38	2014.12
13	机械设计课程设计	978-7-301-12357-7	许 瑛	35	2012.7
14	机械设计课程设计(第2版)	978-7-301-27844-4	王 慧，吕 宏	42	2016.12
15	机械设计辅导与习题解答	978-7-301-23291-0	王 慧，吕 宏	26	2013.12
16	机械原理、机械设计学习指导与综合强化	978-7-301-23195-1	张占国	63	2014.1
17	机电一体化课程设计指导书	978-7-301-19736-3	王金娥 罗生梅	35	2013.5
18	机械工程专业毕业设计指导书□	978-7-301-18805-7	张黎骅，吕小荣	22	2015.4
19	机械创新设计	978-7-301-12403-1	丛晓霞	32	2012.8
20	机械系统设计	978-7-301-20847-2	孙月华	39	2012.7
21	机械设计基础实验及机构创新设计	978-7-301-20653-9	邹旻	28	2014.1
22	TRIZ 理论机械创新设计工程训练教程	978-7-301-18945-0	蒯苏苏，马履中	45	2011.6
23	TRIZ 理论及应用	978-7-301-19390-7	刘训涛，曹 贺等	35	2013.7
24	创新的方法——TRIZ 理论概述	978-7-301-19453-9	沈萌红	28	2011.9
25	机械工程基础	978-7-301-21853-2	潘玉良，周建军	34	2013.2
26	机械工程实训	978-7-301-26114-9	侯书林，张 炜等	52	2015.10
27	机械 CAD 基础	978-7-301-20023-0	徐云杰	34	2012.2
28	AutoCAD 工程制图	978-7-5038-4446-9	杨巧绒，张克义	20	2011.4
29	AutoCAD 工程制图	978-7-301-21419-0	刘善淑，胡爱萍	38	2015.2
30	工程制图	978-7-5038-4442-6	戴立玲，杨世平	27	2012.2
31	工程制图	978-7-301-19428-7	孙晓娟，徐丽娟	30	2012.5
32	工程制图习题集	978-7-5038-4443-4	杨世平，戴立玲	20	2008.1
33	机械制图(机类)	978-7-301-12171-9	张绍群，孙晓娟	32	2009.1
34	机械制图习题集(机类)	978-7-301-12172-6	张绍群，王慧敏	29	2007.8
35	机械制图(第2版)	978-7-301-19332-7	孙晓娟，王慧敏	38	2014.1
36	机械制图	978-7-301-21480-0	李凤云，张 凯等	36	2013.1
37	机械制图习题集(第2版)	978-7-301-19370-7	孙晓娟，王慧敏	22	2011.8
38	机械制图	978-7-301-21138-0	张 艳，杨晨升	37	2012.8
39	机械制图习题集	978-7-301-21339-1	张 艳，杨晨升	24	2012.10
40	机械制图	978-7-301-22896-8	臧福伦，杨晓冬等	60	2013.8
41	机械制图与 AutoCAD 基础教程	978-7-301-13122-0	张爱梅	35	2013.1
42	机械制图与 AutoCAD 基础教程习题集	978-7-301-13120-6	鲁 杰，张爱梅	22	2013.1
43	AutoCAD 2008 工程绘图	978-7-301-14478-7	赵润平，宗荣珍	35	2009.1
44	AutoCAD 实例绘图教程	978-7-301-20764-2	李庆华，刘晓杰	32	2012.6
45	工程制图案例教程	978-7-301-15369-7	宗荣珍	28	2009.6
46	工程制图案例教程习题集	978-7-301-15285-0	宗荣珍	24	2009.6
47	理论力学(第2版)	978-7-301-23125-8	盛冬发，刘 军	49	2016.9
48	理论力学	978-7-301-29087-3	刘 军，阎海鹏	45	2018.1
49	材料力学	978-7-301-14462-6	陈忠安，王 静	30	2013.4
50	工程力学(上册)	978-7-301-11487-2	毕勤胜，李纪刚	29	2008.6
51	工程力学(下册)	978-7-301-11565-7	毕勤胜，李纪刚	28	2008.6
52	液压传动(第2版)	978-7-301-19507-9	王守城，容一鸣	38	2013.7
53	液压与气压传动	978-7-301-13179-4	王守城，容一鸣	32	2013.7

序号	书名	标准书号	主编	定价	出版日期
54	液压与液力传动	978-7-301-17579-8	周长城等	34	2011.11
55	液压传动与控制实用技术	978-7-301-15647-6	刘忠	36	2009.8
56	金工实习指导教程	978-7-301-21885-3	周哲波	30	2014.1
57	工程训练(第4版)	978-7-301-28272-4	郭永环，姜银方	42	2017.6
58	机械制造基础实习教程(第2版)	978-7-301-28946-4	邱兵，杨明金	45	2017.12
59	公差与测量技术	978-7-301-15455-7	孔晓玲	25	2012.9
60	互换性与测量技术基础(第3版)	978-7-301-25770-8	王长春等	35	2015.6
61	互换性与技术测量	978-7-301-20848-9	周哲波	35	2012.6
62	机械制造技术基础	978-7-301-14474-9	张鹏，孙有亮	28	2011.6
63	机械制造技术基础	978-7-301-16284-2	侯书林 张建国	32	2012.8
64	机械制造技术基础(第2版)	978-7-301-28420-9	李菊丽，郭华锋	49	2017.6
65	先进制造技术基础	978-7-301-15499-1	冯宪章	30	2011.11
66	先进制造技术	978-7-301-22283-6	朱林，杨春杰	30	2013.4
67	先进制造技术	978-7-301-20914-1	刘璇，冯凭	28	2012.8
68	先进制造与工程仿真技术	978-7-301-22541-7	李彬	35	2013.5
69	机械精度设计与测量技术	978-7-301-13580-8	于峰	25	2013.7
70	机械制造工艺学	978-7-301-13758-1	郭艳玲，李彦蓉	30	2008.8
71	机械制造工艺学(第2版)	978-7-301-23726-7	陈红霞	45	2014.1
72	机械制造工艺学	978-7-301-19903-9	周哲波，姜志明	49	2012.1
73	机械制造基础(上)——工程材料及热加工工艺基础(第2版)	978-7-301-18474-5	侯书林，朱海	40	2013.2
74	制造之用	978-7-301-23527-0	王中任	30	2013.12
75	机械制造基础(下)——机械加工工艺基础(第2版)	978-7-301-18638-1	侯书林，朱海	32	2012.5
76	金属材料及工艺	978-7-301-19522-2	于文强	44	2013.2
77	金属工艺学	978-7-301-21082-6	侯书林，于文强	32	2012.8
78	工程材料及其成形技术基础(第2版)	978-7-301-22367-3	申荣华	69	2016.1
79	工程材料及其成形技术基础学习指导与习题详解(第2版)	978-7-301-26300-6	申荣华	28	2015.9
80	机械工程材料及成形基础	978-7-301-15433-5	侯俊英，王兴源	30	2012.5
81	机械工程材料(第2版)	978-7-301-22552-5	戈晓岚，招玉春	36	2013.6
82	机械工程材料	978-7-301-18522-3	张铁军	36	2012.5
83	工程材料与机械制造基础	978-7-301-15899-9	苏子林	32	2011.5
84	控制工程基础	978-7-301-12169-6	杨振中，韩致信	29	2007.8
85	机械制造装备设计	978-7-301-23869-1	宋士刚，黄华	40	2014.12
86	机械工程控制基础	978-7-301-12354-6	韩致信	25	2008.1
87	机电工程专业英语(第2版)	978-7-301-16518-8	朱林	24	2013.7
88	机械制造专业英语	978-7-301-21319-3	王中任	28	2014.12
89	机械工程专业英语	978-7-301-23173-9	余兴波，姜波等	30	2013.9
90	机床电气控制技术	978-7-5038-4433-7	张万奎	26	2007.9
91	机床数控技术(第2版)	978-7-301-16519-5	杜国臣，王士军	35	2014.1
92	自动化制造系统	978-7-301-21026-0	辛宗生，魏国丰	37	2014.1
93	数控机床与编程	978-7-301-15900-2	张洪江，侯书林	25	2012.10
94	数控铣床编程与操作	978-7-301-21347-6	王志斌	35	2012.10
95	数控技术	978-7-301-21144-1	吴瑞明	28	2012.9
96	数控技术	978-7-301-22073-3	唐友亮 佘勃	56	2014.1
97	数控技术(双语教学版)	978-7-301-27920-5	吴瑞明	36	2017.3
98	数控技术与编程	978-7-301-26028-9	程广振 卢建湘	36	2015.8
99	数控技术及应用	978-7-301-23262-0	刘军	59	2013.10
100	数控加工技术	978-7-5038-4450-7	王彪，张兰	29	2011.7
101	数控加工与编程技术	978-7-301-18475-2	李体仁	34	2012.5
102	数控编程与加工实习教程	978-7-301-17387-9	张春雨，于雷	37	2011.9
103	数控加工技术及实训	978-7-301-19508-6	姜永成，夏广岚	33	2011.9
104	数控编程与操作	978-7-301-20903-5	李英平	26	2012.8
105	数控技术及其应用	978-7-301-27034-9	贾伟杰	46	2016.4
106	数控原理及控制系统	978-7-301-28834-4	周庆贵，陈书法	36	2017.9
107	现代数控机床调试及维护	978-7-301-18033-4	邓三鹏等	32	2010.11
108	金属切削原理与刀具	978-7-5038-4447-7	陈锡渠，彭晓南	29	2012.5
109	金属切削机床(第2版)	978-7-301-25202-4	夏广岚，姜永成	42	2015.1
110	典型零件工艺设计	978-7-301-21013-0	白海清	34	2012.8
111	模具设计与制造(第2版)	978-7-301-24801-0	田光辉，林红旗	56	2016.1
112	工程机械检测与维修	978-7-301-21185-4	卢彦群	45	2012.9
113	工程机械电气与电子控制	978-7-301-26868-1	钱宏琦	54	2016.3

序号	书　名	标准书号	主　编	定价	出版日期
114	工程机械设计	978-7-301-27334-0	陈海虹，唐绪文	49	2016.8
115	特种加工(第2版)	978-7-301-27285-5	刘志东	54	2017.3
116	精密与特种加工技术	978-7-301-12167-2	袁根福，祝锡晶	29	2011.12
117	逆向建模技术与产品创新设计	978-7-301-15670-4	张学昌	28	2013.1
118	CAD/CAM 技术基础	978-7-301-17742-6	刘　军	28	2012.5
119	CAD/CAM 技术案例教程	978-7-301-17732-7	汤修映	42	2010.9
120	Pro/ENGINEER Wildfire 2.0 实用教程	978-7-5038-4437-X	黄卫东，任国栋	32	2007.7
121	Pro/ENGINEER Wildfire 3.0 实例教程	978-7-301-12359-1	张选民	45	2008.2
122	Pro/ENGINEER Wildfire 3.0 曲面设计实例教程	978-7-301-13182-4	张选民	45	2008.2
123	Pro/ENGINEER Wildfire 5.0 实用教程	978-7-301-16841-7	黄卫东，郝用兴	43	2014.1
124	Pro/ENGINEER Wildfire 5.0 实例教程	978-7-301-20133-6	张选民，徐超辉	52	2012.2
125	SolidWorks 三维建模及实例教程	978-7-301-15149-5	上官林建	30	2012.8
126	SolidWorks 2016 基础教程与上机指导	978-7-301-28291-1	刘萍华	54	2018.1
127	UG NX 9.0 计算机辅助设计与制造实用教程 (第2版)	978-7-301-26029-6	张黎骅，吕小荣	36	2015.8
128	CATIA 实例应用教程	978-7-301-23037-4	于志新	45	2013.8
129	Cimatron E9.0 产品设计与数控自动编程技术	978-7-301-17802-7	孙树峰	36	2010.9
130	Mastercam 数控加工案例教程	978-7-301-19315-0	刘　文，姜永梅	45	2011.8
131	应用创造学	978-7-301-17533-0	王成军，沈豫浙	26	2012.5
132	机电产品学	978-7-301-15579-0	张亮峰等	24	2015.4
133	品质工程学基础	978-7-301-16745-8	丁　燕	30	2011.5
134	设计心理学	978-7-301-11567-1	张成忠	48	2011.6
135	计算机辅助设计与制造	978-7-5038-4439-6	仲梁维，张国全	29	2007.9
136	产品造型计算机辅助设计	978-7-5038-4474-4	张慧姝，刘永翔	27	2006.8
137	产品设计原理	978-7-301-12355-3	刘美华	30	2008.2
138	产品设计表现技法	978-7-301-15434-2	张慧姝	42	2012.5
139	CorelDRAW X5 经典案例教程解析	978-7-301-21950-8	杜秋磊	40	2013.1
140	产品创意设计	978-7-301-17977-2	虞世鸣	38	2012.5
141	工业产品造型设计	978-7-301-18313-7	袁涛	39	2011.1
142	化工工艺学	978-7-301-15283-6	邓建强	42	2013.7
143	构成设计	978-7-301-21466-4	袁涛	58	2013.1
144	设计色彩	978-7-301-24246-9	姜晓微	52	2014.6
145	过程装备机械基础(第2版)	978-301-22627-8	于新奇	38	2013.7
146	过程装备测试技术	978-7-301-17290-2	王毅	45	2010.6
147	过程控制装置及系统设计	978-7-301-17635-1	张早校	30	2010.8
148	质量管理与工程	978-7-301-15643-8	陈宝江	34	2009.8
149	质量管理统计技术	978-7-301-16465-5	周友苏，杨　飒	30	2010.1
150	人因工程	978-7-301-19291-7	马如宏	39	2011.8
151	工程系统概论——系统论在工程技术中的应用	978-7-301-17142-4	黄志坚	32	2010.6
152	测试技术基础(第2版)	978-7-301-16530-0	江征风	30	2014.1
153	测试技术实验教程	978-7-301-13489-4	封士彩	22	2008.8
154	测控系统原理设计	978-7-301-24399-2	齐永奇	39	2014.7
155	测试技术学习指导与习题详解	978-7-301-14457-2	封士彩	34	2009.3
156	可编程控制器原理与应用(第2版)	978-7-301-16922-3	赵　燕，周新建	33	2011.11
157	工程光学(第2版)	978-7-301-28978-5	王红敏	41	2018.1
158	精密机械设计	978-7-301-16947-6	田　明，冯进良等	38	2011.9
159	传感器原理及应用	978-7-301-16503-4	赵　燕	35	2014.1
160	测控技术与仪器专业导论(第2版)	978-7-301-24223-0	陈毅静	36	2014.6
161	现代测试技术	978-7-301-19316-7	陈科山，王　燕	43	2011.8
162	风力发电原理	978-7-301-19631-1	吴双群，赵丹平	33	2011.10
163	风力机空气动力学	978-7-301-19555-0	吴双群	32	2011.10
164	风力机设计理论及方法	978-7-301-20006-3	赵丹平	32	2012.1
165	计算机辅助工程	978-7-301-22977-4	许承东	38	2013.8
166	现代船舶建造技术	978-7-301-23703-8	初冠南，孙清洁	33	2014.1
167	机床数控技术(第3版)	978-7-301-24452-4	杜国臣	49	2016.8
168	工业设计概论(双语)	978-7-301-27933-5	窦金花	35	2017.3
169	产品创新设计与制造教程	978-7-301-27921-2	赵　波	31	2017.3

　　如您需要免费纸质样书用于教学，欢迎登陆第六事业部门户网(www.pup6.com)填表申请，并欢迎在线登记选题以到北京大学出版社来出版您的大作，也可下载相关表格填写后发到我们的邮箱，我们将及时与您取得联系并做好全方位的服务。